한 번에 통과하는 논문

히든그레이스
논문통계팀

지음

AMOS 구조방정식 활용과 SPSS 고급 분석

HB 한빛아카데미
Hanbit Academy, Inc.

KB037272

한번에 통과하는 논문 : AMOS 구조방정식 활용과 SPSS 고급 분석

초판발행 2018년 12월 24일
4쇄발행 2022년　7월 18일

지은이 히든그레이스 논문통계팀 / **펴낸이** 전태호
펴낸곳 한빛아카데미(주) / **주소** 서울시 서대문구 연희로2길 62 한빛아카데미(주) 2층
전화 02-336-7112 / **팩스** 02-336-7199
등록 2013년 1월 14일 제2017-000063호 / **ISBN** 979-11-5664-434-7 03310

책임편집 김은정 / **기획** 박현진 / **편집** 김평화, 박정수 / **진행** 김은정
디자인 천승훈, 김연정 / **전산편집** 백지선 / **일러스트** (주)히든그레이스 우영희 / **제작** 박성우, 김정우
영업 김태진, 김성삼, 이정훈, 임현기, 이성훈, 김주성 / **마케팅** 길진철, 김호철, 주희

이 책에 대한 의견이나 오탈자 및 잘못된 내용에 대한 수정 정보는 아래 이메일로 알려주십시오.
잘못된 책은 구입하신 서점에서 교환해 드립니다. 책값은 뒤표지에 표시되어 있습니다.
홈페이지 www.hanbit.co.kr / **이메일** question@hanbit.co.kr

지금 하지 않으면 할 수 없는 일이 있습니다.
책으로 펴내고 싶은 아이디어나 원고를 메일(**writer@hanbit.co.kr**)로 보내주세요.
한빛아카데미(주)는 여러분의 소중한 경험과 지식을 기다리고 있습니다.

지은이 **김성은**　ksej3a@hjgrace.com

(주)히든그레이스 대표 (2013 ~ 현재)
· 사회적 기업, 소셜벤처 연구 및 강의 (2013 ~ 현재)
· 데이터분석, 머신러닝 프로젝트 조율 (2014 ~ 현재)
· 대학원, 고등학교 소논문 작성법 강의 (2015 ~ 현재)
· 데이터분석, 머신러닝 강의 (2017 ~ 현재)
· 2,000여 건의 논문컨설팅 진행
· 네이버 블로그 '히든그레이스 논문통계' 운영
· 페이스북 페이지 '대학원 논문통계' 운영

장애와 열악한 환경은
부족함이 아니라,
특별함이다

지은이 **정규형**　parbo@naver.com

(주)히든그레이스 전문 강사 (2016 ~ 2018)
· 연구 방법 및 통계 프로그램(SPSS/Amos/Stata) 강의 (2014 ~ 현재)
· 600여 건의 논문컨설팅 진행
· 페이스북 페이지 '나는 대한민국 대학원생이다' 운영

게을러질거면
죽어버려라

지은이 **허영회**　stat329@hjgrace.com

(주)히든그레이스 고급통계분석가 / 강사 (2013 ~ 2019)
· 논문분석 관련 통계 프로그램(SPSS/Amos/Stata /R) 강의 (2013 ~ 현재)
· 숭실대학교 통계학 수업 외래교수 (2014 ~ 2015)
· 800여 건의 학위논문분석, 논문컨설팅 진행 (2012 ~ 현재)
· 사회조사분석사 1급

쉽고, 단순하게
보통의 입장에서
생각하라

지은이 **우종훈**　muozin@hjgrace.com

(주)히든그레이스 기초통계분석가 (2015 ~ 현재)
· 600여 건의 논문 통계분석, 논문컨설팅 진행 (2013 ~ 현재)
· 50여 건의 설문지 설계, 기관분석보고서 진행 (2016 ~ 현재)
· 사회조사분석사 2급

내가 정답이라고
확신하는 것이
상대에겐
틀린 답이 될 수 있다

지은이 **김과현**　kandh@hjgrace.com

(주)히든그레이스 기초통계분석가 (2017 ~ 현재)
· 논문분석 관련 통계 프로그램(SPSS) 강의 (2017 ~ 현재)
· 고등학교 소논문 강의, 데이터분석 강의 출강 (2018 ~ 현재)
· 100여 건의 논문 결과표 작성과 학위논문분석 및 컨설팅 (2018 ~ 현재)

그 일의 성공여부는
'신'만 아시니,
일단 시도하자

"교수님이 구조방정식으로 논문을 쓰라고 하는데, 어떻게 하나요?"

히든그레이스 논문통계팀이 구조방정식과 관련한 문의 중 가장 많이 받는 질문입니다. 이러한 질문을 하는 이유는 Amos 통계 프로그램 자체가 생소하고, 그 출력 결과 역시 해석하기가 어렵기 때문입니다. 또한 선행연구를 참고하여 연구자만의 연구모형을 새롭게 설계하는 것이 어렵기 때문입니다. 시중에 참고할 수 있는 좋은 책과 강의가 많이 있음에도 불구하고, 왜 연구자들은 자신의 논문을 쓸 때 어려워하는지를 논문통계 사업을 하면서 고민하게 되었습니다. 고민 끝에, 통계 프로그램을 잘 다루는 것보다 워드나 한글을 더 잘 다뤄야 하고, 통계 프로그램의 출력 결과를 잘 해석하여 논문 형식에 맞게 기록하는 것이 더 중요하다는 사실을 알게 되었습니다. 또한 연구자의 실제 데이터는 보통 불완전하기에 그 데이터를 분석할 수 있도록 작업하고 통계적으로 유의한 결과가 나올 가능성을 높이기 위해서는 '데이터 핸들링(Data Handling)' 과정이 필요합니다. 그런데 대부분의 책과 강의에서는 이 부분을 기초적인 부분이라 여겨 제대로 설명하지 않다 보니, 많은 연구자들이 어려움을 겪고 있었습니다.

이 책은 논문통계팀이 2,000여 건의 논문을 분석하며 겪었던 시행착오와 해결책을 담은 결과물입니다. 연구자들이 겪었을 어려움을 먼저 겪고 그에 대한 해결책을 모색하고자 노력했고, 통계 프로그램을 통한 분석보다는 데이터 핸들링과 출력 결과에 대한 해석에 더 초점을 맞췄습니다. 또한 논문 결과표를 작성하고 해석하는 방법을 각 학교 양식을 조금씩 접목하여 보편적인 논문 서술 양식을 만들고자 했습니다. 한편으로, 타 논문 업체나 논문통계 관련 프리랜서들에게 히든그레이스의 노하우를 공개하는 것이 부담스럽기도 합니다. 하지만 이 책을 통해 양적 연구를 진행하는 연구자가 스스로 논문을 작성할 수 있고 지식이 확산된다면 사회적 기업으로서 보람된 일이 아닐까 생각합니다.

이 책의 특징

1 다른 책에는 잘 소개되지 않는 SPSS 프로세스 매크로와 Amos를 활용한 논문 결과표 작성 방법

설명 실제 연구자의 데이터는 불완전하고 결과가 잘 나오지 않는 경우가 많습니다. 그래서 불완전한 데이터를 결과가 잘 나오는 데이터로 변환하는 방법과 분석 시간을 줄이는 방법을 소개했습니다. 또한 시중에서는 잘 언급하지 않는 SPSS 프로세스 매크로(PROCESS Macro)에 대해 자세히 설명하였고, Amos 프로그램과 비교하여 살펴볼 수 있게 구성했습니다.

마지막으로 Amos 출력 결과에 대한 논문 결과표 작성 방법과 Amos를 사용하면서 발생하는 오류 등을 연구자가 이해하기 쉽게 설명했습니다.

2 시각화와 '한번에 통과하는 논문' 시리즈의 내용 연계성 고려 어려운 내용이 쉽게 전달되도록 기존에 강의했던 PPT 자료를 시각화하여 독자들의 이해를 돕고자 노력했습니다. 또한 『한번에 통과하는 논문 : 논문 검색과 쓰기 전략』과 『한번에 통과하는 논문 : SPSS 결과표 작성과 해석 방법』의 내용과 연계되어 쉽게 찾아서 복습할 수 있도록 구성했습니다.

3 어디서도 들을 수 없는 깨알 같은 논문 쓰기 팁과 노하우 '아무도 가르쳐주지 않는 TIP', '여기서 잠깐!!' 등의 코너를 통해 자주 실수하는 부분이나 기억해야 할 점들을 서술했습니다.

감사의 글

'이 세상에 책이 이렇게 많은데, 왜 내 책은 없지? 나도 내 역량을 드러낼 수 있는 책을 쓰고 싶다.'라고 막연하게 생각했는데, 1년 만에 논문통계 관련 시리즈의 마지막인 세 번째 책이 나오게 되었습니다. Amos는 석사 2학기 때 민정선 누나의 "Amos를 할 줄 알면 나와 함께 논문 쓰자."는 말 한마디에 곧장 서점에 달려가 책을 보며 공부했던 기억이 납니다. 당시 Amos와 관련된 책이 시중에 대략 10권 넘게 출판되어 있었는데, 책을 다 읽어봐도 막상 분석을 진행하면 막히는 부분이 많아서 구글, 유튜브, 워크숍 자료, 논문 등의 여러 자료를 찾아보면서 수많은 시행착오를 겪었습니다. 물론, 그때 얻은 노하우로 연구자가 쉽게 이해할 수 있는 책을 쓰고, 강의를 할 수 있다고 생각합니다.

먼저 책을 쓸 기회를 준 성은이 형에게 감사의 마음을 전합니다. 책뿐만이 아니라 항상 부족한 저를 믿어주고, 진심으로 기도와 응원을 해주는 마음을 잘 알고 있습니다. 또한 함께 집필에 참여해준 논문통계팀과 한빛아카데미㈜ 관계자분들에게도 감사드립니다. 그리고 저를 지도해주시고 언제나 바른길로 인도해주시는 최재성 교수님과 학자의 길로 이끌어주신 김동배 교수님, 그리고 학자로서의 모습뿐만 아니라, 한 가정의 아버지이자 남편으로서도 본보기가 되어주시는 남석인 교수님께도 감사드립니다. 그리고 넉넉지 않았지만 항상 저를 위해서 많은 것을 희생하신 아버지와 어머니, 그리고 여동생에게 감사드립니다. 또한 사랑받고 있는 삶을 살고 있음을 언제나 느끼게 해주는 아내 김성희와 곧 태어날 요한(태명)에게도 고마움을 전합니다. 아울러 '게을러질거면 죽어버려라'라는 생활신조를 끊임없이 지키고 있는 저 스스로에게 감사의 글을 바칩니다. 마지막으로 제 삶을 인도해주시는 그분께 감사드립니다.

Qbrother
㈜히든그레이스 강사, 정규형

먼저 이 책을 사랑해주신 모든 독자님께 감사드립니다. 1년의 작업을 거쳐, '한번에 통과하는 논문' 시리즈 3권이 모두 마무리되었습니다. 이제 1권(논문 검색과 쓰기 전략)을 통해 '어떻게 논문을 제한된 시간 안에 쓸지를 데이터분석을 통해 전략적으로 접근'하고, 2권(SPSS 결과표 작성과 해석 방법)과 3권(AMOS 구조방정식 활용과 SPSS 고급 분석)을 통해 '실제 연구자 데이터를 활용하여 분석하고 논문을 작성해보는 작업'을 스스로 진행할 수 있게 되었습니다.

모든 책 저술을 함께 해준 사랑하는 동생 규형이와 회사에서 합숙하며 편집한 과현이에게 시리즈를 마치며 꼭 감사하다고 전하고 싶었습니다. 또한 SPSS와 Amos 프로그램을 지원해준 ㈜데이터솔루션에게도 감사드립니다. 그리고 현재도 이 책이나 회사 강의를 듣고, 알게 모르게 물심양면으로 지원해주시는 많은 독자님께 감사의 인사를 전합니다. 끝으로 앞선 시리즈와 회사가 설립되는 과정에서 회사를 위해 중보기도 해주셨던 분들과 기관들의 이름을 언급함으로써 감사함을 대신하고자 합니다.

㈜히든그레이스
윤성철, 손재민, 한하랑, 김지수, 양선용, 신한수, 우종훈, 우영희, 김영우, 허영회, 박주은, 김과현, 임보미, 김현민, 김나영, 오유탁, 정규형, 신수민, 주수산나, 이창선, 도주연, 이영준, 양수진, 조영래, 이민아, 윤은아, 이은실, 이재형

㈜한빛아카데미
김태헌, 박현진, 김평화, 고지연, 길진철, 박정수

한동대학교, 거창고등학교
김영길, 장순홍, 김재홍, 정숙희, 조준탁, 마케팅학회 컬러즈(COLORZ), 유기선, 김민종, 손석호, 류제담, 이인균, 박세영, 한아람, 김현, 윤경민, 김은지, 이수환, 15기&27기, 창조관층동장, 박규송, 황민재, 도재원, 박종원, 김애희, 김선봉, 배양범, 김혜원, 김수진, 이창준, 31호실

초원교회, 분당우리교회, 뉴저지장로교회, 뉴욕
김용수, 최은파, 김성남, 한수광, 김길복, 박혜준, 송정윤, 양승국, 윤동현, 왕순이, 윤안실, 조진경, 현순희, 김영철, 방형욱, 문동철, 조준한, 유지현, 최지윤, 길욱배, 제자마을, 18기, 이찬수, 정혜순, 황선진, 김안순, 서지은, 우민경, 윤충식, 이보람, 유연경, 김유정, 청년1부, 83또래모임, 우리사랑부, 정자8남다락방, 정자9여다락방, 박경미, 김상민, 박일규, 김희강, 임정선, 이승철, 남윤주, 김기백

가족, 친척, 지인

김경수, 황국희, 신춘준, 이정희, 신아람, 김윤, 김규년, 황영순, 김윤희, 김동민, 서승원, 서지온, 황순용, 김미순, 황현성, 황혜영, 김은숙

기타 도움을 준 기관과 사람들

일신세무법인, NFN㈜, 강병준, 유상원, 현대모비스㈜, 고동록, 정희원, ㈜데이터솔루션, 서명진, 한국사회적기업진흥원, 중소기업진흥공단, 한국장애인고용공단, 서초세무서, 서초구청, 카우앤독, SPOONG, 조연선, 정은선, 조율리, 전혜진, 이병선, 윤만식, 동그라미재단, 오픈컨텐츠랩

그리고 여기에 언급은 못했지만, 묵묵히 응원하고 기도해주신 모든 분들께 감사드립니다.

장애가 재능이 될 수 있다고 믿는
㈜히든그레이스 대표, 김성은

'데이터분석'을 통해 사회취약계층의 재능을 찾아 교육하고, 전문가로 양성하기 위해 노력하고 있지만, 많은 어려움을 겪고 있습니다. 그러나 저희의 마지막 꿈은 에필로그에 언급한 것처럼, '히든스쿨(HIDDEN.SCHOOL)'을 설립하는 일이고, 이 책을 매개로 그 꿈이 이루어지길 소망하고 있습니다.

마지막으로 지금까지 "모든 것이 하나님의 은혜였다."라고 고백하고 삶으로 증명할 수 있도록 히든그레이스 기업과 사명을 허락하신 그분께 감사드립니다. 초심을 잃지 않고, 좋은 본보기가 되는 기업이 될 수 있도록 회사 구성원 모두 기도하고 노력하겠습니다.

데이터분석기반 소셜벤처&사회적 기업
㈜히든그레이스 논문통계팀 드림

PREVIEW

해당 SECTION의 핵심 내용을 제시합니다.

SPSS(Amos) 무작정 따라하기 / 출력 결과 해석하기

SPSS나 Amos를 활용하여 논문 결과표를 도출해내는 과정을 단계별로 제시하고, 출력 결과를 해석해봅니다.

논문 결과표 작성하기 / 논문 결과표 해석하기

논문 결과표를 작성하는 과정을 단계별로 제시하고, 작성한 결과를 해석해봅니다.

SECTION
05

조절된 매개효과 검증
: 독립변수와 종속변수 간 매개효과가 조절변수에 의해 변하는지 검증

bit.ly/onepass-amos6

PREVIEW

· 조절된 매개효과 검증 : 독립변수가 매개변수의 매개를 통해 종속변수에 미치는 영향이 조절변수에 의해 변하는지를 검증
· 조절된 매개효과를 검증하는 대표적인 방법 : SPSS 프로세스 매크로
· 조절된 매개효과 모형의 종류

❶ 조절변수가 독립변수와 매개변수 사이에 있는 모형   ❷ 조절변수가 매개변수와 종속변수 사이에 있는 모형

1 앞서 프로세스 매크로 홈페이지에서 다운로드하여 'C:\process' 폴더에 옮겨놓은 'templates.pdf' 파일을 열어보면, Model 4에 매개효과 모형이 있는 것을 볼 수 있습니다. 즉 매개효과 모형은 Model 4입니다.

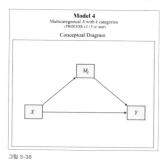

그림 3-38

 여기서 잠깐!!

프로세스 매크로 결과와 배론과 케니가 제안한 위계적 회귀분석 결과가 다른 이유는 무엇일까요?

배론과 케니가 제안한 위계적 회귀분석은 1986년에 제안된 매개효과 검증 방법입니다. 당시 독립변수, 매개변수, 종속변수가 각각 1개일 경우에 적용할 수 있도록 특화된 분석 방법입니다. 30년도 넘은 분석 방법이지만 가장 보편적으로 알려진 분석 방법이다 보니, 그동안 필요 이상으로 과용된 것이 사실입니다.

반면에 헤이스가 제안한 프로세스 매크로는 2013년에 제안된 검증 방법으로, 배론과 케니의 위계적 회귀분석만큼은 아니지만, 최근에 활용도가 급격히 높아지고 있는 분석 방법입니다. 앞선 실습에서 배론과 케니가 제안한 위계적 회귀분석의 2단계에 해당되는 검증, 즉 독립변수가 종속변수에 미치는 영향에 대한 검증 필요성에 의문을 품고, 2단계에서의 유의성을 고려하지 않았기 때문에 보다 유의한 결과를 많이 얻어낼 수 있었습니다. 그래서 똑같은 매개효과 검증임에도 다소 다른 결과를 보였습니다.

어떤 방법으로 분석할지 고민스러울 수 있는데, 히든그레이스 논문통계팀에서는 결과가 좀 더 유의하게 잘 나오는 프로세스 매크로를 권장하는 편입니다. 하지만 프로세스 매크로에 대해 잘 모르는 지도 교수님도 계시고, 학교마다 분석하는 방법이나 트렌드가 다르기 때문에, 지도 교수님과 상의한 후 분석 방법을 결정하는 게 가장 효율적인 방법입니다.

아무도 가르쳐주지 않는 Tip

평균 중심화 작업은 변환 – 변수 계산 메뉴에 들어가 변수별 평균 점수를 빼서 진행해도 됩니다. 하지만 이렇게 하면 기술통계를 통해 평균 점수를 확인하고 하나씩 변수 계산을 해야 하는 불편함이 있습니다. 하지만 [그림 4–4]와 같이 기술통계의 '표준화 값을 변수로 저장' 기능을 활용하면 독립변수와 조절변수를 한 번에 표준화된 값으로 변환할 수 있습니다. 표준화 변환한 변수는 기존 변수 이름 앞에 Z가 붙어서 생성됩니다.

표준화 변환 식은 '(점수–평균) / (표준편차)'로 점수에서 평균만 뺀 값과는 다릅니다. 하지만 모든 표본이 동일하게 그 변수의 표준편차로 나누어지기 때문에 '(점수–평균)'으로 일일이 계산한 경우와 결과는 같습니다. 정말 같은 결과가 나오는지 궁금하다면, 통계분석 연습도 할 겸 두 가지 방법을 모두 사용해서 지금 실습을 진행해보세요. 똑같은 결과가 나오는 것을 확인할 수 있습니다.

이 책의 실습에서 사용되는 준비파일은 다음 주소에서 다운로드할 수 있습니다.
http://www.hanbit.co.kr/src/4434

5분 만에 이해하는 논문 통계

구조방정식을 사용하려는 연구자들은 대부분 양적 연구를 진행합니다. 하지만 양적 연구를 진행할 때 사용하는 통계분석을 적용한 연구 방법을 매우 어려워합니다. 그래서 이런 분들을 위해 논문에서 자주 쓰는 연구 방법을 5~7분 정도의 동영상으로 만들어 놓았습니다. 책상에 앉아서 보기보다는 지하철과 버스 이동 시간이나 자투리 시간을 활용하여 영상을 반복해서 본다면, 자신의 가설에 따른 연구 방법론을 정확하게 적용할 수 있을 것이라 생각합니다.

❶ 텍스트 자료

강의명	링크	추천여부
카이제곱 검정	bit.ly/5minute001	
t - 검정	bit.ly/5minute002	
분산분석	bit.ly/5minute003	
상관분석	bit.ly/5minute004	○
회귀분석	bit.ly/5minute005	○
요인분석	bit.ly/5minute006	○
신뢰도 분석	bit.ly/5minute007	○
구조방정식모형	bit.ly/5minute008	○

❷ 동영상 자료

강의명	링크	추천여부	강의명	링크	추천여부
척도와 분석 방법	bit.ly/5minute009		상관분석	bit.ly/5minute018	
카이제곱 검정	bit.ly/5minute010		기술통계	bit.ly/5minute019	
t - 검정	bit.ly/5minute011	○	빈도분석	bit.ly/5minute020	
분산분석	bit.ly/5minute012	○	판별분석	bit.ly/5minute021	
회귀분석	bit.ly/5minute013	○	연구주제 설계	bit.ly/5minute022	
구조방정식	bit.ly/5minute014		설문지 설계	bit.ly/5minute023	
로지스틱 회귀분석	bit.ly/5minute015		통계분석	bit.ly/5minute024	
비모수 통계	bit.ly/5minute016		발표 및 번역	bit.ly/5minute025	
군집분석	bit.ly/5minute017				

PART 01 | SPSS를 활용한 고급 분석

SECTION 01
공분산분석(ANCOVA)

SECTION 02
다변량 분산분석(MANOVA)

SECTION 06

비모수 통계

SECTION 07

군집분석

PART 02 | Amos를 활용한 구조방정식 분석

PART
01

CONTENTS

SPSS를 활용한 고급 분석

PART 01에서는 SPSS를 활용한 고급 분석 방법과 구조방정식 및 Amos를 다루기 전에 알아야 할 기초 사항들을 살펴볼 예정입니다. 특히, SPSS 프로세스 매크로(Process Macro)를 활용하여 부트스트랩 검증을 통해 조절효과와 매개효과를 검증하는 과정을 자세히 다루겠습니다. 이때 출력 결과에 대한 해석과 논문 결과표 작성까지 꼼꼼하게 살펴봅니다. SPSS 프로세스 매크로를 사용한 분석 방법은 PART 02에서 다루게 될 구조방정식을 이해하는 데 큰 도움이 됩니다. 마지막으로 다양한 구조방정식 방법을 배우기 전에 기본적으로 알고 있어야 할 통계 지식과 Amos 툴 사용 방법에 대해 설명하겠습니다.

고급 통계

집단 간 비교 고급 분석

공분산분석(ANCOVA)
: 통제변수 영향력을 통제한 집단 간 차이 검증

가이드라인
동영상

bit.ly/onepass-amos2

PREVIEW

· **공분산분석** : 통제변수의 영향력을 통제하고, 집단의 순수한 효과를 파악하기 위한 분석 방법

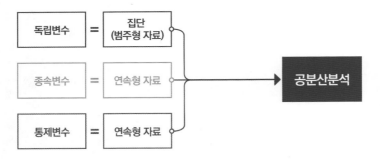

01 _ 기본 개념과 연구 가설

공분산분석(ANCOVA; Analysis of Covariance)은 연속형 변수의 영향을 통제하여 종속변수에 대한 집단의 순수한 효과를 파악하기 위한 분석 방법입니다. 예를 들어보겠습니다. '한번에 통과하는 논문' 시리즈의 2권[1]에서 독립표본 t-검정을 공부할 때, 성별에 따라 품질 평가에 유의한 차이를 보이는 것으로 나타났습니다. 이는 연령에 의한 영향력을 통제하여 분석한 결과는 아닙니다. 연령에 의한 영향력을 배제하고, 성별에 의한 순수한 영향력만 포함하여 성별에 따른 품질 평가를 검증하고자 한다면, 공분산분석을 실시해야 합니다.

---

1 이 책은 '한번에 통과하는 논문' 시리즈의 세 번째 책입니다. 편의상 이전에 출간된 『한번에 통과하는 논문 : 논문 검색과 쓰기 전략』(한빛아카데미, 2017)은 1권으로, 『한번에 통과하는 논문 : SPSS 결과표 작성과 해석 방법』(한빛아카데미, 2018)은 2권으로 표기하겠습니다.

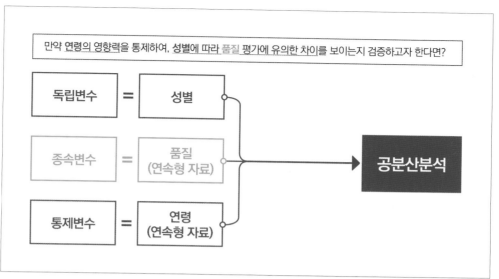

그림 1-1 | 공분산분석(ANCOVA)을 사용하는 연구문제 예시

**연구
문제
1-1**

성별에 따른 스마트폰 품질에 대한 평가의 차이 검증

성별에 따라 자신의 스마트폰 품질에 대한 평가가 유의한 차이를 보이는지 검증해보자. 단, 연령에 의한 영
향력을 통제하여 분석해보자.

성별은 남자와 여자로 분류되는 범주형 자료이고, 품질 평가는 연속형 자료이며, 통제변수인
연령도 연속형 자료입니다. 따라서 연령의 영향력을 배제한 성별에 따른 품질 평가의 차이를
검증하려면 공분산분석을 실시하면 됩니다.

이를 가설 형태로 작성하면, 독립표본 t−검정의 가설 형태와 같습니다. 가설에 통제변수를
넣지 않는 이유는 통제변수에 해당하는 내용이 연구자의 관심사가 아니기 때문입니다. 통제
변수는 독립변수의 순수한 영향력을 보기 위해 투입하는 변수일 뿐입니다.

> 가설 형태 : (독립변수)에 따라 (종속변수)는 유의한 차이가 있다.

여기서 독립변수 자리에 성별을, 종속변수 자리에 품질 평가를 적용하면 가설은 다음과 같습니다.

> **가설 : (성별)에 따라 (품질 평가)는 유의한 차이가 있다.**

이제 이 가설을 검증하기 위해 SPSS 분석 실습을 해보겠습니다.

아무도 가르쳐주지 않는 Tip

통제한다는 것은 무슨 의미일까요?

회사에서 강의할 때 위와 같은 질문을 하면 제대로 대답하는 분이 많지 않습니다. 예를 들어 학력에 따라 건강상태에 차이가 있는지 검증했는데 유의하게 나왔다고 가정하겠습니다. 고졸 이하가 대졸 이상보다 건강상태가 나쁘게 나왔다고 해봅시다. 하지만 정말 학력이 낮아 건강이 나빠진 걸까요? 공부를 덜 하면 건강이 나빠지는 걸까요?

아마도 학력이 낮은 사람들이 대체로 나이가 많고, 나이가 많은 사람들이 상대적으로 덜 건강하기 때문에, 학력이 낮은 사람들이 건강이 나쁘다고 나왔을 가능성이 높습니다. 즉 연령이 학력에 업혀 들어가, 연령의 영향력이 마치 학력의 영향력인 것처럼 보이는 겁니다.

따라서 연령을 통제하여 학력에 따른 건강상태의 차이 검증을 한다면, 학력의 영향은 유의하게 나오지 않을 가능성이 높겠죠. 연령의 영향력을 배제한 상태에서 학력의 순수한 영향력이 나올 테니까요. 한마디로, 통제를 한다는 것은 통제변수의 영향력이 독립변수에 업혀 들어가는 걸 막는다는 의미로 생각하면 됩니다. 보건·의학 분야에서는 보정(adjustment)이라는 용어로 표현하니 참고해주세요.

02 _ SPSS 무작정 따라하기

준비파일 : 기본 실습파일_변수계산완료.sav

1 분석−일반선형모형−일변량을 클릭합니다.

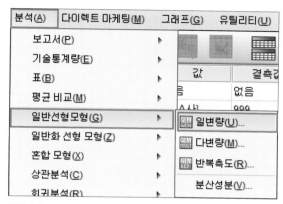

그림 1-2

2 일변량 분석 창에서 ❶ 종속변수인 '품질'을 '종속변수'로 이동하고, ❷ 독립변수인 '성별'을 '고정요인'으로 이동하며, ❸ 통제변수인 '연령'을 '공변량'으로 이동합니다. ❹ 확인을 클릭합니다.

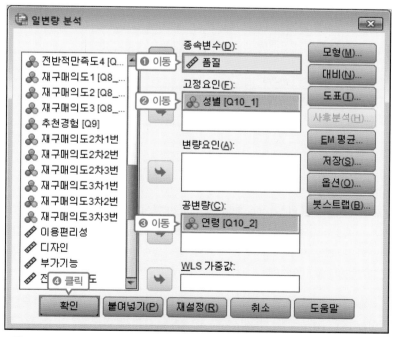

그림 1-3

03 _ 출력 결과 해석하기

공분산분석 결과를 해석할 때는 [그림 1-4]의 〈개체–간 효과 검정〉 결과표에서 성별에 대한 유의확률(p값)만 중요하게 보면 됩니다. 성별의 실제 변수 이름은 'Q10_1'이므로, 'Q10_1' 행에 있는 유의확률을 봅니다. 성별의 유의확률은 .05보다 작은 값인 .044입니다. 즉 연령의 영향력을 통제하더라도 성별에 따른 품질 평가는 통계적으로 유의한 차이를 보인다고 할 수 있습니다.

개체-간 요인

		값 레이블	N
성별	1	남자	160
	2	여자	140

개체-간 효과 검정

종속변수: 품질

소스	제 III 유형 제곱합	자유도	평균제곱	F	유의확률
수정된 모형	2.064[a]	2	1.032	2.131	.121
절편	297.280	1	297.280	613.826	.000
Q10_2	.009	1	.009	.019	.890
Q10_1	1.977	1	1.977	4.082	.044
오차	143.839	297	.484		
전체	3455.280	300			
수정된 합계	145.903	299			

a. R 제곱 = .014 (수정된 R 제곱 = .008)

그림 1-4 | 공분산분석 SPSS 출력 결과 : 일변량 분산분석

 여기서 잠깐!!

변수에 대해 처음 배울 때, '연령'을 어떤 변수로 봐야 할지 헷갈린 적이 있습니다. 어떤 논문에서는 숫자로 대소 관계를 비교하지 않는 '명목형 자료'로 사용하고, 또 다른 논문에서는 숫자로 대소 관계를 비교하는 '연속형 자료'로 사용하고 있었습니다. '한번에 통과하는 논문' 시리즈의 1권과 2권을 통해 연속형 자료와 명목형 자료에 대해 공부한 독자들도 연령 부분은 저처럼 헷갈릴 수 있습니다.

방금 공부한 공분산분석에서는 '연령'을 연속형 변수로 사용하고 있습니다. 하지만 연령에 따른 컴퓨터 숙련도를 분석해야 하는 경우라면 어떨까요? 이때는 연령을 범주형 변수로 사용합니다. 그렇다면 이 구분은 어떻게 해야 할까요?

로데이터(raw data)를 보고 먼저 판단하면 됩니다. 연속형 변수로 사용된 '연령'은 대개 '나이'를 나타냅니다. 그래서 주관식 문항이고, 나이를 직접 적어주는 경우가 많죠. 방금 실습했던 파일에서 연령 변수인 Q10_2를 더블클릭하면 나이가 세로로 기록되어 있는 것을 확인할 수 있습니다. 반면에 '연령'이 범주형 변수로 쓰이는 경우는 '연령대'를 나타내는 경우가 많습니다. 20~29세를 20대, 30~39세를 30대로 보고 연령대에 따른 연속형 변수들의 차이를 볼 때 많이 사용합니다. 혹은 실습파일처럼 주관식으로 나이를 물어본 후, 빈도분석을 통해 구간을 설정하여 범주형 변수로 사용하는 경우도 있습니다. 약 20~25% 정도 되는 구간으로 설정하고, 마케팅에서 자주 사용하는 것처럼 1~7세(유아), 8~12세(어린이), 13~19세(청소년) 등으로 그룹을 설정하여 진행할 때, 연령이 범주형 변수로 사용됩니다.

04 _ 논문 결과표 작성하기

1 논문 결과표를 작성할 때 엑셀로 저장한 SPSS 결과를 사용합니다. 먼저 SPSS에서 결과를 엑셀로 저장하는 방법을 알아보겠습니다. SPSS 출력결과 창에서 **❶** 파일의 **❷** 내보내기를 클릭하거나, SPSS 출력결과 창의 도구모음에서 ⬛(내보내기)를 클릭하여 내보내기 출력결과 창을 엽니다.

그림 1-5

2 내보내기 출력결과 창이 열리면 ❶ 문서의 '유형'은 'Excel 2007 이상(*.xlsx)'을 선택하고, ❷ '파일 이름'에 파일명을 입력한 뒤, ❸ 확인을 클릭해서 저장합니다.

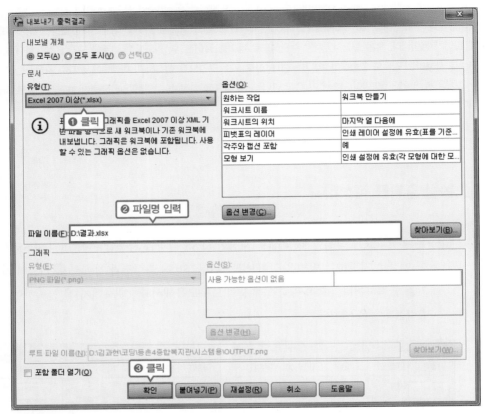

그림 1-6

3 한글에서 결과표의 형태를 작성해보겠습니다. 공분산분석 결과표는 변량원에 공변량인 연령과 독립변수인 성별, 오차로 구성하고, 제곱합과 자유도, 평균제곱, F값, 유의확률의 결과 값 열로 구성하여 아래와 같이 작성합니다.

표 1-1

변량원	제곱합	자유도	평균제곱	F	p
연령					
성별					
오차					

4 공분산분석 엑셀 결과의 〈개체-간 효과 검정〉에서 제III유형 제곱합, 평균제곱, F값을 '0.000' 형태로 동일하게 변경하겠습니다. ❶ ❷ ❸ Ctrl 을 누른 상태에서 3개의 셀을 차례로 클릭하여 모두 선택하고, ❹ Ctrl + 1 단축키로 셀 서식 창을 엽니다.

	개체-간 효과 검정				
36					
37	종속변수:	품질			
38	소스	제 III 유형 제곱합	자유도	평균제곱	F	유의확률
39	수정된 모형	2,064ª	2	1,032	2,131	,121
40	절편	297,280	1	297,280	613,826	,000
41	Q10_2	0,009	1	0,009	0,019	,890
42	Q10_1	1,977	1	1,977	4,082	,044
43	오차	143,839	297	0,484		
44	전체	3455,280	300	❶ 선택	❸ Ctrl + 선택	
45	수정된 합계	145,903	2	❷ Ctrl + 선택		
46	a. R 제곱 = ,014 (수정된 R 제곱 = ,008)				❹ Ctrl + 1	

그림 1-7

여기서 잠깐!!

1 에서 **내보내기** 기능을 통해 SPSS 출력 결과를 엑셀로 옮겼는데, 그냥 SPSS 출력 결과에서 원하는 부분을 클릭하고 '복사'한 후, 엑셀에 '붙여넣기'를 해도 됩니다. 또 **4** 에서 단축키를 사용하지 않고, 마우스 오른쪽 버튼을 눌러 셀 서식을 클릭해도 **5** 와 똑같은 화면이 나옵니다. 제가 진행하는 방식을 무조건 따라 하기보다는 여러분이 기억하기 편한 방법을 선택해 진행하는 게 좋습니다.

5 셀 서식 창에서 ❶ '범주'의 '숫자'를 클릭하고, ❷ '음수'의 '-1234'를 선택합니다. ❸ '소수 자릿수'를 '3'으로 수정하고, ❹ 확인을 클릭해서 소수점 셋째 자리의 수로 변경합니다.

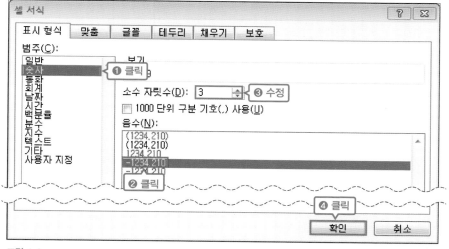

그림 1-8

6 연령(Q10_2), 성별(Q10_1), 오차의 제 III 유형 제곱합, 자유도, 평균제곱, F값, 유의확률 값의 셀을 선택하여 복사합니다.

개체-간 효과 검정

종속변수: 품질

소스	제 III 유형 제곱합	자유도	평균제곱	F	유의확률
36					
37 종속변수: 품질					
38 소스	제 III 유형 제곱합	자유도	평균제곱	F	유의확률
39 수정된 모형	2,064ª	2	1,032	2,131	,121
40 절편	297,280	1	297,280	613,826	,000
41 Q10_2	0,009	1	0,009	0,019	,890
42 Q10_1	1,977	1	1,977	4,082	,044
43 오차	143,839	297	0,484		
44 전체	3455,280	300			
45 수정된 합계	145,903	299			
46 a. R 제곱 = ,014 (수정된 R 제곱 = ,008)					

Ctrl + C

그림 1-9

여기서 잠깐!!

4 와 **5** 과정을 진행하는 이유는 소수점 자리를 논문 표 양식에 맞게 일치시키기 위함입니다. 하지만 SPSS 24 이상을 쓰는 분들은 이 작업을 거칠 필요가 없습니다. 프로그램이 자동으로 고쳐주기 때문입니다. 아래 [그림 1-10] 은 그 이전 버전에서 작업했을 때 제공되는 표의 모습입니다. [그림 1-7]과 비교하면 소수점의 자릿수 표현 방식이 다른 것을 알 수 있습니다. 앞으로도 이 책에서는 이전 버전 사용자들을 위해 논문 결과표 작성 시 **4** 와 **5** 에 해당 하는 과정을 함께 설명하겠습니다.

오브젝트 간 효과 검정

종속변수: 품질

소스	합	df	평균 제곱	F	유의수준
1					
2 종속변수: 품질					
3 소스	합	df	평균 제곱	F	유의수준
4 수정한 모형	2,064ª	2	1,032	2,131	,121
5 절편	297,280	1	297,28		,000
6 Q10_2	,009	1	,009	,019	,890
7 Q10_1	1,977	1	1,977	4,082	,044
8 오류	143,839	297	,484		
9 총계	3455,280	300			
10 수정 합계	8				
11 a. R 제곱 = ,014 (수정된 R 제곱 = ,008)					

❸ Ctrl + 선택

❶ 선택 ❷ Ctrl + 선택 ❹ Ctrl + 1

그림 1-10 | SPSS 24 이전 버전의 출력 결과 예시

7 복사한 결과 값을 한글에 만들어놓은 결과표에 붙여넣기합니다.

변량원	제곱합	자유도	평균제곱	F	p
연령					
성별	Ctrl + V				
오차					

그림 1-11

8 셀 붙이기 창에서 ❶ '내용만 덮어 쓰기'를 클릭한 다음 ❷ 붙이기를 클릭합니다.

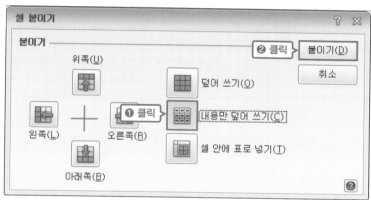

그림 1-12

9 입력한 모든 셀의 글자 모양을 양식에 맞게 변경하면 결과표가 완성됩니다. 성별의 유의확률(p)이 0.05 미만이므로 F값에 ＊표 1개를 위첨자로 달아줍니다.

표 1-2

변량원	제곱합	자유도	평균제곱	F	p
연령	0.009	1	0.009	0.019	.890
성별	1.977	1	1.977	4.082*	.044
오차	143.839	297	0.484		

＊ $p < .05$

여기서 잠깐!!

'＊'와 '위첨자'를 어떻게 작성해야 하는지 모르는 독자가 있을 것 같은데요. ＊는 Shift + 8 을 눌러 입력하거나 Ctrl + F10 을 눌러 '문자표 입력'에 들어가 찾을 수도 있습니다. 위첨자는 '마우스 오른쪽 버튼 클릭-글자 모양-속성'에서 '가'라는 글자가 오른쪽 상단에 배치된 버튼을 클릭하면 됩니다. 한글 버전에 따라 조금씩 다를 수 있으니 참고해주세요.

05 _ 논문 결과표 해석하기

공분산분석 결과표의 해석은 다음 2단계로 작성합니다.

❶ **분석 내용과 분석법 설명**
"성별(독립변수)에 따라 스마트폰 품질(종속변수)에 대한 평가에 유의한 차이를 보이는지 검증하고자 공분산분석(분석법)을 실시하였다. 연령을 공변량으로 투입하여 연령의 영향력을 통제하고, 성별에 따른 스마트폰 품질 평가의 차이를 검증하였다."

❷ **공분산분석 유의성 검정 결과 설명**
성별의 유의확률(p)이 0.05 미만인지, 이상인지에 따라 유의성 검정 결과를 설명합니다.
1) 유의확률(p)이 0.05 미만으로 유의한 차이가 있을 때는 "품질 평가는 성별에 따라 유의한 차이를 보였다(p<.05)."로 적고,
2) 유의확률(p)이 0.05 이상으로 유의하지 않을 때는 "품질 평가는 성별에 따라 유의한 차이를 보이지 않았다(p>.05)."로 마무리합니다.

위의 2단계에 맞춰 앞에서 실습한 출력 결과 값을 작성하면 다음과 같습니다.

❶ 성별에 따라 스마트폰 품질에 대한 평가에 유의한 차이를 보이는지 검증하고자 공분산분석(Analysis of Covariance; ANCOVA)을 실시하였다. 연령은 공변량으로 투입하여 연령의 영향력을 통제하고, 성별에 따른 스마트폰 품질 평가의 차이를 검증하였다.

❷ 그 결과 품질 평가는 성별에 따라 유의한 차이를 보였다[2](F=4.082, p<.05)[3].

 여기서 잠깐!!

SPSS 엑셀 결과에서 한글 결과표로 결과 값을 옮기는 과정은 위의 설명과 반드시 동일한 순서대로 진행할 필요는 없습니다. 작업하기 편한 방식을 예를 들어 설명한 것이니까요. 한 번만 똑같이 따라 해보고, 다음에는 본인에게 더 맞는 방식을 찾아서 진행하면 됩니다.

---

2 p값이 .05보다 크게 나타났다면, '유의한 차이를 보이지 않았다'라고 표기
3 유의한 차이가 난 경우 F값과 p값 제시

[공분산분석 논문 결과표 완성 예시]

성별에 따른 스마트폰 품질 평가 차이

성별에 따라 스마트폰 품질에 대한 평가에 유의한 차이를 보이는지 검증하고자 공분산분석(Analysis of Covariance; ANCOVA)을 실시하였다. 연령은 공변량으로 투입하여 연령의 영향력을 통제하고, 성별에 따른 스마트폰 품질 평가의 차이를 검증하였다. 그 결과 품질 평가는 성별에 따라 유의한 차이를 보였다($F=4.082$, $p<.05$).

〈표〉 성별에 따른 스마트폰 품질 평가 차이에 대한 공분산분석 결과

변량원	제곱합	자유도	평균제곱	F	p
연령	0.009	1	0.009	0.019	.890
성별	1.977	1	1.977	4.082*	.044
오차	143.839	297	0.484		

* $p<.05$

 여기서 잠깐!!

- F와 p(유의확률) 같은 통계적 약어는 일반적으로 논문에서 기울임꼴로 표현합니다.

- 성별에 따른 스마트폰 품질 각각의 평균은 **일변량 분석** 창의 **옵션**에서 '기술통계량'을 체크하면 확인할 수 있습니다. 구체적인 차이를 해석에 포함하려면 '기술통계량'의 남자와 여자의 평균을 확인하여 다음과 같은 문장을 추가하면 됩니다.

  "남자의 스마트폰 품질 평가 평균이 3.40으로 여자 3.23보다 더 높게 나타났다."

- 공분산분석의 제곱합, 자유도, 평균제곱 등의 값은 F값과 p값을 산출하기 위한 과정으로 보면 됩니다. 성별에 따른 차이가 클수록 제곱합이나 평균제곱 값도 커집니다. 이 값들이 커지면 F값은 커지고 p값은 작아집니다. 결국 F값이 충분히 커서 p값이 .05 미만으로 작으면 유의한 결과를 보이겠죠.
  즉 제곱합, 자유도, 평균제곱은 F값과 p값을 산출하기 위한 과정상의 값이라고만 이해하면 되고, 구체적인 개념은 몰라도 괜찮습니다. 다만, 위에서 설명했듯이 다음과 같은 규칙을 보인다는 점은 간단히 알고 넘어가면 좋겠습니다.

  집단 간 차이 ↑ → 제곱합 ↑ → 평균제곱 ↑ → F값 ↑ → p값 ↓

06 _ 노하우 : 독립표본 t-검정과 공분산분석은 사실 한 몸!

기존 통계 관련 교재를 보면 독립표본 t-검정과 공분산분석에 대한 설명을 따로 한 경우가 많기 때문에, 연구자들은 이를 논문에서 정리할 때 어려움을 많이 겪습니다. 보통 사전과 사후에 걸쳐 진행되는 실험 연구에서 독립표본 t-검정과 공분산분석은 병행해서 사용합니다.

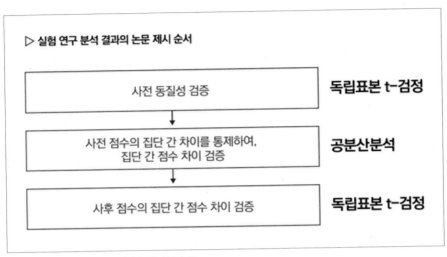

그림 1-13 | 실험 연구 분석 결과 논문 제시 순서

물론 공분산분석을 실시하지 않고 독립표본 t-검정 결과만으로 실험 연구 분석 결과를 제시하는 논문이 대다수이지만, 가능하면 공분산분석은 진행해주는 게 좋습니다. 독립표본 t-검정을 통해 사전 동질성 검증을 하지만, 집단 간 사후 점수 차이를 독립표본 t-검정을 통해서만 보여준다면, 사전 점수에서 실험집단과 대조집단 간에 약간이나마 차이가 났을 때, 그 결과를 무시하고 분석하게 되는 오류를 범할 수 있습니다.

따라서 먼저 독립표본 t-검정을 통해 사전 집단 간 동질성 검증을 실시하고, 공분산분석을 통해 사전 점수를 통제했을 때 사후 점수 차이의 유의성을 검증합니다. 이어서 독립표본 t-검정을 통해 사후 점수 차이를 확인하여, 실험 집단의 사후 점수가 대조 집단보다 더 많이 개선되었다는 것을 확인시켜주면 됩니다.[4]

---

4 t-검정에 관한 내용은 '한번에 통과하는 논문' 시리즈의 2권에서 자세히 다룹니다. t-검정에 대한 이해가 필요하다면 2권을 읽어보고, 논문을 쓸 때 공분산분석과 t-검정을 병행하여 기술하기 바랍니다.

여기서 잠깐!!

이쯤에서 '한번에 통과하는 논문' 시리즈의 2권에서 배운 팁들을 총정리해 보겠습니다. 이 책만 구입한 독자들도 있을 것이기 때문입니다. 2권을 읽고 이 책을 구매한 독자라면 너그럽게 양해해주시길 부탁드립니다.

> **• SPSS에서 변수를 동시에 선택하고 싶다면 어떻게 해야 할까요?**

여러 변수를 동시에 선택할 때 Ctrl 과 Shift 버튼을 사용하면 편리합니다. 서로 떨어져 있는 A 와 F 라는 변수가 있을 때, A 와 F 만 선택하고 싶다면 Ctrl 버튼을 누른 상태에서 A 와 F 를 선택하면 됩니다. A 에서 F 까지 모든 변수를 선택할 때는 Shift 버튼을 누른 상태에서 A 와 F 를 선택하면 됩니다. 하나씩 선택하지 말고, Ctrl 과 Shift 버튼을 잘 활용해주세요.

> **• 논문 결과표를 작성할 때 이 책에 나온 결과표 형태로 작성해야 하나요?**

사실 논문 결과표 작성 방법에 정답이 있는 것은 아닙니다. 수년간 여러 학교의 논문을 진행하면서 연구자들이 가장 많이 사용하고 이해하기 쉬운 표로 구성하다 보니, 이 책에서 언급하는 표 형태로 발전했습니다. 하지만 학교에서 요구하는 양식과 지도 교수님의 스타일에 따라 표 구성과 출력 결과 값 기입 방법 등이 달라질 수 있습니다. 여기에서 언급하는 표 양식을 통해 분석을 연습하고, 선배들이 쓴 학교 양식을 구해 조금씩 변형하여 사용하는 것이 가장 지혜로운 방법이라 생각합니다.

> **• 평균제곱, 제곱합, 자유도에 대한 개념이 잘 안 잡힙니다. 쉽게 알려주세요.**

평균제곱은 제곱합을 자유도로 나눈 값입니다. 실질적으로 '집단에 따라 차이를 보이는 정도'라고 생각하면 됩니다. 그리고 '오차' 행에서의 평균제곱은 집단을 나누지 않았을 때 나타나는 분산입니다. 그래서 F값은 각 변수의 평균제곱을 '오차' 행의 평균제곱으로 나눈 값이라고 생각하면 됩니다.

> **• 지도 교수님께서 별표(*)가 떴는지, 통계적으로 유의한지를 물어보시는데, 만약 유의확률이 잘 안 나오면 어떻게 하나요?**

일반적으로 논문에서는 유의수준 .05를 기준으로 해서, p값이 .05 미만으로 나와야 통계적으로 유의하다고 이야기합니다. 하지만 유의수준이 .05에 가깝게 나왔지만 .05 이상인 경우에 연구자는 많은 고민을 하게 되죠. 그래서 데이터를 조작하는 경우도 더러 있습니다. 하지만 조작은 연구윤리에 어긋납니다. 따라서 버리기 아까운 가설이라면, 유의수준을 .10 정도로 높여주고 의미를 부여하는 것도 한 방법입니다.

유의확률이 10% 미만이라고 하면, 어떤 현상에 대한 반복 가능성이 상당히 높은 편이니, 보편적인 논문 기준에는 부합하지 않지만, 의미를 부여할 수는 있습니다. 히든그레이스 데이터분석팀에서는 기관분석도 진행하는데, 이때는 유의수준을 .10으로 책정하여 진행하기도 합니다. 단, 지도 교수님이 허락하지 않을 수도 있으니, 이런 상황이 생기면 지도 교수님과 꼭 상의해보는 것이 중요합니다. '한번에 통과하는 논문' 시리즈의 1권을 읽은 독자라면 '지도 교수님의 중요성'을 강조하고 또 강조했던 점, 기억할 겁니다.

- SPSS 실습파일을 확인해보니, '기본 실습파일.sav'와 '기본 실습파일_변수계산완료.sav'가 있습니다. 두 실습파일에는 어떤 차이가 있나요?

공분산분석 실습에서는 '기본 실습파일_변수계산완료.sav'를 사용하셨죠? 여기서 품질 변수는 변수 계산 메뉴에서 숫자표현식을 통해 'mean(품질1,품질2,품질3,품질4,품질5)' 형태로 넣어서 품질1부터 품질5까지의 평균을 산출한 값입니다. 따라서 사용한 실습파일은 여러분이 변수 계산을 따로 하지 않고, 바로 실습에 적용할 수 있는 파일이죠.

하지만 여러분이 설문조사를 하고 직접 논문을 쓰기 위한 분석을 하게 되면, 이렇게 친절하게 다 계산되어 있지 않죠. 그런 초기 상태가 '기본 실습파일.sav'입니다. '한번에 통과하는 논문' 시리즈의 2권에서는 이에 대한 실습을 하나씩 실행하였고, 변수 계산 및 기타 계산이 완료된 '기본 실습파일_변수계산완료.sav' 파일 형태로 도출할 수 있게끔 설계되어 있습니다.

여러분이 공부하고 있는 이 책은 고급 분석을 다룬 책입니다. 변수계산 및 기타 기본적인 분석은 할 줄 안다는 전제 아래 내용이 진행되기 때문에 따로 기초적인 설명을 하지 않았습니다. 대신 설문지와 초기 상태의 로데이터(raw data)를 제공하여 연구자들이 책에 적혀 있지 않는 다른 연습도 진행해볼 수 있게끔 설계하였습니다.

실습 / 설문 구성

이 설문은 '기본 실습파일.sav'를 기초로 한 설문지입니다. ('한번에 통과하는 논문' 시리즈의 2권을 구입하지 않은 독자라면) 향후 실습을 진행하면서 잘 이해가 되지 않을 경우, 이 설문지를 참고하세요.

문항	문항 내용	보기
문1	스마트폰 브랜드	1) A사　2) B사　3) C사
문2-1	스마트폰 친숙도	1) 전혀 그렇지 않다.　2) 그렇지 않다. 3) 보통이다.　4) 그렇다.　5) 매우 그렇다.
문2-2		
문2-3		
문3-1	스마트폰 품질에 대한 만족도	1) 전혀 그렇지 않다.　2) 그렇지 않다. 3) 보통이다.　4) 그렇다.　5) 매우 그렇다.
문3-2		
문3-3		
문3-4		
문3-5		
문4-1	스마트폰 이용편리성에 대한 만족도	1) 전혀 그렇지 않다.　2) 그렇지 않다. 3) 보통이다.　4) 그렇다.　5) 매우 그렇다.
문4-2		
문4-3		
문4-4		
문5-1	스마트폰 디자인에 대한 만족도	1) 전혀 그렇지 않다.　2) 그렇지 않다. 3) 보통이다.　4) 그렇다.　5) 매우 그렇다.
문5-2		
문5-3		
문5-4		
문5-5		
문6-1	스마트폰 부가 기능에 대한 만족도	1) 전혀 그렇지 않다.　2) 그렇지 않다. 3) 보통이다.　4) 그렇다.　5) 매우 그렇다.
문6-2		
문6-3		
문6-4		
문6-5		
문7-1	스마트폰에 대한 전반적인 만족도	1) 전혀 그렇지 않다.　2) 그렇지 않다. 3) 보통이다.　4) 그렇다.　5) 매우 그렇다.
문7-2		
문7-3		
문7-4		
문8-1	동일 브랜드 재구매 의도	1) 전혀 그렇지 않다.　2) 그렇지 않다. 3) 보통이다.　4) 그렇다.　5) 매우 그렇다.
문8-2		
문8-3		
문9	추천 경험	0) 아니요 (추천 안 함)　1) 예 (추천함)
문10-1	성별	1) 남자　2) 여자
문10-2	연령	주관식

1 귀하께서 사용하는 <u>스마트폰 브랜드</u>는 어느 회사의 브랜드입니까?

  ① A사   ② B사   ③ C사

2 다음은 <u>스마트폰 친숙도</u>에 관한 문항입니다. 각 항목별로 해당되는 곳에 V 표를 해주십시오.

	항목	전혀 그렇지 않다	별로 그렇지 않다	보통 이다	대체로 그렇다	매우 그렇다
2–1	나는 스마트폰을 잘 다루는 편이다.	①	②	③	④	⑤
2–2	나는 스마트폰을 사용하는 데 어려움이 없다.	①	②	③	④	⑤
2–3	나는 스마트폰의 다양한 기능을 활용한다.	①	②	③	④	⑤

3 다음은 <u>스마트폰 품질</u>에 관한 문항입니다. 각 항목별로 해당되는 곳에 V 표를 해주십시오.

	항목	전혀 그렇지 않다	별로 그렇지 않다	보통 이다	대체로 그렇다	매우 그렇다
3–1	외관이 튼튼하다.	①	②	③	④	⑤
3–2	오래 쓸 수 있을 것 같다.	①	②	③	④	⑤
3–3	잘 고장 나지 않을 것 같다.	①	②	③	④	⑤
3–4	통화 품질이 좋다.	①	②	③	④	⑤
3–5	품질 문제로 서비스 센터에 자주 방문하지 않는다.	①	②	③	④	⑤

4 다음은 <u>스마트폰 이용편리성</u>에 관한 문항입니다. 각 항목별로 해당되는 곳에 V 표를 해주십시오.

	항목	전혀 그렇지 않다	별로 그렇지 않다	보통 이다	대체로 그렇다	매우 그렇다
4–1	통화하기가 편리하다.	①	②	③	④	⑤
4–2	화면이 보기 좋다.	①	②	③	④	⑤
4–3	원하는 메뉴로 이동하기 쉽다.	①	②	③	④	⑤
4–4	메뉴 이동 시 반응이 빠르다.	①	②	③	④	⑤

5 다음은 <u>스마트폰 디자인</u>에 관한 문항입니다. 각 항목별로 해당되는 곳에 V 표를 해주십시오.

	항목	전혀 그렇지 않다	별로 그렇지 않다	보통 이다	대체로 그렇다	매우 그렇다
5–1	디자인이 좋다.	①	②	③	④	⑤
5–2	모양이 마음에 든다.	①	②	③	④	⑤
5–3	크기가 마음에 든다.	①	②	③	④	⑤
5–4	두께가 마음에 든다.	①	②	③	④	⑤
5–5	색깔이 마음에 든다.	①	②	③	④	⑤

6 다음은 <u>스마트폰 부가 기능</u>에 관한 문항입니다. 각 항목별로 해당되는 곳에 V 표를 해주십시오.

항목	전혀 그렇지 않다	별로 그렇지 않다	보통 이다	대체로 그렇다	매우 그렇다
6-1 카메라 사진이 잘 나온다.	①	②	③	④	⑤
6-2 동영상 촬영 품질이 좋다.	①	②	③	④	⑤
6-3 음악을 들을 때 음질이 좋다.	①	②	③	④	⑤
6-4 영화 감상 시 화질이 좋다.	①	②	③	④	⑤
6-5 블루투스가 잘 연결된다.	①	②	③	④	⑤

7 다음은 <u>스마트폰에 대한 전반적인 만족도</u>에 관한 문항입니다. 각 항목별로 해당되는 곳에 V 표를 해주십시오.

항목	전혀 그렇지 않다	별로 그렇지 않다	보통 이다	대체로 그렇다	매우 그렇다
7-1 전반적으로 좋다.	①	②	③	④	⑤
7-2 전반적으로 호감이 간다.	①	②	③	④	⑤
7-3 전반적으로 마음에 든다.	①	②	③	④	⑤
7-4 스마트폰 구입에 만족한다.	①	②	③	④	⑤

8 다음은 <u>스마트폰 재구매 의도</u>에 관한 문항입니다. 각 항목별로 해당되는 곳에 V 표를 해주시기 바랍니다.

항목	전혀 그렇지 않다	별로 그렇지 않다	보통 이다	대체로 그렇다	매우 그렇다
8-1 나는 스마트폰 재구매 시 같은 회사 제품을 다시 구매하고 싶다.	①	②	③	④	⑤
8-2 다른 회사의 좋은 제품이 출시되어도 현재와 같은 회사 제품을 구매할 것이다.	①	②	③	④	⑤
8-3 현재 사용하고 있는 회사 제품의 재구매 의향이 높다.	①	②	③	④	⑤

9 사용하고 계신 스마트폰이 좋다고 가족, 친구 또는 지인에게 말한 적이 있습니까?

◎ 아니요 (추천 안 함)　　　　① 예 (추천함)

10 다음은 <u>일반적 특성</u>에 관한 문항입니다.

10-1 귀하의 성별은 무엇입니까?

① 남자　　　② 여자

10-2 귀하의 연령은 어떻게 되십니까?

만 (　　　)세

다변량 분산분석(MANOVA)
: 다수의 독립변수에 따른 다수의 종속변수 평균 차이 검증

bit.ly/onepass-amos3

PREVIEW

· **다변량 분산분석** : 다수의 독립변수에 따른 다수의 종속변수 평균 차이 검증

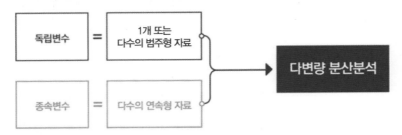

01 _ 기본 개념과 연구 가설

다변량 분산분석(MANOVA; Multivariate ANOVA)은 독립변수에 따라 여러 종속변수의 평균 차이를 검증하는 통계 검정 방법으로, 독립변수가 범주형 자료, 종속변수가 여러 개의 연속형 자료인 경우에 활용합니다. 여러 종속변수를 한꺼번에 분석함으로써 변수들 간의 관계성을 명확하게 밝힐 수 있다는 장점이 있습니다. 그러나 종속변수들끼리 상관이 없는 경우라면 다변량 분산분석보다 각각의 종속변수에 대해 일변량 분산분석을 하는 것이 바람직합니다. 일반적으로 하나의 변수에 대한 하위 요인들이 종속변수일 경우 다변량 분산분석을 실시하며, 그렇지 않은 경우에는 대부분 일변량 분산분석을 진행합니다.

예를 들어 브랜드와 성별에 따라 스마트폰 품질 요인을 구성하는 품질, 이용편리성, 디자인, 부가기능 만족도에 유의한 차이가 있는지 검증하고자 한다면, 독립변수는 범주형 자료이고 종속변수는 4개의 연속형 자료이면서 스마트폰 만족도와 같은 하나의 변수에 대한 하위요인 이기 때문에, 다변량 분산분석을 실시할 수 있습니다.

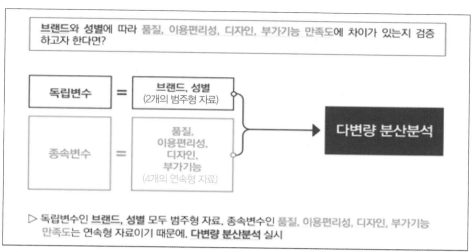

그림 2-1 | 다변량 분산분석(MANOVA)을 사용하는 연구문제 예시

연구문제 2-1

브랜드, 성별에 따른 품질, 이용편리성, 디자인, 부가기능 만족도 차이 검증

스마트폰에 대한 품질, 이용편리성, 디자인, 부가기능 만족도는 브랜드(A사/B사/C사)와 성별(남자/여자)에 따라 유의한 차이가 있는지 검증하고, 품질, 이용편리성, 디자인, 부가기능 만족도에 대해 브랜드와 성별의 상호작용 효과가 있는지 검증해보자.

이에 대한 가설 형태를 정리하면 다음과 같습니다. 가설 순서와 가설 번호는 바꿔도 상관없습니다.

가설 형태 1-1 : (독립변수1)에 따라 (종속변수1)은 유의한 차이가 있다.

가설 형태 1-2 : (독립변수2)에 따라 (종속변수1)은 유의한 차이가 있다.

가설 형태 1-3 : (종속변수1)에 대해서 (독립변수1)과 (독립변수2) 간에는 유의한 상호작용 효과를 보일 것이다.

가설 형태 2-1 : (독립변수1)에 따라 (종속변수2)는 유의한 차이가 있다.

가설 형태 2-2 : (독립변수2)에 따라 (종속변수2)는 유의한 차이가 있다.

가설 형태 2-3 : (종속변수2)에 대해서 (독립변수1)과 (독립변수2) 간에는 유의한 상호작용 효과를 보일 것이다.

가설 형태 3-1 : (독립변수1)에 따라 (종속변수3)은 유의한 차이가 있다.

가설 형태 3-2 : (독립변수2)에 따라 (종속변수3)은 유의한 차이가 있다.

가설 형태 3-3 : (종속변수3)에 대해서 (독립변수1)과 (독립변수2) 간에는 유의한 상호작용 효과를 보일 것이다.

> 가설 형태 4-1 : (독립변수1)에 따라 (종속변수4)는 유의한 차이가 있다.
>
> 가설 형태 4-2 : (독립변수2)에 따라 (종속변수4)는 유의한 차이가 있다.
>
> 가설 형태 4-3 : (종속변수4)에 대해서 (독립변수1)과 (독립변수2) 간에는 유의한 상호작용 효과를 보일 것이다.

여기서 독립변수 자리에 브랜드와 성별을, 종속변수 자리에 스마트폰 품질, 이용편리성, 디자인, 부가기능 만족도를 적용하면 가설은 다음과 같습니다.

> 가설 1-1 : (브랜드)에 따라 (품질 만족도)는 유의한 차이가 있다.
>
> 가설 1-2 : (성별)에 따라 (품질 만족도)는 유의한 차이가 있다.
>
> 가설 1-3 : (품질 만족도)에 대해서 (브랜드)와 (성별) 간에는 유의한 상호작용 효과를 보일 것이다.
>
> 가설 2-1 : (브랜드)에 따라 (이용편리성 만족도)는 유의한 차이가 있다.
>
> 가설 2-2 : (성별)에 따라 (이용편리성 만족도)는 유의한 차이가 있다.
>
> 가설 2-3 : (이용편리성 만족도)에 대해서 (브랜드)와 (성별) 간에는 유의한 상호작용 효과를 보일 것이다.
>
> 가설 3-1 : (브랜드)에 따라 (디자인 만족도)는 유의한 차이가 있다.
>
> 가설 3-2 : (성별)에 따라 (디자인 만족도)는 유의한 차이가 있다.
>
> 가설 3-3 : (디자인 만족도)에 대해서 (브랜드)와 (성별) 간에는 유의한 상호작용 효과를 보일 것이다.
>
> 가설 4-1 : (브랜드)에 따라 (부가기능 만족도)는 유의한 차이가 있다.
>
> 가설 4-2 : (성별)에 따라 (부가기능 만족도)는 유의한 차이가 있다.
>
> 가설 4-3 : (부가기능 만족도)에 대해서 (브랜드)와 (성별) 간에는 유의한 상호작용 효과를 보일 것이다.

이제 이 가설을 검증하기 위해 SPSS 분석 실습을 해보겠습니다.

 여기서 잠깐!!

'한번에 통과하는 논문' 시리즈의 2권에서 배운 이원배치 분산분석과 여기서 배우는 다변량 분산분석에서 사용하는 연구문제에 '주효과'와 '상호작용 효과'라는 개념이 등장합니다. '주효과'는 독립변수에 따라 종속변수에 차이가 나는 것을 의미합니다. '상호작용 효과'는 2개 이상의 독립변수 간에 나타나는 시너지 효과로, 독립변수에 따라 종속변수에 차이가 나는 정도가 다를 때 이런 독립변수들에 의해 효과가 더 커지거나 작아지는 것을 의미합니다.

[연구문제 2-1]을 예로 들면 '가설 1-1'은 품질 만족도에 대한 브랜드의 주효과를 뜻하고, '가설 1-2'는 품질 만족도에 대한 성별의 주효과를 뜻합니다. '가설 1-3'은 품질 만족도에 대해 브랜드와 성별의 상호작용 효과를 검증하는 것으로, 브랜드에 따른 품질 만족도의 차이가 성별에 의해 더 커지거나 작아지는지를 알아보고자 하는 가설입니다.

02 _ SPSS 무작정 따라하기

준비파일 : 기본 실습파일_변수계산완료.sav

1 분석−일반선형모형−다변량을 클릭합니다.

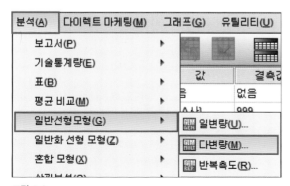

그림 2-2

2 다변량 창에서 **❶** 독립변수인 '브랜드'와 '성별'을 '고정요인'으로 이동하고, **❷** 종속변수
인 '품질', '이용편리성', '디자인', '부가기능'을 '종속변수'로 이동합니다. **❸** 옵션을 클릭
합니다. **❹** 다변량: 옵션 창에서 '기술통계량'과 **❺** '동질성 검정'에 체크하고 **❻** 계속을
클릭합니다.

그림 2-3

3 ❶ EM 평균을 클릭하고 ❷ 모든 변수를 '평균 표시 기준'으로 옮긴 뒤 ❸ '주효과 비교'를 체크합니다. ❹ '신뢰구간 수정'은 'Bonferroni'로 변경하고 ❺ 계속을 클릭합니다.

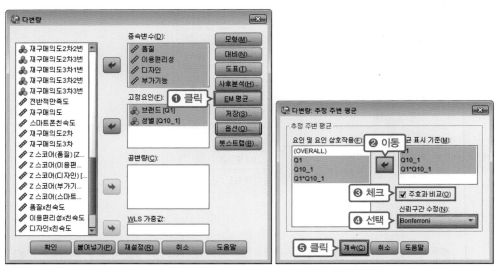

그림 2-4

4 도표를 클릭합니다.

그림 2-5

5 다변량: 프로파일 도표 창에서 ❶ 첫 번째 독립변수인 'Q1(브랜드)'을 '수평축 변수'로 옮기고 ❷ 두 번째 독립변수인 'Q10_1(성별)'을 '선구분 변수'로 옮깁니다. ❸ 추가를 클릭한 후 ❹ 계속을 클릭합니다.

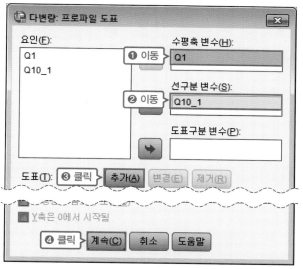

그림 2-6

 여기서 잠깐!!

'수평축 변수'와 '선구분 변수'에 투입하는 변수의 순서는 바꿔도 상관없습니다. 연구자가 보고 설명하기 좋은 그래프를 활용하면 됩니다. 하지만 어떤 변수를 넣는 것이 더 설명하기 좋은 그래프인지 감이 안 잡힌다면, '한번에 통과하는 논문' 시리즈의 2권에서 카이제곱 검정을 공부할 때 썼던 방법을 떠올려보면 됩니다.

카이제곱 검정을 공부할 때 집단의 수가 적은 변수를 '열'에 넣었죠? 비슷한 방식으로 집단의 수가 적은 변수인 성별(Q10_1)을 '선구분 변수'에 넣고, 브랜드(Q10)를 '수평축 변수'에 넣어서 분석해보면 브랜드에 따라 성별이 어떻게 달라지는지 좀 더 쉽게 확인할 수 있습니다.

6 붙여넣기를 클릭합니다.

그림 2-7

7 /EMMEANS=TABLES(Q1*Q10_1) 뒤에 'COMPARE(Q1) ADJ(BONFERRONI)'를 입력합니다.

그림 2-8

 여기서 잠깐!!

[그림 2-7]에서 **붙여넣기**를 클릭하면, [그림 2-8]과 같은 새 창이 뜰 겁니다. 이 창을 명령문이라고 하는데요. 파악하기 힘든 용어와 영어 단어들이 갑자기 튀어나와서 당황스러울 수 있지만, 이해가 잘 안 되더라도 우선 따라 해보세요.

'Q1*Q10_1'이 상호작용 변수에 대한 내용입니다. 브랜드(Q1)에 따른 차이나 성별(Q10_1)에 따른 차이에 대해서는 대응별 비교가 자동으로 나오게 설정되어 있지만, 상호작용 변수 줄에서는 뒤쪽이 비어 있는 것을 확인할 수 있습니다. 상호작용 변수에 대한 유의성 검정은 SPSS 프로그램에서 클릭만으로 자동 실행되지 않습니다. 따라서 명령문에서 **7**과 같이 약간 수정해야 합니다. 브랜드(Q1)를 COMPARE에 넣은 이유는 브랜드를 비교가 가능한 '수평축 변수'로 설정했기 때문입니다. 만약 성별(Q10_1)을 '수평축 변수'로 설정하면, COMPARE 괄호 안에 들어가는 변수명을 'Q10_1'로 바꾸면 됩니다.

8 ❶ Ctrl + A 를 눌러 전체를 선택하고, ❷ ▶(실행) 버튼을 클릭합니다.

그림 2-9

03 _ 출력 결과 해석하기

[그림 2-10]의 〈공분산행렬에 대한 Box의 동일성 검정〉 결과표를 보면, 유의확률이 .743입니다. p값이 .05보다 작으면 공분산행렬이 유의한 차이를 보인다는 의미이고, p값이 .05보다 크면 공분산행렬이 유의한 차이를 보이지 않기 때문에, 여기서는 공분산행렬이 동일하다고 할 수 있습니다. 공분산행렬이라는 말이 너무 어렵죠? 다변량 분산분석이기 때문에, 여러 종속변수에 대해서 한 번에 분석을 진행하는 거라, 독립변수가 종속변수들을 설명하는 행렬 구조가 동일해야 다변량 분산분석에 적합하다고 할 수 있습니다. 이 말조차도 어렵다면 '복잡하게 한 번에 보는 거니까, 이런 조건이 필요하구나.' 정도로만 이해해도 괜찮습니다.

이번에는 〈오차 분산의 동일성에 대한 Levene의 검정〉 결과표를 보겠습니다. 모든 종속변수에 대한 유의확률이 .05 이상으로 나타나, 브랜드와 성별에 따라 모든 종속변수의 오차분산은 동일하다고 할 수 있습니다. 다시 말해, 다변량 분산분석을 하는 데 있어 데이터 구조상 문제는 없는 것으로 판단되었네요.

공분산행렬에 대한 Box의 동일성 검정[a]	
Box의 M	44.931
F	.863
자유도1	50
자유도2	71998.713
유의확률	.743

여러 집단에서 종속변수의 관측 공분산행렬이 동일한 영가설을 검정합니다.

a. Design: 절편 + Q1 + Q10_1 + Q1 * Q10_1

오차 분산의 동일성에 대한 Levene의 검정[a]

	F	자유도1	자유도2	유의확률
품질	.694	5	294	.628
이용편리성	.755	5	294	.583
디자인	1.281	5	294	.272
부가기능	1.139	5	294	.340

여러 집단에서 종속변수의 오차 분산이 동일한 영가설을 검정합니다.

a. Design: 절편 + Q1 + Q10_1 + Q1 * Q10_1

그림 2-10 | 다변량 분산분석 SPSS 출력 결과 : 공분산행렬 동일성 검정

아무도 가르쳐주지 않는 Tip

만약 '공분산행렬 동질성'이 만족하지 않는다면?

일단 '로그 변환' 등의 변수 변환을 해서 분석을 진행해봅니다(**변환 – 변수 계산** 메뉴에서 숫자표현식에 LN(변수명) 형태로 입력해서 새로운 변수 생성). 그래도 공분산행렬 동질성을 만족하지 않는다면, 다변량 분산분석이 아닌 종속변수별로 일변량 분산분석을 진행하는 것이 적합합니다.

품질을 로그 변환한다고 가정해보죠. 우선 **변환 – 변수 계산**을 클릭하여 **변수 계산** 창을 띄웁니다. [그림 2-11]과 같이 목표변수에 '품질로그'를 입력하고 숫자표현식에 'LN('를 입력한 후, 변수 목록에서 '품질'을 더블클릭하고 ')'를 입력하여 'LN(품질)' 형태로 만들어줍니다. **확인**을 클릭하면 로그로 변환된 '품질로그' 변수가 생성됩니다.

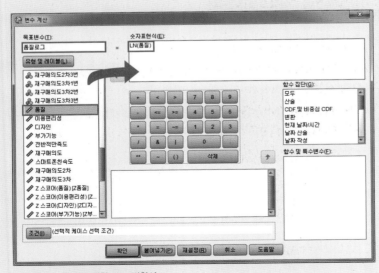

그림 2-11 | 품질에 대한 로그 변환식

[그림 2-12]의 〈개체−간 효과 검정〉 결과표를 보겠습니다. Q1(브랜드) 행에서는 이용편리성과 디자인의 p값이 .05 미만으로 나왔습니다. Q10_1(성별) 행에서는 디자인의 p값이 .05 미만으로 나왔습니다. Q1*Q10_1(브랜드*성별) 행에서는 이용편리성과 부가기능의 p값이 .05 미만으로 나왔습니다. 즉, 브랜드의 경우 이용편리성과 디자인에 따라 차이를 보이는 것으로 나타났고, 성별의 경우 디자인만 차이를 보이는 것으로 나타났습니다. 또 이용편리성과 부가기능에 대해서는 브랜드와 성별 간 상호작용이 있다고 해석되며, 통계적으로 유의하다고 볼 수 있습니다. 전반적으로 이원배치 분산분석과 해석 방법이 같기 때문에 '한번에 통과하는 논문' 시리즈의 2권에서 이원배치 분산분석을 공부한 독자라면 복습하는 기분으로 읽어보는 것도 좋겠습니다.

개체-간 효과 검정

소스	종속변수	제 III 유형 제곱합	자유도	평균제곱	F	유의확률
수정된 모형	품질	4.491[a]	5	.898	1.867	.100
	이용편리성	9.090[b]	5	1.818	3.004	.012
	디자인	7.936[c]	5	1.587	2.967	.012
	부가기능	8.080[d]	5	1.616	2.530	.029
절편	품질	2838.791	1	2838.791	5901.899	.000
	이용편리성	2013.481	1	2013.481	3327.275	.000
	디자인	2464.695	1	2464.695	4606.827	.000
	부가기능	3663.194	1	3663.194	5734.256	.000
Q1	품질	1.926	2	.963	2.002	.137
	이용편리성	4.658	2	2.329	3.849	.022
	디자인	3.873	2	1.936	3.619	.028
	부가기능	2.058	2	1.029	1.610	.202
Q10_1	품질	1.083	1	1.083	2.251	.135
	이용편리성	1.288	1	1.288	2.129	.146
	디자인	2.236	1	2.236	4.179	.042
	부가기능	.847	1	.847	1.325	.251
Q1 * Q10_1	품질	.432	2	.216	.449	.638
	이용편리성	4.013	2	2.006	3.316	.038
	디자인	2.767	2	1.384	2.586	.077
	부가기능	5.341	2	2.671	4.181	.016
오차	품질	141.413	294	.481		
	이용편리성	177.912	294	.605		
	디자인	157.293	294	.535		
	부가기능	187.815	294	.639		
전체	품질	3455.280	300			
	이용편리성	2574.913	300			

그림 2-12 | 다변량 분산분석 SPSS 출력 결과 : 변수 간 유의성 확인과 상호작용 효과 검정

어떤 변수가 유의한지 확인했으니, 이제 독립변수(브랜드, 성별)에 따라 종속변수(품질, 이용편리성, 디자인, 부가기능)가 어떻게 차이를 보이는지, 종속변수에 대해서 독립변수들이 어떻게 상호작용을 보이는지 확인해보겠습니다.

1. 브랜드

추정값

종속변수	브랜드	평균	표준오차	95% 신뢰구간 하한	95% 신뢰구간 상한
품질	A사	3.326	.061	3.206	3.446
	B사	3.383	.067	3.251	3.515
	C사	3.159	.091	2.979	3.338
이용편리성	A사	2.926	.068	2.791	3.060
	B사	2.798	.075	2.650	2.946
	C사	2.586	.102	2.385	2.787
디자인	A사	3.175	.064	3.049	3.302
	B사	3.144	.071	3.005	3.283
	C사	2.875	.096	2.686	3.064
부가기능	A사	3.809	.070	3.671	3.947
	B사	3.803	.077	3.651	3.955
	C사	3.597	.105	3.390	3.803

대응별 비교

종속변수	(I) 브랜드	(J) 브랜드	평균차이(I-J)	표준오차	유의확률[b]	차이에 대한 95% 신뢰구간[b] 하한	차이에 대한 95% 신뢰구간[b] 상한
품질	A사	B사	-.057	.091	1.000	-.275	.161
		C사	.167	.110	.382	-.096	.431
	B사	A사	.057	.091	1.000	-.161	.275
		C사	.224	.113	.145	-.048	.497
	C사	A사	-.167	.110	.382	-.431	.096
		B사	-.224	.113	.145	-.497	.048
이용편리성	A사	B사	.127	.102	.632	-.117	.372
		C사	.340*	.123	.018	.044	.635
	B사	A사	-.127	.102	.632	-.372	.117
		C사	.212	.127	.287	-.093	.518
	C사	A사	-.340*	.123	.018	-.635	-.044
		B사	-.212	.127	.287	-.518	.093
디자인	A사	B사	.031	.096	1.000	-.199	.261
		C사	.300*	.116	.029	.022	.578
	B사	A사	-.031	.096	1.000	-.261	.199
		C사	.269	.119	.074	-.018	.556
	C사	A사	-.300*	.116	.029	-.578	-.022
		B사	-.269	.119	.074	-.556	.018
부가기능	A사	B사	.006	.104	1.000	-.245	.258
		C사	.213	.126	.279	-.091	.517
	B사	A사	-.006	.104	1.000	-.258	.245
		C사	.207	.130	.342	-.107	.521
	C사	A사	-.213	.126	.279	-.517	.091
		B사	-.207	.130	.342	-.521	.107

추정 주변 평균을 기준으로
*. 평균차이는 .05 수준에서 유의합니다.
b. 다중비교를 위한 수정: Bonferroni

그림 2-13 | 다변량 분산분석 SPSS 출력 결과 : 브랜드에 따른 추정값 사후비교

먼저 [그림 2-13]의 브랜드에 따른 종속변수 〈추정값〉 결과표를 보겠습니다. 앞서 유의하게 나온 이용편리성과 디자인을 중점적으로 살펴보면 이용편리성은 A사, B사, C사 순으로 나타났습니다. 디자인은 A사와 B사가 거의 비슷하고, C사가 낮게 나타났습니다. 하지만 이게 유의한 차이인지 아닌지는 〈대응별 비교〉 결과표를 확인해야 합니다.

〈대응별 비교〉 결과표에서 여러 변수를 비교한 유의성 결과를 확인해보겠습니다. 이용편리성은 A사와 C사 간에 유의한 차이를 보이는 것으로 나타났고, 디자인도 A사와 C사 간에 유의한 차이를 보이는 것으로 나타났습니다. 이용편리성과 디자인 모두 A사가 C사보다 만족도가 크다고 해석할 수 있습니다.

이번에는 [그림 2-14]를 살펴보겠습니다. 성별에 따른 종속변수의 평균을 산출한 결과가 나왔습니다. 성별에 따라 통계적으로 유의하게 나온 변수가 디자인이므로, 디자인의 평균만 확인하면 됩니다. 남자보다 여자의 평균이 더 높으니까, 남자($M=2.972$)보다 여자($M=3.157$)가 디자인에 대한 평가가 더 높다고 해석할 수 있습니다. 또한 남자와 여자는 집단이 2개뿐이기 때문에, 여러 집단을 비교하는 〈대응별 비교〉 결과표와 성별에 대한 〈추정값〉 표의 p값이 동일합니다. 따라서 성별에 따른 디자인 차이에 대한 p값은 .042($p<.05$)로 같습니다. 이로써 성별에 따라 디자인 만족도에 차이가 있다는 점을 다시 한 번 확인할 수 있었습니다.

2. 성별

추정값

종속변수	성별	평균	표준오차	95% 신뢰구간 하한	95% 신뢰구간 상한
품질	남자	3.353	.059	3.237	3.469
	여자	3.225	.062	3.103	3.347
이용편리성	남자	2.700	.066	2.570	2.830
	여자	2.840	.070	2.703	2.977
디자인	남자	2.972	.062	2.850	3.095
	여자	3.157	.065	3.028	3.286
부가기능	남자	3.680	.068	3.546	3.813
	여자	3.793	.072	3.652	3.934

대응별 비교

종속변수	(I) 성별	(J) 성별	평균차이(I-J)	표준오차	유의확률[b]	차이에 대한 95% 신뢰구간[b] 하한	차이에 대한 95% 신뢰구간[b] 상한
품질	남자	여자	.128	.086	.135	-.040	.297
	여자	남자	-.128	.086	.135	-.297	.040
이용편리성	남자	여자	-.140	.096	.146	-.329	.049
	여자	남자	.140	.096	.146	-.049	.329
디자인	남자	여자	-.185*	.090	.042	-.362	-.007
	여자	남자	.185*	.090	.042	.007	.362
부가기능	남자	여자	-.114	.099	.251	-.308	.081
	여자	남자	.114	.099	.251	-.081	.308

추정 주변 평균을 기준으로
*. 평균차이는 .05 수준에서 유의합니다.
b. 다중비교를 위한 수정: Bonferroni

그림 2-14 | 다변량 분산분석 SPSS 출력 결과 : 성별에 따른 추정값 사후비교

다음으로 브랜드와 성별 간 상호작용 결과를 살펴보겠습니다. [그림 2-15]의 출력 결과를 보면, 각 종속변수에 대해 브랜드 A사, B사, C사별로 남자와 여자의 평균이 산출되어 있습니다. 앞서 브랜드와 성별 간 상호작용은 이용편리성과 부가기능에서만 통계적으로 유의하게 나타났기 때문에, 두 변수에 대해서만 확인해보겠습니다.

남자와 여자를 분리한 상태에서 브랜드별 이용편리성과 부가기능의 차이를 검증한 결과, 이용편리성은 남자의 경우 A사와 B사가 C사보다 더 높게 나타난 반면, 여자는 A사, B사, C사 간에 유의한 차이가 없는 것으로 나타났습니다. 부가기능은 남자의 경우 B사가 C사보다 더 높게 나타난 반면, 여자는 A사, B사, C사 간에 유의한 차이가 없는 것으로 나타났습니다.

따라서 남자는 브랜드에 따라 이용편리성이나 부가기능에 차이를 보이는 반면, 여자는 브랜드에 따라 이용편리성이나 부가기능에 별 차이를 보이지 않는다고 해석할 수 있습니다. 즉 브랜드에 따른 품질 만족도(이용편리성, 부가기능)의 차이가 성별에 의해 더 커지는 상호작용 효과가 있다고 말할 수 있습니다.

3. 브랜드 * 성별

추정값

종속변수	브랜드	성별	평균	표준오차	95% 신뢰구간 하한	상한
품질	A사	남자	3.422	.087	3.250	3.594
		여자	3.230	.085	3.063	3.397
	B사	남자	3.479	.084	3.314	3.645
		여자	3.286	.105	3.081	3.492
	C사	남자	3.159	.129	2.905	3.412
		여자	3.159	.129	2.905	3.412
이용편리성	A사	남자	2.889	.098	2.696	3.082
		여자	2.963	.095	2.776	3.150
	B사	남자	2.875	.094	2.689	3.061
		여자	2.722	.117	2.491	2.952
	C사	남자	2.336	.144	2.052	2.621
		여자	2.836	.144	2.552	3.121
디자인	A사	남자	3.119	.092	2.938	3.300
		여자	3.231	.089	3.055	3.407
	B사	남자	3.169	.089	2.995	3.344
		여자	3.119	.110	2.902	3.336
	C사	남자	2.629	.136	2.362	2.897
		여자	3.121	.136	2.853	3.388
부가기능	A사	남자	3.714	.101	3.516	3.912
		여자	3.904	.098	3.712	4.097
	B사	남자	3.938	.097	3.747	4.129
		여자	3.668	.120	3.431	3.905
	C사	남자	3.386	.148	3.094	3.678
		여자	3.807	.148	3.515	4.099

대응별 비교

종속변수	성별	(I) 브랜드	(J) 브랜드	평균차이(I-J)	표준오차	유의확률[b]	차이에 대한 95% 신뢰구간[b] 하한	상한
품질	남자	A사	B사	-.057	.121	1.000	-.349	.235
			C사	.264	.156	.274	-.111	.638
		B사	A사	.057	.121	1.000	-.235	.349
			C사	.321	.154	.114	-.050	.691
		C사	A사	-.264	.156	.274	-.638	.111
			B사	-.321	.154	.114	-.691	.050
	여자	A사	B사	-.057	.135	1.000	-.381	.268
			C사	.071	.154	1.000	-.300	.442
		B사	A사	.057	.135	1.000	-.268	.381
			C사	.128	.166	1.000	-.272	.527
		C사	A사	-.071	.154	1.000	-.442	.300
			B사	-.128	.166	1.000	-.527	.272
이용편리성	남자	A사	B사	.014	.136	1.000	-.314	.341
			C사	.553*	.175	.005	.132	.973
		B사	A사	-.014	.136	1.000	-.341	.314
			C사	.539*	.173	.006	.123	.954
		C사	A사	-.553*	.175	.005	-.973	-.132
			B사	-.539*	.173	.006	-.954	-.123
	여자	A사	B사	.241	.151	.334	-.122	.605
			C사	.126	.173	1.000	-.290	.543
		B사	A사	-.241	.151	.334	-.605	.122
			C사	-.115	.186	1.000	-.563	.333
		C사	A사	-.126	.173	1.000	-.543	.290
			B사	.115	.186	1.000	-.333	.563
디자인	남자	A사	B사	-.050	.128	1.000	-.358	.258
			C사	.490*	.164	.009	.095	.885
		B사	A사	.050	.128	1.000	-.258	.358
			C사	.540*	.162	.003	.149	.930
		C사	A사	-.490*	.164	.009	-.885	-.095
			B사	-.540*	.162	.003	-.930	-.149
	여자	A사	B사	.112	.142	1.000	-.230	.454
			C사	.111	.163	1.000	-.281	.502
		B사	A사	-.112	.142	1.000	-.454	.230
			C사	-.001	.175	1.000	-.423	.420
		C사	A사	-.111	.163	1.000	-.502	.281
			B사	.001	.175	1.000	-.420	.423
부가기능	남자	A사	B사	-.224	.140	.330	-.560	.113
			C사	.328	.179	.205	-.104	.760
		B사	A사	.224	.140	.330	-.113	.560
			C사	.552*	.177	.006	.125	.979
		C사	A사	-.328	.179	.205	-.760	.104
			B사	-.552*	.177	.006	-.979	-.125
	여자	A사	B사	.236	.155	.386	-.137	.610
			C사	.098	.178	1.000	-.330	.525
		B사	A사	-.236	.155	.386	-.610	.137
			C사	-.139	.191	1.000	-.599	.322
		C사	A사	-.098	.178	1.000	-.525	.330
			B사	.139	.191	1.000	-.322	.599

추정 주변 평균을 기준으로

*. 평균차이는 .05 수준에서 유의합니다.

b. 다중비교를 위한 수정: Bonferroni

그림 2-15 | 다변량 분산분석 SPSS 출력 결과 : 브랜드 * 성별에 따른 추정값 사후비교

[그림 2-16]은 상호작용 그래프를 종속변수별로 표현한 것입니다. 상호작용에 대해 유의한 변수인 이용편리성과 부가기능을 중심으로 설명하겠습니다.

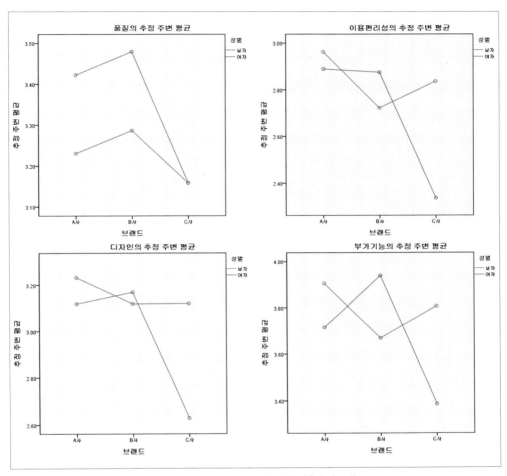

그림 2-16 │ 다변량 분산분석 SPSS 출력 결과 : 브랜드＊성별에 따른 상호작용 효과 그래프

먼저 〈이용편리성〉 그래프를 살펴보면, 남자는 C사가 비교적 낮고, 여자는 브랜드별 변화 폭이 남자에 비해 크지 않음을 확인할 수 있습니다. 결국 두 변수를 수평축 변수(브랜드)와 선 구분 변수(성별)로 설정해서 종속변수(이용만족도, 부가기능)에 대한 그래프로 나타낼 경우, 그래프의 기울기 차이가 크면 상호작용이 유의하게 나타나고 그래프의 기울기 차이가 크지 않으면 상호작용이 유의하지 않게 나타날 가능성이 큽니다. 여기서는 남녀 그래프의 기울기 차이가 충분히 크기 때문에, 상호작용이 유의하게 나온 것으로 볼 수 있습니다.

다음으로 〈부가기능〉 그래프를 살펴보겠습니다. 남자는 B사가 가장 높고 C사는 비교적 낮으며, 여자는 브랜드별 변화 폭이 남자에 비해 크지 않음을 확인할 수 있습니다. 남녀 그래프의 기울기 차이가 충분히 크기 때문에, 상호작용이 유의하게 나타났습니다.

아무도 가르쳐주지 않는 Tip

그래프의 선 모양과 색깔을 변경하는 방법

'한번에 통과하는 논문' 시리즈의 2권에서도 설명한 내용이지만 많이 활용하는 팁이기 때문에 한 번 더 설명하겠습니다. 일반적으로 SPSS에서 그래프를 그리면 그래프 모양이 썩 예쁘지 않습니다. 게다가 기본 세팅에서는 파란색 선과 초록색 선이 나오는데, 보통 논문은 컬러 인쇄보다 흑백 인쇄로 진행하는 경우가 많아 선 색이 구분되지 않습니다. 따라서 선 하나는 직선, 다른 하나는 점선 형태로 만들어 흑백으로 인쇄해도 구분이 잘 되게 해야 합니다.

1 그래프를 더블클릭합니다.

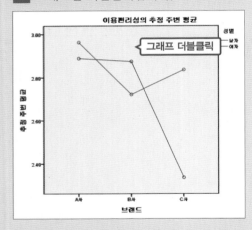

그림 2-17

2 수정하려는 선을 천천히 두 번 클릭한 다음 더블클릭합니다.

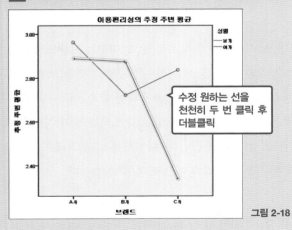

그림 2-18

3 ❶ 원하는 선의 색깔과 모양을 지정한 다음 ❷ 적용을 클릭합니다.

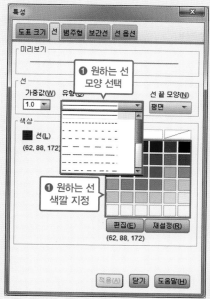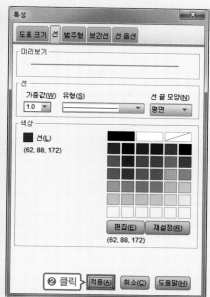

그림 2-19

4 여러 모양을 적용해보면서 마음에 드는 것을 선택합니다.

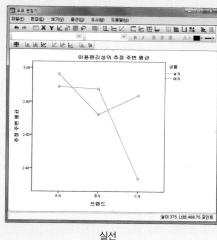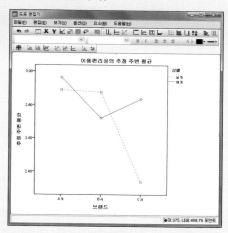

실선   점선

그림 2-20

 여기서 잠깐!!

[그림 2-18]에서 선을 천천히 두 번 클릭하는 이유는 뭘까요? 첫 번째 클릭했을 때는 표 안에 있는 선들이 모두 선택되고, 두 번째 클릭했을 때 연구자가 수정하고 싶은 선이 선택되기 때문입니다.

04 _ 논문 결과표 작성하기

1 다변량 분산분석 결과표는 요인에 독립변수인 브랜드, 성별, 브랜드와 성별의 상호작용
(브랜드*성별), 오차를 작성하고, 종속변수 열에 각 독립변수별로 품질, 이용편리성, 디
자인, 부가기능을 작성합니다. 이어서 제곱합과 자유도, 평균제곱, F값, 유의확률의 결
과 값 열로 구성하여 작성합니다.

표 2-1

요인	종속변수	제곱합	자유도	평균제곱	F	p
브랜드	품질					
	이용편리성					
	디자인					
	부가기능					
성별	품질					
	이용편리성					
	디자인					
	부가기능					
브랜드*성별	품질					
	이용편리성					
	디자인					
	부가기능					
오차	품질					
	이용편리성					
	디자인					
	부가기능					

여기서 잠깐!!

Section 01에서 언급했지만, **2**와 **3** 과정은 SPSS 24 이전 버전 사용자를 위한 설명입니다. SPSS 24 버전에서
는 결과를 엑셀로 내보내거나 복사해서 붙여넣으면 자동으로 '0.000' 형태로 만들어줍니다. 따라서 SPSS 24 버전
사용자는 **4**로 건너뛰면 됩니다.

2 다변량 분산분석 엑셀 결과의 〈개체-간 효과 검정〉 결과표에서 제Ⅲ유형 제곱합, 평균제곱, F값을 '0.000' 형태로 동일하게 변경하겠습니다. **❶ ❷** Ctrl 을 누른 상태에서 3개의 셀을 차례로 클릭하여 모두 선택하고, **❸** Ctrl + 1 단축키로 셀 서식 창을 엽니다.

개체-간 효과 검정

소스		제 Ⅲ 유형 제곱합	자유도	평균제곱	F	유의확률
수정된 모형	품질	4.491[a]	5	0.898	1.867	0.100
	이용편리성	9.090[b]	5	1.818	3.004	0.012
	디자인	7.936[c]	5	1.587	2.967	0.012
	부가기능	8.080[d]	5	1.616	2.530	0.029
절편	품질	2838.791	1	2838.791	5901.899	0.000
	이용편리성	2013.481	1	2013.481	3327.275	0.000
	디자인	2464.695	1	2464.695	4606.827	0.000
	부가기능	3663.194	1	3663.194	5734.256	0.000
Q1	품질	1.926	2	0.963	2.002	0.137
	이용편리성	4.658	2	2.329	3.849	0.022
	디자인	3.873	2	1.936	3.619	0.028
	부가기능	2.058	2	1.029	1.610	0.202
Q10_1	품질	1.083	1	1.083	2.251	0.135
	이용편리성	1.288	1	1.288	2.129	0.146
	디자인	2.236	1	2.236	4.179	0.042
	부가기능	0.847	1	0.847	1.325	0.251
Q1 * Q10_1	품질	0.432	2	0.216	0.449	0.638
	이용편리성	4.013	2	2.006	3.318	0.038
	디자인	2.767	2	1.384	2.586	0.077
	부가기능	5.341	2	2.671	4.181	0.016
오차	품질	141.413	294	0.481		
	이용편리성	177.912	294	0.605		
	디자인	157.293	294	0.535		
	부가기능	187.815	294	0.639		
전체	품질	3455.280	300			
	이용편리성	2571.313	300			
	디자인	3063.750	300			
	부가기능	4477.880	300			
수정된 합계	품질	145.903	299			
	이용편리성	187.002	299			
	디자인	165.229	299			
	부가기능	195.895	299			

❶ 선택 ❷ Ctrl + 선택 ❸ Ctrl + 1

a. R 제곱 = .031 (수정된 R 제곱 = .014)
b. R 제곱 = .049 (수정된 R 제곱 = .032)
c. R 제곱 = .048 (수정된 R 제곱 = .032)
d. R 제곱 = .041 (수정된 R 제곱 = .025)

그림 2-21

3 셀 서식 창에서 ❶ '범주'의 '숫자'를 클릭하고 ❷ '음수'의 '−1234'를 선택한 후 ❸ '소수 자릿수'를 '3'으로 수정합니다. ❹ 확인을 클릭해서 소수점 셋째 자리의 수로 변경합니다.

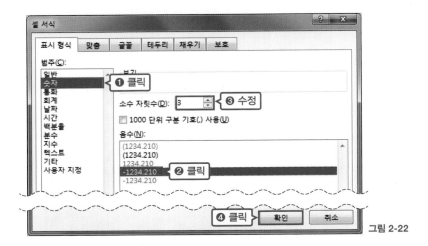

그림 2-22

4 브랜드(Q1), 성별(Q10_1), 브랜드와 성별의 상호작용(Q1＊Q10_1), 오차의 품질, 이용 편리성, 디자인, 부가기능에 해당하는 ❶ 제III 유형 제곱합, 자유도, 평균제곱, F값, 유의확률 값의 셀을 선택하여 ❷ 복사합니다.

개체-간 효과 검정

소스		제 III 유형 제곱합	자유도	평균제곱	F	유의확률
수정된 모형	품질	4,491ª	5	0,898	1,867	0,100
	이용편리성	9,090ᵇ	5	1,818	3,004	0,012
	디자인	7,936ᶜ	5	1,587	2,967	0,012
	부가기능	8,080ᵈ	5	1,616	2,530	0,029
절편	품질	2838,791	1	2838,791	5901,899	0,000
	이용편리성	2013,481	1	2013,481	3327,275	0,000
	디자인	2464,695	1	2464,695	4606,827	0,000
	부가기능	3663,194	1	3663,194	5734,256	0,000
Q1	품질	1,926	2	0,963	2,002	0,137
	이용편리성	4,658	2	2,329	3,849	0,022
	디자인	3,873	2	1,936	3,619	0,028
	부가기능	2,058	2	1,029	1,610	0,202
Q10_1	품질	1,083	1	1,083	2,251	0,135
	이용편리성	1,288	1	1,288	2,129	0,146
	디자인	2,236	1	2,236	4,179	0,042
	부가기능	0,847	1	0,847	1,325	0,251
Q1 ＊ Q10_1	품질	0,432	2	0,216	0,449	0,638
	이용편리성	4,013	2	2,006	3,316	0,038
	디자인	2,767	2	1,384	2,586	0,077
	부가기능	5,341	2	2,671	4,181	0,016
오차	품질	141,413	294	0,481		
	이용편리성	177,912	294	0,605		
	디자인	157,293	294	0,535		
	부가기능	187,815	294	0,639		
전체	품질	3455,280	300			
	이용편리성	2571,313	300			

❶ 선택 ❷ Ctrl + C

그림 2-23

5 복사한 결과 값을 한글에 만들어놓은 결과표에 붙여넣기합니다.

요인	종속변수	제곱합	자유도	평균제곱	F	p
브랜드	품질	|				
	이용편리성	Ctrl + V				
	디자인					
	부가기능					
성별	품질					
	이용편리성					
	디자인					
	부가기능					
브랜드*성별	품질					
	이용편리성					
	디자인					
	부가기능					
오차	품질					
	이용편리성					
	디자인					
	부가기능					

그림 2-24

6 셀 붙이기 창에서 ❶ '내용만 덮어 쓰기'를 클릭하고, ❷ 붙이기를 클릭합니다.

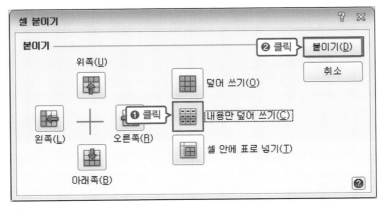

그림 2-25

7 입력한 모든 셀의 글자 모양을 양식에 맞게 변경하면 이원배치 분산분석 결과표가 완성됩니다. 브랜드에서 이용편리성과 디자인, 성별에서 디자인, 브랜드＊성별에서 이용편리성과 부가기능의 유의확률 p가 0.05 미만이므로 F값에 ＊표 1개를 위첨자로 달아줍니다.

표 2-2

요인	종속변수	제곱합	자유도	평균제곱	F	p
브랜드	품질	1.926	2	0.963	2.002	.137
	이용편리성	4.658	2	2.329	3.849*	.022
	디자인	3.873	2	1.936	3.619*	.028
	부가기능	2.058	2	1.029	1.610	.202
성별	품질	1.083	1	1.083	2.251	.135
	이용편리성	1.288	1	1.288	2.129	.146
	디자인	2.236	1	2.236	4.179*	.042
	부가기능	0.847	1	0.847	1.325	.251
브랜드＊성별	품질	0.432	2	0.216	0.449	.638
	이용편리성	4.013	2	2.006	3.316*	.038
	디자인	2.767	2	1.384	2.586	.077
	부가기능	5.341	2	2.671	4.181*	.016
오차	품질	141.413	294	0.481		
	이용편리성	177.912	294	0.605		
	디자인	157.293	294	0.535		
	부가기능	187.815	294	0.639		

* $p < .05$

아무도 가르쳐주지 않는 Tip

제곱합, 자유도, 평균제곱에 대해 알아야 하나요?

브랜드나 성별에 따라 종속변수가 큰 차이를 보일수록 브랜드와 성별의 제곱합이 커집니다. 자유도는 집단의 개수에서 1을 빼준 수치입니다. 브랜드는 3개 집단이라 자유도는 2, 성별은 2개 집단이라 자유도가 1이겠죠? 브랜드＊성별은 두 자유도를 곱해준 겁니다.

평균제곱은 제곱합을 자유도로 나눈 값입니다. 실질적으로 '집단에 따라 차이를 보이는 정도'라고 생각하면 됩니다. 그리고 '오차' 행에서 평균제곱은 집단을 나누지 않았을 때 나타나는 분산입니다. 그래서 F값은 각 변수의 평균제곱을 '오차' 행의 평균제곱으로 나눠준 값인데요. [그림 2-23]에서 브랜드에 해당되는 Q1의 이용편리성을 살펴보면 'F = 2.329 / 0.605 = 3.849'로 동일하게 계산할 수 있고, 통계적으로 유의하게 나타납니다. 즉 집단을 구분하지 않았을 때 나타나는 분산과 대비해 집단을 구분했을 때, 집단 간 차이가 나는 정도를 의미하게 됩니다. 결국 집단을 무시했을 때 나오는 분산 값과 집단을 구분했을 때 나오는 분산 값의 차이가 크면 F값도 크게 나오겠지요. 그리고 집단 개수에 따라서 기준은 다르지만 F값이 크면 클수록 p값은 작게 나옵니다. 즉 집단을 구분했을 때 집단 간 차이가 나는 정도가 크면 F값이 커지고, F값이 커짐에 따라 집단 간 차이가 있을 가능성이 크게 되니, 유의확률(p값)이 작아지게 되는 것입니다.

너무 어렵다고요? 알면 좋지만 잘 몰라도 괜찮습니다. 제곱합, 자유도, 평균제곱은 F값을 구하기 위한 과정이라고 이해하면 충분합니다!

8 다음으로, 유의한 차이를 보인 브랜드에 따른 이용편리성과 디자인의 사후검정 결과표를 작성해보겠습니다. 브랜드별 표본수, 이용편리성과 디자인의 평균과 표준오차 열로 구성하여 아래와 같이 결과표를 작성합니다.

표 2-3

종속변수	브랜드	표본수	평균	표준오차
이용편리성	A사			
	B사			
	C사			
디자인	A사			
	B사			
	C사			

9 다변량 분산분석 엑셀 결과의 〈개체−간 요인〉 결과표에서 A사, B사, C사의 N의 표본수를 복사하여 한글에 만들어놓은 결과표에 붙여넣기합니다. 〈추정 주변 평균〉 결과표의 '브랜드' 추정값에서 A사, B사, C사의 평균과 표준오차 값을 셀 서식을 이용해 '0.00' 형태로 동일하게 변경한 후에 복사하여, 한글에 만들어놓은 결과표에 붙여넣기합니다.

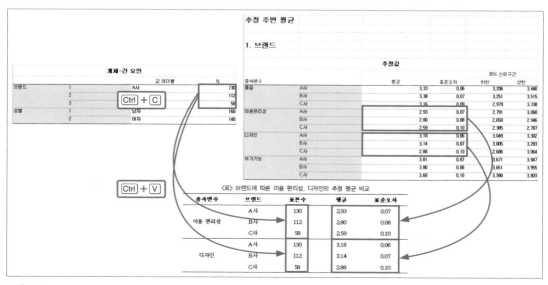

그림 2-26

10 입력한 모든 셀의 글자 모양을 양식에 맞게 변경하면 브랜드에 따른 이용편리성, 디자인의 사후검정 결과표가 완성됩니다. 앞서 [그림 2-13]의 브랜드에 따른 〈대응별 비교〉 결과표에서 이용편리성은 A사와 C사의 차이만 유의했습니다. [그림 2-27]은 독자의 이해를 돕기 위해 앞의 결과를 따로 뗀 결과표입니다. 평균이 낮은 C사에는 위첨자로 'a'를 표기해주고, 평균이 높은 A사에는 위첨자로 'b'를 표기해줍니다. 차이가 유의하지 않은 B사에는 위첨자로 'ab'를 표기해줍니다. 디자인도 A사와 C사의 차이만 유의했으므로 동일하게 위첨자를 표기해줍니다. 그리고 표 아래에는 사후분석 방법으로 사용한 Bonferroni를 기입하고, a와 b에 대한 정의를 내려줍니다.

표 2-4

종속변수	브랜드	표본수	평균	표준오차
이용편리성	A사	130	2.93^b	0.07
	B사	112	2.80^{ab}	0.08
	C사	58	2.59^a	0.10
디자인	A사	130	3.18^b	0.06
	B사	112	3.14^{ab}	0.07
	C사	58	2.88^a	0.10

Bonferroni : a<b

그림 2-27

11 같은 방식으로 성별에 따른 디자인의 사후검정 결과표를 작성해보겠습니다. 성별 표본수, 디자인의 평균과 표준오차 열로 구성하여 결과표를 작성합니다.

표 2-5

종속변수	성별	표본수	평균	표준오차
디자인	남자			
	여자			

12 다변량 분산분석 엑셀 결과의 〈개체-간 요인〉 결과표에서 남자와 여자의 N의 표본수를 복사하여 한글에 만들어놓은 결과표에 붙여넣기합니다. 〈추정 주변 평균〉 결과표의 '성별' 추정값에서 남자와 여자의 평균과 표준오차 값을 셀 서식을 이용하여 '0.00' 형태로 동일하게 변경한 후에 복사하여, 한글에 만들어놓은 결과표에 붙여넣기합니다.

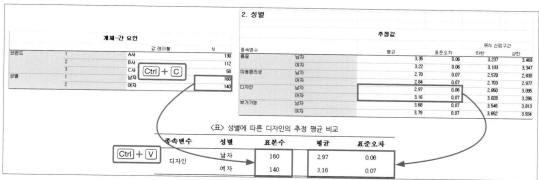

그림 2-28

13 입력한 모든 셀의 글자 모양을 양식에 맞게 변경하면 성별에 따른 디자인의 사후검정 결과표가 완성됩니다. 성별은 〈대응별 비교〉 결과표를 통해 대소를 구분할 필요 없이 평균값이 큰 집단과 작은 집단만 확인하면 됩니다.

표 2-6

종속변수	성별	표본수	평균	표준오차
디자인	남자	160	2.97	0.06
	여자	140	3.16	0.07

여기서 잠깐!!

왜 성별은 〈대응별 비교〉 결과표를 보지 않아도 될까요? 집단이 2개이기 때문입니다. [그림 2-14]에 있는 성별의 〈대응별 비교〉 결과표를 보면, 어떤 요인이든 남자와 여자에 대한 집단 차이 값에서 윗줄과 아랫줄이 똑같은 것을 확인할 수 있습니다.

집단이 3개 이상일 때는 각 집단 간의 대소 관계를 2개씩 비교해야만 각 집단 간의 차이를 알 수 있기 때문에 〈대응별 비교〉 결과표를 꼭 확인해야 합니다. 왜냐하면 브랜드에 따른 이용편리성과 디자인 요인이 통계적으로 유의하게 나타났을 때 〈추정 주변 평균〉 결과표로는 A, B, C의 종속변수 간에 차이가 있다는 것만 알 수 있을 뿐, 어떤 브랜드가 이용편리성이나 디자인 요인이 더 높게 나타났는지는 알 수 없기 때문입니다.

또한 [그림 2-15] 〈대응별 비교〉 표에서 디자인은 남자가 A사와 C사, B사와 C사가 유의한 차이를 보이고 있었는데, 상호작용이 유의하다고 설명하지는 않았습니다. 그 이유는 〈개체-간 효과 검정〉 표에서 유의확률이 0.077로 유의수준(0.05)을 만족하지 못했기 때문입니다. [그림 2-21]을 통해 확인할 수 있습니다.

14 다음으로 한글에서 이용편리성과 부가기능의 성별과 브랜드 상호작용 효과 결과표를 작성해보겠습니다. 성별과 브랜드의 상호작용 효과 결과표는 이용편리성과 부가기능의 성별 브랜드별 표본수, 평균과 표준오차 열로 구성하여 작성합니다.

표 2-7

종속변수	성별	브랜드	표본수	평균	표준오차
이용편리성	남자	A사			
		B사			
		C사			
	여자	A사			
		B사			
		C사			
부가기능	남자	A사			
		B사			
		C사			
	여자	A사			
		B사			
		C사			

15 다변량 분산분석 엑셀 결과의 〈기술통계량〉 결과표에서 이용편리성에 대한 성별 A사, B사, C사의 N의 표본수를 복사하여 한글에 만들어놓은 결과표에 붙여넣기합니다. 〈추정 주변 평균〉 결과표의 '브랜드*성별' 추정값에서 이용편리성에 대한 성별 A사, B사, C사의 평균과 표준오차 값을 셀 서식을 이용하여 '0.00' 형태로 동일하게 변경한 후에 복사하여, 한글에 만들어놓은 결과표에 붙여넣기합니다. 부가기능의 표본수, 평균, 표준오차도 같은 방식으로 결과표를 작성합니다.

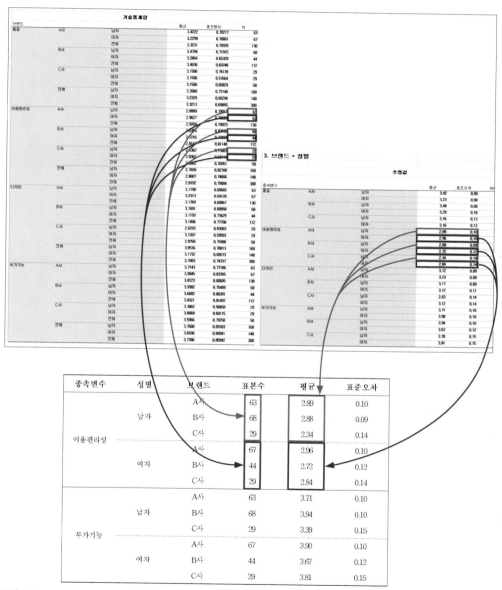

종속변수	성별	브랜드	표본수	평균	표준오차
이용편리성	남자	A사	63	2.89	0.10
		B사	68	2.88	0.09
		C사	29	2.34	0.14
	여자	A사	67	2.96	0.10
		B사	44	2.72	0.12
		C사	29	2.84	0.14
부가기능	남자	A사	63	3.71	0.10
		B사	68	3.94	0.10
		C사	29	3.39	0.15
	여자	A사	67	3.90	0.10
		B사	44	3.67	0.12
		C사	29	3.81	0.15

그림 2-29

16 입력한 모든 셀의 글자 모양을 양식에 맞게 변경하면 성별과 브랜드의 상호작용 효과 결과표가 완성됩니다. [그림 2-30]은 앞서 [그림 2-15]에 있는 '브랜드＊성별'의 〈대응별 비교〉 결과표를 따로 떼서 가져온 것입니다. 그림을 보면, 이용편리성에서 남자일 때 A사와 C사, B사와 C사의 차이가 유의했습니다. 평균이 낮은 C사에는 위첨자 'a'를 표기해주고, 평균이 높은 A사와 B사에는 위첨자로 'b'를 표기해줍니다. 여자는 A사, B사, C사의 차이가 유의하지 않았으므로 위첨자로 모두 같은 'a'를 표기해줍니다. 부가기능은 남자에서 B사와 C사의 차이만 유의했으므로 평균이 낮은 C사에는 위첨자로 'a'를 표기해주고, 평균이 높은 B사에는 위첨자로 'b'를 표기해줍니다. 차이가 유의하지 않은 A사는 위첨자로 'ab'를 표기해줍니다. 여자는 A사, B사, C사의 차이가 유의하지 않았으므로 위첨자로 모두 같은 'a'를 표기해줍니다. 표 아래에는 사후분석 방법으로 사용한 Bonferroni를 기입하고, a와 b에 대한 정의를 내려줍니다.

표 2-8

종속변수	성별	브랜드	표본수	평균	표준오차
이용편리성	남자	A사	63	2.89^b	0.10
		B사	68	2.88^b	0.09
		C사	29	2.34^a	0.14
	여자	A사	67	2.96^a	0.10
		B사	44	2.72^a	0.12
		C사	29	2.84^a	0.14
부가기능	남자	A사	63	3.71^{ab}	0.10
		B사	68	3.94^b	0.10
		C사	29	3.39^a	0.15
	여자	A사	67	3.90^a	0.10
		B사	44	3.67^a	0.12
		C사	29	3.81^a	0.15

Bonferroni : a < b

대응별 비교

종속변수	성별	(I) 브랜드	(J) 브랜드	평균차이(I-J)	표준오차	유의확률[b]	차이에 대한 95% 신뢰구간[b] 하한	상한
품질	남자	A사	B사	-.057	.121	1.000	-.349	.235
			C사	.264	.156	.274	-.111	.638
		B사	A사	.057	.121	1.000	-.235	.349
			C사	.321	.154	.114	-.050	.691
		C사	A사	-.264	.156	.274	-.638	.111
			B사	-.321	.154	.114	-.691	.050
	여자	A사	B사	-.057	.135	1.000	-.381	.268
			C사	.071	.154	1.000	-.300	.442
		B사	A사	.057	.135	1.000	-.268	.381
			C사	.128	.166	1.000	-.272	.527
		C사	A사	-.071	.154	1.000	-.442	.300
			B사	-.128	.166	1.000	-.527	.272
이용편리성	남자	A사	B사	.014	.136	1.000	-.314	.341
			C사	.553*	.175	.005	.132	.973
		B사	A사	-.014	.136	1.000	-.341	.314
			C사	.539*	.173	.006	.123	.954
		C사	A사	-.553*	.175	.005	-.973	-.132
			B사	-.539*	.173	.006	-.954	-.123
	여자	A사	B사	.241	.151	.334	-.122	.605
			C사	.126	.173	1.000	-.290	.543
		B사	A사	-.241	.151	.334	-.605	.122
			C사	-.115	.186	1.000	-.563	.333
		C사	A사	-.126	.173	1.000	-.543	.290
			B사	.115	.186	1.000	-.333	.563
디자인	남자	A사	B사	-.050	.128	1.000	-.358	.258
			C사	.490*	.164	.009	.095	.885
		B사	A사	.050	.128	1.000	-.258	.358
			C사	.540*	.162	.003	.149	.930
		C사	A사	-.490*	.164	.009	-.885	-.095
			B사	-.540*	.162	.003	-.930	-.149
	여자	A사	B사	.112	.142	1.000	-.230	.454
			C사	.111	.163	1.000	-.281	.502
		B사	A사	-.112	.142	1.000	-.454	.230
			C사	-.001	.175	1.000	-.423	.420
		C사	A사	-.111	.163	1.000	-.502	.281
			B사	.001	.175	1.000	-.420	.423
부가기능	남자	A사	B사	-.224	.140	.330	-.560	.113
			C사	.328	.179	.205	-.104	.760
		B사	A사	.224	.140	.330	-.113	.560
			C사	.552*	.177	.006	.125	.979
		C사	A사	-.328	.179	.205	-.760	.104
			B사	-.552*	.177	.006	-.979	-.125
	여자	A사	B사	.236	.155	.386	-.137	.610
			C사	.098	.178	1.000	-.330	.525
		B사	A사	-.236	.155	.386	-.610	.137
			C사	-.139	.191	1.000	-.599	.322
		C사	A사	-.098	.178	1.000	-.525	.330
			B사	.139	.191	1.000	-.322	.599

추정 주변 평균을 기준으로

*. 평균차이는 .05 수준에서 유의합니다.

b. 다중비교를 위한 수정: Bonferroni

그림 2-30

여기서 잠깐!!

지금까지 살펴본 다변량 분산분석 결과표 작성 과정은 저희가 생각하는 가장 효율적인 방법일 뿐, 반드시 동일한 방법으로 결과표를 작성해야 하는 것은 아닙니다. 설명한 방법을 바탕으로 학교 양식에 맞춰, 본인에게 가장 편하고 통과가 잘 될 수 있는 결과표를 작성해보세요.

05 _ 논문 결과표 해석하기

다변량 분산분석 결과표에 대한 해석은 다음 4단계로 작성합니다.

❶ 분석 내용과 분석법 설명
"스마트폰 품질 요인인 품질, 이용편리성, 디자인, 부가기능(종속변수)에 대한 브랜드와 성별(독립변수) 각각의 주효과와 브랜드와 성별 간 상호작용 효과를 검증하기 위해 다변량 분산분석(분석법)을 실시하였다."

❷ 다변량 분산분석 유의성 검정 결과 설명
브랜드(독립변수1)와 성별(독립변수2) 각각의 주효과와 브랜드와 성별 간 상호작용 효과의 유의성 검정 결과를 나열합니다.
1) 유의확률(p)이 0.05 미만으로 유의한 차이가 있을 때는 "종속변수에 대한 독립변수의 주효과는 유의하게 나타났다.", "종속변수에 대한 브랜드와 성별의 상호작용 효과는 유의하게 나타났다."로 기술하고,
2) 유의확률(p)이 0.05 이상으로 유의하지 않을 때는 "종속변수에 대한 독립변수의 주효과는 유의하지 않았다.", "종속변수에 대한 브랜드와 성별의 상호작용 효과는 유의하지 않았다."로 기술합니다.

❸ 주효과 사후검정 결과 설명
사후검정 결과로 나눈 a, b 집단으로 "b에 속한 집단이 a에 속한 집단보다 종속변수가 더 높은 것으로 나타났다."로 기술합니다.

❹ 상호작용 효과 사후검정 결과 설명
1) 사후검정 결과로 나눈 a, b 집단으로 "b에 속한 집단이 a에 속한 집단보다 종속변수가 더 높은 것으로 나타났다."로 기술하고,
2) 사후검정 결과에서 대소 집단으로 나누어지지 않는 경우에는 "독립변수에 따른 종속변수는 유의한 차이를 보이지 않았다."로 기술합니다.

위의 4단계에 맞춰서 앞에서 실습한 출력 결과 값을 작성하면 다음과 같습니다.

❶ 스마트폰 품질 요인인 품질, 이용편리성, 디자인, 부가기능[1]에 대한 브랜드와 성별[2] 각각의 주효과(Main effect)와 브랜드와 성별[3] 간 상호작용 효과(Interaction effect)를 검증하기 위해 다변량 분산분석(MANOVA)을 실시하였다.

❷ 그 결과 브랜드[4]에 따라서는 이용편리성과 디자인[5]이 유의한 차이를 보였고($p<.05$), 성별[6]에 따라서는 디자인[7]이 유의한 차이를 보였다($p<.05$). 그리고 이용편리성과 부가기능[8]에 대해서는 브랜드와 성별[9] 간에 유의한 상호작용 효과를 보였다($p<.05$).[10]

〈표〉 브랜드와 성별에 따른 스마트폰 품질 요인(다변량 분산분석)

요인	종속변수	제곱합	자유도	평균제곱	F	p
브랜드	품질	1.926	2	0.963	2.002	.137
	이용편리성	4.658	2	2.329	3.849*	.022
	디자인	3.873	2	1.936	3.619*	.028
	부가기능	2.058	2	1.029	1.610	.202
성별	품질	1.083	1	1.083	2.251	.135
	이용편리성	1.288	1	1.288	2.129	.146
	디자인	2.236	1	2.236	4.179*	.042
	부가기능	0.847	1	0.847	1.325	.251
브랜드*성별	품질	0.432	2	0.216	0.449	.638
	이용편리성	4.013	2	2.006	3.316*	.038
	디자인	2.767	2	1.384	2.586	.077
	부가기능	5.341	2	2.671	4.181*	.016
오차	품질	141.413	294	0.481		
	이용편리성	177.912	294	0.605		
	디자인	157.293	294	0.535		
	부가기능	187.815	294	0.639		

* $p<.05$

---

1 종속변수
2 독립변수
3 독립변수
4 독립변수1
5 독립변수1에 따라 유의한 차이를 보인 종속변수
6 독립변수2
7 독립변수2에 따라 유의한 차이를 보인 종속변수
8 독립변수 간 상호작용 효과가 유의한 종속변수
9 독립변수
10 유의하면 p값 표기, F값도 함께 제시하는 논문 양식도 있음

❸ 브랜드[11]의 주효과는 이용편리성과 디자인[12]에 대해 유의한 것으로 나타났는데, 본페로니의 다중비교(Bonferroni's multiple comparison)를 실시한 결과, C사 대비 A사의 이용편리성과 디자인이 더 높은 것으로 나타났다. B사는 A사나 C사와 유의한 차이를 보이지 않았다.[13]

〈표〉 브랜드에 따른 이용편리성, 디자인의 추정 평균 비교

종속변수	브랜드	표본수	평균	표준오차
이용편리성	A사	130	2.93^b	0.07
	B사	112	2.80^{ab}	0.08
	C사	58	2.59^a	0.10
디자인	A사	130	3.18^b	0.06
	B사	112	3.14^{ab}	0.07
	C사	58	2.88^a	0.10

Bonferroni : a < b

성별[14]의 주효과는 디자인[15]에 대해 유의한 것으로 나타났는데, 남자보다 여자에게서 디자인에 대한 평가가 더 높은 것으로 나타났다.[16]

〈표〉 성별에 따른 디자인의 추정 평균 비교

종속변수	성별	표본수	평균	표준오차
디자인	남자	160	2.97	0.06
	여자	140	3.16	0.07

 여기서 잠깐!!

'다변량 분산분석에서는 사후비교를 할 때 왜 본페로니(Bonferroni)를 사용할까? 던컨(Duncan)이나 쉐페(Scheffe)를 사용하면 안 될까?'라는 의문이 들지 않나요?

사후분석(post-hoc analysis) 또는 사후검정(Post-Hoc Test)은 다중비교(Multiple Comparison)로도 불립니다. 이 분석 방법은 '한번에 통과하는 논문' 시리즈의 2권에서도 설명한 바 있는데, 집단 간 평균값을 비교한 후 통계적으로 유의하게 나타날 때 그 집단 평균값의 대소 관계가 어떠한지 알아볼 때 사용합니다. 또 개발한 학자의 이름을 딴 여러 방법이 존재합니다. 특히 사회과학 연구에서는 주로 Scheffe와 Duncan의 사후분석을 가장 많이 활용합니

---

11 독립변수1
12 독립변수1에 따라 유의한 차이를 보인 종속변수
13 독립변수1에 따른 대소 비교
14 독립변수2
15 독립변수2에 따라 유의한 차이를 보이는 종속변수
16 독립변수2에 따른 대소 비교

다. 예전에는 Scheffe의 사후분석을 많이 활용했으나, Duncan의 사후분석이 비교적 유의한 결과가 잘 나와서, 최근에는 Duncan도 많이 활용하는 추세입니다.

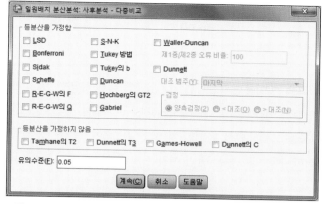

그림 2-31 | SPSS에서 분석 가능한 사후분석 종류

[그림 2-31]의 '사후분석' 메뉴를 통해 확인할 수 있듯이, Bonferroni 역시 SPSS 프로그램에서 사용하는 사후분석 방법 중 하나입니다. 하지만 Bonferroni 방법은 다변량 분석처럼 여러 개의 가설을 한꺼번에 검정할 때 많이 사용되는 편입니다. 또 많은 요인에 따라 발생하는 오류를 조정하는 데 사용됩니다. 그래서 Bonferroni 방법은 Bonferroni correction으로 불립니다. 다변량 분석에서는 [그림 2-32]와 같이 SPSS 프로그램의 **다변량: 옵션** 메뉴에서 주효과를 비교하고, 신뢰구간을 조정하는 항목을 선택하여 사용할 수 있도록 설계되어 있습니다.

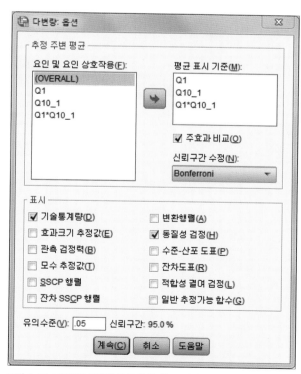

그림 2-32 | SPSS 다변량 분석 옵션 메뉴 : 신뢰구간 방법 설정

이렇게 이해하면 쉽습니다. Sheffe나 Duncan 등은 일원배치 분산분석(ANOVA)처럼 1개의 독립변수에 따른 종속변수의 차이를 보고 싶을 때 많이 사용합니다. Bonferroni는 이원배치 분산분석(Two-way ANOVA)이나 다변량 분석(Manova) 등 2개 이상의 독립변수에 따른 종속변수나 종속변수들 간의 주효과와 상호작용을 보고 싶을 때 많이 사용합니다.

❹ 브랜드와 성별[17]의 상호작용 효과는 이용편리성과 부가기능[18]에 대해 유의한 것으로 나타났는데, 다중비교를 실시한 결과, 이용편리성[19]은 남자의 경우 A사와 B사가 C사보다 유의한 수준으로 높은 반면 여자는 브랜드별로 유의한 차이가 없었으며, 부가기능[20]도 남자의 경우 B사가 C사보다 유의한 수준으로 높은 반면 여자는 브랜드별로 유의한 차이가 없었다.

〈표〉 성별과 브랜드에 따른 이용편리성, 부가기능의 추정 평균 비교

종속변수	성별	브랜드	표본수	평균	표준오차
이용편리성	남자	A사	63	2.89^b	0.10
		B사	68	2.88^b	0.09
		C사	29	2.34^a	0.14
	여자	A사	67	2.96^a	0.10
		B사	44	2.72^a	0.12
		C사	29	2.84^a	0.14
부가기능	남자	A사	63	3.71^{ab}	0.10
		B사	68	3.94^b	0.10
		C사	29	3.39^a	0.15
	여자	A사	67	3.90^a	0.10
		B사	44	3.67^a	0.12
		C사	29	3.81^a	0.15

Bonferroni : a<b

---

17 독립변수
18 상호작용이 유의한 종속변수
19 상호작용이 유의한 종속변수1
20 상호작용이 유의한 종속변수2

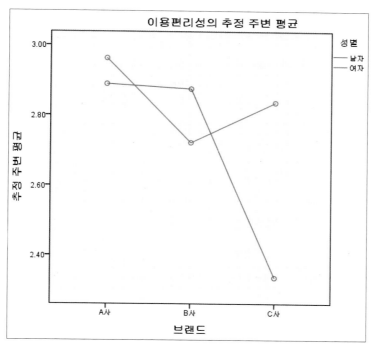

〈그림 1〉 이용편리성에 대한 브랜드와 성별의 상호작용 효과

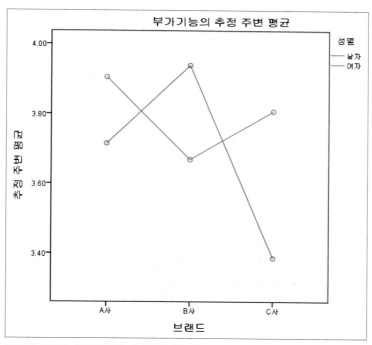

〈그림 2〉 부가기능에 대한 브랜드와 성별의 상호작용 효과

[다변량 분산분석 논문 결과표 완성 예시]

브랜드와 성별에 따른 스마트폰 품질 요인의 차이

스마트폰 품질 요인인 품질, 이용편리성, 디자인, 부가기능에 대한 브랜드와 성별 각각의 주효과(Main effect)와 브랜드와 성별 간 상호작용 효과(Interaction effect)를 검증하기 위해 다변량 분산분석(MANOVA)을 실시하였다.

그 결과 브랜드에 따라서는 이용편리성과 디자인이 유의한 차이를 보였고($p<.05$), 성별에 따라서는 디자인이 유의한 차이를 보였다($p<.05$). 그리고 이용편리성과 부가기능에 대해서는 브랜드와 성별 간에 유의한 상호작용 효과를 보였다($p<.05$).

〈표〉 브랜드와 성별에 따른 스마트폰 품질 요인(다변량 분산분석)

요인	종속변수	제곱합	자유도	평균제곱	*F*	*p*
브랜드	품질	1.926	2	0.963	2.002	.137
	이용편리성	4.658	2	2.329	3.849*	.022
	디자인	3.873	2	1.936	3.619*	.028
	부가기능	2.058	2	1.029	1.610	.202
성별	품질	1.083	1	1.083	2.251	.135
	이용편리성	1.288	1	1.288	2.129	.146
	디자인	2.236	1	2.236	4.179*	.042
	부가기능	0.847	1	0.847	1.325	.251
브랜드 * 성별	품질	0.432	2	0.216	0.449	.638
	이용편리성	4.013	2	2.006	3.316*	.038
	디자인	2.767	2	1.384	2.586	.077
	부가기능	5.341	2	2.671	4.181*	.016
오차	품질	141.413	294	0.481		
	이용편리성	177.912	294	0.605		
	디자인	157.293	294	0.535		
	부가기능	187.815	294	0.639		

* $p<.05$

브랜드의 주효과는 이용편리성과 디자인에 대해 유의한 것으로 나타났는데, 본페로니의 다중비교(Bonferroni's multiple comparison)를 실시한 결과, C사 대비 A사의 이용편리성과 디자인이 더 높은 것으로 나타났다. B사는 A사나 C사와 유의한 차이를 보이지 않았다.

〈표〉 브랜드에 따른 이용편리성, 디자인의 추정 평균 비교

종속변수	브랜드	표본수	평균	표준오차
이용편리성	A사	130	2.93[b]	0.07
	B사	112	2.80[ab]	0.08
	C사	58	2.59[a]	0.10
디자인	A사	130	3.18[b]	0.06
	B사	112	3.14[ab]	0.07
	C사	58	2.88[a]	0.10

Bonferroni : a<b

성별의 주효과는 디자인에 대해 유의한 것으로 나타났는데, 남자보다 여자에게서 디자인에 대한 평가가 더 높은 것으로 나타났다.

〈표〉 성별에 따른 디자인의 추정 평균 비교

종속변수	성별	표본수	평균	표준오차
디자인	남자	160	2.97	0.06
	여자	140	3.16	0.07

브랜드와 성별의 상호작용 효과는 이용편리성과 부가기능에 대해 유의한 것으로 나타났는데, 다중비교를 실시한 결과, 이용편리성은 남자의 경우 A사와 B사가 C사보다 유의한 수준으로 높은 반면 여자는 브랜드별로 유의한 차이가 없었으며, 부가기능도 남자의 경우 B사가 C사보다 유의한 수준으로 높은 반면 여자는 브랜드별로 유의한 차이가 없었다.

〈표〉 성별과 브랜드에 따른 이용편리성, 부가기능의 추정 평균 비교

종속변수	성별	브랜드	표본수	평균	표준오차
이용편리성	남자	A사	63	2.89[b]	0.10
		B사	68	2.88[b]	0.09
		C사	29	2.34[a]	0.14
	여자	A사	67	2.96[a]	0.10
		B사	44	2.72[a]	0.12
		C사	29	2.84[a]	0.14
부가기능	남자	A사	63	3.71[ab]	0.10
		B사	68	3.94[b]	0.10
		C사	29	3.39[a]	0.15
	여자	A사	67	3.90[a]	0.10
		B사	44	3.67[a]	0.12
		C사	29	3.81[a]	0.15

Bonferroni : a<b

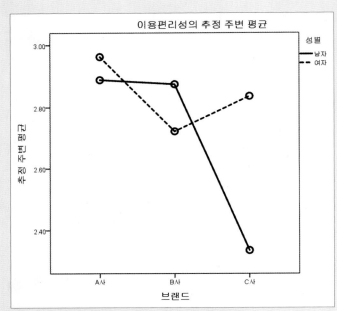

〈그림 1〉 이용편리성에 대한 브랜드와 성별의 상호작용 효과

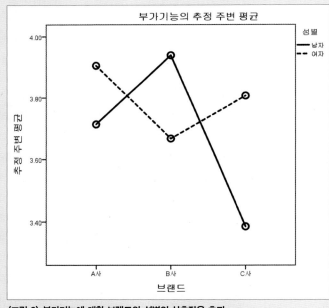

〈그림 2〉 부가기능에 대한 브랜드와 성별의 상호작용 효과

고급 통계

변수 간 상관성 검증 고급 분석

SECTION 03

매개효과 검증
: 매개변수를 거쳐 간접적으로 미치는 영향 검증

bit.ly/onepass-amos4

PREVIEW

- **매개효과 검증** : 독립변수가 매개변수를 거쳐 간접적으로 종속변수에 미치는 영향을 검증
- **매개효과 검증 방법** : 위계적 회귀분석

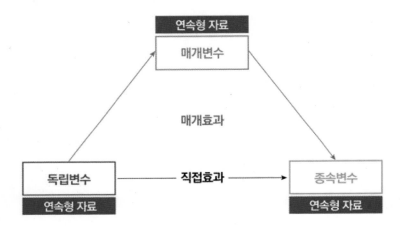

SPSS로 매개효과를 검증할 때는 주로 세 가지 방법을 사용합니다. 특히 SPSS 프로세스 매크로를 활용한 방법은 최근에 등장한 방법이므로, 이 책에서 다루는 내용을 꼼꼼히 살펴보면 많은 도움이 될 것입니다.

- 바론(Baron)과 케니(Kenny)가 제안한 회귀분석 방법(1986)
- 소벨 테스트(Sobel-test) 분석 방법
- 헤이스(Hayes)가 제안한 SPSS 프로세스 매크로를 활용한 분석 방법(2003)

여기서는 바론과 케니가 제안한 회귀분석 방법(위계적 회귀분석)을 통해 매개효과 분석과 해석 방법을 자세히 살펴보고, 나머지 두 가지 방법은 추가적으로 설명하겠습니다.

01 _ 기본 개념과 연구 가설

'한번에 통과하는 논문' 시리즈의 2권에서 회귀분석 방법을 통해 독립변수가 종속변수에 미치는 직접적인 영향에 대해 검증해보았습니다. 매개효과 검증은 여기서 한 단계 더 나아가 독립변수가 어느 변수를 거쳐 종속변수에 간접적으로 영향을 미치는지를 알아보는 분석 방법입니다. 간접적인 영향이란 독립변수가 높아지면 매개변수가 높아지고, 이렇게 매개변수가 높아지면 종속변수도 높아지거나 낮아지는 효과를 의미합니다. 물론 독립변수가 높아지면 매개변수가 낮아지고, 매개변수가 낮아지면 종속변수가 낮아지거나 높아지는 경우도 해당됩니다. 독립변수가 높아짐에 따라 종속변수가 바로 변동하는 것은 직접적인 효과입니다. 이에 반해, 독립변수가 높아짐에 따라 매개변수가 변동하고, 매개변수의 변동에 따라 종속변수가 변동하는 경우 매개효과가 있다고 할 수 있습니다. 이제 바론과 케니가 제안한 위계적 회귀분석을 통해 매개효과 검증을 진행하겠습니다.

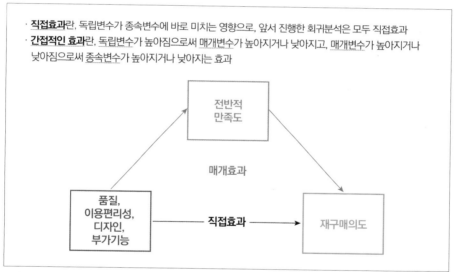

그림 3-1 │ 매개효과 검정을 사용하는 연구문제 예시

 여기서 잠깐!!

이 책은 독자 여러분이 SPSS를 어느 정도 다룰 줄 안다는 것을 전제로 하고 있습니다. 따라서 회귀분석과 같은 기본적인 분석은 다루지 않습니다. 혹시 기본 분석에 대한 이해가 부족하다고 느낀다면, 『한번에 통과하는 논문 : SPSS 결과표 작성과 해석 방법』(한빛아카데미, 2018)을 활용하세요. 이 책의 실습파일도 '한번에 통과하는 논문' 시리즈 2권과 같은 파일로 구성되어 있으니 연계성이 있으리라 생각합니다.

품질, 이용편리성, 디자인, 부가기능과 재구매의도 사이에서 전반적 만족도의 매개효과

품질, 이용편리성, 디자인, 부가기능이 재구매의도에 영향을 미치는 데 있어, 전반적 만족도의 매개효과를
검증해보자.

02 _ SPSS 무작정 따라하기

준비파일 : 기본 실습파일_변수계산완료.sav

1 분석 – 회귀분석 – 선형을 클릭합니다.

분석(A)	다이렉트 마케팅(M)	그래프(G)	유틸리티(U)	확장(X)	창(W)	도움말(H)

	값	결측값	열	맞춤	측도
보고서(P) ▶		없음	8	오른쪽	명목
기술통계량(E) ▶	A사}	999	8	오른쪽	명목
표(B) ▶		999	8	오른쪽	명목
평균 비교(M) ▶		없음	8	오른쪽	명목
일반선형모형(G) ▶		없음	8	오른쪽	명목
일반화 선형 모형(Z) ▶		999	12	오른쪽	명목
혼합 모형(X) ▶					
상관분석(C) ▶					
회귀분석(R) ▶	자동 선형 모델링(A)...				
로그선형분석(O) ▶	선형(L)...				

그림 3-2

2 선형 회귀 창에서 ❶ '독립변수'에 '품질', '이용편리성', '디자인', '부가기능'을 이동하고,
❷ '종속변수'에 매개변수인 '전반적만족도'를 이동합니다. ❸ 통계량을 클릭합니다.

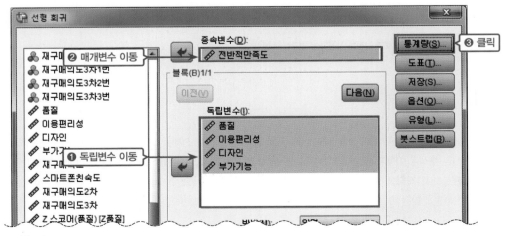

그림 3-3

3 선형 회귀: 통계량 창에서 **❶** '공선성 진단'을 체크하고 **❷** 'Durbin-Watson'을 체크한 다음, **❸** 계속을 클릭합니다.

그림 3-4

4 확인을 클릭합니다.

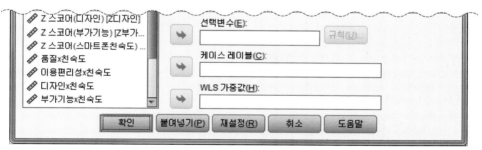

그림 3-5

5 분석 – 회귀분석 – 선형을 클릭합니다.

분석(A)	다이렉트 마케팅(M)	그래프(G)	유틸리티(U)	확장(X)	창(W)	도움말(H)

	값	결측값	열	맞춤	측도
보고서(P) ▶	름	없음	8	靐 오른쪽	🍣 명목
기술통계량(E) ▶	A사}...	999	8	靐 오른쪽	🍣 명목
표(B) ▶		999	8	靐 오른쪽	🍣 명목
평균 비교(M) ▶	름	없음	8	靐 오른쪽	🍣 명목
일반선형모형(G) ▶					
일반화 선형 모형(Z) ▶	름	없음	8	靐 오른쪽	🍣 명목
혼합 모형(X) ▶	름	999	12	靐 오른쪽	🍣 명목
상관분석(C) ▶					
회귀분석(R) ▶	자동 선형 모델링(A)...				
로그선형분석(O) ▶	선형(L)...				

그림 3-6

6 선형 회귀 창에서 ❶ '종속변수'에 있는 '전반적만족도'를 왼쪽으로 옮겨 제외하고, ❷ '종속변수'에 종속변수인 '재구매의도'를 옮깁니다. ❸ 다음을 클릭합니다.

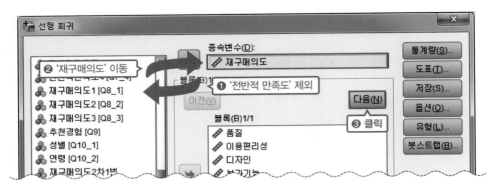

그림 3-7

7 ❶ '블록(B)2/2'에 매개변수인 '전반적만족도'를 이동하고, ❷ 확인을 클릭합니다.

그림 3-8

 여기서 잠깐!!

<u>다음(N)</u> **버튼을 누르고, 독립변수와 매개변수를 한꺼번에 넣는 이유는?**

매개변수의 영향력이 통제되었을 때 독립변수가 종속변수에 미치는 영향을 회귀분석을 통해 검증해야 하기 때문입니다. 독립변수가 종속변수에 미치는 영향을 수치적으로 판단하기 위해 매개변수와 독립변수를 SPSS에서 한꺼번에 넣는 과정을 거칩니다.

03 _ 출력 결과 해석하기

1단계 모형은 독립변수가 매개변수에 미치는 영향을 검증한 모형입니다. 이 1단계 모형을 [그림 3-9]의 출력 결과를 통해 확인해보겠습니다. 독립변수들의 유의성 여부를 확인하기 전에, 회귀모형의 적합도와 설명력을 확인해주어야 합니다.

적합도는 〈ANOVA〉 결과표를 확인하면 됩니다. 여기서 F값은 29.742이고, p값은 .05 미만으로 나타났습니다. 즉, 회귀모형이 적합하다고 할 수 있습니다. 〈모형 요약〉 결과표의 R 제곱은 독립변수가 종속변수를 얼마나 설명하는지 판단하는 수치입니다. 여기서는 R 제곱이 .287로, 모형의 설명력이 약 28.7%임을 확인할 수 있습니다. 수정된 R 제곱 기준으로는 .278로 나타나, 수정된 R 제곱 기준의 모형 설명력은 27.8%임을 확인할 수 있습니다.

모형 요약[b]

모형	R	R 제곱	수정된 R 제곱	추정값의 표준 오차	Durbin-Watson
1	.536[a]	.287	.278	.66541	1.565

a. 예측자: (상수), 부가기능, 이용편리성, 품질, 디자인
b. 종속변수: 전반적만족도

ANOVA[a]

모형		제곱합	자유도	평균제곱	F	유의확률
1	회귀	52.677	4	13.169	29.742	.000[b]
	잔차	130.619	295	.443		
	전체	183.296	299			

a. 종속변수: 전반적만족도
b. 예측자: (상수), 부가기능, 이용편리성, 품질, 디자인

그림 3-9 | 매개효과 검증 SPSS 출력 결과 : 1단계 모형 유의성 확인

1단계 모형의 회귀계수 유의성을 확인한 결과, [그림 3-10]에서 나타나는 것처럼 품질, 이용편리성, 디자인, 부가기능 모두 전반적 만족도에 유의한 정(+)의 영향을 미치는 것으로 나타났습니다. 즉 품질, 이용편리성, 디자인, 부가기능이 높아질수록 매개변수인 전반적 만족도도 높아지는 것으로 판단됩니다.

계수ᵃ							
모형	비표준화 계수		표준화 계수	t	유의확률	공선성 통계량	
	B	표준화 오류	베타			공차	VIF
1 (상수)	.588	.234		2.511	.013		
품질	.145	.064	.129	2.275	.024	.748	1.337
이용편리성	.177	.057	.179	3.115	.002	.730	1.370
디자인	.264	.064	.250	4.090	.000	.645	1.551
부가기능	.160	.054	.165	2.941	.004	.765	1.307

a. 종속변수: 전반적만족도

그림 3-10 | 매개효과 검증 SPSS 출력 결과 : 1단계 변수 유의성 확인

여기서 잠깐!!

매개효과 검정 출력 결과표에 나온 용어를 간단히 정리하겠습니다. 해당 용어에 대한 자세한 설명은 '한번에 통과하는 논문' 시리즈의 2권에 나와 있으니, 참고하면 좋겠습니다.

- **Durbin-Watson**
  - 잔차의 독립성 여부를 판단하는 수치
  - 2에 가까울수록(넓게는 1~3 사이, 좁게는 1.5~2.5 사이), 잔차의 독립성을 충족

- **회귀분석 출력 결과의 ANOVA**
  - 회귀모형에서 종속변수의 수치 변화 정도
  - 분산분석(ANOVA)과는 다른 개념

- **R제곱과 수정된 R제곱**
  - R 제곱 : 변수의 개수가 고려되지 않은 회귀모형 설명력
  - 수정된 R제곱 : 변수의 개수가 고려된 회귀모형 설명력

- **다중공선성 : 분산팽창지수(Variance Inflation Factor: VIF)**
  - 독립변수 간의 유사성을 알아볼 수 있는 수치
  - 10 미만이면 문제없다고 판단, 5를 초과하면 다중공선성 의심

이번에는 [그림 3–11]을 통해 2단계 모형과 3단계 모형을 확인해보겠습니다. 2단계 모형은 독립변수가 종속변수에 미치는 영향을 검증한 모형이고, 3단계 모형은 매개변수가 통제되었을 때 독립변수가 종속변수에 미치는 영향을 검증한 모형입니다. 독립변수들의 유의성 여부를 확인하기 전에, 회귀모형의 적합도 및 설명력을 확인해보겠습니다.

적합도는 〈ANOVA〉 결과표를 확인하면 됩니다. F값에 대한 p값이 모두 .05 미만으로 나타났습니다. 즉, 두 회귀모형은 모두 적합하다고 할 수 있습니다. 설명력은 〈모형 요약〉 결과표를 확인하면 됩니다. R 제곱은 독립변수가 종속변수를 얼마나 설명하는지를 판단하는 수치입니다. 〈모형 요약〉 결과표를 보면 R 제곱이 각각 .399와 .487입니다. 모형의 설명력이 각각 39.9%, 48.7%임을 확인할 수 있습니다. 수정된 R 제곱은 .391과 .479로 나타나, 수정된 R 제곱 기준의 모형 설명력은 각각 39.1%, 47.9%임을 확인할 수 있습니다.

모형 요약[c]

모형	R	R 제곱	수정된 R 제곱	추정값의 표준 오차	Durbin-Watson
1	.632[a]	.399	.391	.59408	
2	.698[b]	.487	.479	.54967	1.836

    a. 예측자: (상수), 부가기능, 이용편리성, 품질, 디자인

    b. 예측자: (상수), 부가기능, 이용편리성, 품질, 디자인, 전반적만족도

    c. 종속변수: 재구매의도

ANOVA[a]

모형		제곱합	자유도	평균제곱	F	유의확률
1	회귀	69.123	4	17.281	48.963	.000[b]
	잔차	104.114	295	.353		
	전체	173.237	299			
2	회귀	84.410	5	16.882	55.876	.000[c]
	잔차	88.827	294	.302		
	전체	173.237	299			

    a. 종속변수: 재구매의도

    b. 예측자: (상수), 부가기능, 이용편리성, 품질, 디자인

    c. 예측자: (상수), 부가기능, 이용편리성, 품질, 디자인, 전반적만족도

그림 3-11 | 매개효과 검증 SPSS 출력 결과 : 2단계 모형 유의성 확인

2단계 모형의 회귀계수 유의성을 확인한 결과, [그림 3-12]와 같이 이용편리성, 디자인은 재구매의도에 유의한 정(+)의 영향을 미치는 것으로 나타났습니다. 반면에 품질과 부가기능은 재구매의도에 유의한 영향을 미치지 못하는 것으로 나타났습니다.

마지막으로 3단계 모형의 회귀계수 유의성을 확인한 결과, 2단계와 마찬가지로 이용편리성, 디자인은 재구매의도에 유의한 정(+)의 영향을 미치는 것으로 나타났습니다. 그리고 매개변수인 전반적 만족도도 재구매의도에 유의한 정(+)의 영향을 미치는 것으로 나타났습니다. 결국 독립변수가 종속변수인 재구매의도에 영향을 미칠 때에도 전반적 만족도가 높아질수록 재구매의도도 높아지는 것으로 판단할 수 있습니다.

계수^a

모형		비표준화 계수 B	표준오차	표준화 계수 베타	t	유의확률	공선성 통계량 공차	VIF
1	(상수)	.609	.209		2.913	.004		
	품질	.036	.057	.033	.632	.528	.748	1.337
	이용편리성	.215	.051	.223	4.223	.000	.730	1.370
	디자인	.467	.058	.456	8.117	.000	.645	1.551
	부가기능	.036	.049	.039	.752	.453	.765	1.307
2	(상수)	.408	.195		2.087	.038		
	품질	-.014	.053	-.013	-.257	.797	.735	1.361
	이용편리성	.154	.048	.160	3.222	.001	.706	1.416
	디자인	.377	.055	.368	6.887	.000	.610	1.639
	부가기능	-.018	.046	-.019	-.400	.690	.744	1.345
	전반적만족도	.342	.048	.352	7.113	.000	.713	1.403

a. 종속변수: 재구매의도

그림 3-12 | 매개효과 검증 SPSS 출력 결과 : 2단계 변수 유의성 확인

지금까지 3단계에 걸쳐서 단계적으로 회귀분석을 실시하고, 그 결과도 확인해보았습니다. 이처럼 단계적으로 검증해본다고 해서 '위계적 회귀분석'이라 불리기도 합니다. 결국 바론과 케니가 제안한 회귀분석 방법은 [그림 3-13]과 같이 1단계에서 독립변수가 매개변수에 미치는 영향, 2단계에서 독립변수가 종속변수에 미치는 영향, 3단계에서 독립변수와 매개변수가 종속변수에 미치는 영향을 확인하는 순서로 진행됩니다. 이 방법을 통해 매개효과를 확인할 수 있고, 매개변수의 효과를 변수 간의 차이를 통해 간접적으로 확인할 수 있습니다.

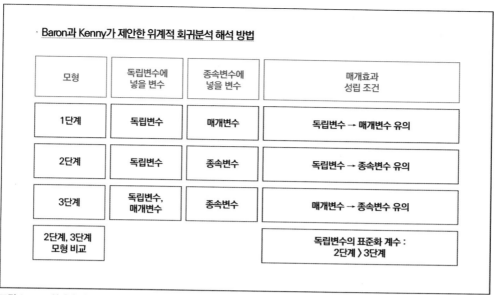

그림 3-13 | 위계적 회귀분석 방법을 사용한 해석 순서

단계별 검증은 다음과 같습니다.

❶ 1단계 모형 : 독립변수가 매개변수에 미치는 영향이 유의

❷ 2단계 모형 : 독립변수가 종속변수에 미치는 영향이 유의

❸ 3단계 모형 : 매개변수가 종속변수에 미치는 영향이 유의

❹ 2·3단계 모형 비교 : 독립변수의 표준화 계수가 2단계보다 3단계에서 감소하는지 확인

매개효과란 독립변수가 매개변수를 거쳐 종속변수에 영향을 미치는 것입니다. 매개효과가 있다고 판단하려면, 기본적으로 독립변수가 매개변수에 미치는 영향이 통계적으로 유의해야 하고, 매개변수가 종속변수에 미치는 영향이 유의해야 합니다. 따라서 1단계 모형의 '독립변수 → 매개변수'의 영향력이 있는지 확인하고, 3단계 모형의 '매개변수 → 종속변수'의 유의성을 보는 것이 기본적으로 필요합니다.

2단계 모형은 매개변수가 통제되지 않았을 때 독립변수가 종속변수에 미치는 영향을 알 수 있도록 설계한 것입니다. 따라서 우리도 모르게 매개변수의 영향력이 독립변수에 포함되었을 수 있습니다. 반면 3단계 모형은 매개변수의 영향이 통제된 상태에서 독립변수가 종속변수에 미치는 영향을 알 수 있도록 설계한 것이므로, 매개변수의 영향력이 독립변수에 포함되어 있지 않습니다. 그러므로 3단계의 표준화 계수가 2단계보다 낮게 나타났다면, 이는 매개

변수가 중간에 어떤 역할을 해서 독립변수의 효과가 감소한 것으로 생각할 수 있습니다. 즉 2단계와 3단계에서 독립변수의 표준화 계수를 비교하여, 3단계에서 표준화 계수가 감소했다면 매개효과가 있다고 할 수 있습니다.

이제 우리가 실습한 결과를 바론과 케니가 제안한 회귀분석 방법에 따라 [그림 3-14]와 같이 단계별로 정리해보겠습니다.

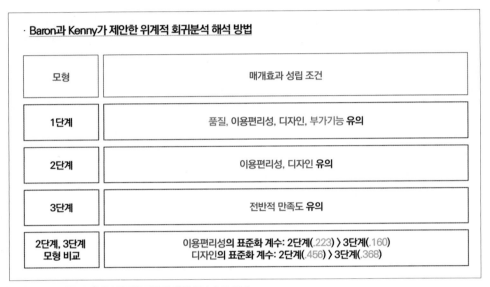

그림 3-14 | 바론과 케니의 방법을 적용한 출력 결과 순서 정리

1단계에서 품질, 이용편리성, 디자인, 부가기능이 유의하고, 2단계에서는 이용편리성과 디자인이 유의하게 나타났습니다. 우선 공통으로 유의하게 나타난 이용편리성과 디자인이 전반적 만족도를 거쳐 재구매의도에 영향을 미칠 만한 독립변수 후보가 되었다고 볼 수 있습니다. 3단계에서는 전반적 만족도가 유의하게 나타났기 때문에, 전반적 만족도도 매개변수로서 의미 있는 역할을 하는 것으로 판단할 수 있습니다.

1~2단계 결과를 바탕으로, 전반적 만족도를 거쳐 재구매의도에 영향을 미칠 만한 독립변수 후보인 이용편리성과 디자인의 표준화 계수를 확인해보겠습니다. 표준화 계수를 보는 이유는 표준화 계수의 변화에 따라 매개효과 여부를 판단할 수 있기 때문입니다. [그림 3-12]를 보면 이용편리성은 표준화 계수가 2단계에서 .223이었는데, 3단계에서 .160으로 감소하였습니다. 디자인도 표준화 계수가 2단계에서 .456이었는데, 3단계에서 .368로 감소했습니다.

정리하면 다음과 같습니다. 1단계와 2단계에서 이용편리성과 디자인의 영향이 유의하게 나타났고, 3단계에서 전반적 만족도의 영향이 유의하게 나타났습니다. 전반적 만족도의 영향이 통제될 때 이용편리성과 디자인의 영향이 감소하므로, 이용편리성과 디자인이 재구매의도에 영향을 미칠 때, 전반적 만족도는 매개 역할을 한다고 볼 수 있습니다.

아무도 가르쳐주지 않는 Tip

영향력이 감소한다는 말은 무슨 의미일까요?

표준화 계수 베타 값은 A 변수가 B 변수에 얼마나 영향을 미치는지를 나타내는 값입니다. 따라서 이 베타 값이 줄어들고 늘어남에 따라 영향력이 줄어들고 늘어남을 확인할 수 있습니다.

매개효과는 부분매개효과와 완전매개효과로 나뉩니다. 부분매개효과는 독립변수가 종속변수에 직접적으로 영향을 미치기도 하면서 독립변수가 매개변수를 거쳐 종속변수에 영향을 미치는 경우를 의미합니다. 완전매개효과는 독립변수가 종속변수에 직접적으로는 영향을 미치지 못하고 독립변수가 매개변수를 거쳐서만 종속변수에 영향을 미치는 경우를 의미합니다.

이는 3단계 모형에서 독립변수의 유의성에 따라 결정됩니다. 3단계 모형에서 독립변수가 종속변수에 미치는 영향이 유의하게 나오면 부분매개효과, 유의하지 않게 나오면 완전매개효과라고 할 수 있습니다.

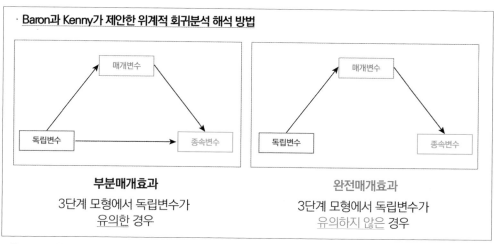

그림 3-15 | 부분매개효과와 완전매개효과의 차이

우리가 진행한 실습에서는 독립변수인 이용편리성과 디자인 모두 재구매의도에 미치는 영향이 유의하게 나타났고, 재구매의도가 전반적 만족도에 영향을 미친 것으로 나타났습니다. 따라서 이용편리성과 디자인이 재구매의도에 영향을 미칠 때, 전반적 만족도는 부분매개 역할을 한다고 설명할 수 있습니다.

04 _ 논문 결과표 작성하기

1 매개효과 결과표는 단계별로 구성합니다. 1단계는 종속변수인 전반적 만족도에 대한 상수항과 품질, 이용편리성, 디자인, 부가기능으로 독립변수를 구성합니다. 2단계는 종속변수인 재구매의도에 대한 상수항과 품질, 이용편리성, 디자인, 부가기능으로 독립변수를 구성합니다. 3단계는 종속변수인 재구매의도에 대한 상수항과 품질, 이용편리성, 디자인, 부가기능 그리고 매개변수인 전반적 만족도로 독립변수를 구성합니다. B, $S.E.$, β, t, p와 모형의 F값, R 제곱과 수정된 R 제곱으로 결과 값 열을 구성하여 아래와 같이 결과표를 작성합니다.

표 3-1

종속변수	독립변수	B	$S.E.$	β	t	p	F	R^2 $(_{adj}R^2)$
전반적 만족도	(상수)							
	품질							
	이용편리성							
	디자인							
	부가기능							
재구매 의도	(상수)							
	품질							
	이용편리성							
	디자인							
	부가기능							
재구매 의도	(상수)							
	품질							
	이용편리성							
	디자인							
	부가기능							
	전반적 만족도							

2 1단계 회귀분석 결과 중 엑셀로 변환한 〈계수〉 결과표에서 B, *S.E.*, t값을 '0.000' 형태로 동일하게 변경하겠습니다. ❶ ❷ Ctrl 을 누른 상태에서 B, 표준오차, t값을 모두 선택하고, ❸ Ctrl + 1 단축키로 셀 서식 창을 엽니다.

계수[a]

모형		비표준화 계수		표준화 계수	t	유의확률	공선성 통계량	
		B	표준오차	베타			공차	VIF
1	(상수)	0.588	0.234		2.511	0.013		
	품질	0.145	0.064	0.129	2.275	0.024	0.748	1.337
	이용편리성	0.177	0.057	0.179	3.115	0.002	0.730	1.370
	디자인	0.264	0.064	0.250	4.090	0.000	0.645	1.551
	부가기능	0.160	0.054	0.165	2.941	0.004	0.765	1.307

❶ 선택　　❷ Ctrl + 선택　　❸ Ctrl + 1

그림 3-16

3 셀 서식 창에서 ❶ '범주'의 '숫자'를 클릭하고 ❷ '음수'의 '−1234'를 선택합니다. ❸ '소수 자릿수'를 '3'으로 수정한 후 ❹ 확인을 클릭해서 소수점 셋째 자리의 수로 변경합니다.

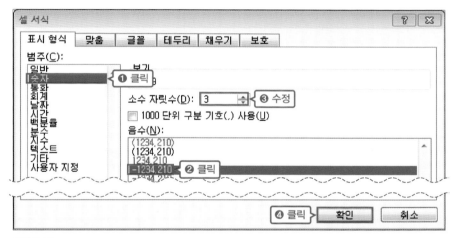

그림 3-17

4 상수와 품질, 이용편리성, 디자인, 부가기능의 B, 표준오차, 베타, t, 유의확률 값의 셀을 선택하여 복사합니다.

계수[a]

모형		비표준화 계수		표준화 계수	t	유의확률	공선성 통계량	
		B	표준오차	베타			공차	VIF
1	(상수)	0.588	0.234		2.511	0.013		
	품질	0.145	0.064	0.129	2.275	0.024	0.748	1.337
	이용편리성	0.177	0.057	0.179	3.115	0.002	0.730	1.370
	디자인	0.264	0.064	0.250	4.090	0.000	0.645	1.551
	부가기능	0.160	0.054	0.165	2.941	0.004	0.765	1.307

a. 종속변수: 전반적만족도

Ctrl + C

그림 3-18

5 복사한 결과 값을 한글에 만들어놓은 결과표에 붙여넣기합니다.

종속변수	독립변수	B	$S.E.$	β	t	p	F	R^2 $(_{adj}R^2)$
전반적 만족도	(상수)							
	품질							
	이용편리성							
	디자인							

그림 3-19

6 셀 붙이기 창에서 ❶ '내용만 덮어 쓰기'를 클릭하고 ❷ 붙이기를 클릭합니다.

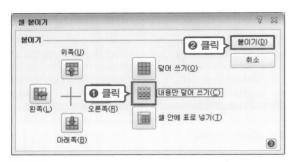

그림 3-20

7 다음으로 1단계 회귀분석 엑셀 결과에서 〈ANOVA〉 결과표의 F값과 〈모형 요약〉 결과 표의 R 제곱, 수정된 R 제곱 값을 한글에 만들어놓은 결과표에 그대로 옮깁니다.

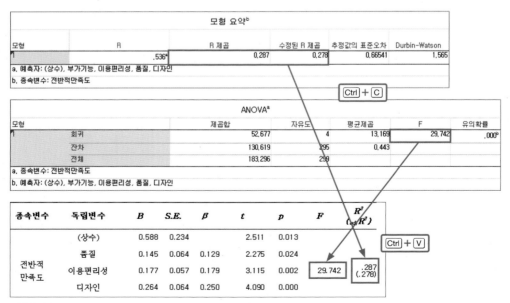

그림 3-21

8 입력한 모든 셀의 글자 모양을 양식에 맞게 변경하면 1단계의 매개효과 결과표가 완성 됩니다. 모형 F값의 유의확률이 .000이었으므로 *표 세 개를 위첨자로 달아주고, 유의 확률 수준에 따라 t값에 *표를 위첨자로 달아줍니다 이 때 *표는 .05 미만은 1개, .01 미만은 2개, .001 미만은 3개를 표시합니다. 그리고 p값 '.000'은 '<.001'으로 변경합니다.

표 3-2

종속변수	독립변수	B	$S.E.$	β	t	p	F	R^2 $_{(adj}R^2)$
전반적 만족도	(상수)	0.588	0.234		2.511*	.013		
	품질	0.145	0.064	.129	2.275*	.024		
	이용편리성	0.177	0.057	.179	3.115**	.002	29.742***	.287 (.278)
	디자인	0.264	0.064	.250	4.090***	<.001		
	부가기능	0.160	0.054	.165	2.941**	.004		
재구매 의도	(상수)							
	품질							
	이용편리성							
	디자인							
	부가기능							
재구매 의도	(상수)							
	품질							
	이용편리성							
	디자인							
	부가기능							
	전반적 만족도							

* $p < .05$, ** $p < .01$, *** $p < .001$

9 2, 3단계의 매개효과 결과표도 1단계와 같은 방식으로 진행합니다. 회귀분석 엑셀 결과의 〈계수〉 결과표에서 B, *S.E.*, t값을 '0.000' 형태로 동일하게 변경한 후에, 〈계수〉 결과표의 모형 1에서 상수와 품질, 이용편리성, 디자인, 부가기능의 B, 표준오차, 베타, t, 유의확률을 한글에 만들어놓은 2단계 결과표에 옮깁니다. 같은 방법으로 〈계수〉 결과표의 모형 2에서 상수와 품질, 이용편리성, 디자인, 부가기능, 전반적 만족도의 B, 표준오차, 베타, t, 유의확률을 한글에 만들어놓은 3단계 결과표로 옮깁니다.

계수ᵃ

모형		비표준화 계수 B	표준오차	표준화 계수 베타	t	유의확률	공선성 통계량 공차	VIF
1	(상수)	0.609	0.209		2.913	0.004		
	품질	0.036	0.057	0.033	0.632	0.528	0.748	1.337
	이용편리성	0.215	0.051	0.223	4.223	0.000	0.730	1.370
	디자인	0.467	0.058	0.456	8.117	0.000	0.645	1.551
	부가기능	0.036	0.049	0.039	0.752	0.453	0.765	1.307
2	(상수)	0.408	0.195		2.087	0.038		
Ctrl + C 품질		-0.014	0.053	-0.013	-0.257	0.797	0.735	1.361
	이용편리성	0.154	0.048	0.160	3.222	0.001	0.706	1.416
	디자인	0.377	0.055	0.368	6.887	0.000	0.610	1.639
	부가기능	-0.018	0.046	-0.019	-0.400	0.690	0.744	1.345
	전반적만족도	0.342	0.048	0.352	7.113	0.000	0.713	1.403

a. 종속변수: 재구매의도

종속변수	독립변수	*B*	*S.E.*	*β*	*t*	*p*	*F*	*R²* (adj*R²*)
전반적 만족도	(상수)	0.588	0.234		2.511*	.013	29.742***	.287 (.278)
	품질	0.145	0.064	.129	2.275*	.024		
	이용편리성	0.177	0.057	.179	3.115**	.002		
	디자인	0.264	0.064	.250	4.090***	<.001		
	부가기능	0.160	0.054	.165	2.941**	.004		
재구매의도	(상수)	0.609	0.209		2.913	0.004		
Ctrl + V	품질	0.036	0.057	0.033	0.632	0.528		
	이용편리성	0.215	0.051	0.223	4.223	0.000		
	디자인	0.467	0.058	0.456	8.117	0.000		
	부가기능	0.036	0.049	0.039	0.752	0.453		
재구매 의도	(상수)	0.408	0.195		2.087	0.038		
	품질	-0.014	0.053	-0.013	-0.257	0.797		
	이용편리성	0.154	0.048	0.160	3.222	0.001		
	디자인	0.377	0.055	0.368	6.887	0.000		
	부가기능	-0.018	0.046	-0.019	-0.400	0.690		
	전반적 만족도	0.342	0.048	0.352	7.113	0.000		

그림 3-22

10 F와 R 제곱 값도 1단계와 마찬가지로 회귀분석 엑셀 결과 중 〈ANOVA〉 결과표의 F값, 〈모형 요약〉 결과표의 R 제곱과 수정된 R 제곱 값을 한글에 만들어놓은 결과표에 각각 그대로 옮깁니다.

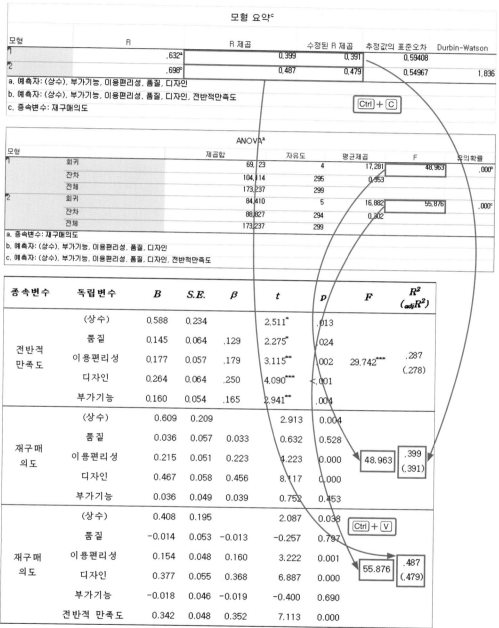

모형 요약[c]					
모형	R	R 제곱	수정된 R 제곱	추정값의 표준오차	Durbin-Watson
1	,632[a]	0,399	0,391	0,59408	
2	,698[b]	0,487	0,479	0,54967	1,836

a. 예측자: (상수), 부가기능, 이용편리성, 품질, 디자인
b. 예측자: (상수), 부가기능, 이용편리성, 품질, 디자인, 전반적만족도
c. 종속변수: 재구매의도

Ctrl + C

ANOVA[a]						
모형		제곱합	자유도	평균제곱	F	유의확률
1	회귀	69,123	4	17,281	48,963	,000[b]
	잔차	104,114	295	0,353		
	전체	173,237	299			
2	회귀	84,410	5	16,882	55,876	,000[c]
	잔차	88,827	294	0,302		
	전체	173,237	299			

a. 종속변수: 재구매의도
b. 예측자: (상수), 부가기능, 이용편리성, 품질, 디자인
c. 예측자: (상수), 부가기능, 이용편리성, 품질, 디자인, 전반적만족도

종속변수	독립변수	B	S.E.	β	t	p	F	R^2 ($_{adj}R^2$)
전반적 만족도	(상수)	0.588	0.234		2.511[*]	.013	29.742[***]	.287 (.278)
	품질	0.145	0.064	.129	2.275[*]	.024		
	이용편리성	0.177	0.057	.179	3.115[**]	.002		
	디자인	0.264	0.064	.250	4.090[***]	<.001		
	부가기능	0.160	0.054	.165	2.941[**]	.004		
재구매 의도	(상수)	0.609	0.209		2.913	0.004	48.963	.399 (.391)
	품질	0.036	0.057	0.033	0.632	0.528		
	이용편리성	0.215	0.051	0.223	4.223	0.000		
	디자인	0.467	0.058	0.456	8.117	0.000		
	부가기능	0.036	0.049	0.039	0.752	0.453		
재구매 의도	(상수)	0.408	0.195		2.087	0.038	55.876	.487 (.479)
	품질	-0.014	0.053	-0.013	-0.257	0.797		
	이용편리성	0.154	0.048	0.160	3.222	0.001		
	디자인	0.377	0.055	0.368	6.887	0.000		
	부가기능	-0.018	0.046	-0.019	-0.400	0.690		
	전반적 만족도	0.342	0.048	0.352	7.113	0.000		

Ctrl + V

그림 3-23

11 입력한 모든 셀의 글자 모양을 양식에 맞게 변경하면 2, 3단계의 매개효과 결과표도 완성됩니다. β와 p, R^2, 수정된 R^2 값은 '.000' 형식으로 1의 자리를 없애줍니다. 2, 3단계 모형의 F값 유의확률이 .000이었으므로 *표 3개를 위첨자로 각각 달아주고, 유의확률 수준에 따라 t값에 *표를 위첨자로 달아줍니다(.05 미만은 1개, .01 미만은 2개, .001 미만은 3개). 그리고 p값 '.000'은 '<.001'으로 변경합니다.

표 3-3

종속변수	독립변수	B	S.E.	β	t	p	F	R^2 ($_{adj}R^2$)
전반적 만족도	(상수)	0.588	0.234		2.511*	.013	29.742***	.287 (.278)
	품질	0.145	0.064	.129	2.275*	.024		
	이용편리성	0.177	0.057	.179	3.115**	.002		
	디자인	0.264	0.064	.250	4.090***	<.001		
	부가기능	0.160	0.054	.165	2.941**	.004		
재구매 의도	(상수)	0.609	0.209		2.913**	.004	48.963***	.399 (.391)
	품질	0.036	0.057	.033	0.632	.528		
	이용편리성	0.215	0.051	.223	4.223***	<.001		
	디자인	0.467	0.058	.456	8.117***	<.001		
	부가기능	0.036	0.049	.039	0.752	.453		
재구매 의도	(상수)	0.408	0.195		2.087*	.038	55.876***	.487 (.479)
	품질	−0.014	0.053	−.013	−0.257	.797		
	이용편리성	0.154	0.048	.160	3.222**	.001		
	디자인	0.377	0.055	.368	6.887***	<.001		
	부가기능	−0.018	0.046	−.019	−0.400	.690		
	전반적 만족도	0.342	0.048	.352	7.113***	<.001		

* $p < .05$, ** $p < .01$, *** $p < .001$

05 _ 논문 결과표 해석하기

매개효과 결과표에 대한 해석은 다음 4단계로 작성합니다.

❶ 분석 내용과 분석법 설명

"품질, 이용편리성, 디자인, 부가기능(독립변수)이 재구매의도(종속변수)에 영향을 미치는 데 있어, 전반적 만족도(매개변수)의 매개효과를 검증하기 위해, 바론과 케니가 제안한 위계적 회귀분석(분석법)을 실시하였다."

❷ 단계별 모형 F값, R 제곱 설명

단계별로 분산분석의 F값과 유의확률로 회귀모형의 유의성을 설명하고, R 제곱으로 설명력을, Durbin-Watson 값으로 잔차의 독립성 가정 충족 여부를, VIF 값으로 다중공선성 문제 여부에 대해 설명합니다.

❸ 단계별 독립변수의 유의성 검증 결과 설명

단계별로 종속변수에 대한 독립변수의 영향이 유의한지를 $β$값과 유의확률로 설명합니다.

❹ 매개효과 검증 결과 설명

1) 1단계와 2단계에서 종속변수에 대한 독립변수의 영향이 유의하고,

2) 3단계에서 종속변수에 대한 매개변수의 영향이 유의할 때

3) 독립변수의 3단계 $β$값이 2단계 $β$값보다 감소하였으면 매개효과가 유의한 것으로 설명합니다. 3단계에서 종속변수에 대한 해당 독립변수의 영향이 여전히 유의하면 부분매개, 유의하지 않으면 완전매개입니다.

위의 4단계에 맞춰 앞에서 실습한 출력 결과 값을 작성하면 다음과 같습니다.

❶ 품질, 이용편리성, 디자인, 부가기능[1]이 재구매의도[2]에 영향을 미치는 데 있어, 전반적 만족도[3]의 매개효과를 검증하기 위해, 바론과 케니가 제안한 위계적 회귀분석(Baron and Kenny's hierarchical regression analysis)을 실시하였다.

❷ 그 결과 회귀모형은 1단계($F=29.742$[4], $p<.001$[5]), 2단계($F=48.963$[6], $p<.001$[7]), 3단계($F=55.876$[8], $p<.001$[9])에서 모두 통계적으로 유의하게 나타났으며, 회귀모형의 설명

---

1 독립변수
2 종속변수
3 매개변수
4 1단계 모형 '분산분석'의 F값
5 1단계 모형 '분산분석'의 유의확률
6 2단계 모형 '분산분석'의 F값
7 2단계 모형 '분산분석'의 유의확률
8 2단계 모형 '분산분석'의 F값
9 2단계 모형 '분산분석'의 유의확률

력은 1단계에서 28.7%[10](수정된 R 제곱은 27.8%[11]), 2단계에서 39.9%[12](수정된 R 제곱은 39.1%[13]), 3단계에서 48.7%[14](수정된 R 제곱은 47.9%[15])로 나타났다. 한편 Durbin-Watson 통계량은 1.836[16]으로 2에 근사한 값을 보여 잔차의 독립성 가정에 문제는 없는 것으로 평가되었고, 분산팽창지수(Variance Inflation Factor; VIF)도 모두 10 미만으로 작게 나타나 다중공선성 문제는 없는 것으로 판단되었다.

❸ 회귀계수의 유의성 검증 결과, 1단계에서는 품질(β=.129[17], p<.05[18]), 이용편리성(β=.179, p<.01), 디자인(β=.250, p<.001), 부가기능(β=.165, p<.01)이 정(+)적으로 유의하게 나타났다. 즉 품질, 이용편리성, 디자인, 부가기능이 높을수록 전반적 만족도가 높아지는 것으로 검증되었다. 2단계에서는 이용편리성(β=.223, p<.001), 디자인(β=.456, p<.001)은 재구매의도에 유의한 정(+)의 영향[19]을 미치는 것으로 나타났다. 3단계에서는 전반적 만족도가 재구매의도에 정(+)의 영향을 미치는 것으로 나타났고(β=.352, p<.001).

❹ 이용편리성(β=.223[20] → .160[21])과 디자인(β=.456 → .368)이 재구매의도에 미치는 영향은 2단계에서보다 낮게 나타나, 이용편리성과 디자인이 재구매의도에 영향을 미치는 데 있어 전반적 만족도는 매개 역할을 하는 것으로 나타났다.

한편 3단계에서 이용편리성(β=.160, p<.01), 디자인(β=.368, p<.001)은 재구매의도에 유의한 영향을 미치는 것으로 나타나, 이용편리성과 디자인이 재구매의도에 영향을 미치는 데 있어 전반적 만족도는 부분매개 역할[22]을 하는 것으로 판단되었다.

---

10 1단계 모형 '모형 요약'의 R 제곱 × 100
11 1단계 모형 '모형 요약'의 수정된 R 제곱 × 100
12 2단계 모형 '모형 요약'의 R 제곱 × 100
13 2단계 모형 '모형 요약'의 수정된 R 제곱 × 100
14 3단계 모형 '모형 요약'의 R 제곱 × 100
15 3단계 모형 '모형 요약'의 수정된 R 제곱 × 100
16 '모형 요약'의 Durbin-watson
17 '품질'의 표준화 계수
18 '품질'의 p값
19 회귀계수가 양(+)수이므로 정(+)의 영향, 음(−)수였다면 부(−)의 영향
20 2단계 표준화 계수
21 3단계 표준화 계수
22 유의하지 않았다면, '완전매개' 역할

〈표〉품질 요인과 재구매의도 사이에서 전반적 만족도의 매개효과 검증

종속변수	독립변수	B	S.E.	β	t	p	F	R ($_{adj}R$)
전반적 만족도	(상수)	0.588	0.234		2.511*	.013	29.742***	.287 (.278)
	품질	0.145	0.064	.129	2.275*	.024		
	이용편리성	0.177	0.057	.179	3.115**	.002		
	디자인	0.264	0.064	.250	4.090***	<.001		
	부가기능	0.160	0.054	.165	2.941**	.004		
재구매 의도	(상수)	0.609	0.209		2.913**	.004	48.963***	.399 (.391)
	품질	0.036	0.057	.033	0.632	.528		
	이용편리성	0.215	0.051	.223	4.223***	<.001		
	디자인	0.467	0.058	.456	8.117***	<.001		
	부가기능	0.036	0.049	.039	0.752	.453		
재구매 의도	(상수)	0.408	0.195		2.087*	.038	55.876***	.487 (.479)
	품질	−0.014	0.053	−.013	−0.257	.797		
	이용편리성	0.154	0.048	.160	3.222**	.001		
	디자인	0.377	0.055	.368	6.887***	<.001		
	부가기능	−0.018	0.046	−.019	−0.400	.690		
	전반적 만족도	0.342	0.048	.352	7.113***	<.001		

* $p < .05$, ** $p < .01$, *** $p < .001$

 여기서 잠깐!!

사실 바론과 케니가 제안한 위계적 회귀분석에서는 1단계와 2단계 순서가 현재 실습 과정과 반대로 되어 있습니다. 하지만 국내 논문에서는 해석의 편의를 위해서 1단계와 2단계를 변경해서 한 연구가 대다수입니다. 1단계와 3단계 독립변수의 표준화 계수를 비교하는 것보다는 2단계와 3단계 독립변수의 표준화 계수를 비교하는 게 용이하기 때문입니다. 하지만 학교 선배들이나 지도 교수님의 기존 논문에서 1단계와 2단계 순서를 반대로 하여 진행했다면, 현실습의 1~2단계 순서를 반대로 하여 진행하는 것이 좋습니다.

우리가 실습한 단계가 아닌, 바론과 케니가 제안한 방법을 그대로 적용하면 다음과 같습니다.
• 1단계 : 독립변수(품질, 이용편리성, 디자인, 부가기능) → 종속변수(재구매의도)
• 2단계 : 독립변수(품질, 이용편리성, 디자인, 부가기능) → 매개변수(전반적만족도)
• 3단계 : 독립변수(4개 요인)와 매개변수(전반적만족도) → 종속변수(재구매의도)

[매개효과 논문 결과표 완성 예시]

품질 요인과 재구매의도 사이에서 전반적 만족도의 매개효과 검증

품질, 이용편리성, 디자인, 부가기능이 재구매의도에 영향을 미치는 데 있어, 전반적 만족도의 매개효과를 검증하기 위해, 바론과 케니가 제안한 위계적 회귀분석(Baron and Kenny's hierarchical regression analysis)을 실시하였다.

그 결과 회귀모형은 1단계(F=29.742, p<.001), 2단계(F=48.963, p<.001), 3단계(F=55.876, p<.001)에서 모두 통계적으로 유의하게 나타났으며, 회귀모형의 설명력은 1단계에서 28.7%(수정된 R 제곱은 27.8%), 2단계에서 39.9%(수정된 R 제곱은 39.1%), 3단계에서 48.7%(수정된 R 제곱은 47.9%)로 나타났다. 한편 Durbin-Watson 통계량은 1.836으로 2에 근사한 값을 보여 잔차의 독립성 가정에 문제는 없는 것으로 평가되었고, 분산팽창지수(Variance Inflation Factor; VIF)도 모두 10 미만으로 작게 나타나 다중공선성 문제는 없는 것으로 판단되었다.

회귀계수의 유의성 검증 결과, 1단계에서는 품질(β=.129, p<.05), 이용편리성(β=.179, p<.01), 디자인(β=.250, p<.001), 부가기능(β=.165, p<.01)이 정(+)적으로 유의하게 나타났다. 즉 품질, 이용편리성, 디자인, 부가기능이 높을수록 전반적 만족도가 높아지는 것으로 검증되었다. 2단계에서는 이용편리성(β=.223, p<.001), 디자인(β=.456, p<.001)은 재구매의도에 유의한 정(+)의 영향을 미치는 것으로 나타났다. 3단계에서는 전반적 만족도가 재구매의도에 정(+)의 영향을 미치는 것으로 나타났고(β=.352, p<.001), 이용편리성(β=.223→.160)과 디자인(β=.456→.368)이 재구매의도에 미치는 영향은 2단계에서보다 낮게 나타나, 이용편리성과 디자인이 재구매의도에 영향을 미치는 데 있어 전반적 만족도는 매개 역할을 하는 것으로 나타났다.

한편 3단계에서 이용편리성(β=.160, p<.01), 디자인(β=.368, p<.001)은 재구매의도에 유의한 영향을 미치는 것으로 나타나, 이용편리성과 디자인이 재구매의도에 영향을 미치는 데 있어 전반적 만족도는 부분매개 역할을 하는 것으로 판단되었다.

〈표〉 품질 요인과 재구매의도 사이에서 전반적 만족도의 매개효과 검증

종속변수	독립변수	B	S.E.	β	t	p	F	R^2 ($_{adj}R^2$)
전반적 만족도	(상수)	0.588	0.234		2.511*	.013	29.742***	.287 (.278)
	품질	0.145	0.064	.129	2.275*	.024		
	이용편리성	0.177	0.057	.179	3.115**	.002		
	디자인	0.264	0.064	.250	4.090***	<.001		
	부가기능	0.160	0.054	.165	2.941**	.004		
재구매 의도	(상수)	0.609	0.209		2.913**	.004	48.963***	.399 (.391)
	품질	0.036	0.057	.033	0.632	.528		
	이용편리성	0.215	0.051	.223	4.223***	<.001		
	디자인	0.467	0.058	.456	8.117***	<.001		
	부가기능	0.036	0.049	.039	0.752	.453		
재구매 의도	(상수)	0.408	0.195		2.087*	.038	55.876***	.487 (.479)
	품질	−0.014	0.053	−.013	−0.257	.797		
	이용편리성	0.154	0.048	.160	3.222**	.001		
	디자인	0.377	0.055	.368	6.887***	<.001		
	부가기능	−0.018	0.046	−.019	−0.400	.690		
	전반적 만족도	0.342	0.048	.352	7.113***	<.001		

* p<.05, ** p<.01, *** p<.001

06 _ 매개효과의 또 다른 검증 방법 : 소벨 테스트(Sobel-test)

구조방정식을 진행하는 게 아니라면, 매개효과 검증을 할 때 바론과 케니가 제안한 위계적 회귀분석을 주로 활용합니다. 하지만 소벨 테스트(Sobel-test)로 매개효과 검증을 진행한 논문들도 종종 볼 수 있습니다. 다수 논문에서 바론과 케니의 위계적 회귀분석 결과에 이어 소벨 테스트 결과를 첨부하고 있습니다. 그 이유는 매개효과를 추가로 확인하면서, 바론과 케니와 달리 매개변수가 통계적으로 유의한지 한 번에 계산을 통해 보여줄 수 있기 때문입니다. 앞의 실습 결과를 예시로 하여 소벨 테스트를 진행해보겠습니다.

1 아래 링크에 접속합니다. 구글에서 짧게 'sobel test'로 검색해도 됩니다. 'Free Sobel Test Calculator for the Significance of Mediation'이라고 적혀 있는 사이트입니다.

> http://www.danielsoper.com/statcalc/calculator.aspx?id=31

2 A 경로와 B 경로가 있는데, A 경로는 독립변수에서 매개변수로 가는 경로(1단계 모형)를 의미하고, B 경로는 매개변수에서 종속변수로 가는 경로(3단계 모형)를 의미합니다.

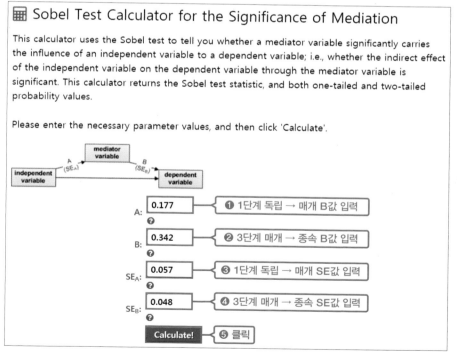

그림 3-24

A 옆의 빈칸에는 1단계 모형에서 독립변수가 매개변수에 미치는 영향에 대한 비표준화 회귀계수(B)를 입력하고, B 옆의 빈칸에는 3단계 모형에서 매개변수가 종속변수에 미치는 영향에 대한 비표준화 회귀계수(B)를 입력합니다. SE$_A$ 옆의 빈칸에는 1단계 모형에서 독립변수가 매개변수에 미치는 영향에 대한 표준오차(SE)를 입력하고, SE$_B$ 옆의 빈칸에는 3단계 모형에서 매개변수가 종속변수에 미치는 영향에 대한 표준오차(SE)를 입력합니다. 그리고 Calculate! 버튼을 클릭하면 실행됩니다. 여기서는 이용편리성 → 전반적 만족도 → 재구매의도 경로의 매개효과를 검증하여, 1단계에서 이용편리성의 회귀계수와 표준오차, 3단계에서 전반적 만족도의 회귀계수와 표준오차를 입력하였습니다.

3 Sobel test statistic에 있는 값은 소벨 테스트의 Z값을 의미하고 1.96보다 크면 p값이 .05 미만으로 나타납니다. Two-tailed probability는 유의확률(p값)로 유의성 여부를 판단할 수 있습니다. 여기서는 p값이 .05 미만으로 나타나, 바론과 케니가 제안한 회귀분석 방법으로 실습했던 결과와 마찬가지로 이용편리성과 재구매의도 사이에서 전반적 만족도는 매개 역할을 하는 것으로 판단할 수 있습니다.

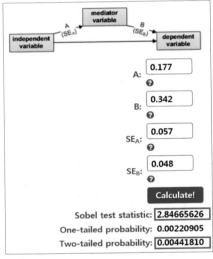

그림 3-25

4 디자인 → 전반적 만족도 → 재구매의도 경로도 같은 방법으로 진행하면, 마찬가지로 p값이 .05 미만으로 나타납니다. 역시 디자인과 재구매의도 사이에서 전반적 만족도는 매개 역할을 하는 것으로 판단할 수 있습니다.

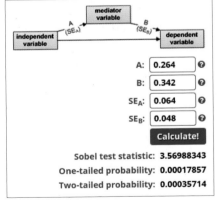

그림 3-26

5 결과에 대해 논문 형태로 작성한다면, p값만 읽어주면 되므로 간단합니다. 예를 들면 아래와 같습니다.

[결과 예시]

앞서 위계적 회귀분석 결과, 이용편리성과 디자인이 재구매의도에 영향을 미치는 데 있어, 전반적 만족도는 부분매개 역할을 하는 것으로 나타났다. 추가적으로 소벨 테스트(Sobel teset)를 통해 매개효과의 유의성 여부를 검증하였으며, 그 결과는 다음과 같다.

이용편리성과 재구매의도 사이에서 전반적 만족도의 매개효과는 통계적으로 유의하게 나타났으며(Z=2.847, p<.01), 디자인과 재구매의도 사이에서 전반적 만족도의 매개효과도 통계적으로 유의하게 나타났다(Z=3.570, p<.001).

〈표〉 소벨 테스트를 통한 매개효과 유의성 검증

경로	Z	p
이용편리성 → 전반적 만족도 → 재구매의도	2.847**	.004
디자인 → 전반적 만족도 → 재구매의도	3.570***	<.001

** p<.01, *** p<.001

아무도 가르쳐주지 않는 Tip

매개효과와 간접효과의 차이는 무엇일까요?

매개효과 검증을 할 때, A 논문에서는 매개효과, B 논문에서는 간접효과라는 표현을 씁니다. 하지만 많은 연구자들이 두 용어의 의미를 잘 모르는 상태에서 혼용하여 사용하곤 합니다. 쉽게 이해할 수 있도록 두 용어가 들어간 가설 예시 문장을 통해, 옳고 그름을 OX 형태로 보여드리겠습니다.

독립변수는 매개변수를 통해 종속변수에 매개적으로 영향을 미친다. (×)
독립변수는 매개변수를 통해 종속변수에 간접적으로 영향을 미친다. (○)

독립변수는 종속변수에 대해 매개효과가 있다. (×)
독립변수는 종속변수에 대해 간접효과가 있다. (○)

위의 네 가지 예시 문장에서 실제 영향을 미치는 변수는 독립변수입니다. 이런 경우에는 주체가 독립변수이고 매개변수가 영향을 미치는 주체가 아니기 때문에 '효과'를 나타내는 '간접'이라는 말을 씁니다.

독립변수가 종속변수에 영향을 미치는 데 있어 매개변수는 간접적인 역할을 한다. (×)
독립변수가 종속변수에 영향을 미치는 데 있어 매개변수는 매개 역할을 한다. (○)

독립변수와 종속변수 사이에서 매개변수는 간접적인 역할을 한다. (×)
독립변수와 종속변수 사이에서 매개변수는 매개 역할을 한다. (○)

독립변수와 종속변수 사이에서 매개변수의 간접효과는 유의하다. (×)
독립변수와 종속변수 사이에서 매개변수의 매개효과는 유의하다. (○)

반면에 위의 여섯 가지 예시 문장에서 실제 영향을 미치는 변수는 매개변수입니다. 이런 경우에는 주체가 매개변수이고, 실제 영향을 미치는 '역할'을 나타내는 '매개'라는 말을 씁니다.

이렇게 설명드렸지만, 여전히 '매개'와 '간접'의 차이를 구분하기 어려울 수 있습니다. 제가 히든그레이스 논문통계팀 담당자들과 함께 공부할 때 매개는 '역할'이라는 단어로 많이 쓰이고, 간접은 '효과'라는 단어와 잘 어울린다고 이해했습니다. 실제로 독립변수는 매개 역할이 있거나 매개효과가 유의한 게 아닙니다. 독립변수는 직접적으로 영향을 미치기보다는 간접적으로 영향을 미치는 간접'효과'가 있는 것이고, 그럴 때 매개변수는 매개 '역할'을 하게 된다고 이해하면 됩니다.

07 _ 매개효과의 또 다른 검증 방법 : SPSS 프로세스 매크로 활용

연구 문제 3-2

품질, 이용편리성, 디자인, 부가기능과 재구매의도 사이에서 전반적 만족도의 매개효과

앞서 검증한 품질, 이용편리성, 디자인, 부가기능이 재구매의도에 영향을 미치는 데 있어 전반적 만족도의 매개효과를 프로세스 매크로를 통해 검증해보자.

프로세스 매크로를 통해 매개효과를 검증하려면, 먼저 SPSS 프로그램에서 프로세스 매크로 (Process Macro)를 설치해야 합니다. 여기에서는 프로세스 매크로를 설치하는 과정부터 살펴보겠습니다. Section 04에서 조절효과를 살펴볼 때도 프로세스 매크로를 통해 검증하는 방법을 배울 예정인데, 그때는 설치 과정을 건너뛰고 바로 실습하겠습니다.

STEP 01 프로세스 매크로 설치하기

1 SPSS를 관리자 권한으로 실행합니다. 마우스 오른쪽 버튼을 클릭하고, 관리자 권한으로 실행을 클릭합니다.

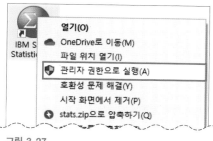

그림 3-27

2 파일 – 새 파일 – 스크립트 – Basic 메뉴로 들어갑니다.

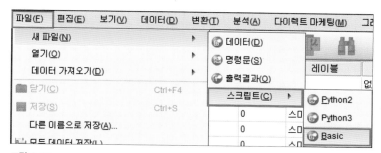

그림 3-28

3 스크립트 창이 열리면 Sub Main과 End Sub 사이에 그림과 같이 박스 안에 있는 내용을 그대로 적어줍니다.

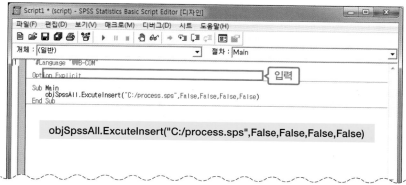

그림 3-29

4 파일 – 다른 이름으로 저장을 클릭합니다.

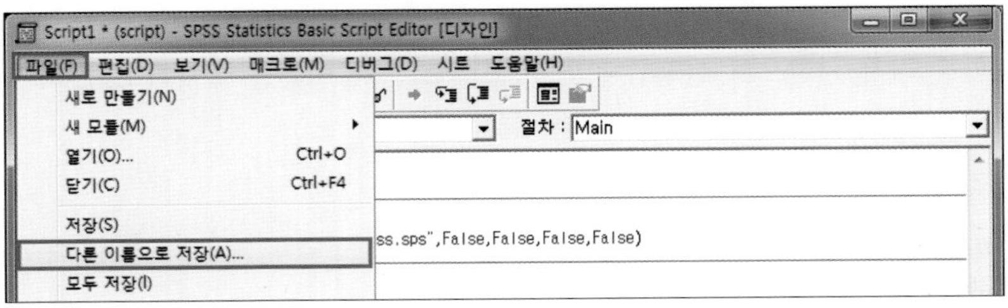

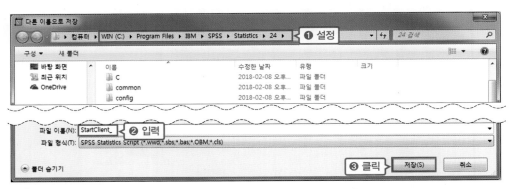

그림 3-30

5 저장 폴더와 파일명을 설정하는 화면이 나옵니다. ❶ 저장 폴더는 Program Files 또는 Program Files(x86) 폴더 내의 SPSS 프로그램이 설치된 폴더로 설정하고, ❷ 파일 이름은 'StartClient_'로 설정합니다. 파일 이름 맨 끝에는 반드시 언더바(_)를 붙여주세요. ❸ 저장을 클릭합니다.

그림 3-31

6 ❶ 인터넷 창을 열고 http://www.processmacro.org/download.html에 접속하여 ❷ Download PROCESS v3.1을 클릭해 파일을 다운로드합니다. 다운로드합니다. 접속 시기에 따라 버전은 다를 수 있습니다.

그림 3-32

7 다운로드된 파일의 압축을 해제한 다음, process 폴더 전체를 'C:\'에 복사합니다.

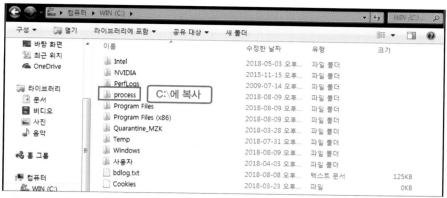

그림 3-33

8 다시 SPSS로 돌아와 확장 − 유틸리티 − 사용자 정의 대화 상자 설치를 클릭합니다. SPSS 23보다 낮은 버전을 쓰고 있다면 유틸리티 − 사용자 정의 대화 상자 − 사용자 정의 대화 상자 설치를 선택합니다.

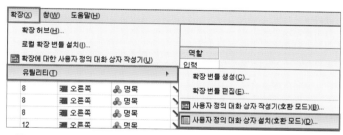

그림 3-34

9 파일을 선택하는 화면이 열립니다. ❶ 'C:\process\PROCESS v3.1 for SPSS\Custom dialog builder file' 폴더의 process.spd를 선택하고, ❷ 열기를 클릭합니다.

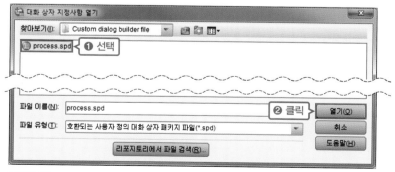

그림 3-35

10 화면에 대화 상자 파일이 설치되었다는 문구가 보입니다. 확인을 클릭합니다.

그림 3-36

11 SPSS를 닫고 재실행하면, 분석 − 회귀분석 메뉴에 PROCESS 메뉴가 생성된 것을 볼 수 있습니다.

그림 3-37

 여기서 잠깐!!

프로세스 매크로를 설치할 때, 설치 가이드에는 **1** ~ **5** 과정을 거치라고 되어 있는데, 최근에 실험해보니 **6** 과정부터 진행해도 실행이 잘 되었습니다.

1 앞서 프로세스 매크로 홈페이지에서 다운로드하여 'C:\process' 폴더에 옮겨놓은 'templates.pdf' 파일을 열어보면, Model 4에 매개효과 모형이 있는 것을 볼 수 있습니다. 즉 매개효과 모형은 Model 4입니다.

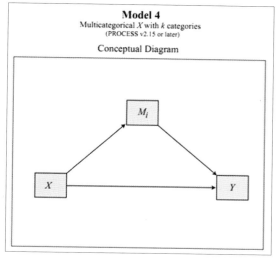

그림 3-38

여기서 잠깐!!

최근 업데이트된 프로세스 매크로 3.1 버전에서는 **1** 에서 언급한 'templates.pdf' 파일이 제공되지 않고, 모형 번호도 변경되었습니다. 다행히 우리가 실습하려는 모형은 그대로 4번입니다. 다른 모형은 번호를 확인한 다음 적용해야 합니다.

Process Macro 홈페이지에서는 템플릿 파일을 제공하지 않고, 책을 사보라고 권하고 있습니다. 책 제목과 사이트 주소를 공유하겠습니다.

• **책 제목**

『Introduction to Mediation, Moderation, and Conditional Process Analysis : A Regression-Based Approach Second Edition』

• **책 소개 사이트**

http://afhayes.com/introduction-to-mediation-moderation-and-conditional-process-analysis.html

2 프로세스 매크로는 8글자로 된 영문만 허용하므로 변수 이름을 영문으로 바꾸어야 합니다. 변환 – 다른 변수로 코딩변경 메뉴에 들어갑니다.

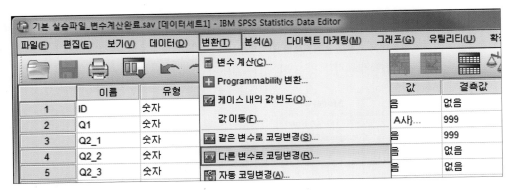

그림 3-39

3 다른 변수로 코딩변경 창에서 ❶ 독립변수인 '품질', '이용편리성', '디자인', '부가기능', 매개변수인 '전반적만족도', 종속변수인 '재구매의도'를 선택하여 ❷ 오른쪽으로 이동합니다.

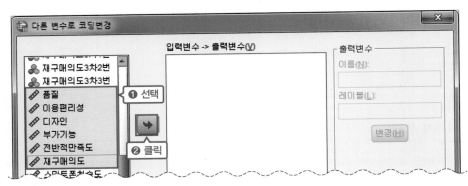

그림 3-40

4 ❶ '품질'을 선택하고 ❷ 출력 변수의 '이름'에 'poomjil'을 입력한 다음 ❸ 변경을 클릭합니다.

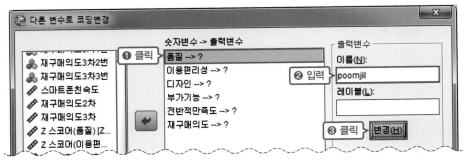

그림 3-41

5 ❶ 나머지 변수도 '품질'과 마찬가지로 변수 이름을 변경하고 ❷ 기존값 및 새로운 값을 클릭합니다.

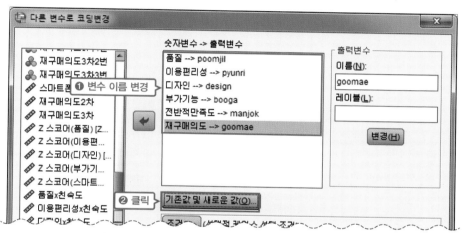

그림 3-42

6 ❶ '기타 모든 값'을 체크하고, ❷ '기존값 복사'를 체크한 다음 ❸ 추가를 클릭합니다.

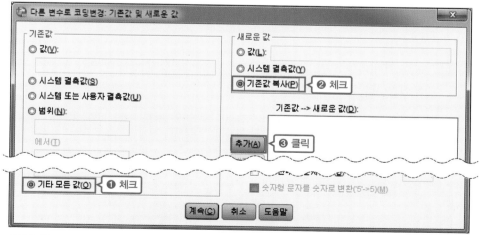

그림 3-43

7 계속을 클릭합니다.

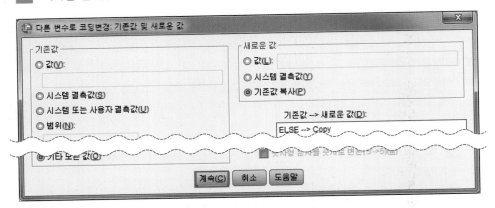

그림 3-44

8 확인을 클릭합니다.

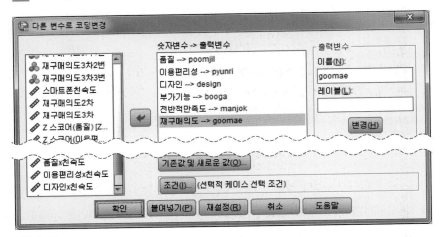

그림 3-45

9 SPSS 데이터를 보면, 'poomjil'부터 'goomae'까지 영문 변수가 생성된 것을 확인할 수 있습니다.

	poomjil	pyunri	design	booga	manjok	goomae	변수	변수	변수
1	3.00	2.00	2.00	3.20	3.00	2.00			
2	2.60	3.25	2.25	2.80	2.75	2.33			
3	4.00	3.00	3.25	3.20	4.00	3.00			
4	2.00	2.00	2.50	2.60	2.75	2.33			
5	2.60	3.00	2.25	2.80	2.00	2.00			
6	2.80	2.75	3.50	4.40	2.75	3.67			

그림 3-46

10 분석 – 회귀분석 – PROCESS 메뉴에 들어갑니다.

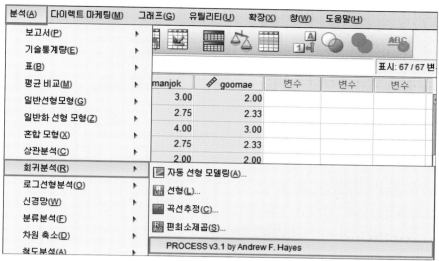

그림 3-47

11 ❶ 먼저 'X variable'에 독립변수인 'poomjil'을 옮기고, ❷ 'Covariate(s)'에 나머지 독립변수 3개를 옮겨줍니다. ❸ 'Mediator(s) M'에 매개변수인 'manjok'을 옮겨주고, ❹ 'Y variable'에 종속변수인 'goomae'를 옮겨줍니다. ❺ 'Model Number'는 앞서 4번 모형이 매개효과 모형임을 확인했으므로 '4'로 선택한 다음 ❻ Options를 클릭합니다.

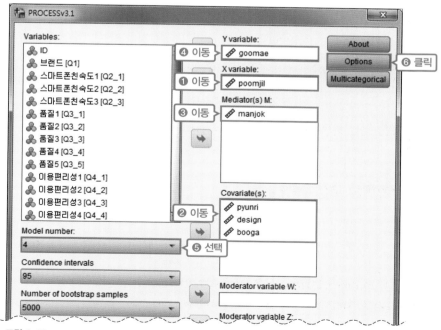

그림 3-48

12 ❶ model 4와 관련된 옵션과 'Effect size'에 체크하고, ❷ 계속을 클릭합니다.

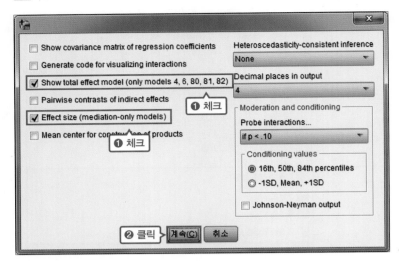

그림 3-49

13 확인을 클릭합니다.

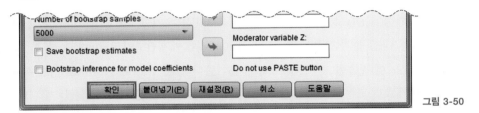

그림 3-50

14 출력 결과에 'Indirect effect(s) of X on Y'가 나온 것을 확인할 수 있습니다.

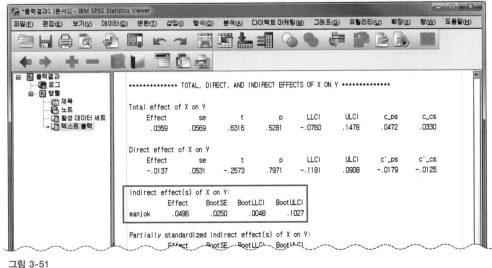

그림 3-51

지금까지 진행한 분석은 X에 'poomjil'을 투입했을 때 나온 분석이므로, 이 결과는 품질과 재구매의도 사이에서 전반적 만족도의 매개효과를 검증한 결과입니다. 나머지 3개의 독립변수가 전반적 만족도를 통해 재구매의도에 미치는 효과도 검증해봐야 하겠죠? 이어서 진행해 보겠습니다.

우선 이용편리성이 전반적 만족도를 매개하여 재구매의도에 미치는 영향을 검증해보겠습니다.

15 다시 분석 – 회귀분석 – PROCESS 메뉴에 들어가서, ❶ 'X variable' 자리에 'poomjil' 대신 'pyunri'를 넣고, ❷ 'Covariate(s)' 자리에 'poomjil'을 옮겨준 다음 ❸ 확인을 클릭합니다.

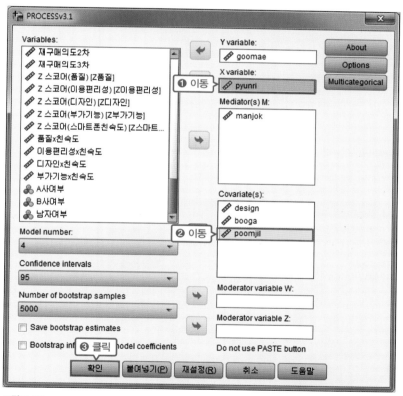

그림 3-52

이어서 디자인이 전반적 만족도를 매개하여 재구매의도에 미치는 영향을 검증해보겠습니다.

16 다시 분석－회귀분석－PROCESS 메뉴에 들어가서, ❶ 'X variable' 자리에 'pyunri' 대신 'design'을 넣고, ❷ 'Covariate(s)' 자리로 'pyunri'를 옮겨준 다음 ❸ 확인을 클릭합니다.

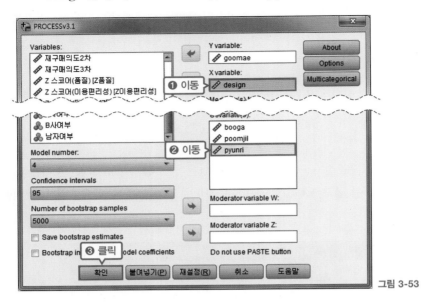

그림 3-53

부가기능이 전반적 만족도를 매개하여 재구매의도에 미치는 영향을 검증해보겠습니다.

17 다시 분석－회귀분석－PROCESS 메뉴에 들어가서, ❶ 'X variable' 자리에 'design' 대신 'booga'를 넣고, ❷ 'design'은 'Covariate(s)' 자리로 옮겨준 다음 ❸ 확인을 클릭합니다.

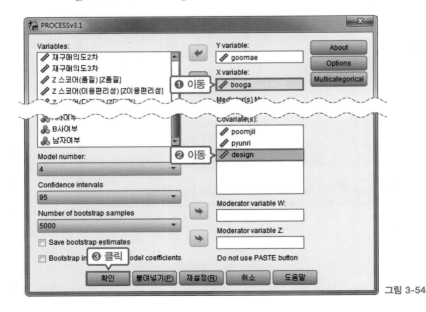

그림 3-54

앞서 독립변수 4개에 대한 간접효과를 검증했기 때문에, [그림 3–55]와 같이 출력 결과가 4개 나온 것을 볼 수 있습니다. 하나씩 해석해보겠습니다.

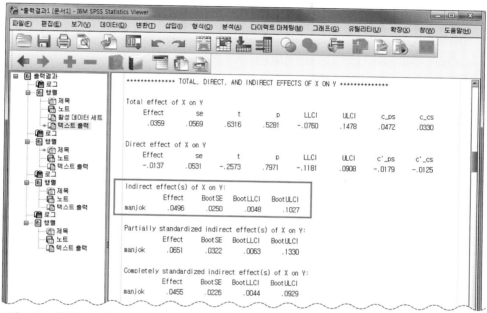

그림 3-55 | SPSS 프로세스 매크로를 활용한 매개효과 검증 출력 결과 : 품질의 간접효과 확인

먼저 첫 번째 결과는 품질이 전반적 만족도를 매개하여 재구매의도에 미치는 간접효과 검증 결과인데, Effect가 .0496으로 나타났습니다. 이는 간접효과의 크기가 약 .0496이라는 의미입니다. 아무래도 직접효과가 아닌 간접효과이기 때문에 수치는 비교적 작습니다. 그 옆의 BootSE는 표준오차라 할 수 있는데, 신뢰구간을 추출하기 위한 과정일 뿐 결과 해석에 그다지 중요한 부분은 아닙니다. 그 옆의 BootLLCI와 BootULCI가 바로 신뢰구간인데, 이는 통계적인 오차를 고려했을 때 나올 수 있는 간접효과 크기의 범위를 의미합니다. 즉, 오차를 고려했을 때 나올 수 있는 최솟값은 .0048, 최댓값은 .1027입니다. 오차를 고려했을 때 나올 수 있는 숫자가 무조건 0보다 크다는 의미이므로, 간접효과가 정(+)적으로 유의하다고 할 수 있습니다.

결국 품질과 재구매의도 사이에서 전반적 만족도는 매개 역할을 하고, 품질은 전반적 만족도를 매개하여 재구매의도에 간접적으로 영향을 준다고 할 수 있습니다.

여기서 잠깐!!

- LLCI는 Lower Limit Confidence Interval의 약자로 신뢰구간 하한 값을 의미하고, ULCI는 Upper Limit Confidence Interval의 약자로 신뢰구간 상한 값을 의미합니다. 신뢰구간의 하한 값과 상한 값이 모두 0보다 크다면 간접효과가 정(+)적으로 유의하다고 볼 수 있습니다. 신뢰구간의 하한 값과 상한 값이 모두 0보다 작다면 간접효과가 부(-)적으로 유의하다고 볼 수 있습니다.

- 프로세스 매크로의 결과 값(SE, LLCI, ULCI)이 본문에 나온 결과 값과 다르다고 당황하지 마세요. 부트스트랩은 랜덤하게 샘플을 생성하여 유의성을 검증하는 방법이기 때문에, 신뢰구간은 돌릴 때마다 미세하게 바뀝니다. 만약 신뢰구간의 하한 값이나 상한 값이 아슬아슬하게 0을 걸친다면 다시 한 번 돌려보는 것도 유의한 결과를 얻을 수 있는 방법입니다. 단 아슬아슬한 게 아니라 0이 하한 값과 상한 값의 거의 중앙에 있다면 아무리 돌려도 유의한 결과가 나오지 않으므로 시간 낭비하지는 마세요.

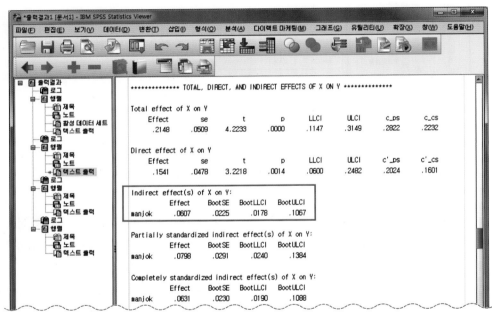

그림 3-56 | SPSS 프로세스 매크로를 활용한 매개효과 검증 출력 결과 : 이용편리성의 간접효과 확인

두 번째 결과는 이용편리성이 전반적 만족도를 매개하여 재구매의도에 미치는 간접효과 검증 결과인데, Effect가 .0607로 나타났습니다. 즉, 간접효과의 크기가 약 .0607입니다. BootLLCI와 BootULCI는 각각 .00178과 .1067로 모두 0보다 큰 값을 보입니다. 즉, 이용편리성과 재구매의도 사이에서 전반적 만족도는 유의한 매개 역할을 하고, 이용편리성은 전반적 만족도를 매개하여 재구매의도에 간접적으로 유의한 영향을 준다고 할 수 있습니다.

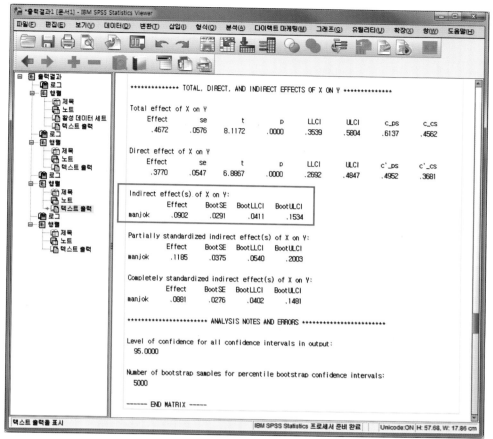

그림 3-57 | SPSS 프로세스 매크로를 활용한 매개효과 검증 출력 결과 : 디자인의 간접효과 확인

세 번째 결과는 디자인이 전반적 만족도를 매개하여 재구매의도에 미치는 간접효과 검증 결과인데, Effect가 .0902로 나타났습니다. 즉, 간접효과의 크기가 약 .0902입니다. BootLLCI와 BootULCI는 각각 .0411과 .1534로 모두 0보다 큰 값을 보입니다. 즉 디자인과 재구매의도 사이에서 전반적 만족도는 유의한 매개 역할을 하고, 디자인은 전반적 만족도를 매개하여 재구매의도에 간접적으로 유의한 영향을 준다고 할 수 있습니다.

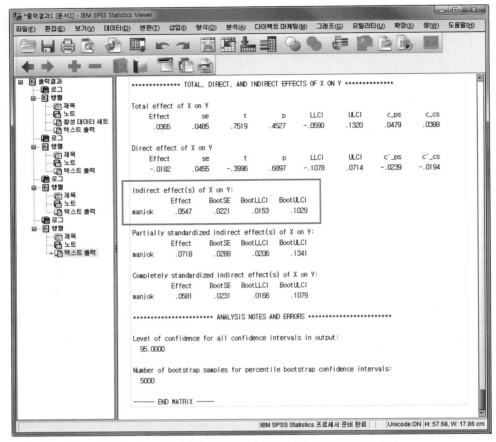

그림 3-58 | SPSS 프로세스 매크로를 활용한 매개효과 검증 출력 결과 : 부가기능의 간접효과 확인

마지막 결과는 부가기능이 전반적 만족도를 매개하여 재구매의도에 미치는 간접효과 검증 결과인데, Effect가 .0547로 나타났습니다. 즉, 간접효과의 크기가 약 .0547입니다. BootLLCI와 BootULCI는 각각 .0153과 .1029로 모두 0보다 큰 값을 보입니다. 즉 부가기능과 재구매의도 사이에서 전반적 만족도는 유의한 매개 역할을 하고, 부가기능은 전반적 만족도를 매개하여 재구매의도에 간접적으로 유의한 영향을 준다고 할 수 있습니다.

결과적으로 품질, 이용편리성, 디자인, 부가기능은 모두 전반적 만족도를 매개하여 재구매의도에 정(+)적인 영향을 주는 것으로 판단할 수 있습니다.

 **여기서 잠깐!!**

프로세스 매크로 결과와 바론과 케니가 제안한 위계적 회귀분석 결과가 다른 이유는 무엇일까요?

바론과 케니가 제안한 위계적 회귀분석은 1986년에 제안된 매개효과 검증 방법입니다. 당시 독립변수, 매개변수, 종속변수가 각각 1개일 경우에 적용할 수 있도록 특화시킨 분석 방법입니다. 30년도 넘은 분석 방법이지만 가장 보편적으로 알려진 분석 방법이다 보니, 그동안 필요 이상으로 과용된 것이 사실입니다.

반면에 헤이스가 제안한 프로세스 매크로는 2013년에 제안된 검증 방법으로, 바론과 케니의 위계적 회귀분석만큼은 아니지만, 최근에 활용도가 급격히 높아지고 있는 분석 방법입니다. 앞선 실습에서 바론과 케니가 제안한 위계적 회귀분석의 2단계에 해당되는 검증, 즉 독립변수가 종속변수에 미치는 영향에 대한 검증 필요성에 의문을 품고, 2단계에서의 유의성을 고려하지 않았기 때문에 보다 유의한 결과를 많이 얻어낼 수 있었습니다. 그래서 똑같은 매개효과 검증임에도 다소 다른 결과를 보였습니다.

어떤 방법으로 분석할지 고민스러울 수 있는데, 히든그레이스 논문통계팀에서는 결과가 좀 더 유의하게 잘 나오는 프로세스 매크로를 권장하는 편입니다. 하지만 프로세스 매크로에 대해 잘 모르는 지도 교수님도 계시고, 학교마다 분석하는 방법이나 트렌드가 다르기 때문에, 지도 교수님과 상의한 후 분석 방법을 결정하는 게 가장 효율적인 방법입니다.

1 매개효과 1단계와 3단계 결과표는 앞선 매개효과 결과표 작성과 동일하므로 추가된 프로세스 매크로의 결과표 작성에 대해서만 설명하겠습니다. 독립변수인 품질, 이용편리성, 디자인, 부가기능에서 매개변수인 전반적 만족도를 거쳐 종속변수인 재구매의도에 이르는 4개의 경로에 대한 B, $S.E.$, $LLCI$, $ULCI$로 프로세스 매크로 결과 값 열을 구성하여 아래와 같이 결과표를 작성합니다.

표 3-4

경로	B	S.E.	LLCI	ULCI
품질 → 전반적 만족도 → 재구매의도				
이용편리성 → 전반적 만족도 → 재구매의도				
디자인 → 전반적 만족도 → 재구매의도				
부가기능 → 전반적 만족도 → 재구매의도				

2 [그림 3-55]~[그림 3-58]의 4개 경로에 대한 프로세스 매크로의 매개효과 결과 값을 [표 3-4]처럼 한글로 만들어놓은 결과표에 [그림 3-59]와 같이 그대로 값을 넣어줍니다.

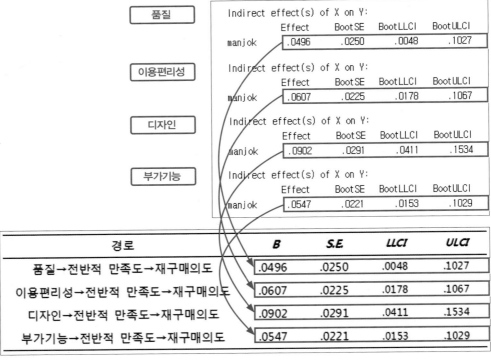

그림 3-59

프로세스 매크로에 의한 매개효과 검증 결과표에 대한 해석은 다음 3단계로 작성합니다.

❶ 분석 내용과 분석법 설명

"품질, 이용편리성, 디자인, 부가기능(독립변수)이 재구매의도(종속변수)에 영향을 미치는 데 있어, 전반적 만족도(매개변수)의 매개효과를 검증하기 위해, 헤이스가 제안한 SPSS 프로세스 매크로를 통한 부트스트랩(Bootstrap) 검증을 실시하였다."

❷ 바론과 케니의 위계적 회귀분석 1단계와 3단계 결과에 대한 설명

바론과 케니의 위계적 회귀분석 1단계와 3단계의 분산분석 F값과 유의확률로 회귀모형의 유의성을 설명하고, R 제곱으로 설명력을, Durbin-Watson 값으로 잔차의 독립성 가정 충족 여부를, VIF 값으로 다중공선성 문제 여부에 대해 설명합니다. 또한 단계별로 종속변수에 대한 독립변수의 영향이 유의한지를 β값과 유의확률로 설명합니다.

❸ 프로세스 매크로 결과 설명

4개의 경로별로 프로세스 매크로 결과 값의 신뢰구간 안에 0을 포함하지 않으면 매개효과가 유의한 것으로, 0을 포함하면 매개효과가 유의하지 않은 것으로 설명합니다. 매개효과가 유의한 경우, 3단계 회귀분석에서 독립변수의 영향이 유의하면 부분매개, 유의하지 않으면 완전매개로 설명합니다.

위의 3단계에 맞춰 앞에서 실습한 출력 결과 값을 작성하면 다음과 같습니다.

❶ 품질, 이용편리성, 디자인, 부가기능[23]이 재구매의도[24]에 영향을 미치는 데 있어, 전반적 만족도[25]의 매개효과를 검증하기 위해, 헤이스가 제안한 SPSS 프로세스 매크로를 통한 부트스트랩(Bootstrap) 검증을 실시하였다.

❷ 그 결과 독립변수가 매개변수로 가는 회귀모형($F = 29.742$[26], $p < .001$[27])과 독립변수 및 매개변수가 종속변수로 가는 회귀모형($F = 55.876$[28], $p < .001$[29]) 모두 통계적으로 유의하게

---

[23] 독립변수
[24] 종속변수
[25] 매개변수
[26] 앞의 바론과 케니의 1단계 모형이 '분산분석'의 F값
[27] 앞의 바론과 케니의 1단계 모형이 '분산분석'의 유의확률
[28] 앞의 바론과 케니의 3단계 모형이 '분산분석'의 F값
[29] 앞의 바론과 케니의 3단계 모형이 '분산분석'의 유의확률

나타났으며, 회귀모형의 설명력은 독립변수가 매개변수로 가는 회귀모형은 28.7%[30](수정된 R 제곱은 27.8%[31]), 독립변수 및 매개변수가 종속변수로 가는 회귀모형은 48.7%[32](수정된 R 제곱은 47.9%[33])로 나타났다. 한편 Durbin-Watson 통계량은 1.836[34]으로 2에 근사한 값을 보여 잔차의 독립성 가정에 문제는 없는 것으로 평가되었고, 분산팽창지수 (Variance Inflation Factor; VIF)도 모두 10 미만으로 작게 나타나 다중공선성 문제는 없는 것으로 판단되었다.

독립변수가 매개변수에 미치는 영향의 유의성 검증 결과, 품질(β=.129[35], p<.05[36]), 이용편리성(β=.179, p<.01), 디자인(β=.250, p<.001), 부가기능(β=.165, p<.01)이 정 (+)적으로 유의하게 나타났다. 즉 품질, 이용편리성, 디자인, 부가기능이 높을수록 전반적 만족도가 높아지는 것으로 검증되었다.

한편 독립변수와 매개변수가 종속변수에 미치는 영향의 유의성 검증 결과, 이용편리성(β=.160, p<.01), 디자인(β=.368, p<.001)은 재구매의도에 유의한 영향을 미치는 것으로 나타났고, 매개변수인 전반적 만족도도 재구매의도에 유의한 영향을 미치는 것으로 나타났다(β=.352, p<.001).

 여기서 잠깐!!

여기까지는 바론과 케니의 위계적 회귀분석 1단계와 3단계 결과에 대한 설명입니다. 매개효과 검증 전에 독립변수가 매개변수에 미치는 영향, 독립변수와 매개변수가 종속변수에 미치는 영향은 확인해보고 매개효과 결과를 언급하는 게 좋겠죠.

간접효과 확인을 위해 프로세스 매크로 결과의 중간 이후 부분만 확인했지만, 프로세스 매크로 결과의 앞부분을 보면 회귀분석 결과가 나와 있습니다. 그러나 텍스트 형태로 되어 있어서 결과가 보기 좋지 않습니다. 회귀분석 결과와 동일하니, 회귀분석 메뉴에서 실행한 결과를 활용하는 편이 더 편리합니다. 즉 단계별 회귀분석 결과 작성 시, 바론과 케니의 위계적 회귀분석 1단계와 3단계 결과를 활용할 것을 권합니다.

---

30 앞의 바론과 케니의 1단계 모형 '모형 요약'의 R 제곱 × 100
31 앞의 바론과 케니의 1단계 모형 '모형 요약'의 수정된 R 제곱 × 100
32 앞의 바론과 케니의 3단계 모형 '모형 요약'의 R 제곱 × 100
33 앞의 바론과 케니의 3단계 모형 '모형 요약'의 수정된 R 제곱 × 100
34 앞의 바론과 케니의 검증 결과 '모형 요약'의 Durbin-watson
35 '품질'의 표준화 계수
36 '품질'의 p값

❸ 앞서 진행한 회귀분석 결과를 바탕으로 부트스트랩을 통한 간접효과 검증 결과, 품질, 이용편리성, 디자인, 부가기능 모두 신뢰구간 안에 0을 포함하지 않아 품질, 이용편리성, 디자인, 부가기능과 재구매의도 사이에서 전반적 만족도는 매개 역할을 하는 것으로 검증되었다[37]. 이용편리성과 디자인은 재구매의도에 직접적으로도 유의한 영향을 미치므로, 이용편리성, 디자인과 재구매의도 사이에서 전반적 만족도는 부분매개 역할을 하는 것으로 검증되었다. 반면에 품질과 부가기능은 재구매의도에 직접적으로는 유의한 영향을 미치지 못하므로, 품질, 부가기능과 재구매의도 사이에서 전반적 만족도는 완전매개 역할을 하는 것으로 검증되었다.

〈표〉 품질 요인과 재구매의도 사이에서 전반적 만족도의 매개효과 검증

종속변수	독립변수	B	S.E.	β	t	p	F	R^2 $(_{adj}R^2)$
전반적 만족도	(상수)	0.588	0.234		2.511*	.013	29.742***	.287 (.278)
	품질	0.145	0.064	.129	2.275*	.024		
	이용편리성	0.177	0.057	.179	3.115**	.002		
	디자인	0.264	0.064	.250	4.090***	<.001		
	부가기능	0.160	0.054	.165	2.941**	.004		
재구매 의도	(상수)	0.408	0.195		2.087*	.038	55.876***	.487 (.479)
	품질	−0.014	0.053	−.013	−0.257	.797		
	이용편리성	0.154	0.048	.160	3.222**	.001		
	디자인	0.377	0.055	.368	6.887***	<.001		
	부가기능	−0.018	0.046	−.019	−0.400	.690		
	전반적 만족도	0.342	0.048	.352	7.113***	<.001		

경로	B	S.E.	LLCI	ULCI
품질 → 전반적 만족도 → 재구매의도	.0496	.0250	.0048	.1027
이용편리성 → 전반적 만족도 → 재구매의도	.0607	.0225	.0178	.1067
디자인 → 전반적 만족도 → 재구매의도	.0902	.0291	.0411	.1534
부가기능 → 전반적 만족도 → 재구매의도	.0547	.0221	.0153	.1029

* $p<.05$, ** $p<.01$, *** $p<.001$

---

[37] 신뢰구간의 *LLCI*는 음(−)의 값, *ULCI*는 양(+)의 값을 보인다면, 범위 안에 0을 포함하므로 매개효과가 유의하지 않다고 해석

여기서 잠깐!!

지금까지 매개효과를 검증하는 분석 방법들을 살펴보았습니다. 크게 바론(Baron)과 케니(Kenny)가 제안한 위계적 회귀분석과 소벨 테스트(Sobel-test), 그리고 프로세스 매크로(Process Macro)를 배웠습니다.

그런데 '이 세 가지 검증 방법의 차이점은 무엇일까?' 하고 의문을 품는 독자도 있을 것이라 생각합니다. 그래서 통계적으로 정확한 표현은 아니지만, 독자들이 기억하기 쉽고, 향후 어렴풋이 구별할 수 있는 설명을 고민해보았습니다.

바론과 케니가 제안한 회귀분석 방법(위계적 회귀분석)을 통한 매개효과 검증은 직접적으로 매개변수의 매개 역할을 확인할 수 없고, 단계적인 검증을 통한 수치를 통해 간접적으로 매개변수의 유의성을 측정하는 방법입니다. 반면 소벨 테스트는 직접적으로 매개변수의 유의성을 확인할 수 있고, 그 방법도 상당히 간단해졌습니다. 하지만 소벨 테스트는 매개변수 유의성의 오차를 판단하지 못합니다. 결국 현상을 반영한 분석 방법에는 미치지 못하죠. 이것을 '정규분포를 가정한 상태에서 분석을 진행한다.'라고 통계적으로는 이야기합니다.

하지만 컴퓨터의 발달로 빠르게 반복적으로 실험을 할 수 있게 되었고, 그에 따라 정규분포를 가정하지 않고 현상을 반영한 분석 방법이 개발되었습니다. 이를 부트스트래핑(bootstrapping)이라 하고, 우리가 배운 SPSS 프로세스 매크로와 앞으로 배울 구조방정식 모형 등에 적용합니다. 결국 프로세스 매크로는 현상을 반영하여 통합적으로 매개변수의 유의성을 측정하는 방법이라고 생각하면 됩니다.

이 설명을 읽고, 어쩌면 더 어렵게 느끼는 분도 있을 것 같군요. 하지만 이 책을 공부하는 큰 방향성을 한번 훑어봤다고 생각하면 될 것 같습니다.

가이드라인
동영상

bit.ly/onepass-amos5

조절효과 검증
: 독립변수가 종속변수에 미치는 영향이 조절변수에 의해 변하는지 검증

PREVIEW

• **조절효과 검증** : 독립변수가 종속변수에 미치는 영향이 조절변수에 의해 변하는지 검증
• **대표적인 조절효과 검증 방법** : 바론과 케니의 위계적 회귀분석

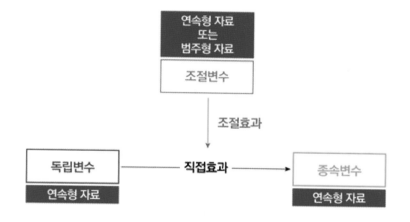

조절효과를 검증하는 방법에는 다음 두 가지가 있습니다.

• 바론(Baron)과 케니(Kenny)가 제안한 회귀분석 방법(1986)
• 헤이스(Hayes)가 제안한 SPSS 프로세스 매크로를 활용한 분석 방법(2003)

여기서는 바론과 케니가 제안한 회귀분석 방법(위계적 회귀분석)을 통해 조절효과 분석과 해석 방법을 자세히 살펴보고, SPSS 프로세스 매크로를 활용하여 분석하는 방법은 추가적으로 설명하겠습니다.

01 _ 기본 개념과 연구 가설

Section 03에서 독립변수가 종속변수에 영향을 미칠 때, 간접적인 영향을 미치는 매개효과 검증에 대해서 살펴보았습니다. 이와 달리 조절효과 검증은 독립변수가 종속변수에 미치는 영향이 조절변수에 의해 어떻게 변하는지를 알 수 있는 분석 방법입니다.

예를 들어보겠습니다. Section 03의 매개효과 검증 실습에서 스마트폰의 품질, 이용편리성, 디자인, 부가기능이 전반적 만족도에 긍정적인 영향을 미치는 것으로 나타났습니다. 그런 긍정적인 영향이 스마트폰 친숙도에 의해 더 커지거나 작아지는 경우, 스마트폰 친숙도는 품질, 이용편리성, 디자인, 부가기능이 전반적 만족도에 영향을 미치는 데 조절 역할을 한다고 할 수 있습니다. 품질이 1점 높아지면 전반적 만족도는 0.5점 높아지고 스마트폰 친숙도가 1점 높아지면 전반적 만족도는 0.5점 높아진다고 가정했을 때, 품질과 스마트폰 친숙도가 둘 다 1점씩 높아지면, 전반적 만족도는 1점(0.5+0.5) 정도 높아진다고 예상할 수 있겠죠. 그런데 품질과 스마트폰 친숙도가 함께 증가하면 서로 시너지 효과가 생겨서 전반적 만족도가 1점보다 더 크게 증가할 수 있습니다. 이런 것을 조절효과라고 합니다.

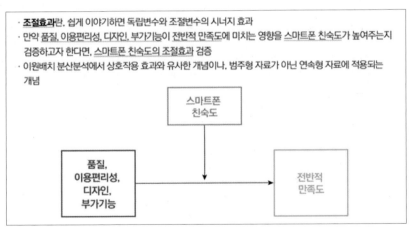

그림 4-1 | 조절효과 검정을 사용하는 연구문제 예시

여기서 잠깐!!

이 책을 통해 회귀분석을 처음 배우는 분들은 〈한번에 통과하는 논문 : SPSS 결과표 작성과 해석 방법〉에 나온 단순회귀분석과 다중회귀분석 부분을 먼저 살펴본 후, 이번 Section을 학습해주세요. 이 책에서는 기본적인 분석 방법은 이미 알고 있다는 전제 아래 진행됩니다.

품질, 이용편리성, 디자인, 부가기능과 전반적 만족도 사이에서 스마트폰 친숙도의 조절효과

품질, 이용편리성, 디자인, 부가기능이 전반적 만족도에 영향을 미치는 데 있어, 스마트폰 친숙도의 조절효과를 검증해보자.

조절효과를 검증하려면 바론과 케니가 제안한 세 번의 단계를 걸친 회귀분석을 진행해야 합니다. 1단계에서는 독립변수가 종속변수에 미치는 영향을 확인하여 독립변수가 종속변수에 미치는 직접적인 영향을 확인합니다. 2단계에서는 독립변수와 조절변수를 같이 투입하여 종속변수에 미치는 영향을 확인합니다. 3단계에서는 독립변수, 조절변수뿐만 아니라 독립변수와 조절변수를 곱해서 산출되는 상호작용 변수도 함께 투입하여, 이들이 종속변수에 미치는 영향을 확인합니다. 똑같이 위계적 회귀분석으로 불리나, 3단계의 검증 작업이 Section 03에서 공부한 위계적 분석과는 차이가 있습니다.

[연구문제 4-1]을 검증하려면, 1단계에서 품질, 이용편리성, 디자인, 부가기능을 투입하고, 2단계에서 스마트폰 친숙도를 추가로 투입합니다. 3단계에서는 품질*스마트폰 친숙도, 이용편리성*스마트폰 친숙도, 디자인*스마트폰 친숙도, 부가기능*스마트폰 친숙도(독립변수와 조절변수 간 상호작용 변수)를 추가로 투입하여 전반적 만족도에 미치는 영향을 확인해야 합니다.

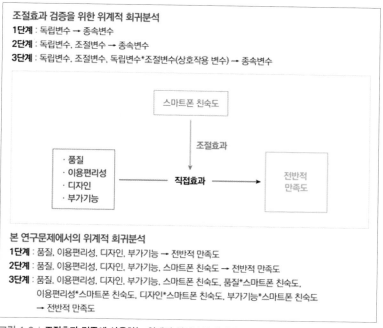

그림 4-2 | 조절효과 검증에 사용하는 위계적 회귀분석 예시와 연구문제 적용

지금부터 [연구문제 4-1]을 검증하기 위해 기본 실습파일을 통해 실습을 진행하겠습니다. 이번 Section을 공부하면서 매개효과 검증과 조절효과 검증에 어떤 차이점이 있는지 궁금해하는 독자도 있을 것 같습니다. 이 부분은 조절효과 검증을 모두 공부한 뒤에 설명하겠습니다.

아무도 가르쳐주지 않는 Tip

상호작용 변수와 평균 중심화 작업

조절효과를 검증하는 위계적 회귀분석 3단계에서는 독립변수와 조절변수뿐 아니라 독립변수와 조절변수를 곱한 값을 변수에 투입합니다. 이렇게 해야만 변수가 서로 어떻게 작용하는지 알 수 있기 때문입니다. 이렇게 서로 어떤 작용하는지에 관한 가설을 갖는 변수를 '상호작용 변수'라고 합니다. 하지만 독립변수와 조절변수를 곱한 값은 독립변수나 조절변수와 유사성이 있어, 데이터가 편향될 가능성이 높습니다.

데이터 편향 문제를 해결하기 위해 통계 프로그램에서 평균 중심화(Mean Centering) 작업을 진행합니다. 평균 중심화 작업은 평균을 기준으로 독립변수와 조절변수의 점수를 이동해주는 작업입니다. 예를 들어 평균이 3.5점이라면, 1점인 경우 −2.5점, 2점인 경우 −1.5점, 3점인 경우 −0.5점, 4점인 경우 +0.5점, 5점인 경우 +1.5점 형태로 변환해주는 겁니다. 이 작업은 원래 **변수 계산**을 통해 진행해야 합니다. 하지만 바로 이어지는 'SPSS 무작정 따라하기'를 통해 좀 더 편리한 방법을 알려드리겠습니다.

---

02 _ SPSS 무작정 따라하기

준비파일 : 기본 실습파일_변수계산완료.sav

1 분석 – 기술통계량 – 기술통계를 클릭합니다.

분석(A)	다이렉트 마케팅(M)	그래프(G)	유틸리티(U)
보고서(P) ▶			
기술통계량(E) ▶	123 빈도분석(F)...		
표(B) ▶	기술통계(D)...		
평균 비교(M) ▶	데이터 탐색(E)...		
일반선형모형(G) ▶	교차분석(C)...		
일반화 선형 모형(Z) ▶	TURF 분석		
혼합 모형(X) ▶	비율통계량(R)...		
상관분석(C) ▶	P-P 도표...		
회귀분석(R) ▶	Q-Q 도표...		
로그선형분석(O) ▶			

그림 4-3

2 기술통계 창에서 **❶** 독립변수인 '품질', '이용편리성', '디자인', '부가기능', 조절변수인 '스마트폰친숙도'를 오른쪽 '변수' 칸으로 옮기고 **❷** '표준화 값을 변수로 저장'에 체크합니다. **❸** 확인을 클릭합니다.

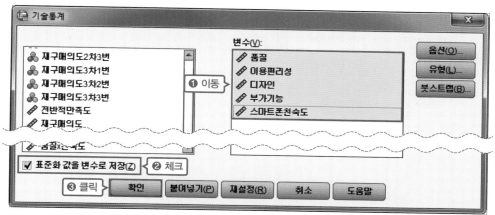

그림 4-4

3 변환 – 변수 계산을 클릭합니다.

변환(T)	분석(A)	다이렉트 마케팅(M)	그래

📊 변수 계산(C)...
➕ Programmability 변환...
🔢 케이스 내의 값 빈도(O)...
　값 이동(F)...

그림 4-5

4 변수 계산 창에서❶ '목표변수'에 품질과 스마트폰 친숙도의 상호작용 변수 이름(품질×친숙도)을 입력합니다. ❷ 품질이 표준화 변환된 'Z품질'을 더블클릭, ❸ 곱하기(✱) 버튼을 클릭, ❹ 스마트폰 친숙도가 표준화 변환된 'Z스마트폰친숙도'를 더블클릭한 다음 ❺ 확인을 클릭합니다.

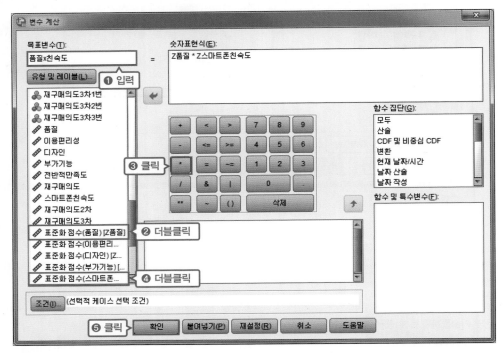

그림 4-6

 여기서 잠깐!!

4에서 ❷, ❸, ❹ 과정 대신 '숫자표현식'에 직접 변수 이름과 곱하기를 입력해도 됩니다. 분석이 조금 익숙해진 연구자들이라면 이 방법을 써서 작업 시간을 줄일 수 있습니다. 대상변수를 **복사** – **붙여넣기**한 후 변수 앞에 Z만 붙이면 되기 때문입니다.

5 나머지 상호작용 변수 3개도 동일한 방법으로 생성합니다. 변환 – 변수 계산 메뉴에 들어가 ❶ '목표변수'에 상호작용 변수 이름을 입력하고 ❷ '숫자표현식'에 독립변수만 바꿔가면서 작성한 다음 ❸ 확인을 클릭합니다.

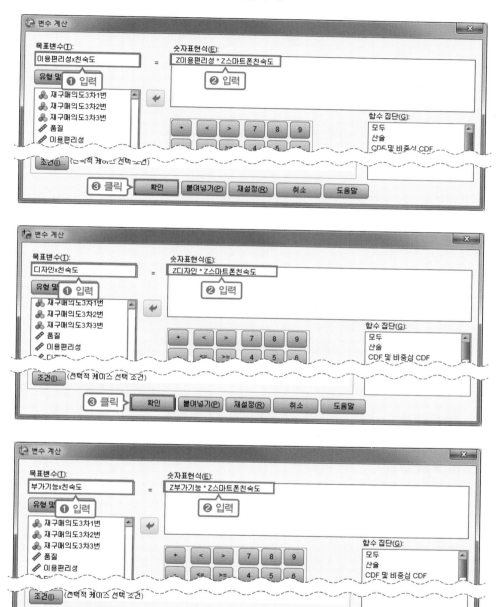

그림 4-7

6 분석 – 회귀분석 – 선형을 클릭합니다.

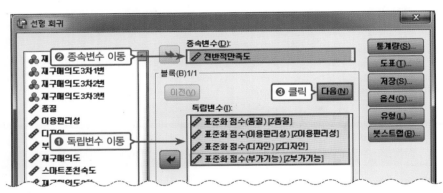

분석(A)	다이렉트 마케팅(M)	그래프(G)	유틸리티(U)	확장(X)	창(W)
보고서(P)	▶				
기술통계량(E)	▶	값	결측값	열	
표(B)	▶	없음	없음	8	
평균 비교(M)	▶	없음	없음	10	
일반선형모형(G)	▶	없음	없음	17	
일반화 선형 모형(Z)	▶	없음	없음	11	
혼합 모형(X)	▶	없음	없음	14	
상관분석(C)	▶	없음	없음	20	
회귀분석(R)	▶	🖳 자동 선형 모델링(A)...			
로그선형분석(O)	▶	📊 선형(L)...			

그림 4-8

7 선형 회귀 창에서 ❶ '독립변수'에 표준화 변환한 독립변수 'Z품질', 'Z이용편리성', 'Z디자인', 'Z부가기능'을 이동하고 ❷ '종속변수'에 '전반적만족도'를 이동합니다. ❸ 다음을 클릭합니다.

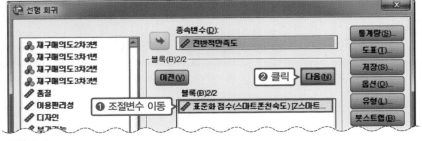

그림 4-9

8 ❶ '블록(B)2/2'에 조절변수인 'Z스마트폰친숙도'를 이동하고 ❷ 다음을 클릭합니다.

그림 4-10

9 ❶ '블록(B)3/3'에 독립변수와 조절변수의 상호작용 변수인 '품질×친숙도', '이용편리성×친숙도', '디자인×친숙도', '부가기능×친숙도'를 이동하고 ❷ 통계량을 클릭합니다.

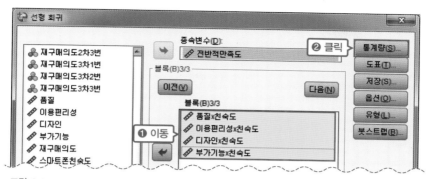

그림 4-11

10 선형 회귀: 통계량 창에서 ❶ 'R 제곱 변화량'을 체크하고 ❷ '공선성 진단'을 체크하고 ❸ 'Durbin-Watson'을 체크한 다음 ❹ 계속을 클릭합니다.

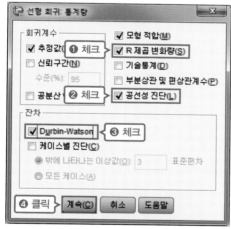

그림 4-12

11 확인을 클릭합니다.

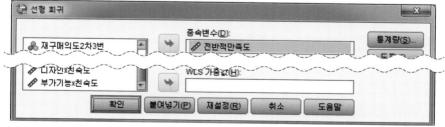

그림 4-13

03 _ 출력 결과 해석하기

변수들의 유의성 여부를 확인하기 전에, 회귀모형의 적합도 및 설명력을 확인해보겠습니다.

모형 요약[d]

모형	R	R 제곱	수정된 R 제곱	추정값의 표준오차	통계량 변화량					Durbin-Watson
					R 제곱 변화량	F 변화량	자유도1	자유도2	유의확률 F 변화량	
1	.536[a]	.287	.278	.66541	.287	29.742	4	295	.000	
2	.544[b]	.296	.284	.66238	.009	3.708	1	294	.055	
3	.607[c]	.368	.348	.63204	.072	8.226	4	290	.000	1.736

a. 예측자: (상수), 표준화 점수(부가기능), 표준화 점수(이용편리성), 표준화 점수(품질), 표준화 점수(디자인)
b. 예측자: (상수), 표준화 점수(부가기능), 표준화 점수(이용편리성), 표준화 점수(품질), 표준화 점수(디자인), 표준화 점수(스마트폰친숙도)
c. 예측자: (상수), 표준화 점수(부가기능), 표준화 점수(이용편리성), 표준화 점수(품질), 표준화 점수(디자인), 표준화 점수(스마트폰친숙도), 부가기능x친숙도, 이용편리성x친숙도, 품질x친숙도, 디자인x친숙도
d. 종속변수: 전반적만족도

ANOVA[a]

모형		제곱합	자유도	평균제곱	F	유의확률
1	회귀	52.677	4	13.169	29.742	.000[b]
	잔차	130.619	295	.443		
	전체	183.296	299			
2	회귀	54.304	5	10.861	24.754	.000[c]
	잔차	128.992	294	.439		
	전체	183.296	299			
3	회귀	67.448	9	7.494	18.760	.000[d]
	잔차	115.847	290	.399		
	전체	183.296	299			

a. 종속변수: 전반적만족도
b. 예측자: (상수), 표준화 점수(부가기능), 표준화 점수(이용편리성), 표준화 점수(품질), 표준화 점수(디자인)
c. 예측자: (상수), 표준화 점수(부가기능), 표준화 점수(이용편리성), 표준화 점수(품질), 표준화 점수(디자인), 표준화 점수(스마트폰친숙도)
d. 예측자: (상수), 표준화 점수(부가기능), 표준화 점수(이용편리성), 표준화 점수(품질), 표준화 점수(디자인), 표준화 점수(스마트폰친숙도), 부가기능x친숙도, 이용편리성x친숙도, 품질x친숙도, 디자인x친숙도

그림 4-14 | 조절효과 검증 SPSS 출력 결과 : 1단계 모형 유의성 확인

모형의 적합도는 〈ANOVA〉 결과표를 확인하면 됩니다. *F*값에 대한 *p*값이 모두 .05 미만으로 나타나, 모든 단계에서 회귀모형이 적합하다고 할 수 있습니다.

설명력은 〈모형 요약〉 결과표에서 'R 제곱'과 'R 제곱 변화량'을 살펴보면 됩니다. R 제곱은 독립변수가 종속변수를 얼마나 설명하는지를 판단하는 수치입니다. 여기서는 1단계 R 제곱이 .287, 2단계 R 제곱이 .296, 3단계 R 제곱이 .368로 나타나 설명력이 점차 증가하고 있습니다. R 제곱 변화량을 확인해보면, 1단계에서 2단계로 넘어오면서 스마트폰 친숙도(조절변수)가 투입되어 .009(0.9%)만큼 설명력이 증가했으며, 2단계에서 3단계로 넘어오면서 상호작용 변수가 투입되어 .072(7.2%)만큼 설명력이 증가했음을 알 수 있습니다.

증가한 설명력의 유의성을 평가하려면 〈모형 요약〉 결과표에서 '유의확률 F 변화량'의 수치를 살펴봅니다. 이 수치는 설명력 증가량에 대한 p값이라고 생각하면 됩니다. 즉, 3단계에서 p값이 .000으로 나타났으므로 3단계에서 7.2%만큼 증가한 설명력은 통계적으로 의미가 있는 것으로 평가할 수 있습니다.

다음으로 〈계수〉 결과표를 통해 회귀계수를 살펴보겠습니다.

계수[a]

모형		비표준화 계수		표준화 계수			공선성 통계량	
		B	표준오차	베타	t	유의확률	공차	VIF
1	(상수)	2.993	.038		77.894	.000		
	표준화 점수(품질)	.101	.044	.129	2.275	.024	.748	1.337
	표준화 점수(이용편리성)	.140	.045	.179	3.115	.002	.730	1.370
	표준화 점수(디자인)	.196	.048	.250	4.090	.000	.645	1.551
	표준화 점수(부가기능)	.129	.044	.165	2.941	.004	.765	1.307
2	(상수)	2.993	.038		78.250	.000		
	표준화 점수(품질)	.109	.044	.139	2.445	.015	.742	1.347
	표준화 점수(이용편리성)	.155	.046	.198	3.413	.001	.708	1.412
	표준화 점수(디자인)	.190	.048	.243	3.972	.000	.642	1.557
	표준화 점수(부가기능)	.127	.044	.163	2.905	.004	.765	1.307
	표준화 점수(스마트폰친숙도)	-.075	.039	-.096	-1.926	.055	.958	1.044
3	(상수)	2.961	.037		79.464	.000		
	표준화 점수(품질)	.084	.043	.108	1.967	.050	.726	1.378
	표준화 점수(이용편리성)	.102	.045	.130	2.277	.023	.669	1.495
	표준화 점수(디자인)	.168	.047	.214	3.594	.000	.614	1.628
	표준화 점수(부가기능)	.113	.043	.144	2.627	.009	.727	1.376
	표준화 점수(스마트폰친숙도)	-.042	.038	-.054	-1.113	.267	.933	1.072
	품질x친숙도	-.037	.041	-.051	-.900	.369	.673	1.485
	이용편리성x친숙도	.187	.042	.270	4.470	.000	.597	1.674
	디자인x친숙도	.025	.047	.035	.541	.589	.508	1.969
	부가기능x친숙도	.029	.040	.041	.729	.467	.691	1.447

a. 종속변수: 전반적만족도

그림 4-15 | 조절효과 검증 SPSS 출력 결과 : 상호작용변수 유의성 확인

1단계 모형에서는 품질, 이용편리성, 디자인, 부가기능이 모두 전반적 만족도에 정(+)의 영향을 미치는 것으로 나타났습니다.

2단계 모형에서는 스마트폰 친숙도가 추가되었는데, p값이 .05를 초과하여 유의한 영향을 미치지 못하는 것으로 나타났습니다. 하지만 2단계에서 유의성 여부는 조절효과 검증에 크게 중요하지 않습니다. 조절효과를 검증한다는 것은 촉매제 역할을 하는지 검증하는 것이지,

조절변수가 직접 종속변수에 영향을 미치는지 검증하는 것이 아니기 때문입니다. 조절효과 여부를 확인하기 위해서는 3단계 결과가 중요합니다.

3단계 모형에서 회귀계수를 보면, 이용편리성과 스마트폰 친숙도의 상호작용 변수(이용편리성×친숙도)가 유의하게 나타났습니다. 이는 전반적 만족도에 영향을 주는 데 있어, 이용편리성과 스마트폰 친숙도 간 시너지 효과가 있다는 뜻입니다. 즉, 이용편리성이 전반적 만족도에 영향을 미치는 데 있어 스마트폰 친숙도는 조절 역할을 한다고 볼 수 있습니다.

이때 회귀계수의 유의성뿐 아니라 부호(+ 혹은 − 여부)를 확인해야 합니다. 본 결과에서는 표준화 계수가 .270으로 양수(+)인 것을 확인할 수 있습니다. 상호작용 변수의 회귀계수가 정(+)적으로 유의한 경우, 독립변수가 종속변수에 미치는 영향을 조절변수가 높여주는 역할을 한다고 해석할 수 있습니다.

결론적으로, 이용편리성이 전반적 만족도에 미치는 긍정적인 영향을 스마트폰 친숙도가 높여준다고 할 수 있습니다. 즉 스마트폰에 친숙한 사람일수록, 이용편리성이 전반적 만족도에 미치는 긍정적인 영향이 더 크다고 할 수 있겠죠.

 여기서 잠깐!!

회사에서 분석 컨설팅을 진행할 때, 상호작용 변수가 있는 베타 값 부호를 헷갈려 하는 분들을 종종 봅니다. 사실 독립변수가 종속변수에 미치는 영향이 정(+)의 영향일 경우에는 크게 헷갈릴 부분이 없는데, 독립변수가 종속변수에 미치는 영향이 부(−)의 영향일 경우에는 상호작용 변수의 회귀계수에 따라 좀 헷갈릴 수도 있을 것 같아 [표 4-1]과 같이 정리해보았습니다.

표 4-1

독립변수 → 종속변수	독립변수*조절변수 → 종속변수	해석
정(+)의 영향	정(+)의 영향	독립변수가 종속변수에 미치는 긍정적인 영향을 조절변수가 증가시킴
정(+)의 영향	부(−)의 영향	독립변수가 종속변수에 미치는 긍정적인 영향을 조절변수가 감소시킴
부(−)의 영향	정(+)의 영향	독립변수가 종속변수에 미치는 부정적인 영향을 조절변수가 감소시킴
부(−)의 영향	부(−)의 영향	독립변수가 종속변수에 미치는 부정적인 영향을 조절변수가 증가시킴

독립변수가 종속변수에 미치는 영향은 부(–)의 영향, 독립변수*조절변수가 종속변수에 미치는 영향은 정(+)의 영향이라면, 독립변수가 종속변수에 마이너스(–) 방향의 영향을 미치는 것을 조절변수가 플러스(+) 쪽으로 가게끔 해주는 것입니다. 따라서 상호작용 변수가 양수(+)임에도 불구하고, 독립변수가 종속변수에 미치는 영향을 감소시킨다고 해석해야 합니다.

결론적으로 독립변수와 상호작용 변수의 회귀계수 부호가 같으면 독립변수가 종속변수에 미치는 영향을 조절변수가 높여주고, 독립변수와 상호작용 변수의 회귀계수 부호가 다르면 독립변수가 종속변수에 미치는 영향을 조절변수가 낮춰준다고 해석하면 됩니다.

04 _ 논문 결과표 작성하기

1 조절효과 결과표를 3단계로 작성합니다. 1단계는 상수항과 품질, 이용편리성, 디자인, 부가기능으로 독립변수를 구성합니다. 2단계에서는 조절변수인 스마트폰 친숙도를 추가합니다. 3단계에서는 독립변수인 품질, 이용편리성, 디자인, 부가기능과 조절변수인 스마트폰 친숙도의 상호작용 변수를 추가합니다. B, $S.E.$, β, t, p와 모형의 F값, R 제곱과 수정된 R 제곱으로 결과 값 열을 구성하여 아래와 같이 결과표를 작성합니다.

표 4-2

단계	변수	B	$S.E.$	β	t	p	F	R^2 $(_{adj}R^2)$
1	(상수)							
	품질							
	이용편리성							
	디자인							
	부가기능							
2	(상수)							
	품질							
	이용편리성							
	디자인							
	부가기능							
	스마트폰 친숙도							
3	(상수)							
	품질							
	이용편리성							
	디자인							
	부가기능							
	스마트폰 친숙도							
	품질*친숙도							
	이용편리성*친숙도							
	디자인*친숙도							
	부가기능*친숙도							

2 회귀분석 엑셀 결과의 〈계수〉 결과표에서 B, *S.E.*, t값을 '0.000' 형태로 동일하게 변경합니다. **❶ ❷** Ctrl 을 누른 상태에서 모형 1, 2, 3의 B, 표준오차, t의 셀을 차례로 클릭하여 모두 선택하고, **❸** Ctrl + 1 단축키로 셀 서식 창을 엽니다.

계수		비표준화 계수		표준화 계수				공선성 통계량	
모형		B	표준오차	베타	t	유의확률		공차	VIF
1	(상수)	2,993	0,038		77,894	0,000			
	표준화 점수(품질)	0,101	0,044	0,129	2,275	0,024		0,748	1,337
	표준화 점수(이용편리성)	0,140	0,045	0,179	3,115	0,002		0,730	1,370
	표준화 점수(디자인)	0,196	0,048	0,250	4,090	0,000		0,645	1,551
	표준화 점수(부가기능)	0,129	0,044	0,165	2,941	0,004		0,765	1,307
2	(상수)	2,993	0,038		78,250	0,000			
	표준화 점수(품질)	0,109	0,044	0,139	2,445	0,015		0,742	1,347
	표준화 점수(이용편리성)	0,155	0,046	0,198	3,413	0,001		0,708	1,412
	표준화 점수(디자인)	0,190	0,048	0,243	3,972	0,000		0,642	1,557
	표준화 점수(부가기능)	0,127	0,044	0,163	2,905	0,004		0,765	1,307
	표준화 점수(스마트폰친숙도)	-0,075	0,039	-0,096	-1,928	0,055		0,958	1,044
3	(상수)	2,961	0,037		79,464	0,000			
	표준화 점수(품질)	0,084	0,043	0,108	1,967	0,050		0,726	1,378
	표준화 점수(이용편리성)	0,102	0,045	0,130	2,277	0,023		0,669	1,495
	표준화 점수(디자인)	0,168	0,047	0,214	3,594	0,000		0,614	1,628
	표준화 점수(부가기능)	0,113	0,043	0,144	2,627	0,009		0,727	1,376
	표준화 점수(스마트폰친숙도)	-0,042	0,038	-0,054	-1,113	0,267		0,933	1,072
	품질×친숙도	-0,037	0,041	-0,051	-0,900	0,369		0,673	1,485
	이용편리성×친숙도	0,187	0,042	0,270	4,470	0,000		0,597	1,674
	디자인×친숙도	0,025	0,047	0,035	0,541	0,589		0,508	1,969
	부가기능×친숙도	0,029	0,040	0,041	0,729	0,467		0,691	1,447

a. 종속변수: 전반적만족도

❶ 선택　　**❷** Ctrl + 선택　　**❸** Ctrl + 1

그림 4-16

3 셀 서식 창에서 **❶** '범주'의 '숫자'를 클릭하고 **❷** '음수'의 '−1234'를 선택하고 **❸** '소수 자릿수'를 '3'으로 수정합니다. **❹** 확인을 클릭해서 소수점 셋째 자리의 수로 변경합니다.

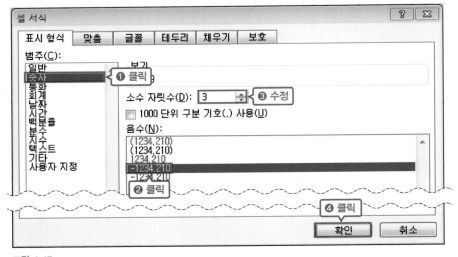

그림 4-17

4 모형 1, 2, 3의 B, 표준오차, 베타, t, 유의확률 값의 셀을 선택하여 복사합니다.

계수[a]

모형		비표준화 계수 B	표준오차	표준화 계수 베타	t	유의확률	공선성 통계량 공차	VIF
1	(상수)	2.993	0.038		77.894	0.000		
	표준화 점수(품질)	0.101	0.044	0.129	2.275	0.024	0.748	1.337
	표준화 점수(이용편리성)	0.140	0.045	0.179	3.115	0.002	0.730	1.370
	표준화 점수(디자인)	0.196	0.048	0.250	4.090	0.000	0.645	1.551
	표준화 점수(부가기능)	0.129	0.044	0.165	2.941	0.004	0.765	1.307
2	(상수)	2.993	0.038		78.250	0.000		
	표준화 점수(품질)	0.109	0.044	0.139	2.445	0.015	0.742	1.347
	표준화 점수(이용편리성)	0.155	0.046	0.198	3.413	0.001	0.708	1.412
	표준화 점수(디자인)	0.190	0.048	0.243	3.972	0.000	0.642	1.557
	표준화 점수(부가기능)	0.127	0.044	0.163	2.905	0.004	0.765	1.307
	표준화 점수(스마트폰친숙도)	-0.075	0.039	-0.096	-1.926	0.055	0.958	1.044
3	(상수)	2.961	0.037		79.464	0.000		
	표준화 점수(품질)	0.084	0.043	0.108	1.967	0.050	0.726	1.378
	표준화 점수(이용편리성)	0.102	0.045	0.130	2.277	0.023	0.669	1.495
	표준화 점수(디자인)	0.168	0.047	0.214	3.594	0.000	0.614	1.628
	표준화 점수(부가기능)	0.113	0.043	0.144	2.627	0.009	0.727	1.376
	표준화 점수(스마트폰친숙도)	-0.042	0.038	-0.054	-1.113	0.267	0.933	1.072
	품질×친숙도	-0.037	0.041	-0.051	-0.900	0.369	0.673	1.485
	이용편리성×친숙도	0.187	0.042	0.270	4.470	0.000	0.597	1.674
	디자인×친숙도	0.025	0.047	0.035	0.541	0.589	0.508	1.969
	부가기능×친숙도	0.029	0.040	0.041	0.729	0.467	0.691	1.447

a. 종속변수: 전반적만족도

Ctrl + C

그림 4-18

5 복사한 결과 값을 한글에 만들어놓은 결과표에 붙여넣기합니다.

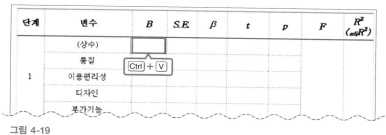

그림 4-19

6 셀 붙이기 창에서 ❶ '내용만 덮어 쓰기'를 클릭하고 ❷ 붙이기를 클릭합니다.

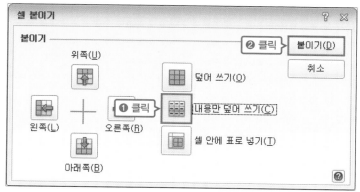

그림 4-20

7 다음으로 회귀분석 엑셀 결과에서 〈ANOVA〉 결과표에 있는 모형 1, 2, 3의 *F*값과 〈모형 요약〉 결과표에 있는 모형 1, 2, 3의 R 제곱과 수정된 R 제곱 값을 한글에 만들어놓은 결과표에 그대로 옮깁니다.

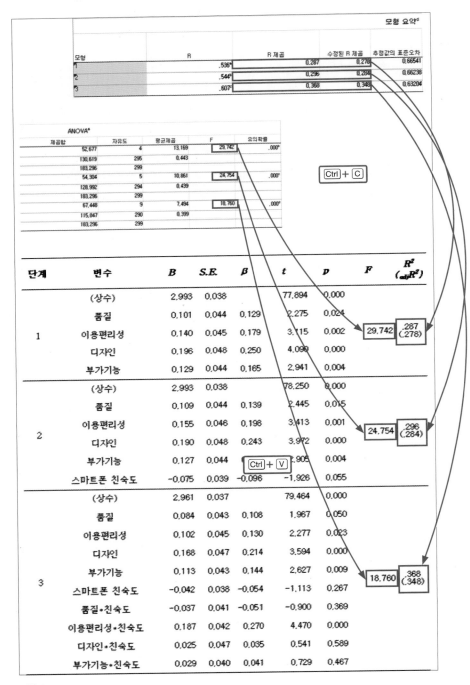

그림 4-21

8 입력한 모든 셀의 글자 모양을 양식에 맞게 변경하면 조절효과 결과표가 완성됩니다. 1, 2, 3단계 모형의 F값 유의확률이 .000이었으므로 F값에 *표 3개를 위첨자로 각각 달아주고, 유의확률 수준에 따라 t값에 *표를 위첨자로 달아줍니다(.05 미만은 1개, .01 미만은 2개, .001 미만은 3개). p값 '.000'은 '<.001'으로 변경합니다. β, p, R^2, 수정된 R^2 값은 '.000' 형식으로 1의 자리를 없애줍니다.

표 4-3

단계	변수	B	S.E.	β	t	p	F	R^2 ($_{adj}R^2$)
1	(상수)	2.993	0.038		77.894***	<.001	29.742***	.287 (.278)
	품질	0.101	0.044	.129	2.275*	.024		
	이용편리성	0.140	0.045	.179	3.115**	.002		
	디자인	0.196	0.048	.250	4.090***	<.001		
	부가기능	0.129	0.044	.165	2.941**	.004		
2	(상수)	2.993	0.038		78.250***	<.001	24.754***	.296 (.284)
	품질	0.109	0.044	.139	2.445*	.015		
	이용편리성	0.155	0.046	.198	3.413***	.001		
	디자인	0.190	0.048	.243	3.972***	<.001		
	부가기능	0.127	0.044	.163	2.905**	.004		
	스마트폰 친숙도	−0.075	0.039	−.096	−1.926	.055		
3	(상수)	2.961	0.037		79.464***	<.001	18.760***	.368 (.348)
	품질	0.084	0.043	.108	1.967	.050		
	이용편리성	0.102	0.045	.130	2.277*	.023		
	디자인	0.168	0.047	.214	3.594***	<.001		
	부가기능	0.113	0.043	.144	2.627**	.009		
	스마트폰 친숙도	−0.042	0.038	−.054	−1.113	.267		
	품질*친숙도	−0.037	0.041	−.051	−0.900	.369		
	이용편리성*친숙도	0.187	0.042	.270	4.470***	<.001		
	디자인*친숙도	0.025	0.047	.035	0.541	.589		
	부가기능*친숙도	0.029	0.040	.041	0.729	.467		

* $p < .05$, ** $p < .01$, *** $p < .001$

05 _ 논문 결과표 해석하기

조절효과 결과표에 대한 해석은 다음 4단계로 작성합니다.

❶ 분석 내용과 분석법 설명
"품질, 이용편리성, 디자인, 부가기능(독립변수)이 전반적 만족도(종속변수)에 영향을 미치는 데 있어, 스마트폰 친숙도(조절변수)의 조절효과를 검증하기 위해, 위계적 회귀분석(분석법)을 실시하였다."

❷ 단계별 모형 F값, R 제곱 설명
단계별로 분산분석의 F값과 유의확률로 회귀모형의 유의성을 설명하고, R 제곱으로 설명력을, Durbin–Watson 값으로 잔차의 독립성 가정 충족 여부를, VIF 값으로 다중공선성 문제 여부에 대해 설명합니다.

❸ 단계별 독립변수의 유의성 검증 결과 설명
단계별로 종속변수에 대한 독립변수의 영향이 유의한지를 β값과 유의확률로 설명합니다.

❹ 조절효과 검증 결과 설명
1) 3단계의 '유의수준 F 변화량'이 .05 미만으로 유의하고,
2) 3단계의 독립변수와 조절변수의 상호작용 변수가 종속변수에 유의한 영향을 미칠 때 해당 독립변수와 종속변수 사이에서 해당 조절변수의 조절효과는 유의하다고 기술합니다.

위의 4단계에 맞춰서 앞에서 실습한 출력 결과 값을 작성하면 다음과 같습니다.

❶ 품질, 이용편리성, 디자인, 부가기능[1]이 전반적 만족도[2]에 영향을 미치는 데 있어, 스마트폰 친숙도[3]의 조절효과를 검증하기 위해, 위계적 회귀분석(Hierarchical regression analysis)을 실시하였다. 1단계에서는 독립변수인 품질, 이용편리성, 디자인, 부가기능이 전반적 만족도에 미치는 영향을 검증하였고, 2단계에서는 조절변수인 스마트폰 친숙도를 추가로 투입하였으며, 3단계에서는 독립변수와 조절변수 간 상호작용 변수를 투입하였다. 다중공선성 문제를 해결하기 위해, 독립변수와 조절변수는 표준화 변환을 실시하여 분석하였다.

---

1 독립변수
2 종속변수
3 조절변수

❷ 그 결과 회귀모형은 1단계($F=29.742$[4], $p<.001$[5]), 2단계($F=24.754$[6], $p<.001$[7]), 3단계($F=18.760$[8], $p<.001$[9])에서 모두 통계적으로 유의하게 나타났으며, 회귀모형의 설명력은 1단계에서 28.7%[10](수정된 R 제곱은 27.8%[11]), 2단계에서 29.6%[12](수정된 R 제곱은 28.4%[13]), 3단계에서 36.8%[14](수정된 R 제곱은 34.8%[15])로 나타났다. 한편 Durbin-Watson 통계량은 1.736[16]으로 2에 근사한 값을 보여 잔차의 독립성 가정에 문제는 없는 것으로 평가되었고, 분산팽창지수(Variance Inflation Factor; VIF)도 모두 10 미만으로 작게 나타나 다중공선성 문제는 없는 것으로 판단되었다.

❸ 회귀계수의 유의성 검증 결과, 1단계에서는 품질($\beta=.129$[17], $p<.05$[18]), 이용편리성($\beta=.179$, $p<.01$), 디자인($\beta=.250$, $p<.001$), 부가기능($\beta=.165$, $p<.01$)이 정(+)적으로 유의하게 나타났다. 즉 품질, 이용편리성, 디자인, 부가기능이 높을수록 전반적 만족도가 높아지는 것으로 검증되었다. 2단계에서는 스마트폰 친숙도가 전반적 만족도에 유의한 영향을 미치지 못하는 것으로 나타났다. 3단계에서는 이용편리성과 스마트폰 친숙도[19] 간 상호작용 변수가 정(+)적[20]으로 유의하게 나타났다($\beta=.270$[21], $p<.001$[22]).

---

4 1단계 모형 '분산분석'의 F값
5 1단계 모형 '분산분석'의 유의확률
6 2단계 모형 '분산분석'의 F값
7 2단계 모형 '분산분석'의 유의확률
8 2단계 모형 '분산분석'의 F값
9 2단계 모형 '분산분석'의 유의확률
10 1단계 모형 '모형 요약'의 R 제곱 × 100
11 1단계 모형 '모형 요약'의 수정된 R 제곱 × 100
12 2단계 모형 '모형 요약'의 R 제곱 × 100
13 2단계 모형 '모형 요약'의 수정된 R 제곱 × 100
14 3단계 모형 '모형 요약'의 R 제곱 × 100
15 3단계 모형 '모형 요약'의 수정된 R 제곱 × 100
16 '모형 요약'의 Durbin-watson
17 '품질'의 표준화 계수
18 '품질'의 p값
19 유의한 상호작용 변수
20 표준화 계수가 0보다 크므로 정(+)적, 0보다 작으면 부(-)적
21 유의한 상호작용 변수의 표준화 계수
22 유의한 상호작용 변수의 p값

❹ 즉 이용편리성[23]이 전반적 만족도[24]에 영향을 미치는 데 있어 스마트폰 친숙도[25]는 정(+)적[26]으로 조절적인 역할을 하는 것으로 나타났으며, 스마트폰 친숙도[27]는 이용편리성[28]이 전반적 만족도[29]에 미치는 정(+)[30]의 영향을 높여주는[31] 것으로 검증되었다.

〈표〉 품질 요인과 전반적 만족도 사이에서 스마트폰 친숙도의 조절효과 검증

단계	변수	B	S.E.	β	t	p	F	R^2 $(_{adj}R^2)$
1	(상수)	2.993	0.038		77.894***	<.001	29.742***	.287 (.278)
	품질	0.101	0.044	.129	2.275*	.024		
	이용편리성	0.140	0.045	.179	3.115**	.002		
	디자인	0.196	0.048	.250	4.090***	<.001		
	부가기능	0.129	0.044	.165	2.941**	.004		
2	(상수)	2.993	0.038		78.250***	<.001	24.754***	.296 (.284)
	품질	0.109	0.044	.139	2.445*	.015		
	이용편리성	0.155	0.046	.198	3.413***	.001		
	디자인	0.190	0.048	.243	3.972***	<.001		
	부가기능	0.127	0.044	.163	2.905**	.004		
	스마트폰 친숙도	−0.075	0.039	−.096	−1.926	.055		
3	(상수)	2.961	0.037		79.464***	<.001	18.760***	.368 (.348)
	품질	0.084	0.043	.108	1.967	.050		
	이용편리성	0.102	0.045	.130	2.277*	.023		
	디자인	0.168	0.047	.214	3.594***	<.001		
	부가기능	0.113	0.043	.144	2.627**	.009		
	스마트폰 친숙도	−0.042	0.038	−.054	−1.113	.267		
	품질*친숙도	−0.037	0.041	−.051	−0.900	.369		
	이용편리성*친숙도	0.187	0.042	.270	4.470***	<.001		
	디자인*친숙도	0.025	0.047	.035	0.541	.589		
	부가기능*친숙도	0.029	0.040	.041	0.729	.467		

* $p<.05$, ** $p<.01$, *** $p<.001$

---

23 조절변수의 조절효과가 유의한 독립변수
24 종속변수
25 조절변수
26 상호작용 변수의 표준화 계수가 0보다 크므로 정(+)적, 0보다 작으면 부(−)적
27 조절변수
28 조절변수의 조절효과가 유의한 독립변수
29 종속변수
30 정(+) 또는 부(−)
31 높여주는 또는 낮춰주는

[조절효과 논문 결과표 완성 예시]

품질 요인과 전반적 만족도 사이에서 스마트폰 친숙도의 조절효과 검증

품질, 이용편리성, 디자인, 부가기능이 전반적 만족도에 영향을 미치는 데 있어, 스마트폰 친숙도의 조절효과를 검증하기 위해, 위계적 회귀분석(Hierarchical regression analysis)을 실시하였다. 1단계에서는 독립변수인 품질, 이용편리성, 디자인, 부가기능이 전반적 만족도에 미치는 영향을 검증하였고, 2단계에서는 조절변수인 스마트폰 친숙도를 추가로 투입하였으며, 3단계에서는 독립변수와 조절변수 간 상호작용 변수를 투입하였다. 다중공선성 문제를 해결하기 위해, 독립변수와 조절변수는 표준화 변환을 실시하여 분석하였다.

그 결과 회귀모형은 1단계($F=29.742$, $p<.001$), 2단계($F=24.754$, $p<.001$), 3단계($F=18.760$, $p<.001$)에서 모두 통계적으로 유의하게 나타났으며, 회귀모형의 설명력은 1단계에서 28.7%(수정된 R 제곱은 27.8%), 2단계에서 29.6%(수정된 R 제곱은 28.4%), 3단계에서 36.8%(수정된 R 제곱은 34.8%)로 나타났다. 한편 Durbin-Watson 통계량은 1.736으로 2에 근사한 값을 보여 잔차의 독립성 가정에 문제는 없는 것으로 평가되었고, 분산팽창지수(Variance Inflation Factor; VIF)도 모두 10 미만으로 작게 나타나 다중공선성 문제는 없는 것으로 판단되었다.

회귀계수의 유의성 검증 결과, 1단계에서는 품질($\beta=.129$, $p<.05$), 이용편리성($\beta=.179$, $p<.01$), 디자인($\beta=.250$, $p<.001$), 부가기능($\beta=.165$, $p<.01$)이 정(+)적으로 유의하게 나타났다. 즉 품질, 이용편리성, 디자인, 부가기능이 높을수록 전반적 만족도가 높아지는 것으로 검증되었다. 2단계에서는 스마트폰 친숙도가 전반적 만족도에 유의한 영향을 미치지 못하는 것으로 나타났다. 3단계에서는 이용편리성과 스마트폰 친숙도 간 상호작용 변수가 정(+)적으로 유의하게 나타났다($\beta=.270$, $p<.001$).

즉 이용편리성이 전반적 만족도에 영향을 미치는 데 있어 스마트폰 친숙도는 정(+)적으로 조절적인 역할을 하는 것으로 나타났으며, 스마트폰 친숙도는 이용편리성이 전반적 만족도에 미치는 정(+)의 영향을 높여주는 것으로 검증되었다.

〈표〉 품질 요인과 전반적 만족도 사이에서 스마트폰 친숙도의 조절효과 검증

단계	변수	B	$S.E.$	β	t	p	F	R^2 $(_{adj}R^2)$
1	(상수)	2.993	0.038		77.894***	<.001	29.742***	.287 (.278)
	품질	0.101	0.044	.129	2.275*	.024		
	이용편리성	0.140	0.045	.179	3.115**	.002		
	디자인	0.196	0.048	.250	4.090***	<.001		
	부가기능	0.129	0.044	.165	2.941**	.004		

단계	변수	B	$S.E.$	β	t	p	F	R^2 ($_{adj}R^2$)
2	(상수)	2.993	0.038		78.250***	<.001	24.754***	.296 (.284)
	품질	0.109	0.044	.139	2.445*	.015		
	이용편리성	0.155	0.046	.198	3.413***	.001		
	디자인	0.190	0.048	.243	3.972***	<.001		
	부가기능	0.127	0.044	.163	2.905**	.004		
	스마트폰 친숙도	−0.075	0.039	−.096	−1.926	.055		
3	(상수)	2.961	0.037		79.464***	<.001	18.760***	.368 (.348)
	품질	0.084	0.043	.108	1.967	.050		
	이용편리성	0.102	0.045	.130	2.277*	.023		
	디자인	0.168	0.047	.214	3.594***	<.001		
	부가기능	0.113	0.043	.144	2.627**	.009		
	스마트폰 친숙도	−0.042	0.038	−.054	−1.113	.267		
	품질*친숙도	−0.037	0.041	−.051	−0.900	.369		
	이용편리성*친숙도	0.187	0.042	.270	4.470***	<.001		
	디자인*친숙도	0.025	0.047	.035	0.541	.589		
	부가기능*친숙도	0.029	0.040	.041	0.729	.467		

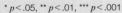

* $p<.05$, ** $p<.01$, *** $p<.001$

여기서 잠깐!!

매개효과와 조절효과를 어떻게 구분하나요?

사실, 매개효과와 조절효과의 차이를 명확하게 설명하기는 어렵습니다. 하지만 곰곰이 생각해보면 그 차이점을 발견할 수 있습니다.

먼저 '영향력'에 대한 부분입니다. 독립변수가 종속변수에 영향을 미칠 때, 매개 역할을 하는 변수는 독립변수가 종속변수에 미치는 영향을 넘을 수 없습니다. 그래서 '종속변수의 영향력 = 독립변수의 영향력 + 매개변수의 영향력'이라는 수식을 만들 수 있습니다. 하지만 조절변수는 이 수식이 성립하지 않습니다. 뭔가 더하거나 빼는 개념이 아니라, 곱하거나 나누는 형태의 영향력이라고 볼 수 있습니다. 그래서 '종속변수의 영향력 = 독립변수의 영향력 × 조절변수의 영향력'이라는 수식을 만들 수 있습니다. 조절효과를 검증한다는 것은 촉매제 역할을 하는지 검증하는 것이지, 조절변수가 직접 종속변수에 영향을 미치는지 검증하는 것이 아니기 때문입니다. 물론 통계적으로 완전하게 맞는 표현은 아닙니다. 하지만 이해를 돕기에는 좋은 수식이라 생각합니다.

이에 따라 '검증 방법'에서 차이가 나타납니다. 똑같이 바론과 케니가 제안한 위계적 회귀분석 방법을 통해 효과를 검증하고 있지만, 매개효과와 조절효과를 검증하는 3단계에서 검증하는 방법이 다릅니다. 매개효과 검증 방법은 독립변수가 종속변수에 미치는 직접효과에 대한 영향력(베타 값)과 매개변수를 포함했을 때의 영향력(베타 값)의 차이를 계산하여 간접적으로 그 영향력을 확인합니다. 반면에 조절효과 검증 방법은 독립변수가 종속변수에 영향을 미칠 때, 조절변수가 얼마나 독립변수의 촉매제가 되는지 알아보기 위해 변수 계산을 통한 평균 중심화 작업이나 표준화 작업을 통해 그 영향력을 정확하게 계산하려고 노력하고 있습니다.

결국 매개효과 검증은 매개변수의 간접효과가 얼마나 되는지 알아보는 분석 방법이고, 조절효과 검증은 조절변수가 독립변수와 상호작용하여 종속변수에 얼마나 촉매제 역할을 하는지 알아보는 분석 방법이라고 이해하면 좋습니다.

06 _ 노하우 : 조절효과 검증 결과를 그래프로 표현하는 방법

만약 조절효과 검증 결과를 그래프로 표현하고 싶다면, 다음과 같은 절차로 실행할 수 있습니다. 이용편리성과 스마트폰 친숙도의 조절효과가 유의하게 나왔기 때문에, 이용편리성과 스마트폰 친숙도의 조절효과를 그래프로 표현해보겠습니다.

준비파일 : 기본 실습파일_변수계산완료.sav

1 먼저 연속형 자료로 구성된 독립변수를 대/소 형태의 이분형 범주형 변수로 변환하는 작업을 진행합니다. SPSS에서 변환 – 다른 변수로 코딩변경 메뉴를 클릭합니다.

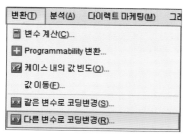

그림 4-22

2 다른 변수로 코딩변경 창에서 ❶ 그래프를 확인할 독립변수인 'Z이용편리성'과 'Z스마트
폰친숙도'를 우측 칸으로 이동합니다. ❷ 'Z이용편리성'을 클릭한 후 ❸ '출력변수'의 '이
름'에 '이용편리성대소'를 입력한 다음 ❹ 변경을 클릭합니다. ❺ 'Z스마트폰친숙도'를
클릭하고 ❻ '출력변수'의 '이름'에 '스마트폰친숙도대소'를 입력한 다음 ❼ 변경을 클릭
합니다. '숫자변수 → 출력변수' 칸이 그림처럼 되었다면 ❽ 기존값 및 새로운 값을 클릭
합니다.

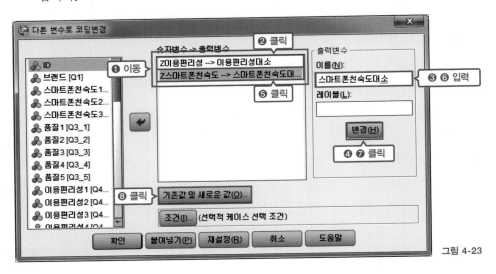

그림 4-23

3 다른 변수로 코딩변경: 기존값 및 새로운 값 창에서 ❶ '최저값에서 다음 값까지 범위'에 '0'
을 입력하고 ❷ '새로운 값'의 '값'에 '0'을 입력한 다음 ❸ 추가를 클릭합니다.

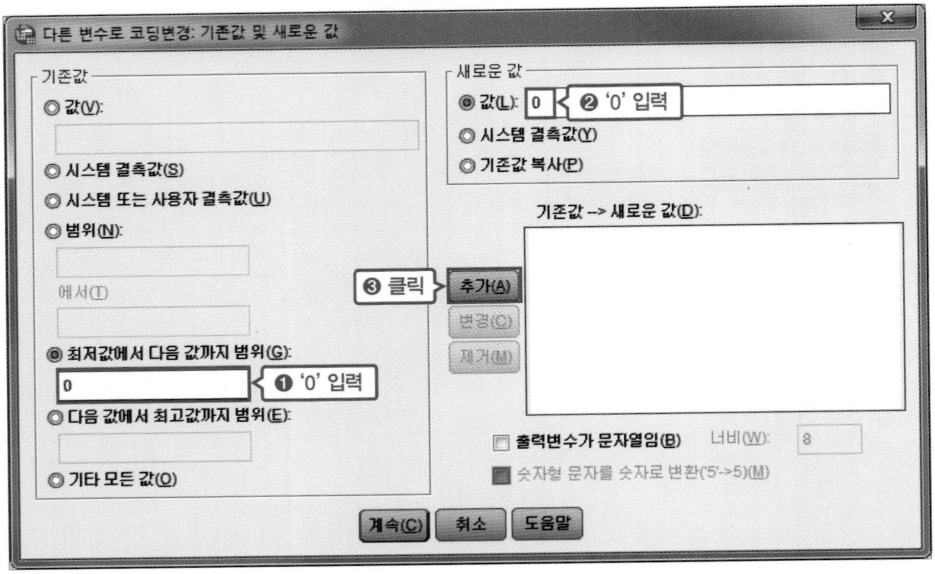

그림 4-24

4 ❶ '다음 값에서 최고값까지 범위'에 '0'을 입력하고 ❷ '새로운 값'의 '값'에 '1'을 입력한 다음 ❸ 추가를 클릭하고 ❹ 계속을 클릭합니다.

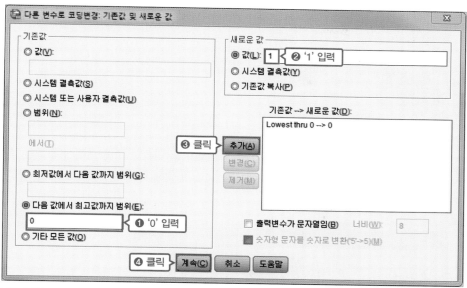

그림 4-25

5 확인을 클릭합니다.

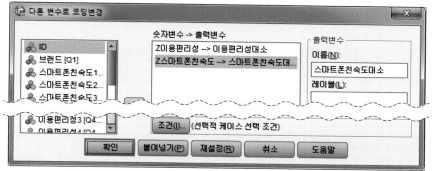

그림 4-26

여기서 잠깐!!

표준화 변환한 변수를 0을 기준으로 분류한 이유는 표준화된 변수의 평균이 0이기 때문입니다. 즉 평균보다 작은 표본은 0(소), 평균보다 큰 표본은 1(대)로 분류한 겁니다.

6 분석 – 일반선형모형 – 일변량을 클릭합니다.

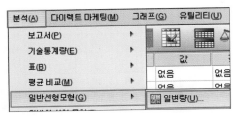

그림 4-27

7 일변량 분석 창에서 ❶ '고정요인'에 독립변수를 변환한 '이용편리성대소'와 조절변수인 '스마트폰친숙도대소'를 이동하고, ❷ '종속변수'에 '전반적만족도'를 이동합니다. ❸ 도 표를 클릭합니다.

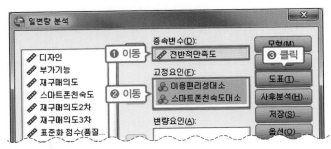

그림 4-28

8 일변량: 프로파일 도표 창에서 ❶ '수평축 변수'에 독립변수를 변환한 '이용편리성대소'를 이동하고, ❷ '선구분 변수'에 조절변수인 '스마트폰친숙도대소'를 이동합니다. ❸ 추가 를 클릭하고 ❹ 계속을 클릭합니다.

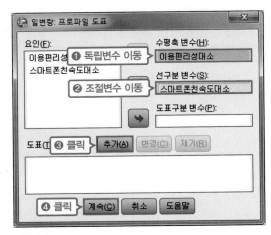

그림 4-29

9 일변량 분석 창에서 확인을 클릭합니다.

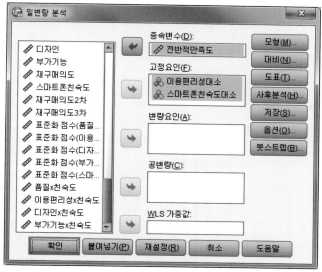

그림 4-30

[그림 4-30] 작업을 마치면 출력 결과 맨 아래 부분에 [그림 4-31]과 같이 상호작용에 대한
그래프가 나타납니다. 그래프를 보면, 스마트폰 친숙도가 평균보다 큰 표본은 그래프의 기
울기가 가파르고, 평균보다 작은 표본은 기울기가 완만한 것으로 확인됩니다. 앞서 조절효과
검증 결과, 이용편리성이 전반적 만족도에 정(+)적인 영향을 미칠 때 스마트폰 친숙도가 정
(+)적인 조절효과를 보이는 것으로 나타났는데, 이를 그래프로 명확히 보여주고 있습니다.

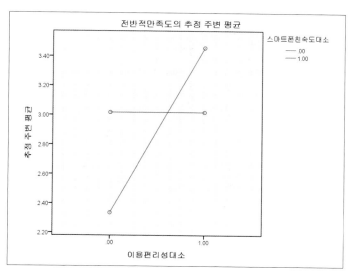

그림 4-31 │ 조절효과 검증 방법을 통한 변수 간 상호작용 그래프 출력 결과 예시

그런데 논문에 그래프를 넣을 때 두 선을 모두 실선으로 하면 흑백 인쇄를 할 경우 두 선이 잘 구분되지 않으므로 [그림 4-32]와 같이 하나는 점선으로 바꿉니다. 바꾸고 싶은 선을 더블클릭하면 원하는 모양으로 바꿀 수 있습니다. 이용편리성의 축 제목과 레이블도 변경하고 싶다면, 더블클릭하여 변경할 수 있습니다. 배경도 더블클릭하면 원하는 색깔로 변경할 수 있습니다.

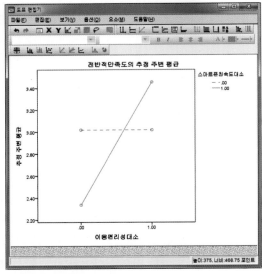

그림 4-32 | 그래프의 선 모양 변경

아무도 가르쳐주지 않는 Tip

조절효과 검증은 유의하게 나타났는데, 그래프 기울기는 별 차이가 없어 보인다면?

방금 진행한 회귀분석의 조절효과 검증은 집단을 구분한 게 아니라 전체적으로 변수의 증감에 따른 변화를 보여준 겁니다. 하지만 다차원적인 그래프를 2차원 형태로 표현하기 위해, 연속형 자료인 독립변수와 조절변수를 대/소 형태의 이분형 변수로 변환하였습니다. 따라서 대/소로 구분하여 보여주는 그래프에서 조절효과는 표현이 잘 되지 않을 수 있는데, 이는 분석이 잘못되어서가 아닙니다.

이런 경우 굳이 그래프를 표기하지 않아도 무방합니다. 만약 그래프가 꼭 필요하다면, 대/소 형태가 아닌 대/중/소 형태, 혹은 상/중상/중하/하 형태로 변수들을 구분해서 그래프를 도출하는 것도 방법 중 하나입니다.

07 _ 조절효과의 또 다른 검증 방법 : SPSS 프로세스 매크로 활용

Section 03에서 프로세스 매크로 설치 과정은 설명했으므로, 여기서는 바로 프로세스 매크로를 활용한 조절효과 검증 방법을 살펴보겠습니다.

연구 문제 4-2

품질, 이용편리성, 디자인, 부가기능과 전반적 만족도 사이에서 스마트폰 친숙도의 조절효과

앞서 검증한 품질, 이용편리성, 디자인, 부가기능이 전반적 만족도에 영향을 미치는 데 있어, 스마트폰 친숙도의 조절효과를 프로세스 매크로를 통해 검증해보자.

STEP 01 프로세스 매크로를 활용하여 조절효과 검증 무작정 따라하기

1 프로세스 매크로에서 조절효과에 해당되는 모형은 Model 1입니다.

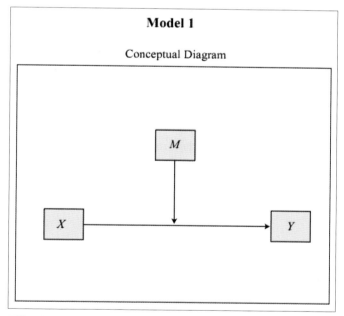

그림 4-33

2 프로세스 매크로는 8글자로 된 영문만 허용하므로 변수 이름을 영문으로 바꾸어야 합니다. 변환 – 다른 변수로 코딩변경 메뉴에 들어갑니다.

그림 4-34

3 다른 변수로 코딩변경 창에서 ❶ 독립변수인 '품질', '이용편리성', '디자인', '부가기능', 종속변수인 '전반적만족도', 조절변수인 '스마트폰친숙도'를 선택하여 ❷ 오른쪽 칸으로 이동합니다.

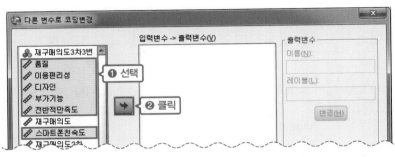

그림 4-35

여기서 잠깐!!

이번 Section에서 진행해온 과정을 멈추지 않고 잘 따라왔다면, 앞에서 그래프로 대소 관계를 비교하기 위해 만든 '이용편리성대소'와 '스마트폰친숙도대소'가 남아 있을 겁니다. 그렇다면 [그림 4-35]에서 창 하단에 있는 **재설정** 버튼을 클릭한 다음에 **3** 과정을 시작하세요.

4 ❶ '품질'을 선택하고 ❷ '출력변수'의 '이름'에 'poomjil'을 입력합니다. ❸ 변경을 클릭합니다.

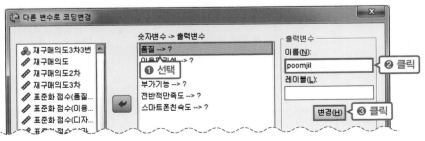

그림 4-36

5 ❶ 나머지 변수도 '품질'과 마찬가지로 변수 이름을 변경하고 ❷ 기존값 및 새로운 값을 클릭합니다.

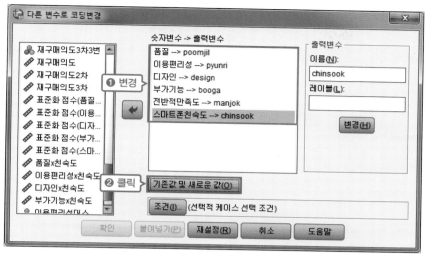

그림 4-37

6 다른 변수로 코딩변경: 기존값 및 새로운 값 창에서 ❶ '기타 모든 값'을 선택하고 ❷ '기존값 복사'를 선택한 다음 ❸ 추가를 클릭합니다.

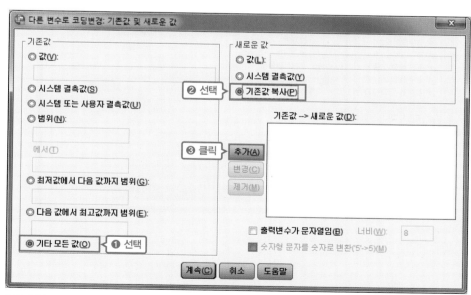

그림 4-38

7 계속을 클릭합니다.

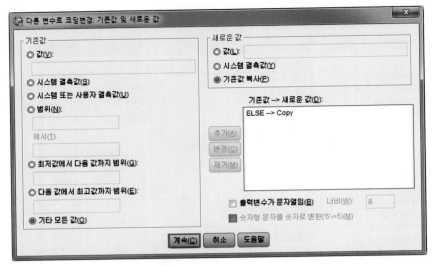

그림 4-39

8 확인을 클릭합니다.

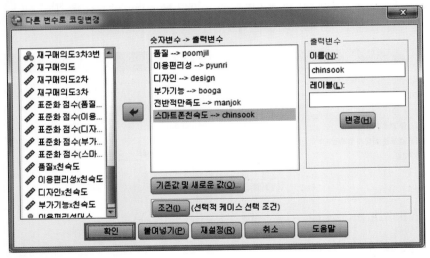

그림 4-40

여기서 잠깐!!

Section 03에서 매개효과 검증을 실습할 때 이미 독립변수의 영문명 변수를 만들었다면, 기존의 변수에 덮어 쓸 것인지 물어보는 메시지 창이 뜹니다. 이때 **확인** 버튼을 클릭하면 독립변수는 따로 변환할 필요가 없습니다. 이후에 [그림 4-40]처럼 스마트폰친숙도만 새롭게 영문명으로 만들어주시면 됩니다.

9 SPSS 데이터를 보면, 'poomjil'부터 'chinsook'까지 영문 변수가 생성된 것을 확인할 수 있습니다.

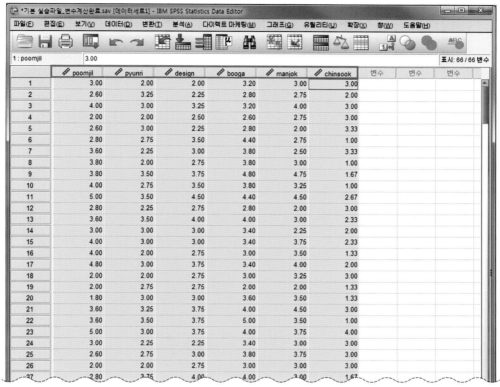

그림 4-41

10 분석 – 회귀분석 – PROCESS 메뉴에 들어갑니다.

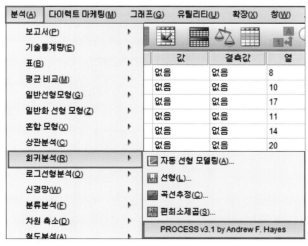

그림 4-42

11 ❶ 'X variable'에 독립변수인 'poomjil'을 이동하고, ❷ 'Covariate(s)'에 나머지 독립변수 3개를 옮겨줍니다. ❸ 'Moderator variable W'에 조절변수인 'chinsook'을 옮겨주고, ❹ 'Y variable'에 종속변수인 'manjok'을 옮겨줍니다. ❺ 'Model Number'는 앞서 1번 모형이 조절효과 모형임을 확인했으므로 '1'을 선택합니다. ❻ Options를 클릭합니다.

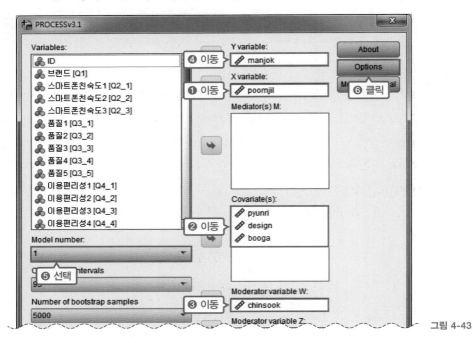

그림 4-43

12 ❶ 'Mean center for construction of products'를 체크합니다. 최신 버전의 Process macro에서는 'Mean center for construction of products' 항목 중 'All variables that define products'를 선택해 주세요. ❷ 'Probe interactions…'에서 'if p<.05'를 선택한 후 ❸ 계속을 클릭합니다.

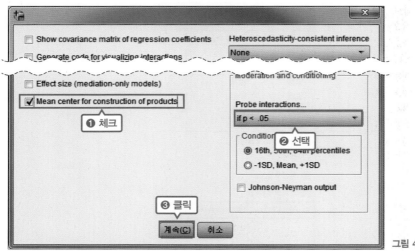

그림 4-44

여기서 잠깐!!

'Mean center for construction of products'를 체크하면 앞서 위계적 회귀분석을 통해 조절효과를 검증할 때 설명한 평균 중심화(Mean Centering) 작업을 자동으로 해줍니다. 우리는 앞서 평균 중심화 작업을 한 번에 손쉽게 하기 위해 **분석 – 기술통계량 – 기술통계 – 표준화 값을 변수로 저장**이라는 기능을 선택했습니다.

13 확인을 클릭합니다.

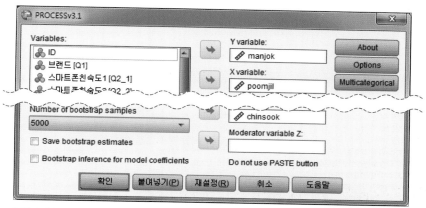

그림 4-45

14 〈Test(s) of highest order unconditional interaction(s)〉 결과표에서 R2-chng(R^2-change; R 제곱 변화량) 결과가 나온 것을 확인할 수 있습니다.

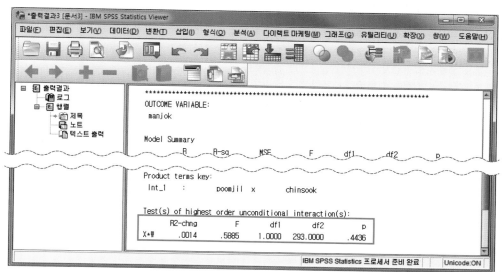

그림 4-46

지금 진행한 분석은 X에 'poomjil'을 투입하여 품질과 전반적 만족도에서 스마트폰 친숙도
의 조절효과를 검증한 결과입니다. 나머지 3개의 독립변수와 전반적 만족도 사이에서 스마
트폰 친숙도의 조절효과도 검증해야 합니다. 이어서 모두 검증해보겠습니다.

우선 이용편리성과 전반적 만족도 사이에서 스마트폰 친숙도의 조절효과를 검증해보겠습니다.

15 분석 – 회귀분석 – PROCESS 메뉴에 들어가 ❶ 'X variable' 자리에 'poomjil' 대신
'pyunri'를 넣고 ❷ 'poomjil'은 'Covariates(s)' 자리로 옮겨줍니다. ❸ 확인을 클릭합
니다.

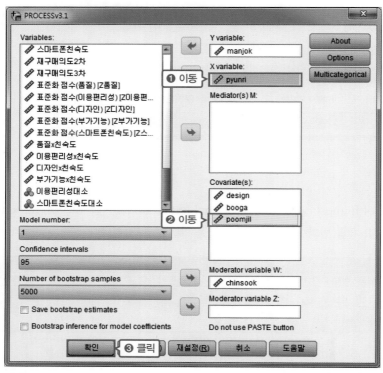

그림 4-47

이어서 디자인과 전반적 만족도 사이에서 스마트폰 친숙도의 조절효과를 검증해보겠습니다.

16 분석−회귀분석−PROCESS 메뉴에 들어가 ❶ 'X variable' 자리에 'pyunri' 대신 'design'을 넣고 ❷ 'pyunri'는 'Covariates(s)' 자리로 옮겨줍니다. ❸ 확인을 클릭합니다.

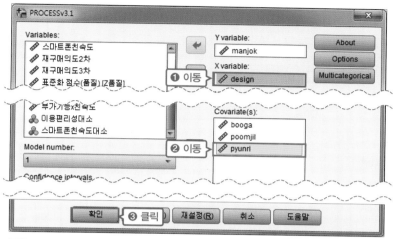

그림 4-48

마지막으로 부가기능과 전반적 만족도 사이에서 스마트폰 친숙도의 조절효과를 검증해보겠습니다.

17 분석−회귀분석−PROCESS 메뉴에 들어가 ❶ 'X variable' 자리에 'design' 대신 'booga'를 넣고 ❷ 'design'은 'Covariates(s)' 자리로 옮겨줍니다. ❸ 확인을 클릭합니다.

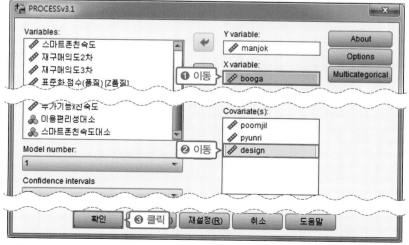

그림 4-49

STEP 02 출력 결과 해석하기

앞서 독립변수 4개와 전반적 만족도 사이에서 스마트폰 친숙도의 조절효과를 검증했기 때문에, 출력 결과가 4개 나온 것을 볼 수 있습니다. 하나씩 해석해보겠습니다.

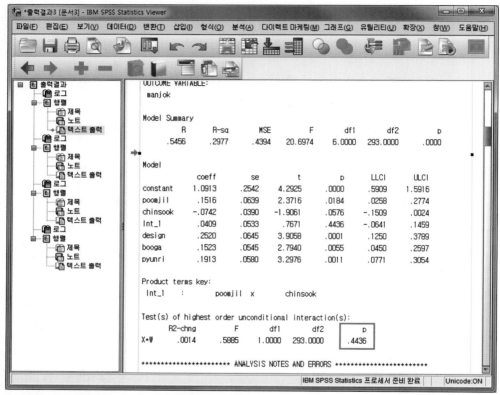

그림 4-50 | SPSS 프로세스 매크로를 활용한 조절효과 검증 출력 결과 : 품질의 조절효과 확인

첫 번째 결과는 품질과 전반적 만족도 사이에서 스마트폰 친숙도의 조절효과를 검증한 결과입니다. 〈Test(s) of highest order unconditional interaction(s)〉 결과표의 p값을 확인해보면 .4436으로 .05보다 훨씬 큰 수치를 나타내고 있습니다. 즉, 품질과 전반적 만족도 사이에서 스마트폰 친숙도의 조절효과는 유의하지 않다고 할 수 있습니다.

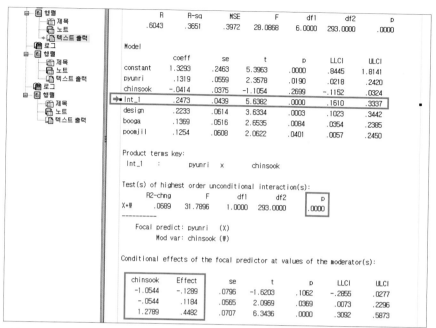

그림 4-51 | SPSS 프로세스 매크로를 활용한 조절효과 검증 출력 결과 : 이용편리성의 조절효과 확인

두 번째 결과는 이용편리성과 전반적 만족도 사이에서 스마트폰 친숙도의 조절효과를 검증한 결과입니다. ⟨Test(s) of highest order unconditional interaction(s)⟩ 결과표의 p값을 확인해보면 .0000으로 .05보다 작은 수치를 나타내고 있습니다. 즉 이용편리성과 전반적 만족도 사이에서 스마트폰 친숙도의 조절효과는 유의하다고 판단할 수 있습니다. 앞서 위계적 회귀분석 방법을 사용하여 실습한 결과와 똑같이 나온 것을 확인할 수 있습니다.

또한 유의한 결과를 보였으므로 정(+)적으로 유의한지 부(−)적으로 유의한지 판단해야 하는데, ⟨Model⟩ 결과표의 'int_1' 계수인 'coeff'의 부호를 통해 판단할 수 있습니다. 'int_1'의 'coeff'는 .2473으로 양(+)의 값을 보이므로, 이용편리성과 전반적 만족도 사이에서 스마트폰 친숙도는 정(+)적인 조절효과를 보인다고 할 수 있습니다. 즉 스마트폰 친숙도가 높을수록 이용편리성이 전반적 만족도에 미치는 영향은 더 높아진다고 볼 수 있습니다.

아래쪽에 있는 ⟨Conditional effects of the focal predictor at values of the moderator(s)⟩ 결과표를 보면, 'Chinsook'의 조절변수 값이 커질수록 'Effect' 크기도 커지는 것을 확인할 수 있습니다. 이를 통해서도 조절효과가 정(+)적인지 부(−)적인지 확인할 수 있습니다.

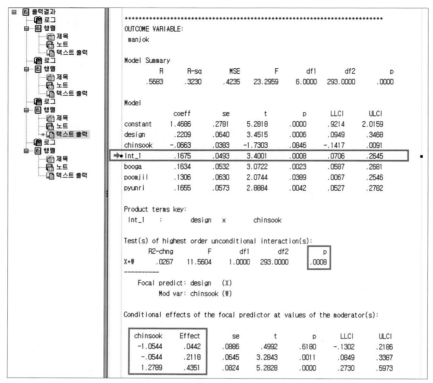

그림 4-52 | SPSS 프로세스 매크로를 활용한 조절효과 검증 출력 결과 : 디자인의 조절효과 확인

세 번째 결과는 디자인과 전반적 만족도 사이에서 스마트폰 친숙도의 조절효과를 검증한 결과입니다. 〈Test(s) of highest order unconditional interaction(s)〉 결과표의 p값을 확인해보면 .0008로 .05보다 작은 수치를 나타내고 있습니다. 즉 디자인과 전반적 만족도 사이에서 스마트폰 친숙도의 조절효과는 유의하다고 판단할 수 있습니다.

유의한 결과를 보였으므로 정(+)적으로 유의한지 부(−)적으로 유의한지 판단해야 합니다. 'int_1'의 'coeff' 계수는 .1675로 양(+)의 값을 보이므로, 디자인과 전반적 만족도 사이에서 스마트폰 친숙도는 정(+)적인 조절효과를 보인다고 할 수 있습니다. 즉 스마트폰 친숙도가 높을수록 디자인이 전반적 만족도에 미치는 영향은 더 높아진다고 볼 수 있습니다.

아래쪽에 있는 〈Conditional effects of the focal predictor at values of the moderator(s)〉 결과표를 보면, 'Chinsook'의 조절변수 값이 커질수록 'Effect' 크기도 커지는 것을 확인할 수 있습니다. 이에 따라 조절효과가 정(+)적인 것을 다시 한 번 알 수 있습니다.

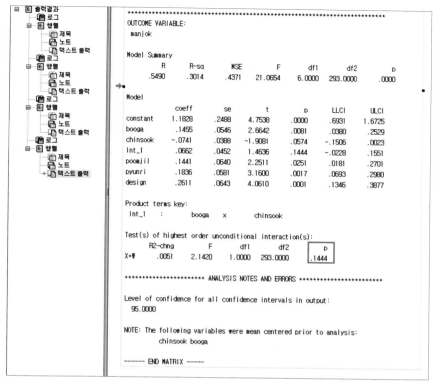

그림 4-53 | SPSS 프로세스 매크로를 활용한 조절효과 검증 출력 결과 : 부가기능의 조절효과 확인

마지막 결과는 부가기능과 전반적 만족도 사이에서 스마트폰 친숙도의 조절효과를 검증한 결과입니다. 〈Test(s) of highest order unconditional interaction(s)〉 결과표의 p값을 확인해보면 .1444로 .05보다 큰 수치를 나타내고 있습니다. 즉 부가기능과 전반적 만족도 사이에서 스마트폰 친숙도의 조절효과는 유의하지 않다고 할 수 있습니다.

결과적으로 이용편리성, 디자인과 전반적 만족도 사이에서 스마트폰 친숙도는 정(+)적인 조절효과를 보이는 것으로 검증되었고, 스마트폰 친숙도가 높을수록 이용편리성과 디자인이 전반적 만족도에 미치는 영향이 더 높아지는 것으로 판단할 수 있습니다.

위계적 회귀분석 방법과 프로세스 매크로의 조절효과 검증 결과가 다를 수 있나요?

다를 수 있습니다.

위계적 회귀분석으로 검증했을 때는 이용편리성이 전반적 만족도에 영향을 미칠 때, 스마트폰 친숙도가 조절효과가 있는 것으로 나타났습니다. 그런데 프로세스 매크로에서는 이용편리성과 디자인이 종속변수에 영향을 미칠 때, 스마트폰 친숙도가 조절효과가 있는 것으로 다르게 나타났습니다.

왜 그럴까요? 앞서 진행한 위계적 회귀분석에서는 모든 독립변수와 조절변수 간 상호작용 변수를 동시에 투입하였고, 프로세스 매크로에서는 상호작용 변수가 독립변수 하나당 개별적으로 들어갔기 때문입니다. 그래서 프로세스 매크로와 위계적 회귀분석은 차이를 보일 수 있습니다. 이 차이는 조절효과뿐 아니라, 매개효과에서도 나타날 수 있습니다.

단순 조절효과 분석을 할 때는 프로세스 매크로를 통한 활용도가 거의 없는 편이고, 앞서 진행한 위계적 회귀분석 방법을 대부분 활용합니다. 하지만 조절된 매개효과를 검증할 경우에는 프로세스 매크로를 통해서만 진행하는 편입니다. 그리고 요즘은 단순 조절효과 분석에도 많이 사용하는 편입니다. 그 이유는 유의한 결과가 더 잘 나오기 때문입니다.

지금까지 프로세스 매크로를 통한 조절효과 분석 방법을 맛보기로 살펴보았습니다. Section 05에서는 실제로 자주 사용하는 프로세스 매크로를 활용한 조절된 매개효과 검증 방법에 대해 자세히 살펴보겠습니다.

조절된 매개효과 검증
: 독립변수와 종속변수 간 매개효과가 조절변수에 의해 변하는지 검증

bit.ly/onepass-amos6

PREVIEW

- **조절된 매개효과 검증** : 독립변수가 매개변수의 매개를 통해 종속변수에 미치는 영향이 조절변수에 의해 변하는지를 검증
- **조절된 매개효과를 검증하는 대표적인 방법** : SPSS 프로세스 매크로
- **조절된 매개효과 모형의 종류**

❶ 조절변수가 독립변수와 매개변수 사이에 있는 모형 ❷ 조절변수가 매개변수와 종속변수 사이에 있는 모형

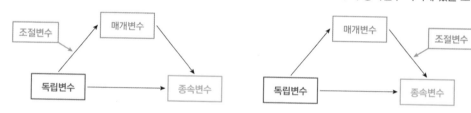

01 _ 기본 개념과 연구 가설

앞서 SPSS 프로세스 매크로를 통해 품질, 이용편리성, 디자인, 부가기능과 재구매의도 사이에서 전반적 만족도는 매개 역할을 하는 것으로 검증되었습니다. 이러한 매개효과가 조절변수에 의해 조절되는지를 검증하는 분석 방법이 조절된 매개효과(Moderated mediation effect) 검증입니다. 말은 매우 거창하지만, 매개효과와 조절효과에 대해 명확히 이해했다면 그리 어려운 개념은 아닙니다.

조절된 매개효과에는 두 가지 모형이 있습니다. 하나는 조절변수가 독립변수와 매개변수 사이에 있는 모형이고, 다른 하나는 조절변수가 매개변수와 종속변수 사이에 있는 모형입니다. 보통 두 모형은 검증 결과에 따라 '조절된 매개효과'와 '매개된 조절효과'로 나눠서 설명합니다. 여기서는 두 가지 모형에 대해 모두 검증해보겠습니다.

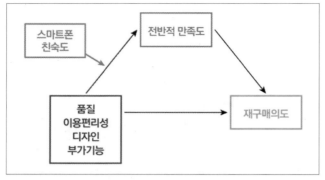

(a) 조절변수가 독립변수와 매개변수
    사이에 있는 모형

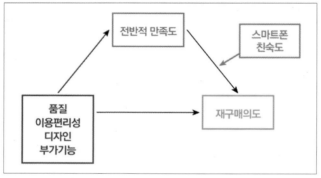

(b) 조절변수가 매개변수와 종속변수
    사이에 있는 모형

그림 5-1 | 조절된 매개효과의 두 가지 모형

 여기서 잠깐!!

두 모형 중 어떤 모형을 선택해야 할까요?

선행 연구를 바탕으로 모형을 설정하는 것이 정석입니다. 그러나 만약의 상황에 대비하여 두 모형 모두 유의하게 나올 가능성을 고려하고, 분석 전에는 두 가지 모두 모형으로 선정하는 방법을 택합니다. 단, 논문에 기술할 때는 두 모형을 모두 제시하지 않고, 둘 중 유의하게 나온 모형만 제시하여 연구모형과 결과를 기술하는 편입니다.

연구
문제
5-1

품질, 이용편리성, 디자인, 부가기능과 재구매의도 사이에서 전반적 만족도의 매개효과를 스마트폰 친숙도가 조절하는지 검증

앞서 검증한 품질, 이용편리성, 디자인, 부가기능이 재구매의도에 영향을 미치는 데 있어 전반적 만족도의 매개효과를 스마트폰 친숙도가 조절하는지 검증해보자.

02 _ SPSS 무작정 따라하기 : 조절된 매개효과 모형 검증 ❶

먼저, 조절변수가 독립변수와 매개변수 사이에 있는 모형에 대해 검증해보겠습니다.

1 프로세스 매크로에 있는 모형을 보면, Model 7에서 독립변수와 매개변수 사이에 조절
변수가 있는 모형을 볼 수 있습니다. 따라서 첫 번째 조절된 매개효과 모형으로 Model
7을 사용하겠습니다.

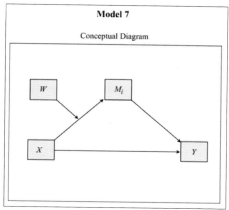

그림 5-2

 여기서 잠깐!!

프로세스 매크로 3.1 이전 버전에서는 프로세스 매크로 홈페이지에서 다운로드한 prosess 폴더 안에 'template.pdf'가 들어 있고, 이 파일을 열면 모형과 모형 번호를 알 수 있었습니다. 하지만 프로세스 매크로가 3.1 버전으로 업데이트되면서, 모형과 그 번호를 알려주는 'template.pdf' 파일이 제공되지 않습니다. 따라서 모형에 맞게 검증을 진행하려면, 모형 번호를 알 수 있는 책을 구입하는 방법밖에 없습니다. 교보문고나 아마존 홈페이지에서
『Introduction to Mediation, Moderation, and Conditional Process Analysis, 2Ed』이라는 책 이름을 검색하면
됩니다. 구입 비용은 약 7~8만 원으로 공지되어 있습니다.

2 프로세스 매크로는 8글자로 된 영문만 허용하므로 변수 이름을 영문으로 바꾸어야 합니
다. 변환 – 다른 변수로 코딩변경을 클릭합니다.

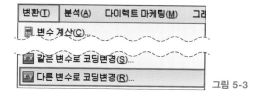

그림 5-3

3 다른 변수로 코딩변경 창에서 ❶ 독립변수인 '품질', '이용편리성', '디자인', '부가기능', 매개변수인 '전반적만족도', 종속변수인 '재구매의도', 조절변수인 '스마트폰친숙도'를 선택하고 ❷ 오른쪽으로 이동합니다.

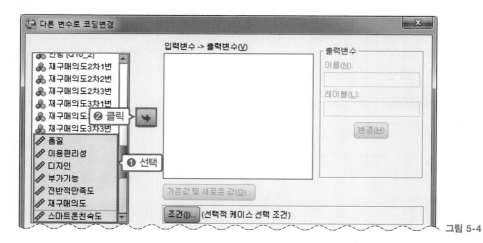

그림 5-4

4 ❶ '품질'을 선택하고 ❷ '출력변수'의 '이름'에 'poomjil'을 입력한 뒤 ❸ 변경을 클릭합니다.

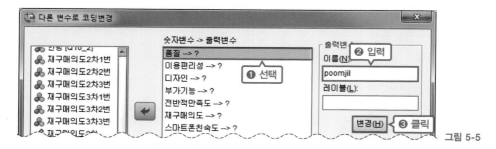

그림 5-5

5 ❶ 나머지 변수도 '품질'과 마찬가지로 변수 이름을 변경하고 ❷ 기존값 및 새로운 값을 클릭합니다.

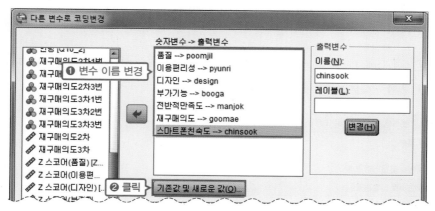

그림 5-6

6 다른 변수로 코딩변경: 기존값 및 새로운 값 창에서 ❶ '기타 모든 값'을 선택하고 ❷ '기존값 복사'를 선택한 다음 ❸ 추가를 클릭합니다.

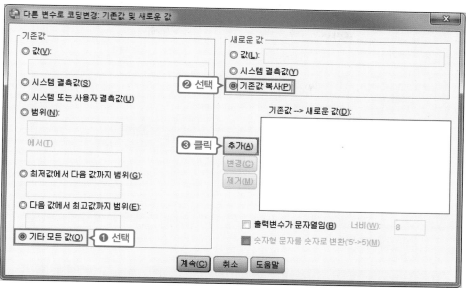

그림 5-7

7 계속을 클릭합니다.

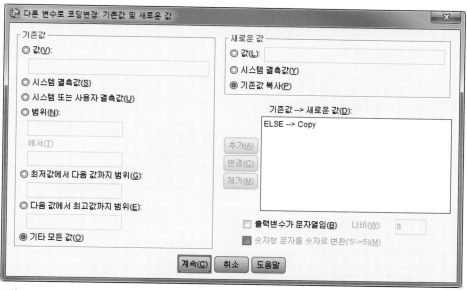

그림 5-8

 여기서 잠깐!!

책을 잘 따라한 독자는 '재구매의도'만 영문 변수를 만들면 됩니다.

8 확인을 클릭합니다.

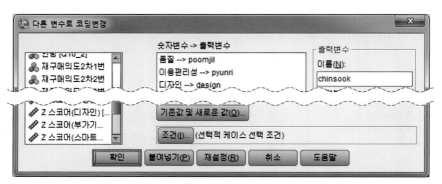

그림 5-9

9 SPSS 데이터를 보면, 'poomjil'부터 'chinsook'까지 영문 변수가 생성된 것을 확인할
수 있습니다.

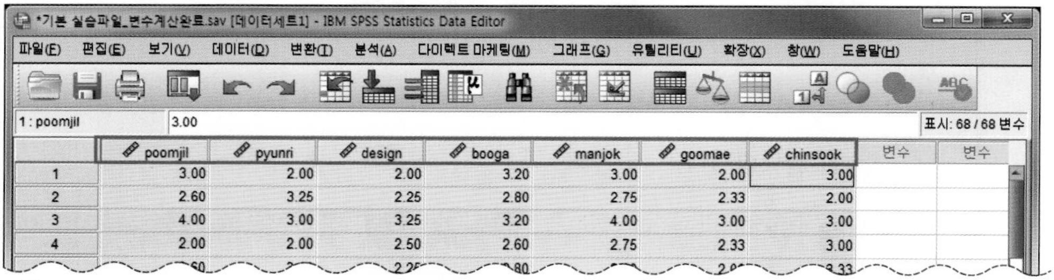

	poomjil	pyunri	design	booga	manjok	goomae	chinsook	변수	변수
1	3.00	2.00	2.00	3.20	3.00	2.00	3.00		
2	2.60	3.25	2.25	2.80	2.75	2.33	2.00		
3	4.00	3.00	3.25	3.20	4.00	3.00	3.00		
4	2.00	2.00	2.50	2.60	2.75	2.33	3.00		

그림 5-10

10 분석 – 회귀분석 – PROCESS를 클릭합니다.

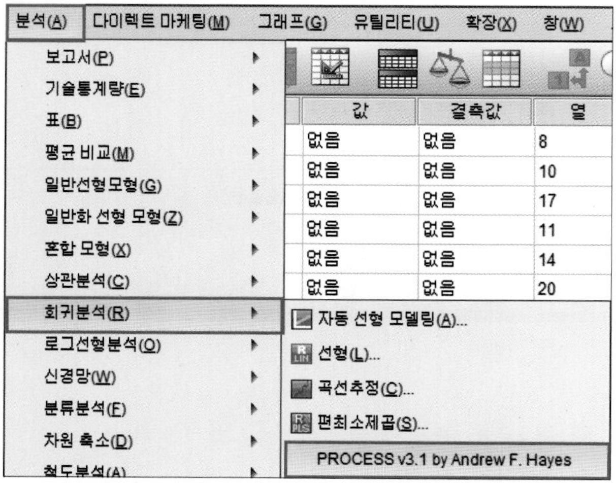

그림 5-11

11 PROCESS 창에서 ❶ 먼저 'X variable'에 독립변수인 'poomjil'을 옮긴 뒤 ❷ 'Covariate(s)'에 나머지 독립변수 3개를 옮겨줍니다. ❸ 'Mediator(s) M'에 매개변수인 'manjok'을 옮겨주고 ❹ 'Y variable'에 종속변수인 'goomae'를 옮겨줍니다. ❺ 그리고 'Moderator variable W'에 조절변수인 'Chinsook'을 옮겨줍니다. ❻ 'Model number'는 앞서 7번 모형이 첫 번째 조절된 매개효과 모형임을 확인했으므로 '7'로 선택합니다. ❼ Options를 클릭합니다.

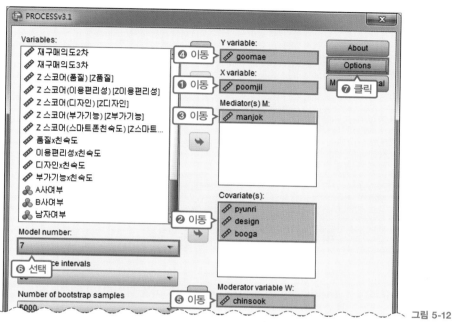

그림 5-12

12 조절효과와 관련된 분석이므로 ❶ 'Mean center for construction of products'를 체크합니다. 최신 버전의 Process macro에서는 'Mean center for construction of products' 항목 중 'All variables that define products'를 선택해 주세요. ❷ 'Probe interactions...'에서 'if p<.05'를 선택한 후 ❸ 계속을 클릭합니다.

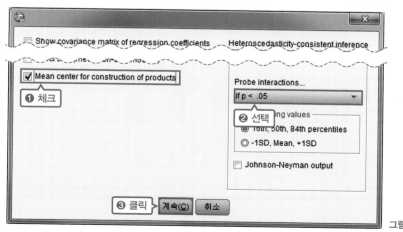

그림 5-13

13 확인을 클릭합니다.

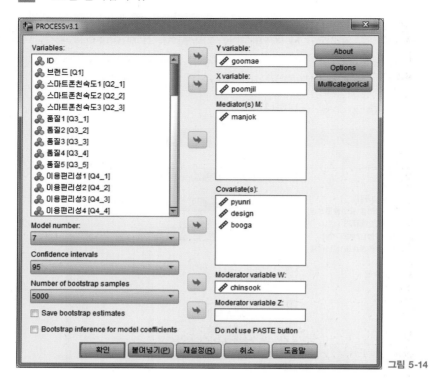

그림 5-14

14 출력 결과에서 'Index of moderated mediation'을 확인합니다.

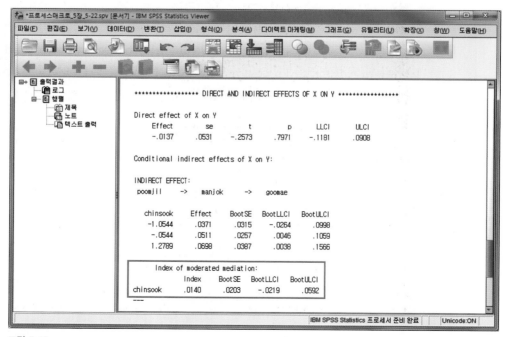

그림 5-15

지금까지 진행한 분석은 X에 'poomjil'을 투입하여 품질과 재구매의도 사이에서 전반적 만족도의 매개효과에 대한 스마트폰 친숙도의 조절효과를 검증한 결과입니다. 나머지 3개의 독립변수가 전반적 만족도를 매개하여 재구매의도에 미치는 효과에 대한 스마트폰 친숙도의 조절효과도 똑같은 방법으로 검증해야 합니다.

우선 이용편리성이 전반적 만족도를 매개하여 재구매의도에 미치는 영향을 스마트폰 친숙도가 조절하는지 검증해보겠습니다.

15 다시 분석 – 회귀분석 – PROCESS 메뉴에 들어가서 ❶ 'poomjil'을 'Covariate(s)' 자리로 옮기고 ❷ 'pyunri'를 'X variable' 자리로 옮긴 다음 ❸ 확인을 클릭합니다.

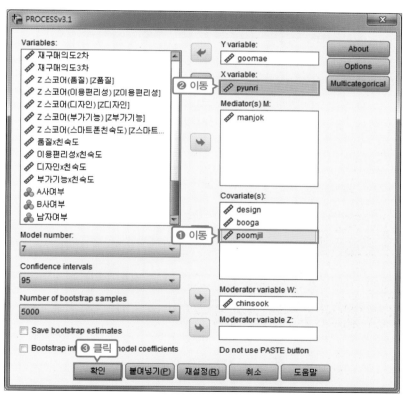

그림 5-16

이어서 디자인이 전반적 만족도를 매개하여 재구매의도에 미치는 영향을 스마트폰 친숙도가 조절하는지 검증해보겠습니다.

16 다시 분석 – 회귀분석 – PROCESS 메뉴에 들어가서 ❶ 'pyunri'를 'Covariate(s)' 자리로 옮기고 ❷ 'design'을 'X variable' 자리로 옮긴 다음 ❸ 확인을 클릭합니다.

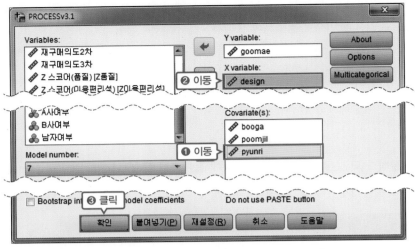

그림 5-17

마지막으로 부가기능이 전반적 만족도를 매개하여 재구매의도에 미치는 영향을 스마트폰 친숙도가 조절하는지 검증해보겠습니다.

17 다시 분석 – 회귀분석 – PROCESS 메뉴에 들어가서, ❶ 'design'을 'Covariate(s)' 자리로 옮기고 ❷ 'booga'를 'X variable' 자리로 옮긴 다음 ❸ 확인을 클릭합니다.

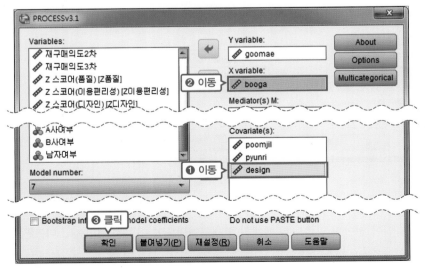

그림 5-18

03 _ 출력 결과 해석하기 : 조절된 매개효과 모형 검증 ❶

앞서 독립변수 4개가 전반적 만족도를 매개하여 재구매의도에 미치는 영향을 스마트폰 친숙도가 조절하는지에 대해 분석을 진행했습니다. 그에 따라 출력 결과 4개가 나온 것을 확인할 수 있습니다. 하나씩 해석해보겠습니다.

첫 번째는 품질이 전반적 만족도를 매개하여 재구매의도에 미치는 영향을 스마트폰 친숙도가 조절하는지를 검증한 결과입니다. 신뢰구간의 하한 값이 −.0225, 상한 값이 .0573입니다. 즉 신뢰구간 범위 안에 0을 포함하였으므로, 품질이 전반적 만족도를 매개하여 재구매의도에 미치는 영향에 대한 스마트폰 친숙도의 조절효과는 통계적으로 유의하지 않았습니다.

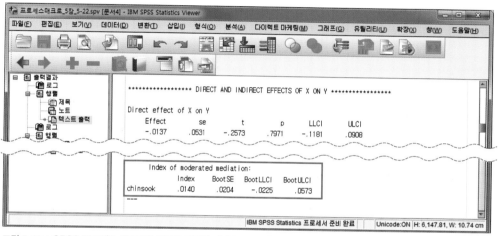

그림 5-19 | SPSS 프로세스 매크로를 활용한 조절된 매개효과 검증(모형 1) 출력 결과 : 품질 변수 관련

아무도 가르쳐주지 않는 Tip

프로세스 매크로 결과 값(S.E. / LLCI / ULCI)이 책과 다른 이유는?

부트스트랩은 무작위적(Random)으로 샘플을 생성하여 유의성을 검증하는 방법이기 때문에, 신뢰구간은 매번 돌릴 때마다 미세하게 바뀝니다. 만약 신뢰구간의 하한 값이나 상한 값이 아슬아슬하게 0을 걸친다면 다시 한 번 돌려보는 것도 유의한 결과를 얻을 수 있는 방법입니다. 단, 0이 하한 값과 상한 값의 거의 중앙에 있다면 아무리 돌려도 유의한 결과가 나오지 않으니 그 결과를 인정하고 다음 분석으로 넘어가는 것이 시간을 낭비하지 않는 방법입니다.

- S.E. : Standard Error의 약자로, 표준오차를 의미
- LLCI : Lower Limit Confidence Interval의 약자로, 신뢰구간 하한 값을 의미
- ULCI : Upper Limit Confidence Interval의 약자로, 신뢰구간 상한 값을 의미

여기서 잠깐!!

매개효과와 조절효과를 검증할 때, 프로세스 매크로에서는 신뢰구간에 0이 포함되는지 아닌지를 확인하여 통계적인 유의성을 확인합니다. 왜 신뢰구간에 0이 포함되면 매개효과나 조절효과가 유의하지 않은 걸까요? 신뢰구간을 오차 범위로 보면 이해하기 쉽습니다. 어떤 변수의 조절효과와 매개효과를 보는데, (+)나 (−)처럼 한쪽 방향으로 쏠리는 것이 아니라 오차 범위에 따라 0이 될 수 있다는 것은 그 효과가 없을 수도 있음을 의미하기 때문입니다. 더 깊게 설명하면 머릿속만 복잡해질 것 같습니다. 출력 결과를 해석하는 데는 이 정도만 이해해도 충분합니다.

두 번째는 이용편리성이 전반적 만족도를 매개하여 재구매의도에 미치는 영향을 스마트폰 친숙도가 조절하는지를 검증한 결과입니다. 신뢰구간의 하한 값이 .0442, 상한 값이 .1383으로 나타났습니다. 즉 신뢰구간 범위 안에 0을 포함하지 않았으므로, 이용편리성이 전반적 만족도를 매개하여 재구매의도에 미치는 영향에 대한 스마트폰 친숙도의 조절효과는 유의한 것으로 검증되었습니다.

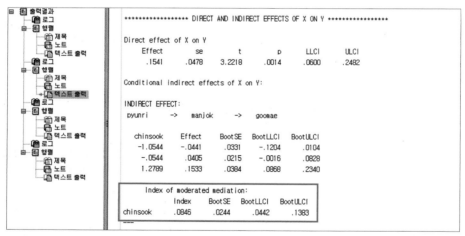

그림 5-20 | SPSS 프로세스 매크로를 활용한 조절된 매개효과 검증(모형 1) 출력 결과 : 이용편리성 변수 관련

여기서 Index는 조절된 매개효과의 크기로 이해하면 됩니다. Index 수치가 0보다 큰 양(+)의 값을 보이면 이용편리성이 전반적 만족도를 매개하여 재구매의도에 미치는 영향은 스마트폰 친숙도에 의해 더 높아진다는 의미입니다. 만약 Index 수치가 0보다 작은 음(−)의 값을 보인다면 이용편리성이 전반적 만족도를 매개하여 재구매의도에 미치는 영향은 스마트폰 친숙도에 의해 더 낮아진다고 해석해야 합니다. 여기서는 Index 수치가 0보다 큰 양(+)의 값을 보이므로 이용편리성이 전반적 만족도를 매개하여 재구매의도에 미치는 영향은 스마트폰 친숙도가 높을수록 더 커진다고 해석하면 됩니다.

세 번째는 디자인이 전반적 만족도를 매개하여 재구매의도에 미치는 영향을 스마트폰 친숙도가 조절하는지를 검증한 결과입니다. 신뢰구간의 하한 값이 .0260, 상한 값이 .1037로 나타났습니다. 즉 신뢰구간 범위 안에 0을 포함하지 않았으므로, 디자인이 전반적 만족도를 매개하여 재구매의도에 미치는 영향에 대한 스마트폰 친숙도의 조절효과는 유의한 것으로 검증되었습니다. 마찬가지로 Index의 수치가 0보다 큰 양(+)의 값을 보이므로, 디자인이 전반적 만족도를 매개하여 재구매의도에 미치는 영향은 조절변수 역할을 하는 스마트폰 친숙도가 높을수록 더 커지는 것으로 해석할 수 있습니다.

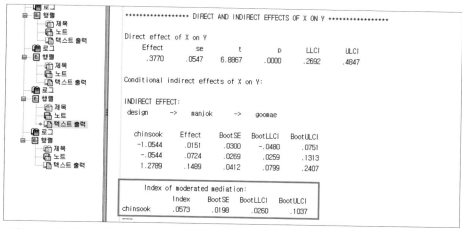

그림 5-21 | SPSS 프로세스 매크로를 활용한 조절된 매개효과 검증(모형 1) 출력 결과 : 디자인 변수 관련

네 번째는 부가기능이 전반적 만족도를 매개하여 재구매의도에 미치는 영향을 스마트폰 친숙도가 조절하는지를 검증한 결과입니다. 신뢰구간의 하한 값이 −.0075, 상한 값이 .0641로 나타났습니다. 즉 신뢰구간 범위 안에 0을 포함하였으므로, 부가기능이 전반적 만족도를 매개하여 재구매의도에 미치는 영향에 대한 스마트폰 친숙도의 조절효과는 통계적으로 유의하지 않았습니다. 즉 조절효과가 없는 것으로 해석할 수 있습니다.

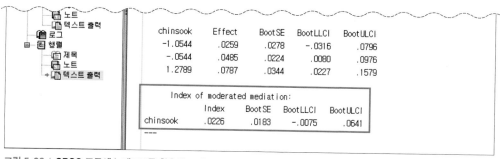

그림 5-22 | SPSS 프로세스 매크로를 활용한 조절된 매개효과 검증(모형 1) 출력 결과 : 부가기능 변수 관련

04 _ SPSS 무작정 따라하기 : 조절된 매개효과 모형 검증 ❷

다음으로 매개변수와 종속변수 사이에 조절변수가 있는 모형에 대해 검증해보겠습니다.

1 프로세스 매크로에 있는 모형을 보면, Model 14에서 매개변수와 종속변수 사이에 조절변수가 있는 모형을 볼 수 있습니다. 따라서 두 번째 조절된 매개효과 모형으로 Model 14를 사용하겠습니다.

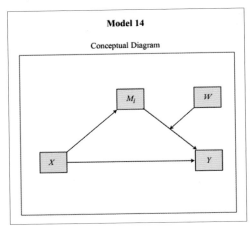

그림 5-23

2 분석 – 회귀분석 – PROCESS를 클릭합니다.

분석(A)	다이렉트 마케팅(M)	그래프(G)	유틸리티(U)	확장(X)	창(W)
보고서(P) ▶					
기술통계량(E) ▶		**값**	**결측값**	**열**	
표(B) ▶		없음	없음	8	
평균 비교(M) ▶		없음	없음	10	
일반선형모형(G) ▶		없음	없음	17	
일반화 선형 모형(Z) ▶		없음	없음	11	
혼합 모형(X) ▶		없음	없음	14	
상관분석(C) ▶		없음	없음	20	
회귀분석(R) ▶		▨ 자동 선형 모델링(A)...			
로그선형분석(O) ▶		▨ 선형(L)...			
신경망(W) ▶		▨ 곡선추정(C)...			
분류분석(F) ▶		▨ 편최소제곱(S)...			
차원 축소(D) ▶		PROCESS v3.1 by Andrew F. Hayes			
척도분석(A) ▶					

그림 5-24

3 PROCESS 창에서 ❶ 먼저 'X variable'에 독립변수인 'poomjil'을 옮기고 ❷ 'Y variable'에 종속변수인 'goomae'를 옮긴 뒤 ❸ 'Covariate(s)'에 나머지 독립변수 3개를 옮겨줍니다. ❹ 'Mediator(s) M'에 매개변수인 'manjok'을 옮기고 ❺ 'Moderator vaiable W'에 조절변수인 'chinsook'을 옮겨줍니다. ❻ 'Model number'는 앞서 14번 모형이 두 번째 조절된 매개효과 모형임을 확인했으므로 '14'로 선택하고 ❼ Options를 클릭합니다.

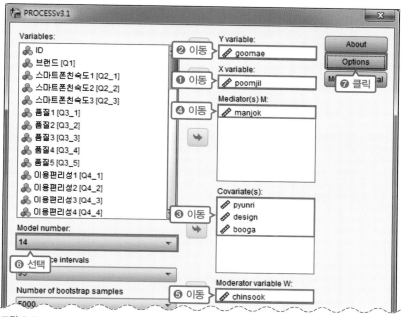

그림 5-25

4 조절효과와 관련된 분석이므로 ❶ 'Mean center for construction of products'를 체크합니다. 최신 버전의 Process macro에서는 'Mean center for construction of products' 항목 중 'All variables that define products'를 선택해 주세요. ❷ 'Probe interactions...'에서 'if p<.05'를 선택한 후 ❸ 계속을 클릭합니다.

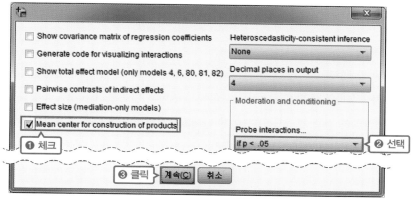

그림 5-26

5 확인을 클릭합니다.

그림 5-27

6 출력 결과에서 'Index of moderated mediation'을 확인합니다.

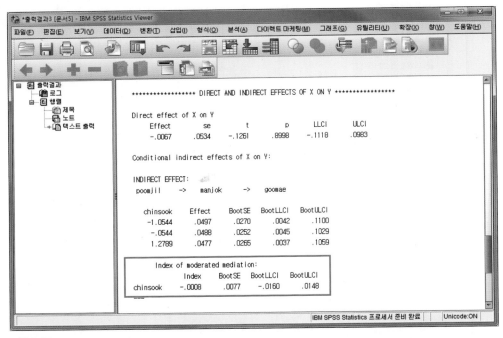

그림 5-28

첫 번째 조절된 매개효과 모형을 검증할 때와 마찬가지입니다. 지금까지 진행한 분석은 X에 'poomjil'을 투입하여 품질과 재구매의도 사이에서 전반적 만족도의 매개효과에 대한 스마트 폰 친숙도의 조절효과 검증 결과입니다. 이제 나머지 3개의 독립변수가 전반적 만족도를 매개 하여 재구매의도에 미치는 효과에 대한 스마트폰 친숙도의 조절효과도 검증해봐야 합니다.

우선 이용편리성이 전반적 만족도를 매개하여 재구매의도에 미치는 영향을 스마트폰 친숙도가 조절하는지 검증하겠습니다.

7 다시 분석 – 회귀분석 – PROCESS 메뉴에 들어가서 ❶ 'poomjil'을 'Covariate(s)' 자리로 옮기고, ❷ 'pyunri'를 'X variable' 자리로 옮긴 다음 ❸ 확인을 클릭합니다.

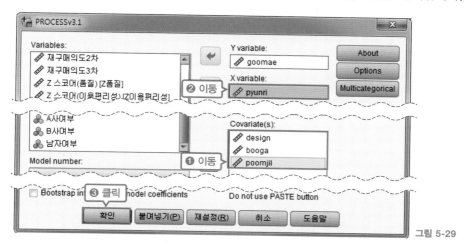

그림 5-29

이어서 디자인이 전반적 만족도를 매개하여 재구매의도에 미치는 영향을 스마트폰 친숙도가 조절하는지 검증해보겠습니다.

8 다시 분석 – 회귀분석 – PROCESS 메뉴에 들어가서 ❶ 'pyunri'를 'Covariate(s)' 자리로 옮기고 ❷ 'design'을 'X variable' 자리로 옮긴 다음 ❸ 확인을 클릭합니다.

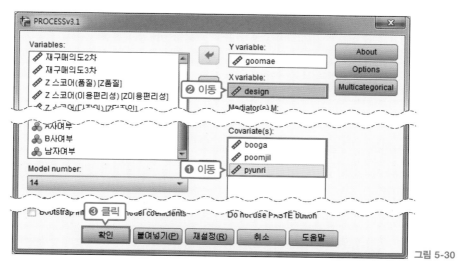

그림 5-30

마지막으로 부가기능이 전반적 만족도를 매개하여 재구매의도에 미치는 영향을 스마트폰 친숙도가 조절하는지 검증해보겠습니다.

9 다시 분석 − 회귀분석 − PROCESS 메뉴에 들어가서 ❶ 'design'을 'Covariate(s)' 자리로 옮기고 ❷ 'booga'를 'X variable' 자리로 옮긴 다음 ❸ 확인을 클릭합니다.

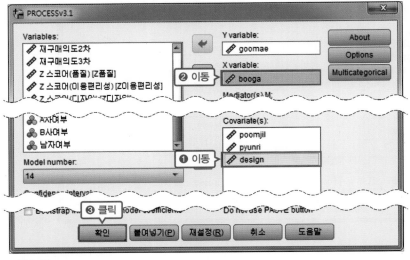

그림 5-31

05 _ 출력 결과 해석하기 : 조절된 매개효과 모형 검증 ❷

앞서 독립변수 4개가 전반적 만족도를 매개하여 재구매의도에 미치는 영향을 스마트폰 친숙도가 조절하는지에 대해 분석을 진행했습니다. 그에 따라 출력 결과 4개가 나온 것을 확인할 수 있습니다. 하나씩 해석해보겠습니다.

첫 번째는 품질이 전반적 만족도를 매개하여 재구매의도에 미치는 영향을 스마트폰 친숙도가 조절하는지를 검증한 결과입니다. 신뢰구간의 하한 값이 −.0160, 상한 값이 .0148으로 나타났습니다. 즉 신뢰구간 범위 안에 0을 포함하였으므로, 품질이 전반적 만족도를 매개하여 재구매의도에 미치는 영향에 대한 스마트폰 친숙도의 조절효과는 통계적으로 유의하지 않았습니다. 따라서 품질이 전반적 만족도를 매개하여 재구매의도에 영향을 미칠 때, 스마트폰 친숙도의 조절효과는 없다고 해석할 수 있습니다.

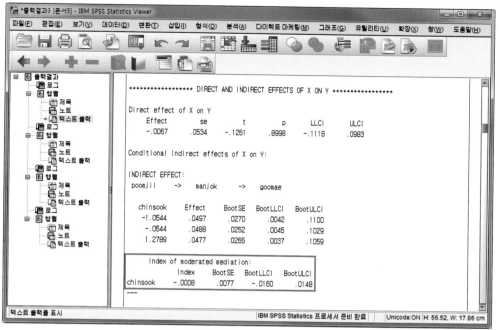

그림 5-32 | SPSS 프로세스 매크로를 활용한 조절된 매개효과 검증(모형 2) 출력 결과 : 품질 변수 관련

두 번째는 이용편리성이 전반적 만족도를 매개하여 재구매의도에 미치는 영향을 스마트폰 친숙도가 조절하는지를 검증한 결과입니다. 신뢰구간의 하한 값이 −.0202, 상한 값이 .0182로 나타났습니다. 즉 신뢰구간 범위 안에 0을 포함하였으므로, 이용편리성이 전반적 만족도를 매개하여 재구매의도에 미치는 영향에 대한 스마트폰 친숙도의 조절효과는 없다고 해석할 수 있습니다.

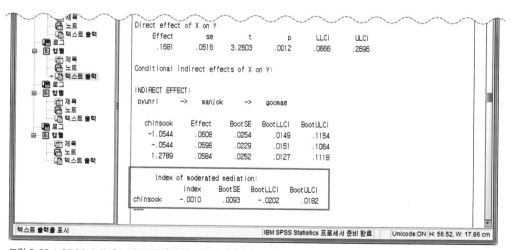

그림 5-33 | SPSS 프로세스 매크로를 활용한 조절된 매개효과 검증(모형 2) 출력 결과 : 이용편리성 변수 관련

세 번째는 디자인이 전반적 만족도를 매개하여 재구매의도에 미치는 영향을 스마트폰 친숙도가 조절하는지를 검증한 결과입니다. 신뢰구간의 하한 값이 −.0312, 상한 값이 .0233으로 나타났습니다. 즉 신뢰구간 범위 안에 0을 포함하였으므로, 디자인이 전반적 만족도를 매개하여 재구매의도에 미치는 영향에 대한 스마트폰 친숙도의 조절효과 역시 통계적으로 유의하지 않았다고 해석할 수 있습니다.

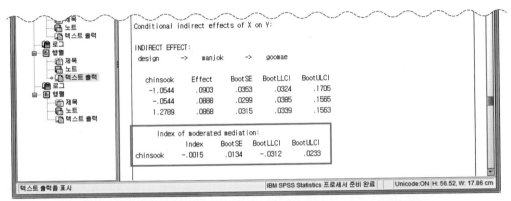

그림 5-34 | SPSS 프로세스 매크로를 활용한 조절된 매개효과 검증(모형 2) 출력 결과 : 디자인 변수 관련

네 번째는 부가기능이 전반적 만족도를 매개하여 재구매의도에 미치는 영향을 스마트폰 친숙도가 조절하는지를 검증한 결과입니다. 신뢰구간의 하한 값이 −.0185, 상한 값이 .0154로 나타났습니다. 즉 신뢰구간 범위 안에 0을 포함하였으므로, 부가기능이 전반적 만족도를 매개하여 재구매의도에 미치는 영향에 대한 스마트폰 친숙도의 조절효과는 유의하지 못한 것으로 검증되었습니다.

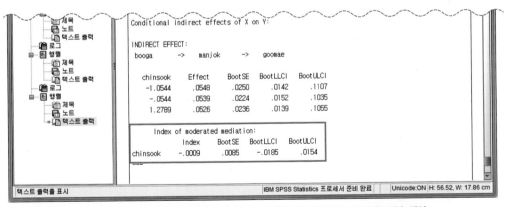

그림 5-35 | SPSS 프로세스 매크로를 활용한 조절된 매개효과 검증(모형 2) 출력 결과 : 부가기능 변수 관련

아무도 가르쳐주지 않는 Tip

조절된 매개효과와 매개된 조절효과는 어떻게 구분할까요?

조절된 매개효과와 매개된 조절효과를 구분하려면 매개변수를 배제했을 때 독립변수가 종속변수에 미치는 영향에 있어서 조절변수가 조절 역할을 하는지에 대해 검증해야 합니다. 조절변수가 앞에 있으면 조절된 매개효과, 조절변수가 뒤에 있으면 매개된 조절효과로 생각하는 이들이 많은데, 이는 잘못된 지식입니다. 독립변수와 종속변수 사이에서 조절변수의 조절효과가 있다면 매개된 조절효과, 독립변수와 종속변수 사이에서 조절변수의 조절효과가 없다면 조절된 매개효과라고 할 수 있습니다.

지금까지 두 가지 모형을 검증한 결과, 유의하게 나온 경로는 첫 번째 모형의 '이용편리성 → 전반적 만족도 → 재구매의도' 경로와 '디자인 → 전반적 만족도 → 재구매의도' 경로입니다. 이 2개의 모형에 대해 조절된 매개효과인지, 매개된 조절효과인지 최종적으로 검증해보겠습니다.

유의한 경로 1. '이용편리성 → 전반적 만족도 → 재구매의도' 모형 검증

먼저 이용편리성이 재구매의도에 영향을 미칠 때, 스마트폰 친숙도의 조절효과에 대해 검증해보겠습니다. 매개변수인 전반적 만족도는 배제하고 분석을 진행합니다.

1 앞서 Section 04의 조절효과 분석을 실습할 때 확인했듯이, Model 1에 우리가 검증하려는 조절효과 모형이 있습니다.

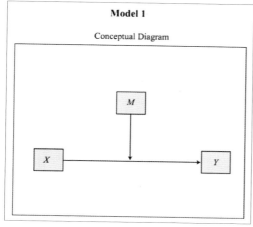

그림 5-36

2 분석 – 회귀분석 – PROCESS를 클릭합니다.

분석(A)	다이렉트 마케팅(M)	그래프(G)	유틸리티(U)	확장(X)	창(W)

보고서(P)	▶				
기술통계량(E)	▶		값	결측값	열
표(B)	▶		없음	없음	8
평균 비교(M)	▶		없음	없음	10
일반선형모형(G)	▶		없음	없음	17
일반화 선형 모형(Z)	▶		없음	없음	11
혼합 모형(X)	▶		없음	없음	14
상관분석(C)	▶		없음	없음	20
회귀분석(R)	▶		🔲 자동 선형 모델링(A)...		
로그선형분석(O)	▶		🔲 선형(L)...		
신경망(W)	▶		🔲 곡선추정(C)...		
분류분석(F)	▶		🔲 편최소제곱(S)...		
차원 축소(D)	▶		PROCESS v3.1 by Andrew F. Hayes		
척도분석(A)	▶				

그림 5-37

3 PROCESS 창에서 ❶ 먼저 'X variable'에 독립변수인 'pyunri'를 옮기고 ❷ 'Covariate(s)'에 나머지 독립변수 3개를 옮겨줍니다. ❸ 조절변수인 'Chinsook'은 'Moderator variable W'로 옮겨주고 ❹ 종속변수인 'goomae'는 'Y variable'에 옮겨줍니다. ❺ 'Model number'는 앞서 1번 모형이 매개효과 모형임을 확인했으므로 '1'로 선택하고 ❻ Options를 클릭합니다.

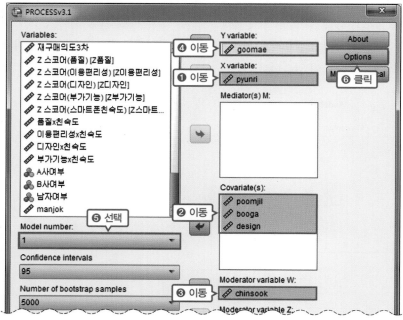

그림 5-38

4 조절효과와 관련된 분석이므로 ❶ 'Mean center for construction of products'를 체크합니다. 최신 버전의 Process macro에서는 'Mean center for construction of products' 항목 중 'All variables that define products'를 선택해 주세요. ❷ 'Probe interactions…'에서 'if p<.05'를 선택한 후 ❸ 계속을 클릭합니다.

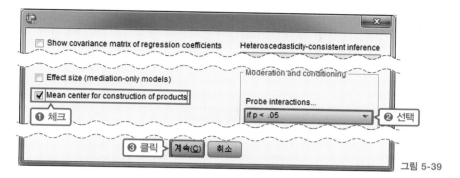

그림 5-39

5 확인을 클릭합니다.

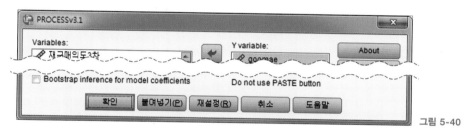

그림 5-40

6 출력 결과를 보면 p값이 .0087입니다. 매개변수 없이도 이용편리성과 재구매의도 사이에서 스마트폰 친숙도의 조절효과가 유의한 것으로 나타났습니다. 따라서 이용편리성의 영향에 대한 검증 결과는 '매개된 조절효과'라고 할 수 있습니다.

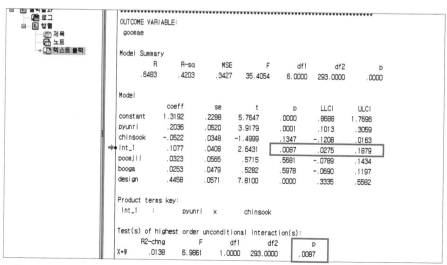

그림 5-41

유의한 경로 2. '디자인 → 전반적 만족도 → 재구매의도' 모형 검증

다음으로 디자인이 재구매의도에 영향을 미칠 때, 스마트폰 친숙도의 조절효과에 대해 검증 해보겠습니다. 역시 매개변수인 전반적 만족도는 배제하고 분석을 진행합니다.

7 다시 분석 – 회귀분석 – PROCESS 메뉴에 들어가서 ❶ 'X variable'에 있던 'pyunri'를 'Covariate(s)'로 옮기고 ❷ 'Covariate(s)'에 있던 'design'을 'X variable'로 옮긴 다음 ❸ 확인을 클릭합니다.

그림 5-42

8 출력 결과를 보면 p값이 .2170입니다. 매개변수 없이는 이용편리성과 재구매의도 사이에서 스마트폰 친숙도의 조절효과가 유의하지 않은 것으로 나타났습니다. 따라서 디자인의 영향에 대한 검증 결과는 '조절된 매개효과'라고 할 수 있습니다.

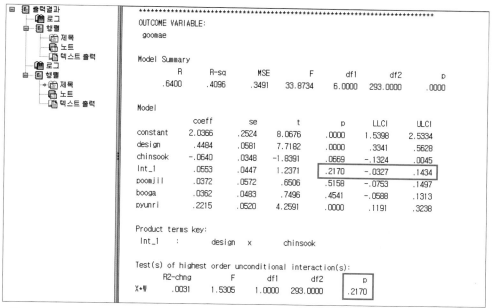

그림 5-43

앞서 검증한 결과를 요약하면 다음과 같습니다.

표 5-1 | 조절된 매개효과 분석 검증 결과 요약표

경로	독립변수와 매개변수 간 조절효과	매개변수와 종속변수 간 조절효과
품질 → 전반적 만족도 → 재구매의도	기각	기각
이용편리성 → 전반적 만족도 → 재구매의도	매개된 조절	기각
디자인 → 전반적 만족도 → 재구매의도	조절된 매개	기각
부가기능 → 전반적 만족도 → 재구매의도	기각	기각

매개변수와 종속변수 간 스마트폰 친숙도의 조절효과가 포함된 모형에서는 유의한 결과가 없습니다. 해석 방법은 두 모형이 동일합니다. 그러므로 독립변수와 매개변수 간 스마트폰 친숙도의 조절효과가 포함된 모형으로 논문 결과 예시와 작성 방법을 정리해보겠습니다.

06 _ 논문 결과표 작성하기

1 프로세스 매크로를 활용한 부트스트랩 검증을 통한 조절된 매개효과 검증 결과표를 작성하겠습니다. 독립변수인 품질, 이용편리성, 디자인, 부가기능에서 매개변수인 전반적 만족도를 거쳐 종속변수인 재구매의도에 이르는 4개의 경로에 대한 *B*, *S.E.*, *LLCI*, *ULCI*로 결과 값 열을 구성하여 아래와 같이 결과표를 작성합니다.

표 5-2

경로	B	S.E.	LLCI	ULCI
품질 → 전반적 만족도 → 재구매의도				
이용편리성 → 전반적 만족도 → 재구매의도				
디자인 → 전반적 만족도 → 재구매의도				
부가기능 → 전반적 만족도 → 재구매의도				

2 [그림 5-19]~[그림 5-22]에 제시된 4개의 경로에 대한 프로세스 매크로의 조절된 매개효과 결과 값을 한글에 만들어놓은 결과표에 그대로 옮깁니다.

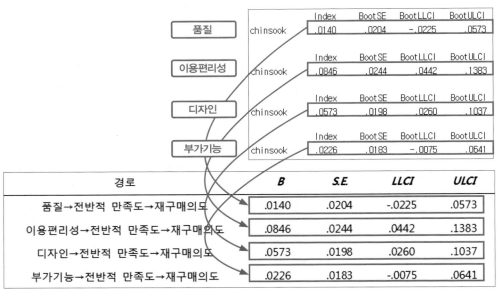

그림 5-44

07 _ 논문 결과표 해석하기

프로세스 매크로에 의한 매개효과 검증 결과표에 대한 해석은 다음 2단계로 작성합니다.

❶ 분석 내용과 분석법 설명
"앞서 품질, 이용편리성, 디자인, 부가기능은 전반적 만족도를 매개하여 재구매의도에 간접적으로 영향을 미치는 것으로 나타났다. 이러한 간접효과를 스마트폰 친숙도가 조절하는지 검증하기 위해 SPSS PROCESS Macro를 활용한 부트스트랩 검증을 통한 조절된 매개효과 검증을 실시하였다."

❷ Process Macro 결과 설명
4개의 경로별로 Process Macro 결과 값의 신뢰구간 안에 0을 포함하지 않으면 조절된 매개효과가 유의한 것으로, 0을 포함하면 조절된 매개효과가 유의하지 않은 것으로 설명합니다.
조절된 매개효과가 유의한 경우, 회귀계수가 양(+)이면 정(+)적인 매개된 조절효과, 회귀계수가 음(−)이면 부(−)적인 매개된 조절효과로 설명합니다.

위의 2단계에 맞춰 앞에서 실습한 출력 결과 값을 작성하면 다음과 같습니다.

❶ 앞서 품질, 이용편리성, 디자인, 부가기능은 전반적 만족도를 매개하여 재구매의도에 간접적으로 영향을 미치는 것으로 나타났다. 이러한 간접효과를 스마트폰 친숙도가 조절하는지 검증하기 위해 SPSS PROCESS Macro(프로세스 매크로)를 활용한 부트스트랩 검증을 통한 조절된 매개효과 검증을 실시하였다.

❷ 그 결과 품질이 전반적 만족도를 매개하여 재구매의도에 미치는 간접효과에 대한 스마트폰 친숙도의 조절효과 검증 결과, 신뢰구간은 0을 포함하여 스마트폰 친숙도는 품질이 전반적 만족도를 매개하여 재구매의도에 미치는 간접효과를 조절하지 못하는 것으로 검증되었다.

이용편리성이 전반적 만족도를 매개하여 재구매의도에 미치는 간접효과에 대한 스마트폰 친숙도의 조절효과 검증 결과, 신뢰구간은 0을 포함하지 않기 때문에 이용편리성의 영향에 대한 스마트폰 친숙도의 조절효과는 전반적 만족도를 매개하여 재구매의도에 영향을 미치는 것으로 나타났다. 회귀계수는 양(+)의 값을 보이므로 정(+)적인 매개된 조절효과를 보이는 것으로 검증되었고, 이용편리성의 영향에 대한 스마트폰 친숙도의 조절효과는 전반적 만족도를 매개하여 재구매의도에 긍정적인 영향을 미치는 것으로 판단할 수 있다.

디자인이 전반적 만족도를 매개하여 재구매의도에 미치는 간접효과에 대한 스마트폰 친숙도의 조절효과 검증 결과, 신뢰구간은 0을 포함하지 않기 때문에 스마트폰 친숙도는 디자인이 전반적 만족도를 매개하여 재구매의도에 미치는 간접효과를 조절하는 것으로 나타났다. 회귀계수는 양(+)의 값을 보이므로 정(+)적인 조절된 매개효과를 보이는 것으로 검증되었고, 디자인이 전반적 만족도를 매개하여 재구매의도에 미치는 간접효과는 스마트폰 친숙도가 높을수록 높아지는 것으로 판단할 수 있다.

부가기능이 전반적 만족도를 매개하여 재구매의도에 미치는 간접효과에 대한 스마트폰 친숙도의 조절효과 검증 결과, 신뢰구간은 0을 포함하여 스마트폰 친숙도는 부가기능이 전반적 만족도를 매개하여 재구매의도에 미치는 간접효과를 조절하지 못하는 것으로 검증되었다.

〈표〉 스마트폰 친숙도의 조절된 매개효과 결과

경로	B	S.E.	LLCI	ULCI
품질 → 전반적 만족도 → 재구매의도	.0140	.0204	−.0225	.0573
이용편리성 → 전반적 만족도 → 재구매의도	.0846	.0244	.0442	.1383
디자인 → 전반적 만족도 → 재구매의도	.0573	.0198	.0260	.1037
부가기능 → 전반적 만족도 → 재구매의도	.0226	.0183	−.0075	.0641

아무도 가르쳐주지 않는 Tip

❶ '분석 내용과 분석법 설명'의 첫 문장을 보면, "앞서 품질, 이용편리성, 디자인, 부가기능은 전반적 만족도를 매개하여 재구매의도에 간접적으로 영향을 미치는 것으로 나타났다."라고 서술하고 있습니다. 즉, 조절된 매개효과를 검증하려면 먼저 매개효과 검증 결과를 제시한 후에 조절된 매개효과 결과를 제시해야 합니다. 매개효과 검증 결과 없이 바로 조절된 매개효과 검증 내용을 제시하지는 않습니다. 논리적으로도 봐도 우선 매개효과가 있는지 검증한 다음에 매개효과가 유의하다면, 유의한 매개효과를 조절변수가 조절하는지에 대해 검증하는 게 맞습니다.

매개효과에 대한 결과 예시와 작성 방법은 Section 04에서 설명하고 있으니, 참고하기 바랍니다.

고급 통계

기타 고급 분석과
구조방정식 사전 지식

비모수 통계
: 표본수가 적을 때 범주형 자료에 따른 연속형 자료의 평균 차이 검증

bit.ly/onepass-amos7

PREVIEW
- **비모수 통계** : 표본수가 아주 적을 때, 범주형 자료에 따른 연속형 자료의 평균을 비교하는 검증 방법
- 독립변수 = 범주형 자료, 종속변수 = 연속형 자료

01 _ 기본 개념과 연구 가설 : 비모수 통계

비모수 통계(Nonparametric statistics)란, 표본수가 아주 적을 때 t-검정과 분산분석 (ANOVA)을 대신해서 사용하는 통계 기법입니다. 즉, 표본수가 적을 때 범주형 자료에 따른 연속형 자료의 평균을 비교하는 방법입니다. t-검정과 분산분석은 평균 점수를 바탕으로 진 행하는 분석 방법인데, 표본수가 적은 경우에는 한 표본에 의해서 평균이 크게 변하기 때문 에 평균이 과대평가될 수 있습니다. 따라서 이럴 때는 [그림 6-1]과 같이 평균이 아닌 순위 를 통해 검증하는 방식인 비모수 통계를 실시합니다.

> ▷ 표본의 수가 아주 적을 때, t-검정과 분산분석을 대신해 사용하는 통계 기법
>
> 70, 70, 70 , 70, 70, 70, 70, 70, 70, 70, 70, 70, 70, 70, 70, 70, 70, 70, 100 **평균 : 71.5**
> 70, 70, 70, 70, 100 **평균 : 76.0**
>
> **"평균이 아닌 순위를 통해 검증을 하여, 한 표본에 의한 평균의 과대화 방지"**
>
> · **실험군** : 100, 70, 50 / 대조군 : 80, 90, 60
> · 작은 숫자부터 오름차순으로 순위를 매기면, 50(1위), 60(2위), 70(3위), 80(4위), 90(5위), 100(6위)
> · **실험군** : 6위, 3위, 1위 / 대조군 : 4위, 5위, 2위
> · 순위를 합치면, **실험군** = 6+3+1=10, 대조군 = 4+5+2=11

그림 6-1 | **비모수 통계의 개념**

연구자는 비모수 통계를 진행하기 전에 정규성 검정을 실시해야 합니다. 정규성 검정은 데이터가 [그림 6-2]에 있는 정규분포를 나타내는지 확인하는 작업입니다. 보통 측정하려는 집단의 표본수가 10 미만인 경우에는 정규성 검정을 생략하고 비모수 통계를 진행합니다. 표본수가 10 이상~30 미만인 경우에는 정규성 검정을 실시하며, 표본수가 30 이상인 경우에는 정규분포를 가정하고 t-검정이나 분산분석을 진행합니다.

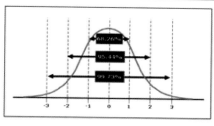

▷ 표본수가 10 미만인 경우 : 비모수 통계

▷ 표본수가 10 이상 30 미만인 경우 : 정규성 검정

▷ 표본수가 30 이상인 경우 : 모수 통계(t-검정, ANOVA)

정규분포란?
· 위 그림과 같이 평균을 중심으로 표본이 많이 몰려있고, 평균에서 벗어날수록 표본수가 적어지는 형태의 분포
· 앞서 진행한 t-검정, ANOVA, 회귀분석 등은 모두 정규분포를 가정하고 진행한 분석
· 하지만 표본수가 적으면, 정규분포를 장담할 수 없기에, 정규성 검정을 실시하고, 정규분포를 따르지 않는다면 비모수 통계를 실시해야 함

그림 6-2 | **정규분포의 개념과 비모수 통계의 관계**

통계를 공부할 때 정규성 검정이나 정규분포라는 용어를 많이 들어봤겠지만, 그 개념을 물어보면 설명하지 못하는 연구자가 많습니다. 간단히 설명하면, 정규분포는 평균을 중심으로 표본이 많이 몰려있고 평균에서 벗어날수록 표본수가 적어지는 형태의 분포를 의미합니다. 정규분포를 그래프로 나타내면 종 모양의 대칭 형태가 되는데, 종 모양이 한쪽으로 크게 치우치거나 위로 크게 솟거나 아래로 많이 찌그러진다면, 이는 정규분포와 거리가 멀다고 할 수 있습니다. 정규성 검정을 통해 자료가 정규분포에 근사한지 판단할 수 있습니다.

 여기서 잠깐!!

표본 집단이 정규성 가정을 만족하거나 데이터가 정규분포에 가까울수록 그 집단이 보편적이고 해당 집단의 특성을 잘 반영하므로 대표성을 띤다고 이야기할 수 있습니다. 집단이 보편적이어야 그 분석 결과가 통계적으로 유의하게 나타났을 때 새로운 실험 방법을 여러 집단에 보편적으로 적용할 가능성이 높아집니다. 즉, 현실이나 정책 반영에 도움이 되는 연구가 될 수 있습니다.

02 _ SPSS 무작정 따라하기 : 정규성 검정과 비모수 통계

준비파일 : Mann-Whitney & Wilcoxon의 부호 순위 검정 실습.sav

그럼 먼저 정규성 검정 실습을 진행해보겠습니다. 이번 실습은 지금까지 사용했던 기본 실습 파일이 아닌 새로운 실습파일을 사용합니다.

1 분석 - 기술통계량 - 데이터 탐색을 클릭합니다.

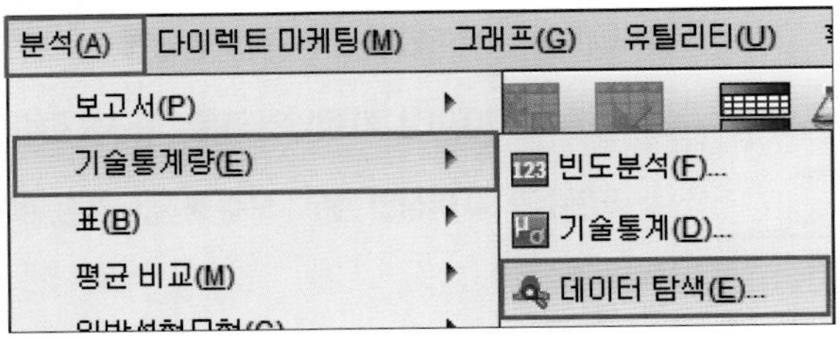

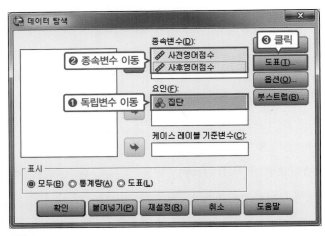

그림 6-3

2 데이터 탐색 창이 열리면 ❶ 독립변수는 '요인'으로 이동하고, ❷ 종속변수는 '종속변수' 로 이동합니다. ❸ 도표를 클릭합니다.

그림 6-4

3 데이터 탐색: 도표 창이 열리면 ❶ '검정과 함께 정규성도표'를 체크하고 ❷ 계속을 클릭합니다.

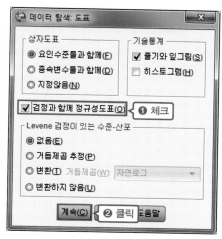

그림 6-5

4 확인을 클릭합니다.

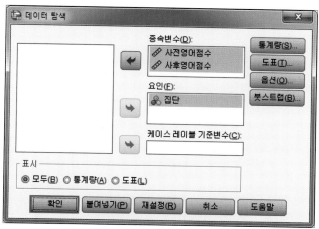

그림 6-6

5 출력결과 창이 열리면 ❶ '정규성 검정'을 클릭하고 ❷ Shapiro-Wilk의 유의확률을 확인합니다.

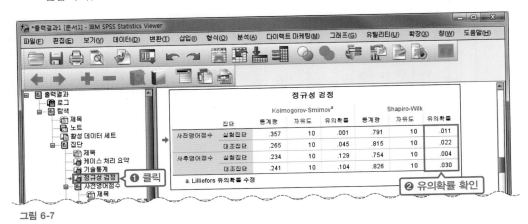

그림 6-7

Shapiro-Wilk의 정규성 검정은 .05보다 크면 정규성 가정을 충족하는 것으로 판단합니다. [그림 6-7]을 확인해보면, 본 데이터는 유의확률이 .05보다 작으므로 정규성 가정을 충족하지 않습니다. 따라서 비모수 통계를 진행하는 것이 적합하다고 할 수 있습니다.

 여기서 잠깐!!

정규성 검정을 하는 또 다른 방법은 왜도와 첨도를 확인하는 것입니다. 이 내용은 〈한번에 통과하는 논문 : SPSS 결과표 작성과 해석 방법〉 책에서 배웠습니다. 물론 비모수 통계는 순위합이기 때문에 그 의미가 다르긴 하지만 복습하는 기분으로 잠시 언급합니다. 히든그레이스 논문통계팀에서 공부할 때는 절댓값 2 미만이면 정규성을 가정한다고 암기하는 편이지만, 정확한 기준은 다음과 같습니다.

왜도와 첨도에 의한 정규분포 기준
왜도와 첨도에 의한 정규분포 기준은 학자마다 조금씩 다릅니다. 보통 West et al.(1995)[1]과 Hong et al.(2003)[2] 연구에서 제시한 왜도와 첨도 기준을 논문에서 가장 많이 활용하고 있습니다. West et al.(1995)의 정규분포 기준은 |왜도| < 3, |첨도| < 8이고, Hong et al.(2003)은 |왜도| < 2, |첨도| < 4입니다. Hong et al.(2003)이 West et al.(1995)보다는 조금 더 타이트하죠? 하지만 자신의 왜도와 첨도 값에 따라 어떤 것을 활용해도 문제없습니다.

1 West, S. G, Finch, J. F., & Curran, P. J. (1995). Structural equation models with nonnormal variables: Problems and remedies, In R. H. Hoyle(Ed), Structural equation modeling: Concepts, issues, and applications, Thounsand Oaks, CA: Sage Publications.
2 Hong S, Malik, M. L., & Lee M. K. (2003). Testing Configural, Metric, Scalar, and Latent Mean Invariance Across Genders in Sociotropy and Autonomy Using a Non-Western Sample, Educ. Psychol. Meas. 63, 636-654.

[그림 6-8]과 같이, 비모수 통계 분석을 진행하려면 분석 – 비모수검정 – 레거시 대화상자 메뉴로 들어가야 합니다. 이 메뉴 안에 2-독립표본, K-독립표본, 2-대응표본, K-대응표본 메뉴가 있습니다. 2-독립표본은 독립표본 t-검정을 대신해서 두 집단 간 평균을 비교하는 비모수 통계 메뉴이고, K-독립표본은 일원배치 분산분석을 대신해서 3개 이상 집단 간 평균을 비교하는 비모수 통계 메뉴입니다. 2-대응표본은 대응표본 t-검정을 대신해서 두 번에 걸쳐 측정된 사전/사후 평균을 비교하는 비모수 통계 메뉴이고, K-대응표본은 반복측정 분산분석을 대신해서 세 번 이상에 걸쳐 반복 측정된 평균을 비교하는 비모수 통계 메뉴입니다.

네 가지 메뉴는 모두 다르지만, 독립변수를 집단으로 옮기고 종속변수를 검정변수에 옮기는 것은 동일합니다. 따라서 네 가지 중 가장 많이 활용되는 2-독립표본과 2-대응표본을 실습해보겠습니다.

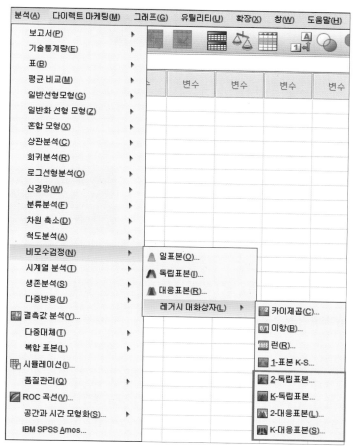

그림 6-8 | 비모수 통계 분석 메뉴

03 _ 기본 개념과 연구 가설 : 독립표본 비모수 검정(Mann-Whitney 검정)

**연구
문제
6-1**

실험집단과 대조집단 학생들의 영어 점수 비교

20명의 학생을 대상으로 영어 교육을 실시한 후, 영어 점수를 테스트하였다. 비교 분석을 위해 집단을 구분하였는데, 10명의 실험집단과 10명의 대조집단으로 구분하였다. 실험집단은 '새로운 영어 교육 방식'으로 교육을 받은 집단, 대조집단은 '기존의 영어 교육 방식'으로 교육을 받은 집단으로 구성하였다. 실험집단과 대조집단의 영어 점수를 비교하여, 실험집단에서 실시한 새로운 영어 교육 방식이 영어 점수 상승에 효과가 있는지 검증해보자.

가설 : (집단)에 따라 (영어 점수)는 유의한 차이가 있다.

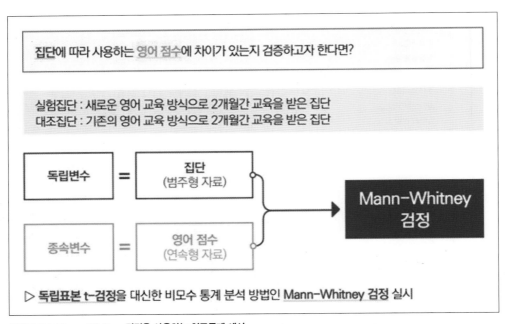

그림 6-9 | **Mann-Whitney검정을 사용하는 연구문제 예시**

두 집단 간 평균 비교이므로 모수 통계라면 독립표본 t-검정을 할 수 있지만, 이번 실습의 경우 표본수가 적고, 앞서 [그림 6-7]의 결과에서 확인했듯이 정규성 검정에서도 정규성 가정을 충족하지 못했기 때문에 비모수 통계를 실시해야 합니다. 독립표본 t-검정을 대신한 비모수 통계 분석 방법은 Mann-Whitney 검정이라고 하며, 2-독립표본 메뉴를 통해 진행할 수 있습니다. 실습을 통해 살펴보겠습니다.

04 _ SPSS 무작정 따라하기 : Mann-Whitney 검정

준비파일 : Mann-Whitney & Wilcoxon의 부호 순위 검정 실습.sav

1 분석 – 비모수검정 – 레거시 대화상자 – 2–독립표본을 클릭합니다.

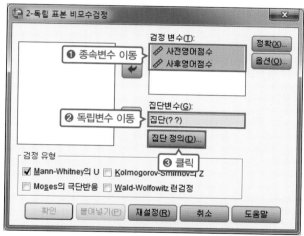

그림 6-10

2 2–독립표본 비모수 검정 창이 열리면 **❶** '사전영어점수'와 '사후영어점수'를 '검정 변수'로 이동하고, **❷** '집단'을 '집단변수'로 이동한 다음 **❸** 집단 정의를 클릭합니다.

여기서 잠깐!!

집단 정의 버튼은 '집단변수' 칸의 '집단(? ?)'을 클릭하지 않으면 활성화되지 않습니다. **집단 정의**가 클릭되지 않는다면 당황하지 말고 '집단(? ?)'을 클릭해보세요.

그림 6-11

3 **❶** '집단 1'에는 '1', **❷** '집단 2'에는 '2'를 입력하고 **❸** 계속을 클릭합니다.

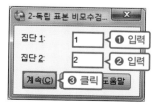

그림 6-12

4 확인을 클릭합니다.

그림 6-13

05 _ 출력 결과 해석하기 : Mann-Whitney 검정

[그림 6-14]의 출력 결과를 보면, 사전영어점수에 대한 실험집단과 대조집단의 평균 차이는 유의하지 않은 것을 확인할 수 있습니다($p=.644$). 즉 집단 간 영어 점수의 사전 동질성은 확보되었다고 할 수 있습니다. 반면에 사후영어점수에 대한 실험집단과 대조집단의 평균 차이는 유의한 것으로 나타났습니다($p<.01$). 결국 사전실험에서는 실험집단과 대조집단 간에 유의한 차이가 없었지만, 사후실험에서는 실험집단의 평균 순위(14.15)가 대조집단의 평균 순위(6.85)보다 높게 나타났으므로, 실험집단에서 시행한 새로 개발한 영어 교육 방법은 영어 점수 개선에 의미 있는 효과가 있는 것으로 해석할 수 있습니다.

Mann-Whitney 검정

순위

	집단	N	평균 순위	순위합
사전영어점수	실험집단	10	11.10	111.00
	대조집단	10	9.90	99.00
	전체	20		
사후영어점수	실험집단	10	14.15	141.50
	대조집단	10	6.85	68.50
	전체	20		

검정 통계량[a]

	사전영어점수	사후영어점수
Mann-Whitney의 U	44.000	13.500
Wilcoxon의 W	99.000	68.500
Z	-.461	-2.771
근사 유의확률(양측)	.644	.006
정확 유의확률[2*(단측 유의확률)]	.684[b]	.004[b]

a. 집단변수: 집단
b. 등순위에 대해 수정된 사항이 없습니다.

그림 6-14 | Mann-Whitney검정 SPSS 출력 결과 : 순위합과 평균순위에 따른 유의확률

아무도 가르쳐주지 않는 Tip

만약 사전조사부터 집단 간에 유의한 차이가 나타난다면?

사전조사에서 집단 간에 유의미한 차이가 나타난다면 실험 설계가 잘못된 것이라 할 수 있습니다. 사전조사를 실시한 다음 사전조사에 대한 확인 없이 바로 실험에 들어가 사후분석을 진행하는 연구자들을 종종 보게 됩니다. 하지만 실험을 진행하기 전에 반드시 사전 집단 동질성 검증을 실시해야 합니다.

만약 사전조사부터 집단 간 동질성에서 차이가 난다면, 집단을 재구성해야 합니다. 사전조사에서 집단 간 차이가 나타난다면, 실험을 해서 집단 간 차이가 나타났다고 하더라도 그 차이가 실험 방법에 따른 차이인지, 집단 구성에 따른 차이인지 알 수 없기 때문입니다. 사전 집단 동질성 검증을 하지 않고 실험을 진행했다가 사전 동질성이 확보되지 않았다는 사실을 실험이 다 끝난 후에 알게 되어 실험을 처음부터 다시 하는 연구자들도 종종 보았습니다. 그러니 반드시 주의해주세요.

06 _ 논문 결과표 작성하기 : Mann-Whitney 검정

1 Mann-Whitney 검정 결과표는 실험집단과 대조집단별 사전 · 사후 영어 점수의 표본수, 평균순위, 순위합, Z, 유의확률 p값으로 열을 구성하여 아래와 같이 작성합니다.

표 6-1

종속변수	집단	표본수	평균순위	순위합	Z	p
사전 영어 점수	실험집단					
	대조집단					
사후 영어 점수	실험집단					
	대조집단					

2 Mann–Whitney 검정 엑셀 결과의 〈순위〉 결과표에서 표본수(N)와 평균 순위, 순위합을 한꺼번에 복사하겠습니다. ❶ 먼저 '사전영어점수'의 '전체'에 해당하는 행의 번호를 클릭하고 ❷ Ctrl+− 단축키로 선택한 행을 삭제합니다. 마우스 오른쪽 버튼을 클릭하여 D 키를 누르거나 삭제 메뉴를 선택해도 됩니다.

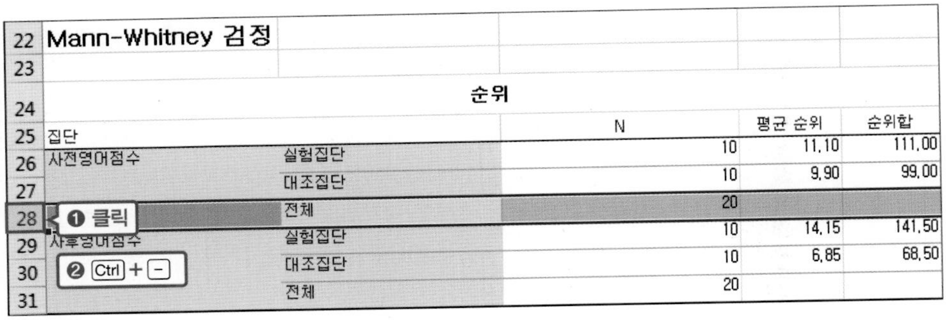

22	Mann-Whitney 검정					
23						
24			순위			
25	집단			N	평균 순위	순위합
26	사전영어점수	실험집단		10	11.10	111.00
27		대조집단		10	9.90	99.00
28	❶ 클릭	전체		20		
29	사후영어점수	실험집단		10	14.15	141.50
30	❷ Ctrl+−	대조집단		10	6.85	68.50
31		전체		20		

그림 6-15

3 실험집단과 대조집단별 사전·사후 영어 점수의 표본수(N), 평균 순위, 순위합의 셀을 선택하여 복사합니다.

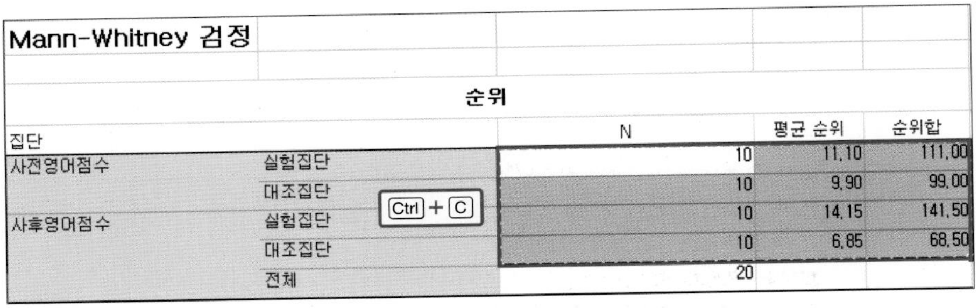

Mann-Whitney 검정					
		순위			
집단			N	평균 순위	순위합
사전영어점수	실험집단		10	11.10	111.00
	대조집단	Ctrl+C	10	9.90	99.00
사후영어점수	실험집단		10	14.15	141.50
	대조집단		10	6.85	68.50
	전체		20		

그림 6-16

4 복사한 결과 값을 한글에 만들어놓은 결과표에 붙여넣기합니다.

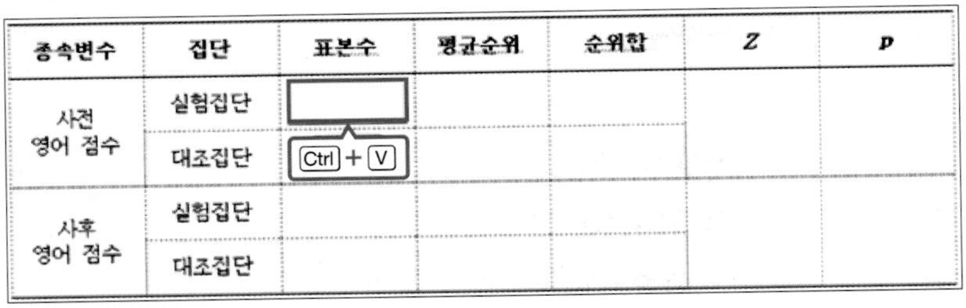

종속변수	집단	표본수	평균순위	순위합	Z	p
사전 영어 점수	실험집단					
	대조집단	Ctrl+V				
사후 영어 점수	실험집단					
	대조집단					

그림 6-17

5 셀 붙이기 창에서 ❶ '내용만 덮어 쓰기'를 클릭하고, ❷ 붙이기를 클릭합니다.

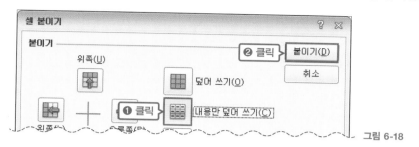

그림 6-18

6 Mann−Whitney 검정 엑셀 결과의 〈검정 통계량〉 결과표에서 Z값을 '0.000' 형태로 동일하게 변경하겠습니다. SPSS 24 이상 버전에서는 자동으로 변경됩니다. ❶ 먼저 사전 · 사후 영어 점수의 Z값을 선택하고, ❷ Ctrl + 1 단축키로 셀 서식 창을 엽니다.

검정 통계량ª

	사전영어점수	사후영어점수
Mann-Whitney의 U	44.000	13.500
Wilcoxon의 W	99.000	68.500
Z	−0.461	−2.771
근사 유의확률(양측)	0.644	0.006
정확 유의확률[2*(단측 유의확률)]	.684ᵇ	.004ᵇ

❶ 선택   ❷ Ctrl + 1

a. 집단변수: 집단

b. 등순위에 대해 수정된 사항이 없습니다.

그림 6-19

7 셀 서식 창에서 ❶ '범주'의 '숫자'를 클릭하고 ❷ '음수'의 '−1234'를 선택한 후 ❸ '소수 자릿수'를 '3'으로 수정합니다. ❹ 확인을 클릭해서 소수점 셋째 자리의 수로 변경합니다.

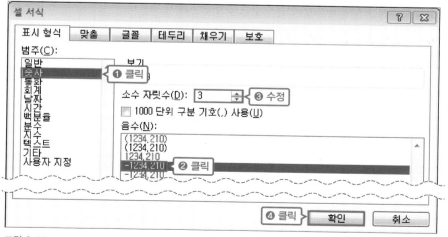

그림 6-20

8 Z값과 유의확률 p값을 한 번에 한글 결과표로 옮기겠습니다. **①** 먼저 〈검정 통계량〉 결과표의 Z값과 유의확률 p값을 복사하고 **②** 빈 셀에서 마우스 오른쪽 버튼을 클릭합니다. **③** 팝업창이 열리면 선택하여 붙여넣기를 클릭합니다.

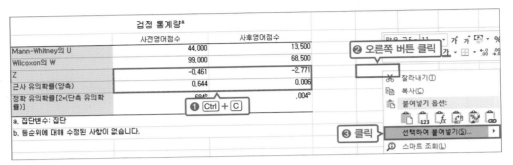

그림 6-21

9 선택하여 붙여넣기 창에서 **①** '행/열 바꿈'에 체크하고 **②** 확인을 클릭합니다.

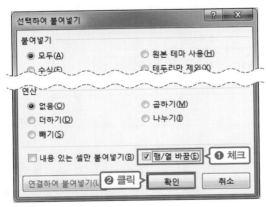

그림 6-22

10 한글 결과표에 맞게 정렬한 Z값과 유의확률 p값을 모두 선택하여 복사합니다.

검정 통계량[a]					
	사전영어점수	사후영어점수			
Mann-Whitney의 U	44,000	13,500			
Wilcoxon의 W	99,000	68,500			
Z	-0,461	-2,771		-0,461	0,644
근사 유의확률(양측)	0,644	0,006		-2,771	0,006
정확 유의확률[2*(단측 유의확률)]	,684[b]	,004[b]			

Ctrl + C

a. 집단변수: 집단
b. 등순위에 대해 수정된 사항이 없습니다.

그림 6-23

11 복사한 결과 값을 한글에 만들어놓은 결과표에 붙여넣기합니다.

종속변수	집단	표본수	평균순위	순위합	Z	p
사전 영어 점수	실험집단	10	11.10	111.00	⎸	
	대조집단	10	9.90	99.00		
사후 영어 점수	실험집단	10	14.15	141.50		
	대조집단	10	6.85	68.50		

그림 6-24

12 셀 붙이기 창에서 ❶ '내용만 덮어 쓰기'를 클릭하고 ❷ 붙이기를 클릭합니다.

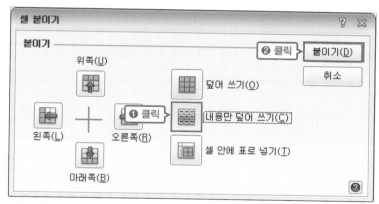

그림 6-25

13 입력한 모든 셀의 글자 모양을 양식에 맞게 변경하면 Mann–Whitney 검정 결과표가 완성됩니다. 유의확률 수준에 따라 Z값에 *표를 위첨자로 달아줍니다(.05 미만은 1개, .01 미만은 2개, .001 미만은 3개). p값은 '.000' 형식으로 1의 자리를 없애줍니다.

표 6-2

종속변수	집단	표본수	평균순위	순위합	Z	p
사전 영어 점수	실험집단	10	11.10	111.00	−0.461	.644
	대조집단	10	9.90	99.00		
사후 영어 점수	실험집단	10	14.15	141.50	−2.771**	.006
	대조집단	10	6.85	68.50		

** $p < .01$

07 _ 논문 결과표 해석하기 : Mann-Whitney 검정

Mann-Whitney 검정 결과표에 대한 해석은 다음 2단계로 작성합니다.

❶ 분석 내용과 분석법 설명
"실험집단과 대조집단(독립변수)의 사전과 사후의 영어 점수(종속변수)에 유의한 차이를 보이는지 검증하고자 Mann-Whitney 검정(분석법)을 실시하였다."

❷ Mann-Whitney 검정 유의성 검증 결과 설명
유의확률(p)이 0.05 미만인지, 이상인지에 따라 유의성 검정 결과를 설명합니다.
1) 유의확률(p)이 0.05 미만으로 유의한 차이가 있을 때는 "종속변수는 집단에 따라 유의한 차이를 보였다 ($p<.05$)."로 적고, 집단별 평균순위를 제시하여 대소집단을 표기해줍니다.
2) 유의확률(p)이 0.05 이상으로 유의하지 않을 때는 "종속변수는 집단에 따라 유의한 차이를 보이지 않았다 ($p>.05$)."로 마무리합니다.

실습 내용과 같은 프로그램의 효과성을 검증하기 위한 사전·사후 검사의 경우, 사전 검사에서는 유의한 차이가 없는 동질성을 확보하고, 사후 검사에서 프로그램을 시행한 실험집단이 대조집단보다 점수가 유의하게 높게 나타나야 프로그램 효과성이 검증됩니다.

위의 2단계에 맞춰 앞에서 실습한 출력 결과 값을 작성하면 다음과 같습니다.

새로운 영어 교육 방법이 영어 점수 개선에 유의한 효과가 있는지 검증하기 위해서 실험집단에서는 새로운 영어 교육을 실시하고, 대조집단에서는 기존 영어 교육을 실시하였으며, 사전과 사후에 걸쳐서 영어점수를 측정하였다.

❶ 사전과 사후의 영어 점수에 유의한 차이를 보이는지 검증하고자 Mann-Whitney 검정을 실시하였고, ❷ 그 결과 사전 영어 점수는 실험집단과 대조집단이 유의한 차이를 보이지 않아 집단 간 사전 동질성이 확보되었다. 반면에 사후 영어 점수는 실험집단과 대조집단이 유의한 차이를 보였으며[3]($Z=-2.771$, $p<.01$)[4], 실험집단의 평균 순위($M=14.15$[5])가 대조집단의 평균 순위($M=6.85$[6])보다 높게 나타나, 실험집단에서 실시한 새로운 영어 교육 방법은 영어 점수 개선에 유의한 효과가 있는 것으로 평가되었다.[7]

---

3 p값이 .05보다 크게 나타났다면, '유의한 차이를 보이지 않았다'라고 표기
4 유의한 차이가 난 경우 Z값과 p값 제시
5 실험집단 평균순위
6 대조집단 평균순위
7 유의한 차이가 없으면 '사후 영어 점수는 실험집단과 대조집단이 유의한 차이를 보이지 않아, 유의한 효과가 없는 것으로 평가되었다'로 변경

〈표〉 실험집단과 대조집단의 영어 점수 비교

종속변수	집단	표본수	평균순위	순위합	Z	p
사전 영어 점수	실험집단	10	11.10	111.00	-0.461	.644
	대조집단	10	9.90	99.00		
사후 영어 점수	실험집단	10	14.15	141.50	-2.771^{**}	.006
	대조집단	10	6.85	68.50		

$^{**} p < .01$

[Mann–Whitney 검정 논문 결과표 완성 예시]
실험집단과 대조집단의 영어 점수 비교

새로운 영어 교육 방법이 영어 점수 개선에 유의한 효과가 있는지 검증하기 위해서 실험집단에서는 새로운 영어 교육을 실시하고, 대조집단에서는 기존 영어 교육을 실시하였으며, 사전과 사후에 걸쳐서 영어점수를 측정하였다.

사전과 사후의 영어 점수에 유의한 차이를 보이는지 검증하고자 Mann–Whitney 검정을 실시하였고, 그 결과 사전 영어 점수는 실험집단과 대조집단이 유의한 차이를 보이지 않아 집단 간 사전 동질성이 확보되었다. 반면에 사후 영어 점수는 실험집단과 대조집단이 유의한 차이를 보였으며($Z=-2.771$, $p<.01$), 실험집단의 평균순위($M=14.15$)가 대조집단의 평균 순위($M=6.85$)보다 높게 나타나, 실험집단에서 실시한 새로운 영어 교육 방법은 영어 점수 개선에 유의한 효과가 있는 것으로 평가되었다.

〈표〉 실험집단과 대조집단의 영어 점수 비교

종속변수	집단	표본수	평균순위	순위합	Z	p
사전 영어 점수	실험집단	10	11.10	111.00	-0.461	.644
	대조집단	10	9.90	99.00		
사후 영어 점수	실험집단	10	14.15	141.50	-2.771^{**}	.006
	대조집단	10	6.85	68.50		

$^{**} p < .01$

08 _ 기본 개념과 연구 가설 : 대응표본 비모수 통계(Wilcoxon 부호순위 검정)

**연구
문제
6-2**

사전과 사후 영어 점수 비교

20명의 학생을 대상으로 영어 교육을 실시한 후, 영어 점수를 테스트하였다. 비교 분석을 위해 집단을 구분하였는데, 10명의 실험집단과 10명의 대조집단으로 구분하였다. 실험집단은 '새로운 영어 교육 방식'으로 교육을 받은 집단, 대조집단은 '기존의 영어 교육 방식'으로 교육을 받은 집단으로 구성하였다. 실험집단에서 실시한 새로운 영어 교육 방식이 실제로 영어 점수 상승에 효과가 있는지 검증해보자.

가설 : 실험집단의 (사전 영어 점수)와 (사후 영어 점수)는 유의한 차이가 있다.

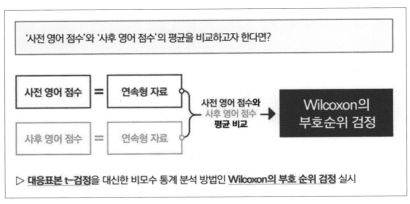

그림 6-26 | Wilcoxon 검정을 사용하는 연구문제 예시

사전/사후의 평균 비교이므로 모수 통계라면 대응표본 t-검정을 할 수 있지만, 이번 실습의 경우 표본수가 적고 앞서 진행한 정규성 검정에서도 정규성 가정을 충족하지 않았기 때문에 비모수 통계를 실시해야 합니다. 대응표본 t-검정을 대신한 비모수 통계분석 방법을 Wilcoxon의 부호순위 검정이라고 하며, 2-대응표본 메뉴를 통해 진행할 수 있습니다. 앞서 진행한 실습파일로 검증해보겠습니다.

09 _ SPSS 무작정 따라하기 : Wilcoxon 부호순위 검정

준비파일 : Mann–Whitney & Wilcoxon의 부호 순위 검정 실습.sav

우선 실험집단만 분석하기 위해 앞서 진행한 케이스 선택을 활용하겠습니다.

1 데이터 – 케이스 선택을 클릭합니다.

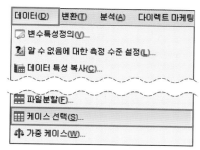

그림 6-27

2 케이스 선택 창이 열리면 ❶ '조건을 만족하는 케이스'를 체크하고 ❷ 조건을 클릭합니다.

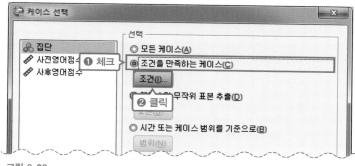

그림 6-28

3 케이스 선택: 조건 창이 열리면 '집단' 변수를 더블클릭합니다.

그림 6-29

4 ❶ 오른쪽 빈칸에 들어간 '집단' 뒤에 '=1'을 입력하여 '집단=1'로 만들고 ❷ 계속을 클릭합니다.

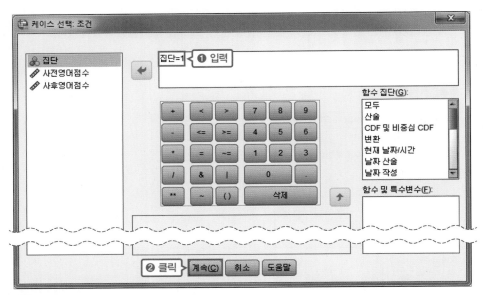

그림 6-30

5 확인을 클릭합니다.

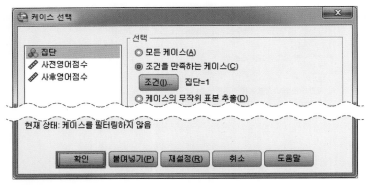

그림 6-31

 여기서 잠깐!!

실험집단이 집단 변수에 1로 입력되었기 때문에, '집단=1'로 조건을 입력하였습니다. 만약 대조집단만 선택하여 분석하고자 한다면, 대조집단은 집단 변수에 2로 입력되었기 때문에, '집단=2'로 조건을 입력하면 됩니다.

6 분석 – 비모수검정 – 레거시 대화상자 – 2-대응표본을 클릭합니다.

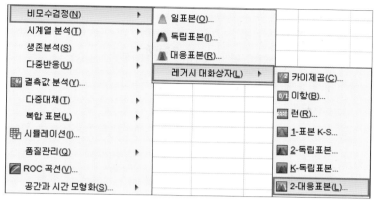

그림 6-32

7 2-대응표본 비모수검정 창이 열리면 ❶ '사전영어점수'와 '사후영어점수'를 오른쪽 '검정 대응' 칸으로 이동하고 ❷ 확인을 클릭합니다.

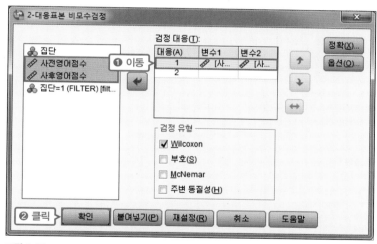

그림 6-33

10 _ 출력 결과 해석하기 : Wilcoxon 부호순위 검정

[그림 6-34]의 출력 결과표를 살펴보겠습니다. 유의확률이 .005로 .05 미만으로 나타나 사전점수와 사후점수는 통계적으로 의미 있는 차이가 있다고 볼 수 있습니다. 순위합을 보면, 양의 순위가 55.0으로 음의 순위보다 높게 나타났습니다. 음의 순위는 '사후영어점수 – 사전영어점수'가 음수(–)인 표본들의 순위를 합친 값이고, 양의 순위는 '사후영어점수 – 사전영어점수'가 양수(+)인 표본들의 순위를 합친 값입니다. 즉 양의 순위가 높으면 사후영어점수가 더 높다고 판단할 수 있고, 음의 순위가 높으면 사전영어점수가 더 높다고 판단할 수 있습니다. 결과적으로 양의 순위의 순위합이 높으므로, 새로운 영어 교육을 진행한 실험집단에서 영어 점수가 유의한 수준으로 개선되었음을 확인할 수 있습니다.

Wilcoxon 부호순위 검정

순위

		N	평균 순위	순위합
사후영어점수 - 사전영어점수	음의 순위	0[a]	.00	.00
	양의 순위	10[b]	5.50	55.00
	등순위	0[c]		
	전체	10		

a. 사후영어점수 < 사전영어점수
b. 사후영어점수 > 사전영어점수
c. 사후영어점수 = 사전영어점수

검정 통계량[a]

	사후영어점수 - 사전영어점수
Z	-2.809[b]
근사 유의확률(양측)	.005

a. Wilcoxon 부호순위 검정
b. 음의 순위를 기준으로.

그림 6-34 | Wilcoxon검정 SPSS 출력 결과 : 실험집단 유의성 검정

같은 방법으로 대조집단의 사전 영어 점수와 사후 영어 점수의 평균 차이를 볼 수도 있습니다. 케이스 선택 조건을 '집단=1' 대신 '집단=2'로 하고, 2-대응표본 비모수검정 메뉴로 들어가 똑같이 진행하면 됩니다.

[그림 6-35]는 대조집단의 출력 결과입니다. 유의확률이 .527로 나타나 유의한 차이를 보이지 않았습니다. 대조집단에서도 음의 순위(10.50)보다 양의 순위(17.50)가 높기는 하지만 그 차이가 크지 않습니다. 따라서 실험집단과 달리 통계적으로 의미 있는 차이는 없다고 해석할 수 있습니다.

Wilcoxon 부호순위 검정

순위

		N	평균 순위	순위합
사후영어점수 - 사전영어점수	음의 순위	2[a]	5.25	10.50
	양의 순위	5[b]	3.50	17.50
	등순위	3[c]		
	전체	10		

a. 사후영어점수 < 사전영어점수
b. 사후영어점수 > 사전영어점수
c. 사후영어점수 = 사전영어점수

검정 통계량[a]

	사후영어점수 - 사전영어점수
Z	-.632[b]
근사 유의확률(양측)	.527

a. Wilcoxon 부호순위 검정
b. 음의 순위를 기준으로.

그림 6-35 | Wilcoxon검정 SPSS 출력 결과 : 대조집단 유의성 검정

11 _ 논문 결과표 작성하기 : Wilcoxon 부호순위 검정

1 Wilcoxon 검정 결과표는 실험집단과 대조집단별 음의 순위와 양의 순위의 표본수, 평균순위, 순위합, Z, 유의확률 p값으로 열을 구성하여 아래와 같이 작성합니다. 표본수에 10명씩 먼저 기입해 넣습니다.

표 6-3

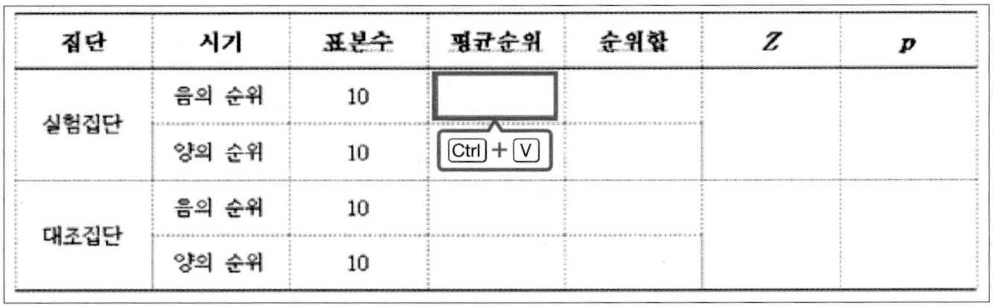

집단	시기	표본수	평균순위	순위합	Z	p
실험집단	음의 순위	10				
	양의 순위	10				
대조집단	음의 순위	10				
	양의 순위	10				

2 먼저 실험집단의 Wilcoxon 부호순위 검정 엑셀 결과의 〈순위〉 결과표에서 음의 순위와 양의 순위의 평균 순위, 순위합 셀을 선택하여 복사합니다.

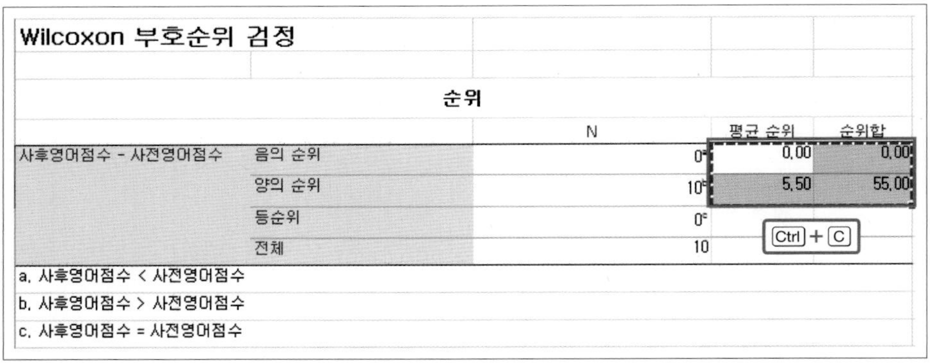

그림 6-36

3 복사한 결과 값을 한글에 만들어놓은 결과표에 붙여넣기합니다.

그림 6-37

4 셀 붙이기 창에서 ❶ '내용만 덮어 쓰기'를 클릭하고 ❷ 붙이기를 클릭합니다.

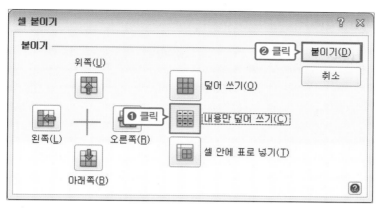

그림 6-38

5 Z값과 유의확률 p값을 한꺼번에 한글 결과표로 옮기겠습니다. ❶ 먼저 〈검정 통계량〉 결과표의 Z값과 유의확률 p값을 복사하고, ❷ 빈 셀에서 마우스 오른쪽 버튼을 클릭합니다. ❸ 팝업창이 열리면 선택하여 붙여넣기를 클릭합니다.

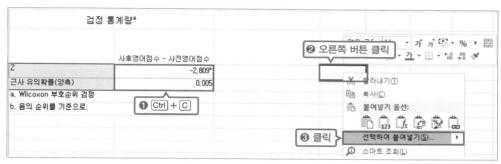

그림 6-39

6 선택하여 붙여넣기 창에서 ❶ '행/열 바꿈'에 체크하고 ❷ 확인을 클릭합니다.

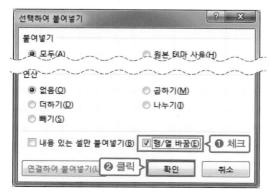

그림 6-40

7 한글 결과표에 맞게 정렬한 Z값과 유의확률 *p*값을 모두 선택하여 복사합니다.

검정 통계량[a]			
	사후영어점수 – 사전영어점수		
Z	-2.809[b]		-2.809[b] 0.005
근사 유의확률(양측)	0.005		Ctrl + C
a. Wilcoxon 부호순위 검정			
b. 음의 순위를 기준으로.			

그림 6-41

8 복사한 결과 값을 한글에 만들어놓은 결과표에 붙여넣기합니다.

집단	시기	표본수	평균순위	순위합	Z	p
실험집단	음의 순위	10	0.00	0.00		
	양의 순위	10	5.50	55.00		
대조집단	음의 순위	10			Ctrl + V	
	양의 순위	10				

그림 6-42

9 다음으로 대조집단의 Wilcoxon 부호순위 검정 엑셀 결과의 〈순위〉 결과표에서 음의 순위와 양의 순위의 평균 순위, 순위합 셀을 선택하여 복사합니다.

Wilcoxon 부호순위 검정

순위				
		N	평균 순위	순위합
사후영어점수 – 사전영어점수	음의 순위	2[a]	5.25	10.50
	양의 순위	5[b]	3.50	17.50
	등순위	3[c]	Ctrl + C	
	전체	10		
a. 사후영어점수 < 사전영어점수				
b. 사후영어점수 > 사전영어점수				
c. 사후영어점수 = 사전영어점수				

그림 6-43

10 복사한 결과 값을 한글에 만들어놓은 결과표에 붙여넣기합니다.

집단	시기	표본수	평균순위	순위합	Z	p
실험집단	음의 순위	10	0.00	0.00	-2.809[a]	0.005
	양의 순위	10	5.50	55.00		
대조집단	음의 순위	10		Ctrl + V		
	양의 순위	10				

그림 6-44

11 셀 붙이기 창에서 ❶ '내용만 덮어 쓰기'를 클릭하고 ❷ 붙이기를 클릭합니다.

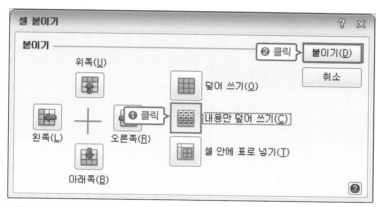

그림 6-45

12 〈검정 통계량〉 결과표에서 Z값 뒤에 붙어있는 위첨자 b를 삭제합니다.

검정 통계량[a]	
	사후영어점수 - 사전영어점수
Z	-.632 [b] 삭제
근사 유의확률(양측)	0.527
a. Wilcoxon 부호순위 검정	
b. 음의 순위를 기준으로.	

그림 6-46

13 Z값과 유의확률 *p*값을 한꺼번에 한글 결과표로 옮기겠습니다. ❶ 먼저 〈검정 통계량〉 결과표의 Z값과 유의확률 *p*값을 복사하고 ❷ 빈 셀에서 마우스 오른쪽 버튼을 클릭합니다. ❸ 팝업창이 열리면 선택하여 붙여넣기를 클릭합니다.

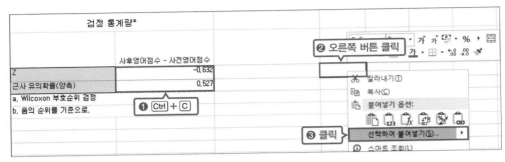

그림 6-47

14 선택하여 붙여넣기 창에서 ❶ '행/열 바꿈'에 체크하고 ❷ 확인을 클릭합니다.

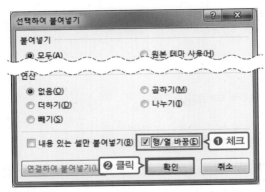

그림 6-48

15 한글 결과표에 맞게 정렬한 Z값과 유의확률 *p*값을 모두 선택하여 복사합니다.

검정 통계량[a]					
	사후영어점수 - 사전영어점수				
Z	-0.632			-0.632	0.527
근사 유의확률(양측)	0.527				
a. Wilcoxon 부호순위 검정					
b. 음의 순위를 기준으로.					

그림 6-49

16 복사한 결과 값을 한글에 만들어놓은 결과표에 붙여넣기합니다.

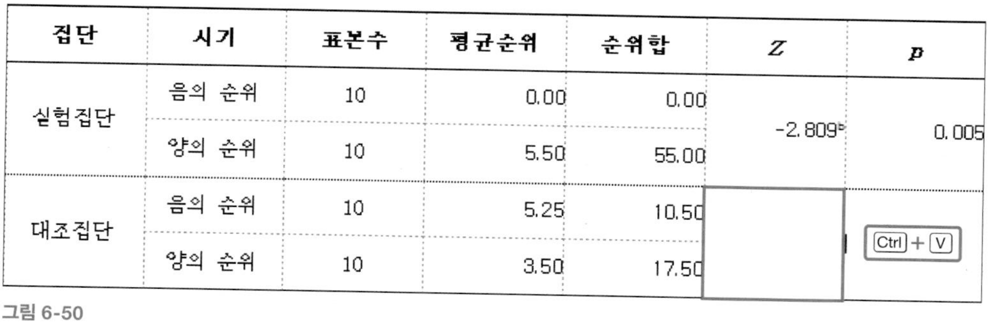

집단	시기	표본수	평균순위	순위합	Z	p
실험집단	음의 순위	10	0.00	0.00	-2.809ᵇ	0.005
	양의 순위	10	5.50	55.00		
대조집단	음의 순위	10	5.25	10.50	Ctrl + V	
	양의 순위	10	3.50	17.50		

그림 6-50

17 입력한 모든 셀의 글자 모양을 양식에 맞게 변경하면 Wilcoxon 검정 결과표가 완성됩니다. 실험집단 Z값 −2.809 뒤에 붙은 위첨자 b는 삭제하고, 유의확률 수준에 따라 Z값에 *표를 위첨자로 달아줍니다(.05 미만은 1개, .01 미만은 2개, .001 미만은 3개).

표 6-4

집단	시기	표본수	평균순위	순위합	Z	p
실험집단	음의 순위	10	0.00	0.00	−2.809**	.005
	양의 순위	10	5.50	55.00		
대조집단	음의 순위	10	5.25	10.50	−0.632	.527
	양의 순위	10	3.50	17.50		

** $p < .01$

12 _ 논문 결과표 해석하기 : Wilcoxon 부호순위 검정

Wilcoxon 검정 결과표에 대한 해석은 다음 2단계로 작성합니다.

> **❶ 분석 내용과 분석법 설명**
> "실험집단과 대조집단(독립변수)의 사전과 사후의 영어 점수(종속변수)에 유의한 차이를 보이는지 검증하고자 Wilcoxon 검정(분석법)을 실시하였다."
>
> **❷ Wilcoxon 검정 유의성 검증 결과 설명**
> 유의확률(p)이 0.05 미만인지, 이상인지에 따라 유의성 검정 결과를 설명합니다.
> 1) 유의확률(p)이 0.05 미만으로 유의한 차이가 있을 때는 "사전·사후 검사 점수가 유의한 차이를 보였다(p <.05),"로 적고, 양의 순위가 더 높으면 사전보다 사후 검사 점수가 더 증가한 것으로 설명합니다.
> 2) 유의확률(p)이 0.05 이상으로 유의하지 않을 때는 "사전·사후 검사 점수가 유의한 차이를 보이지 않았다 (p>.05),"로 마무리합니다.
>
> 실습 내용과 같은 프로그램의 효과성을 검증하기 위한 사전·사후 검사의 경우 대조집단은 사전과 사후 검사의 차이가 나지 않고, 프로그램을 시행한 실험집단은 사후 검사가 사전 검사보다 유의하게 높게 나타나야 프로그램 효과성이 검증됩니다.

위의 2단계에 맞춰 앞에서 실습한 출력 결과 값을 작성하면 다음과 같습니다.

❶ 실험집단과 대조집단의 사전 영어 점수 대비 사후 영어 점수의 변화에 유의한 차이를 보이는지 검증하고자 윌콕슨의 부호순위 검정(Wilcoxon's sign ranked test)을 실시하였다.

❷ 그 결과 대조집단에서는 사전 영어 점수와 사후 영어 점수가 유의한 차이를 보이지 않는 반면, 실험집단에서는 사전 영어 점수와 사후 영어 점수가 유의한 차이를 보였고(Z= −2.809, p<.01)[8], 음의 순위(Sum rank=00.00[9])보다 양의 순위(Sum rank=55.00[10])가 더 높게 나타나, 사전 대비 사후 영어 점수가 증가한 것으로 확인되었다. 즉 실험집단에서 실시한 새로운 영어 교육 방법은 영어 점수 개선에 유의한 효과가 있는 것으로 평가되었다.[11]

---

8 유의한 차이가 있으면 Z값과 p값 제시
9 실험집단 음수 순위 순위합
10 실험집단 양수 순위 순위합
11 유의한 차이가 없으면 '실험집단에서는 사전 영어 점수와 사후 영어 점수가 유의한 차이를 보이지 않아, 실험집단에서 실시한 새로운 영어 교육 방법은 영어 점수 개선에 유의한 효과가 없는 것으로 평가되었다'로 변경

〈표〉 실험집단과 대조집단의 영어 점수 비교

집단	시기	표본수	평균순위	순위합	Z	p
실험집단	음의 순위	10	0.00	0.00	−2.809**	.005
	양의 순위	10	5.50	55.00		
대조집단	음의 순위	10	5.25	10.50	−0.632	.527
	양의 순위	10	3.50	17.50		

** $p < .01$

[Wilcoxon 검정 논문 결과표 완성 예시]

실험집단과 대조집단의 영어 점수 비교

실험집단과 대조집단의 사전 영어 점수 대비 사후 영어 점수의 변화에 유의한 차이를 보이는지 검증하고자 윌콕슨의 부호순위 검정(Wilcoxon's sign ranked test)을 실시하였다. 그 결과 대조집단에서는 사전 영어 점수와 사후 영어 점수가 유의한 차이를 보이지 않는 반면, 실험집단에서는 사전 영어 점수와 사후 영어 점수가 유의한 차이를 보였고($Z=-2.809$, $p<.01$), 음의 순위(Sum rank=00.00)보다 양의 순위(Sum rank=55.00)가 더 높게 나타나, 사전 대비 사후 영어 점수가 증가한 것으로 확인되었다. 즉 실험집단에서 실시한 새로운 영어 교육 방법은 영어 점수 개선에 유의한 효과가 있는 것으로 평가되었다.

〈표〉 실험집단과 대조집단의 영어 점수 비교

집단	시기	표본수	평균순위	순위합	Z	p
실험집단	음의 순위	10	0.00	0.00	−2.809**	.005
	양의 순위	10	5.50	55.00		
대조집단	음의 순위	10	5.25	10.50	−0.632	.527
	양의 순위	10	3.50	17.50		

** $p < .01$

군집분석
: 여러 개의 변수를 토대로,
응답자 집단을 분류하는 분석

가이드라인
동영상

bit.ly/onepass-amos8

PREVIEW
- **군집분석** : 여러 개의 변수를 토대로, 응답자 집단을 분류하는 분석
  (변수의 점수가 유사한 사람들끼리 묶어서 집단을 구성)
- **요인분석과 군집분석의 차이점**
  요인분석 = 비슷한 변수끼리 묶는 분석
  군집분석 = 비슷한 사람끼리 묶는 분석

01 _ 기본 개념과 연구 가설

만약 품질과 디자인 만족도를 토대로 군집분석(cluster analysis)을 진행했는데, [그림 7-1]
과 같이 점들이 찍혔다면 5개 군집으로 분류될 수 있습니다. 그림에서 각 군집을 서로 다른 색
의 원으로 표시했습니다. 빨간색 원은 그래프상 품질과 디자인 모두 높게 평가된 집단, 청록

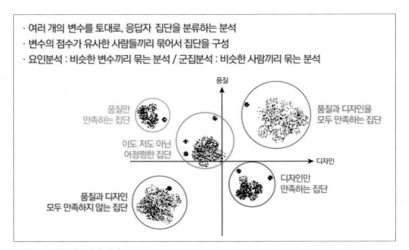

그림 7-1 | 군집분석의 개념

색 원은 그래프상 품질은 낮지만 디자인은 높게 평가된 집단, 주황색 원은 그래프상 품질은 높지만 디자인은 낮게 평가된 집단, 파란색 원은 품질과 디자인 모두 저평가된 집단으로 볼 수 있습니다. 연두색 원은 품질과 디자인이 높지도 낮지도 않은 집단이라고 볼 수 있겠죠. 이와 같이 유사성이 높은 사람들끼리 묶어서 집단을 구성하는 분석을 군집분석이라고 합니다.

연구 문제 7-1

스마트폰 소비자 군집 분류

품질, 이용편리성, 디자인, 부가기능을 바탕으로 스마트폰 소비자 군집을 분류해보자.

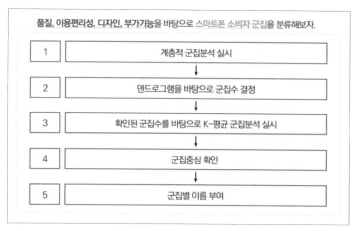

그림 7-2 | **연구문제를 검증하기 위한 군집분석 순서**

[그림 7-2]는 군집분석의 절차를 보여줍니다. 먼저 계층적 군집분석을 실시하여 덴드로그램을 바탕으로 군집수를 결정합니다. 그 다음 확인된 군집수를 바탕으로 K-평균 군집분석을 실시하고, 군집중심 결과를 바탕으로 군집별 이름을 부여하면 됩니다. 아직은 무슨 말인지 모르겠죠? 실습을 진행하면서 익혀보겠습니다.

 여기서 잠깐!!

덴드로그램이란 무엇일까요?

덴드로그램은 일반적으로 건축에서 많이 쓰는 용어입니다. 건축 계획을 할 때, 공간의 인접 정도나 상호관계를 계층적으로 표현하는 방법입니다. SPSS 프로그램에서 군집분석을 진행할 때, [덴드로그램]을 선택하는 항목이 있습니다.

02 _ SPSS 무작정 따라하기

준비파일 : 기본 실습파일_변수계산완료.sav

1 분석 – 기술통계량 – 기술통계를 클릭합니다.

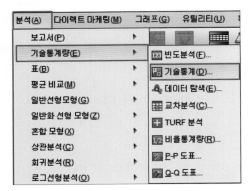

그림 7-3

2 기술통계 창에서 ❶ '변수'에 '품질', '이용편리성', '디자인', '부가기능'을 이동하고 ❷ '표
준화 값을 변수로 저장'에 체크한 다음 ❸ 확인을 클릭합니다.

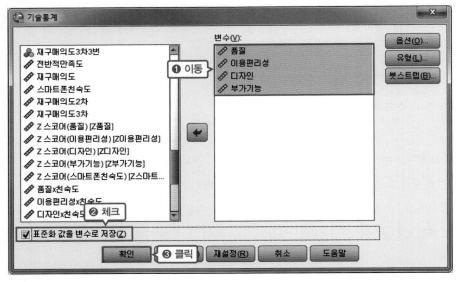

그림 7-4

여기서 잠깐!!

1 . 2 과정은 왜 필요할까요? 변수마다 단위가 다를 수 있기 때문에 단위를 통일하는 작업인 표준화 변환을
실시한 것입니다. 하지만 우리가 진행하고 있는 실습파일은 1~5점 리커트 척도로 단위가 같고, 이미 Z품질, Z이용
편리성 등으로 계산이 되어 있으니 이 변수를 활용하셔도 됩니다.

3 분석 – 분류분석 – 계층적 군집을 클릭합니다.

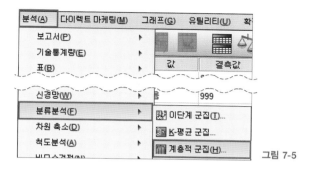

그림 7-5

4 계층적 군집분석 창에서 ❶ '변수'에 표준화 변환한 'Z품질', 'Z이용편리성', 'Z디자인', 'Z부가기능'을 이동하고, ❷ 도표를 클릭합니다.

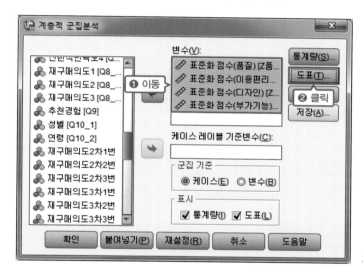

그림 7-6

5 계층적 군집분석: 도표 창에서 ❶ '덴드로그램'에 체크하고 ❷ 계속을 클릭합니다.

그림 7-7

6 계층적 군집분석 창에서 방법을 클릭합니다.

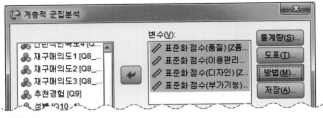

그림 7-8

7 계층적 군집분석: 방법 창에서 ❶ 'Ward의 방법'을 선택하고 ❷ 계속을 클릭합니다.

그림 7-9

8 계층적 군집분석 창에서 확인을 클릭합니다.

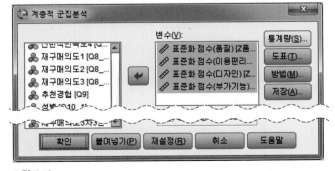

그림 7-10

여기서 잠깐!!

계층적 군집화(Hiarchical Clustering)와 'Ward의 방법'을 선택하는 이유는 무엇일까요?

군집분석을 할 때 SPSS 메뉴에서 **계층적 군집분석**이라는 메뉴를 클릭하는데, 계층적 군집화라는 분석 방법을 쓸 수 있는 메뉴입니다. 이 영역은 통계적인 정의가 많이 들어가는 부분이어서, 논문을 쓰는 데 필요한 개념만 쉽게 언급하고 넘어가겠습니다.

계층적 군집화 분석 방법은 n개의 군집부터 시작하여 점점 집단의 개수를 줄여나가면서 적절하게 집단이 나눠지는 거리를 찾아내는 방법입니다. 마치 탐색적 요인분석에서 설명력이 높은 요인들을 요인 적재값으로 확인하고 구분하는 방법과 비슷하다고 생각하면 됩니다. 다만 한 가지 다른 점이 있습니다. Preview에서도 언급했지만, 요인분석은 비슷한 변수들을 찾아내서 적정 수준의 요인을 구성하는 과정이고, 군집분석은 비슷한 성향의 사람을 찾아내 적절한 집단을 구성하는 과정입니다.

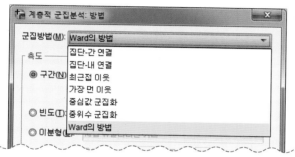

그림 7-11 | 계층적 군집화 분석 방법 메뉴 : Ward의 방법

그렇다면 적절한 집단 간의 거리는 어떻게 구할까요? 그 방법이 우리가 의미도 모르고 선택한 'Ward의 방법'입니다. 군집분석에서 거리를 정의하고 도출하려고 할 때 [그림 7-11]처럼 여러 가지 방법이 있습니다. 집단 간의 최단 거리를 구하는 방법, 집단의 중심을 찾아내서 그 중심점의 거리를 구하는 방법 등이 있죠. 'Ward의 방법'은 두 집단에 있는 모든 사람 간의 값의 거리의 차를 제곱한 평균 정도라고 생각하면 됩니다. 집단 간의 거리에 대한 오차를 최소화하는 방법이어서, 군집 간의 거리를 구해 군집을 구분하는 계층적 군집화에서 많이 사용되는 방법 중 하나입니다. 그래서 히든그레이스 논문통계팀에서도 이 방법을 가장 많이 사용하고 있습니다.

9 출력결과 창에서 ❶ 왼쪽 메뉴 리스트의 덴드로그램을 클릭합니다. ❷ 덴드로그램 위에서
마우스 오른쪽 버튼을 클릭한 다음 ❸ 복사를 클릭합니다.

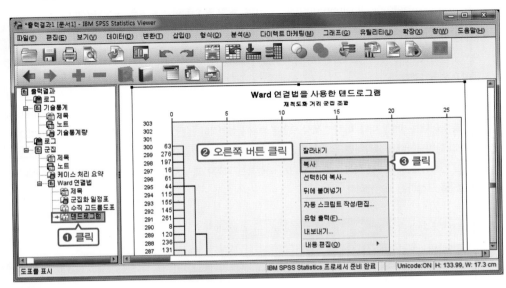

그림 7-12

10 엑셀 프로그램을 열어 셀 안쪽을 클릭한 다음, Ctrl + V 를 누릅니다.

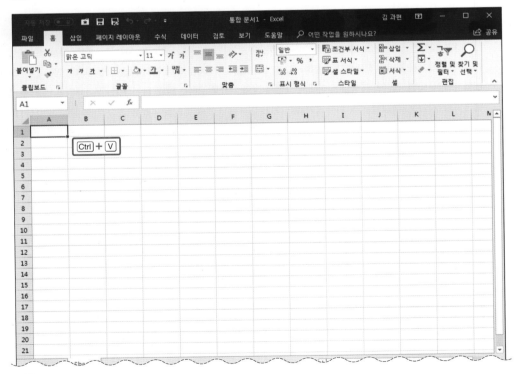

그림 7-13

11 ➊ 복사된 덴드로그램 위에서 마우스 오른쪽 버튼을 클릭한 다음 ➋ 크기 및 속성을 클릭합니다.

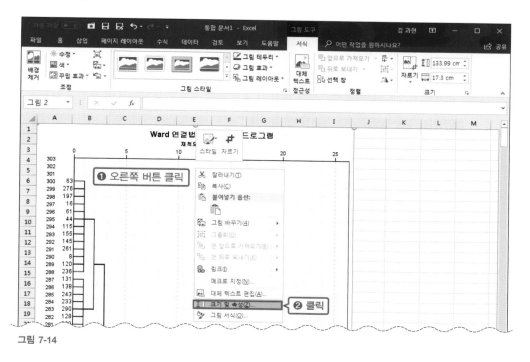

그림 7-14

12 ➊ '가로 세로 비율 고정'을 체크 해제하고 ➋ '높이'를 20cm 정도로 변경한 다음 ➌ ☒ 버튼을 클릭합니다. Office 365 이전 버전 사용자는 닫기를 클릭합니다.

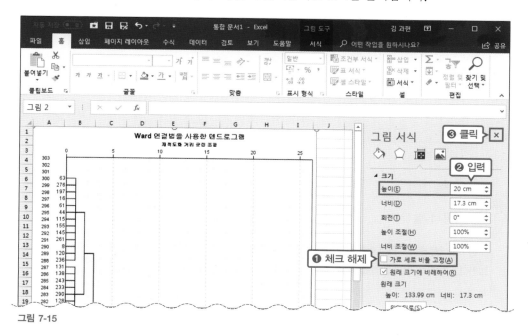

그림 7-15

13 덴드로그램을 확인하여 적절한 군집수를 판단합니다. 오른쪽으로 갈수록 군집 간의 거리가 멀고 군집수가 적습니다. 2군집보다는 3군집의 거리가, 3군집보다는 4군집의 거리가 짧아진 것을 확인할 수 있습니다. 하지만 거리가 짧아진 만큼 분류하는 군집수는 늘어납니다. 5군집 이후부터는 그 거리 차이가 크지 않고 기존 변수 구성과 비슷하여, 연구자들은 대략 3~4군집이 적절하다고 생각합니다. 여기서는 4군집이 적당한 것으로 생각하고 진행하겠습니다.

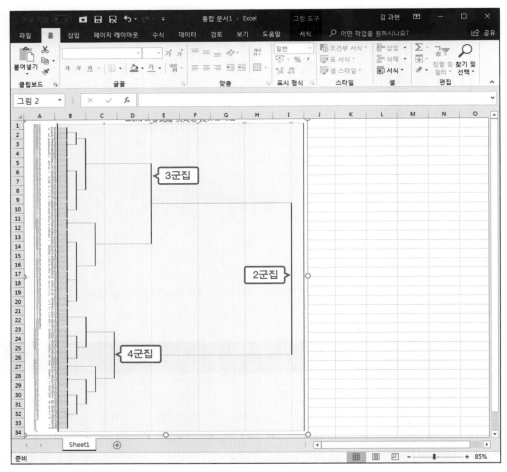

그림 7-16

 여기서 잠깐!!

군집수를 결정할 때 연구자의 주관적인 판단이 많이 들어갑니다. 덴드로그램을 보고 대략 4군집이 적절한 것처럼 보인다고 했지만, 결과에 따라서 연구자의 주관적인 판단 아래 군집수를 변경할 수 있습니다.

14 분석 – 분류분석 – K–평균 군집을 클릭합니다.

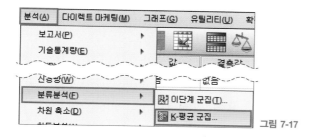

그림 7-17

15 K–평균 군집분석 창에서 ❶ '변수'에 'Z품질', 'Z이용편리성', 'Z디자인', 'Z부가기능'을 이동하고 ❷ '군집 수'를 '4'로 변경한 다음 ❸ 저장을 클릭합니다.

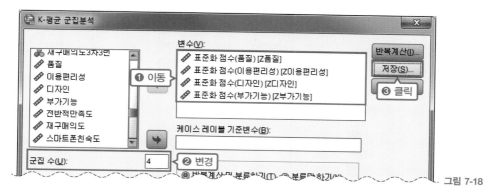

그림 7-18

16 ❶ '소속군집'에 체크하고 ❷ 계속을 클릭합니다.

그림 7-19

17 확인을 클릭합니다.

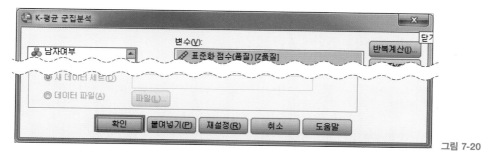

그림 7-20

03 _ 출력 결과 해석하기

[그림 7-21]의 출력 결과에서 〈최종 군집중심〉 결과표를 확인해보면, 군집별, 변수별로 숫자들이 적혀 있습니다. 이는 군집별로 변수들의 평균 점수가 이 정도라는 것을 보여주는 수치라고 할 수 있습니다. 표준화 변환을 실시했기 때문에 0이라면 평균 정도의 수준입니다. 0보다 크다면 평균보다 큰 수준, 0보다 작다면 평균보다 작은 수준이라고 판단할 수 있습니다.

최종 군집중심

	군집			
	1	2	3	4
표준화 점수(품질)	1.39346	-.02031	-.80792	-.25628
표준화 점수(이용편리성)	.74998	-.58422	-.43959	1.10407
표준화 점수(디자인)	1.11098	-.38295	-.63955	.57862
표준화 점수(부가기능)	.83347	.33825	-1.20514	.18874

각 군집의 케이스 수

군집	1	57.000
	2	112.000
	3	79.000
	4	52.000
유효		300.000
결측		.000

그림 7-21 | 군집분석 SPSS 출력 결과 : 4군집일 때의 케이스 수 결과표

군집1의 경우, 4개 변수 모두 대체로 높은 수치를 보여주고 있습니다. 군집2의 경우, 부가기능이 유일하게 양수(+)로 나타났습니다. 부가기능이 다른 변수에 비해 비교적 높은 수치를 보입니다. 군집3의 경우, 4개 변수 모두 음수(-)로 낮게 나타났습니다. 군집4의 경우, 이용편리성과 디자인이 비교적 높은 수치를 보였습니다. 즉 군집1은 '전반적인 만족도가 높은 군집', 군집2는 '부가기능 만족도가 비교적 높은 군집', 군집3은 '전반적인 만족도가 낮은 군집', 군집4는 '이용편리성과 디자인 만족도가 비교적 높은 군집'이라고 명명할 수 있습니다. 각 군집의 이름을 정의할 때는 위와 같이 표현할 수도 있고 다르게 표현할 수도 있습니다. 정답은 없습니다. 연구자의 판단에 따라 알맞게 정의를 내려줍니다.

〈각 군집의 케이스 수〉 결과표는 군집별 인원수를 보여줍니다. '전반적인 만족도가 높은 군집'은 57명, '부가기능 만족도가 비교적 높은 군집'은 112명, '전반적인 만족도가 낮은 군집'은 79명, '이용편리성과 디자인 만족도가 비교적 높은 군집'은 52명이라고 판단할 수 있습니다.

04 _ 논문 결과표 작성하기

1 군집분석의 결과표는 군집분석에 투입된 변수별로 분류된 군집의 열을 구성하여 아래와 같이 작성합니다.

표 7-1

변수	군집1 (n=)	군집2 (n=)	군집3 (n=)	군집4 (n=)
품질 만족도				
이용편리성 만족도				
디자인 만족도				
부가기능 만족도				

2 K−평균 군집분석 엑셀 결과에서 〈최종 군집중심〉 결과표의 평균값을 '0.00' 형태로 동일하게 변경하겠습니다. ❶ 우선 모든 평균값을 선택하고, ❷ Ctrl + 1 단축키로 셀 서식 창을 엽니다.

최종 군집중심

	군집			
	1	2	3	4
표준화 점수(품질)	1,39346	-0,02031	-0,80792	-0,25628
표준화 점수(이용편리성)	0,74998	-0,58422	-0,43959	1,10407
표준화 점수(디자인)	1,11098	-0,38295	-0,63955	0,57862
표준화 점수(부가기능)	0,83347	0,33825	-1,20514	0,18874

❶ 선택   ❷ Ctrl + 1

그림 7-22

3 셀 서식 창에서 ❶ '범주'의 '숫자'를 클릭하고 ❷ '음수'의 '−1234'를 선택한 다음 ❸ '소수 자릿수'를 '2'로 수정합니다. ❹ 확인을 클릭해서 소수점 둘째 자리의 수로 변경합니다.

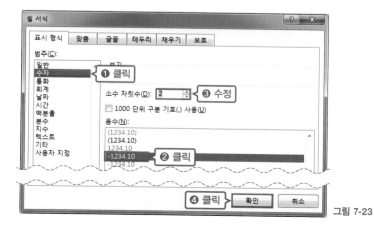

그림 7-23

4 〈최종 군집중심〉 결과표에서 변경한 평균값을 모두 선택하여 복사합니다.

최종 군집중심

	군집 [Ctrl]+[C]			
	1	2	3	4
표준화 점수(품질)	1.39	-0.02	-0.81	-0.26
표준화 점수(이용편리성)	0.75	-0.58	-0.44	1.10
표준화 점수(디자인)	1.11	-0.38	-0.64	0.58
표준화 점수(부가기능)	0.83	0.34	-1.21	0.19

그림 7-24

5 복사한 결과 값을 미리 만들어놓은 한글 파일 결과표에 붙여넣기합니다.

변수	군집1 (n=)	군집2 (n=)	군집3 (n=)	군집4 (n=)
품질 만족도	I			
이용편리성 만족도	[Ctrl]+[V]			
디자인 만족도				
부가기능 만족도				

그림 7-25

6 셀 붙이기 창에서 ❶ '내용만 덮어 쓰기'를 클릭하고 ❷ 붙이기를 클릭합니다.

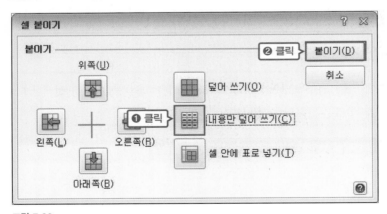

그림 7-26

7 K-평균 군집분석 엑셀 결과에서 〈각 군집의 케이스 수〉 결과표의 군집별 케이스 수를 한 글에 만들어놓은 결과표에 옮겨 적습니다.

각 군집의 케이스 수		
군집	1	57,000
	2	112,000
	3	79,000
	4	52,000
유효		300,000
결측		0,000

그림 7-27

8 입력한 모든 셀의 글자 모양을 양식에 맞게 변경하면 군집분석 결과표가 완성됩니다.

표 7-2

변수	군집1 (n=57)	군집2 (n=112)	군집3 (n=79)	군집4 (n=52)
품질 만족도	1.39	−0.02	−0.81	−0.26
이용편리성 만족도	0.75	−0.58	−0.44	1.10
디자인 만족도	1.11	−0.38	−0.64	0.58
부가기능 만족도	0.83	0.34	−1.21	0.19

05 _ 논문 결과표 해석하기

군집분석 결과표에 대한 해석은 다음 3단계로 작성합니다.

❶ 분석 내용과 분석법 설명
"품질, 이용편리성, 디자인, 부가기능 만족도(투입된 변수)를 바탕으로 스마트폰 소비자의 군집이 어떻게 분류되는지 확인하고자, 군집분석을 실시하였다. 먼저 군집의 개수를 판단하기 위해 계층적 군집분석(분석법1)을 실시하였는데, 그 결과 4개의 군집이 적합한 것으로 판단되었다. 따라서 군집수를 4(군집수)로 하여 K-평균 군집분석(분석법2)을 실시하였다."

❷ 군집 중심 결과 설명
군집별 케이스 수를 기술하고, 군집 중심을 바탕으로 군집별 변수 특성을 설명합니다.

❸ 군집별 정의
군집 중심 결과를 바탕으로 군집별 특성을 정의합니다.

위의 3단계에 맞춰 앞에서 실습한 출력 결과 값을 작성하면 다음과 같습니다.

❶ 품질, 이용편리성, 디자인, 부가기능 만족도[1]를 바탕으로 스마트폰 소비자의 군집이 어떻게 분류되는지 확인하고자, 군집분석을 실시하였다. 먼저 군집의 개수를 판단하기 위해 계층적 군집분석(Hierarchical cluster analysis)을 실시하였는데, 그 결과 4개의 군집이 적합한 것으로 판단되었다. 따라서 군집수를 4[2]로 하여 K-평균 군집분석(K-means cluster analysis)을 실시하였다.

❷ 그 결과, 군집1은 57명, 군집2는 112명, 군집3은 79명, 군집4는 52명[3]으로 분류되었다. 한편 군집 중심을 확인한 결과, 군집1은 품질, 이용편리성, 디자인, 부가기능 모두 4개 군집 중에서 가장 높게 나타났고, 군집2는 부가기능이 군집3과 군집4 대비 높게 나타났으며, 군집3은 품질, 이용편리성, 디자인, 부가기능 모두 4개 군집 중에서 가장 낮게 나타났고, 군집4는 이용편리성과 디자인이 군집2와 군집3 대비 높게 나타났다.[4]

❸ 군집 중심 결과를 바탕으로 군집1은 '전반적인 만족도가 높은 군집', 군집2는 '부가기능 만족도가 비교적 높은 군집', 군집3은 '전반적인 만족도가 낮은 군집', 군집4는 '이용편리성과 디자인 만족도가 비교적 높은 군집'으로 명명하였다.[5]

〈표〉 스마트폰 소비자에 대한 군집분석 결과

변수	군집1 (n=57)	군집2 (n=112)	군집3 (n=79)	군집4 (n=52)
품질 만족도	1.39	−0.02	−0.81	−0.26
이용편리성 만족도	0.75	−0.58	−0.44	1.10
디자인 만족도	1.11	−0.38	−0.64	0.58
부가기능 만족도	0.83	0.34	−1.21	0.19

---

1 군집분석에 투입된 변수
2 설정한 군집 수
3 각 군집의 케이스 수
4 군집별로 어떤 변수가 높고 낮은지에 대해 기술
5 이름 짓기에 정답은 없음

[군집분석 논문 결과표 완성 예시]

스마트폰 소비자에 대한 군집분석

품질, 이용편리성, 디자인, 부가기능 만족도를 바탕으로 스마트폰 소비자의 군집이 어떻게 분류되는지 확인하고자, 군집분석을 실시하였다. 먼저 군집의 개수를 판단하기 위해 계층적 군집분석(Hierarchical cluster analysis)을 실시하였는데, 그 결과 4개의 군집이 적합한 것으로 판단되었다. 따라서 군집수를 4로 하여 K-평균 군집분석(K-means cluster analysis)을 실시하였다.

그 결과, 군집1은 57명, 군집2는 112명, 군집3은 79명, 군집4는 52명으로 분류되었다. 한편 군집 중심을 확인한 결과, 군집1은 품질, 이용편리성, 디자인, 부가기능 모두 4개 군집 중에서 가장 높게 나타났고, 군집2는 부가기능이 군집3과 군집4 대비 높게 나타났으며, 군집3은 품질, 이용편리성, 디자인, 부가기능 모두 4개 군집 중에서 가장 낮게 나타났고, 군집4는 이용편리성과 디자인이 군집2와 군집3 대비 높게 나타났다.

군집 중심 결과를 바탕으로 군집1은 '전반적인 만족도가 높은 군집', 군집2는 '부가기능 만족도가 비교적 높은 군집', 군집3은 '전반적인 만족도가 낮은 군집', 군집4는 '이용편리성과 디자인 만족도가 비교적 높은 군집'으로 명명하였다.

〈표〉 스마트폰 소비자에 대한 군집분석 결과

변수	군집1 (n=57)	군집2 (n=112)	군집3 (n=79)	군집4 (n=52)
품질 만족도	1.39	−0.02	−0.81	−0.26
이용편리성 만족도	0.75	−0.58	−0.44	1.10
디자인 만족도	1.11	−0.38	−0.64	0.58
부가기능 만족도	0.83	0.34	−1.21	0.19

SECTION 08

구조방정식을 배우기 전에 알아두어야 할 사전 지식

bit.ly/onepass-amos9

01 _ 구조방정식의 개요

구조방정식 모형(Structural Equation Model; SEM)은 상호 변수들 간의 인과관계와 그 유의성을 검정하는 모형입니다. SPSS에서 진행하는 회귀분석보다 복잡한 변수들 간의 인과관계를 파악하기 위해 주로 활용됩니다. 간단히 얘기하면, 회귀분석과 상관분석, 요인분석의 개념이 한데 결합한 형태가 구조방정식 모형입니다.

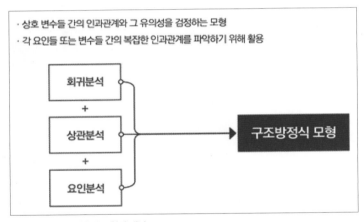

그림 8-1 | 구조방정식 모형의 개념

상호 변수들 간의 인과관계와 그 유의성을 검정하는 분석이라고 하면 회귀분석과 뚜렷한 차이가 없는 것처럼 생각할 수 있습니다. 하지만 실제로 분석을 진행하다보면 많은 차이가 있음을 확인할 수 있습니다. 그 내용은 'Part 02. Amos를 활용한 구조방정식 분석'에서 분석 과정을 실습함으로써 자세히 살펴보겠습니다. 여기에서는 본격적으로 구조방정식을 배우기 전에 알아두어야 할 기본 지식을 살펴보고, Part 01에서 다룬 분석들과 어떤 차이점이 있는지 간단히 정리해보겠습니다.

02 _ 구조방정식의 주요 용어

우선 구조방정식에서 가장 흔히 활용하는 용어에 대해 전반적으로 훑어보겠습니다.

관측변수 (측정변수)	실제로 설문이나 실험에 의해 측정된 변수
잠재변수	실제로 측정되지 않은 개념상의 변수
오차	구조방정식모형에서 잠재변수로 나타낼 수 없는 부분을 의미
직접효과	한 변수가 다른 변수에 직접적으로 영향을 미치는 효과
간접효과	영향을 받는 변수가 1개 이상의 매개변수를 통해서 영향을 미치는 효과
총효과	직접효과 + 간접효과

그림 8-2 | 구조방정식에서 사용하는 주요 용어

관측변수란 실제로 설문이나 실험에 의해 측정된 변수를 의미합니다. 즉 SPSS 데이터에 실제로 입력된 변수입니다. 예를 들어 스마트폰 품질에 대해 5개 문항으로 측정되었다면, 스마트폰 품질 1번 문항(외관이 튼튼하다.), 2번 문항(오래 쓸 수 있을 것 같다.), 3번 문항(잘 고장 나지 않을 것 같다.), 4번 문항(통화 품질이 좋다.), 5번 문항(품질 문제로 서비스 센터에 자주 방문하지 않는 편이다.) 각각이 관측변수라고 할 수 있습니다.

잠재변수란 실제로 측정되지 않은 개념상의 변수를 의미합니다. 즉 SPSS 데이터에 실제로 입력된 변수는 아닙니다. 예를 들어 스마트폰 품질에 대해 5개 문항으로 측정한다고 했을 때, '스마트폰 품질'이 하나의 변수로 측정되지는 않습니다. '스마트폰 품질'은 5개 문항을 종합한 개념상의 변수입니다.

3. 다음은 스마트폰 품질에 관한 문항입니다. 각 항목별로 해당되는 곳에 V표를 해주시기 바랍니다.

잠재변수 　　　항목	전혀 그렇지 않다	별로 그렇지 않다	보통 이다	대체로 그렇다	매우 그렇다
3-1	외관이 튼튼하다.	①	②	③	④	⑤
3-2	오래 쓸 수 있을 것 같다.	①	②	③	④	⑤
3-3	잘 고장 나지 않을 것 같다.	①	②	③	④	⑤
3-4	통화 품질이 좋다.	①	②	③	④	⑤
3-5	품질 문제로 서비스 센터에 자주 방문하지 않는 편이다.	①	②	③	④	⑤

관측변수

그림 8-3 | 관측변수와 잠재변수의 예

오차는 연구모형에서 잠재변수로 나타내거나 설명할 수 없는 부분을 의미합니다. 그래서 구조방정식 모형에서는 잠재변수를 구성하는 관측변수마다 오차항이 따라 붙습니다. 직접효과는 한 변수가 다른 변수에 직접적으로 영향을 미치는 효과이고, 간접효과는 영향을 받는 변수가 매개변수를 통해서 영향을 미치는 효과를 의미합니다. 그리고 직접효과와 간접효과를 합친 것을 총효과라고 명명합니다. 구조방정식 모형에서는 이 효과를 화살표로 표시하고, 한 번에 직접효과와 간접효과, 총효과를 확인할 수 있습니다.

03 _ 구조방정식의 장점

구조방정식의 장점을 살펴보겠습니다. 구조방정식의 장점은 회귀분석과 비교할 때 더욱 두드러진다는 것을 알 수 있습니다.

첫째, 구조방정식에서는 다수의 종속변수와 독립변수들 간의 인과관계나 상관관계를 동시에 볼 수 있습니다. 이 장점은 구조방정식이 회귀분석과 구별되는 가장 큰 차이점이기도 합니다. 회귀분석에서도 변수들 간의 관계를 볼 수는 있었습니다. 그러나 회귀분석은 종속변수를 하나로 고정하고 독립변수들이 하나의 종속변수에 미치는 영향을 검증하는 데 그쳤습니다. 만약 종속변수가 2개라면 회귀분석을 각각 진행해야 하는 번거로움이 따릅니다. 더구나 정확하게 그 영향력을 검증하기가 어려웠습니다. 하지만 구조방정식 모형에서는 여러 개의 종속변수에 독립변수들이 미치는 영향을 한 번에 볼 수 있습니다.

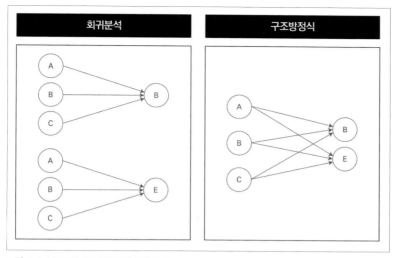

그림 8-4 | 회귀분석과 구조방정식의 차이

둘째, 구조방정식에서는 직접효과 외에 간접효과도 확인할 수 있습니다. 회귀분석에서는 '독립변수가 종속변수에 유의한 영향을 미치는가?'의 여부를 검증하고, 유의한 영향을 미친다면 '독립변수가 종속변수에 정(+)의 영향을 미치는지, 혹은 부(−)의 영향을 미치는지'의 여부를 검증했는데, 이는 직접효과의 유의성과 방향성에 대한 검증이었습니다. 물론 바론과 케니의 위계적 회귀분석(Baron and Kenny's hierarchical regression analysis)을 통해, 매개변수를 통한 간접효과 여부를 파악할 수 있지만, 간접효과의 크기를 정확히 판단할 수는 없었습니다. 하지만 회귀분석을 여러 번 할 필요 없이, 하나의 구조방정식 모형을 활용해서 간접효과의 크기와 유의성을 파악할 수 있습니다. 물론 Section 03~05에서 다룬 SPSS 프로세스 매크로를 사용하면 회귀분석에서도 정확한 간접효과의 크기를 확인할 수 있습니다. 하지만 이 역시 여러 매개변수의 간접효과를 확인할 수 없다는 한계점은 분명히 존재합니다. 결국 여러 변수의 정확한 직접효과와 간접효과를 알려면 구조방정식을 사용해야 합니다. 바로 이 점이 구조방정식이 어려워도 계속 사용되는 이유 중 하나입니다.

셋째, 구조방정식 모형에서는 잠재변수를 사용할 수 있습니다. 예를 들어 스마트폰 품질을 구성하는 문항이 다섯 개라면, 회귀분석에서는 5개 문항 점수의 평균을 내서 스마트폰의 품질 점수를 도출하였습니다. 즉 회귀분석에서는 5개 문항 각각의 점수를 살리지 못하고, 5개 문항의 평균 점수로 분석을 진행했다면, 구조방정식 모형에서는 잠재변수를 활용하여 5개 문항의 분산이 그대로 반영될 수 있습니다. 결국 좀 더 정확한 분석이 가능합니다.

넷째, 구조방정식에서는 동시에 여러 분석이 가능합니다. 회귀분석에서는 독립변수가 매개변수에 미치는 영향, 독립변수가 종속변수에 미치는 영향, 매개변수가 종속변수에 미치는 영향 등을 각각 분석해야 합니다. 하지만 구조방정식 모형에서는 하나의 모형 안에 독립변수와 매개변수, 종속변수를 함께 투입하여, 독립변수, 매개변수, 종속변수 간 영향 관계를 한 번에 검증할 수 있습니다.

구조방정식의 장점을 정리하면 [그림 8-5]와 같습니다.

- · 상관분석, 회귀분석, 요인분석은 1차원적인 인과관계나 상관관계를 보여주지만, **구조방정식에서는 다수의 종속변수와 독립변수들 간의 인과 및 상관관계를 동시에 볼 수 있음**
- · 구조방정식에서는 직접효과 외에 **간접효과도 알 수 있음**
- · **잠재변수를 사용할 수 있음**
- · **동시에 여러 분석이 가능함**

그림 8-5 | **구조방정식의 장점**

결론적으로 구조방정식은 지금까지 살펴본 분석 방법의 한계점을 어느 정도 극복하고, 현상을 좀 더 잘 반영한 분석 방법이라고 할 수 있습니다. 그래서 변수 간의 관계를 '모형'을 통해 표현하게 되는 것입니다. 그렇다면 관측변수와 잠재변수, 오차항 등을 사용하여 변수 간의 간접효과와 직접효과를 확인할 수 있는 모형을 그려보는 것이 중요합니다. 그래서 구조방정식 모형 분석 프로그램인 Amos를 실행할 때 Amos Graphics라는 메뉴를 눌러서 실행합니다. Amos 프로그램 담당자들은 모형을 그리는 것이 구조방정식 모형 분석의 시작이라고 생각한 것 같습니다.

이 장에서는 구조방정식을 실제로 배우기 전에, 구조방정식 모형을 그래프로 그려보는 연습을 하겠습니다. 모형 그림을 그리는 일에 어느 정도 익숙해지면 향후 연구문제와 가설을 적용한 여러 형태의 구조방정식 분석 방법을 배울 때 좀 더 쉽게 이해할 수 있을 것입니다. 히든그레이스 논문통계팀에서도 구조방정식을 교육할 때 이런 순서로 가르쳤기 때문에 좀 더 효율적으로 구조방정식 분석 방법을 익힐 수 있었다고 생각합니다.

04 _ Amos 메뉴 무작정 따라하기

구조방정식 모형 분석을 할 수 있는 프로그램으로 Amos, Lisrel, M−plus, R 등이 있습니다. 최근에는 SPSS에서도 프로세스 매크로를 통해 간단한 구조모형은 검증할 수 있게 되었습니다. 이 중에서 가장 많이 활용되는 프로그램은 Amos 프로그램입니다. Amos 프로그램은 주로 통계분석에 활용되는 SPSS와 잘 연동될 뿐 아니라 모형을 그래픽화하고 복잡한 구조모형 분석을 비교적 쉽게 할 수 있어 초보자들이 사용하기 좋습니다. 따라서 이 책에서는 Amos 프로그램을 통해 구조방정식 모형 분석을 진행하도록 하겠습니다.

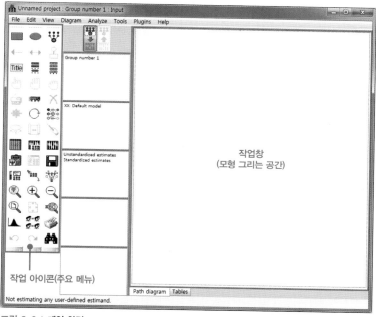

그림 8-6 | 메인 화면

Amos 프로그램을 열면, [그림 8−6]과 같은 화면이 나옵니다. 오른쪽의 흰색 공간은 모형을 그리는 공간이고, 왼쪽에 3열로 구성된 부분은 주로 사용하는 메뉴 공간입니다.

그럼 메뉴에 따른 아이콘 버튼을 하나씩 실행하여 그림 그리는 연습을 해보겠습니다. 구조방정식에서는 그림을 잘 그리는 것이 매우 중요합니다. 모형 그림을 잘 그려야 분석이 제대로 돌아가기 때문입니다.

그림 그리는 공간 방향 및 크기 설정하기

모형의 모양에 따라 모형 그림 그리는 공간이 가로 형태가 돼야 더 편할 때도 있고, 세로 형태가 돼야 더 편할 때도 있습니다. [그림 8-7]과 같은 모형이라면 가로 형태가 더 편하고 [그림 8-8]과 같은 모형이라면 세로 형태가 더 편하겠죠?

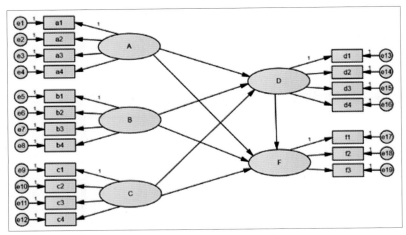

그림 8-7 | 가로 형태의 모형

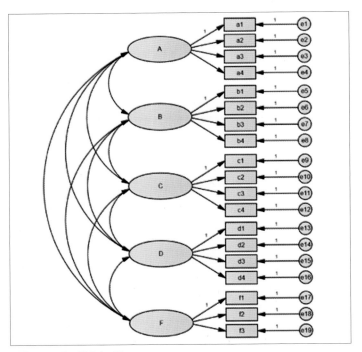

그림 8-8 | 세로 형태의 모형

1 그림 그리는 공간의 방향과 크기는 구조방정식 메뉴에서 View – Interface Properties를 통해 설정해주면 됩니다.

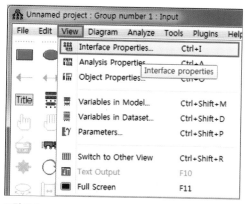

그림 8-9

2 가로 방향으로 설정하려면 Page Layout 탭의 'Paper Size'에서 'Landscape'를 선택합니다. 세로 방향으로 설정하려면 'Paper Size'에서 'Portrait'를 선택합니다. Portrait나 Landscape 옆에 적힌 A4, A5, A6, Legal, Letter는 공간의 크기를 나타냅니다. 보통 A4 크기가 적당합니다. 세로 길이나 가로 길이를 좀 더 길게 하고 싶다면 'Legal'로 설정하면 됩니다.

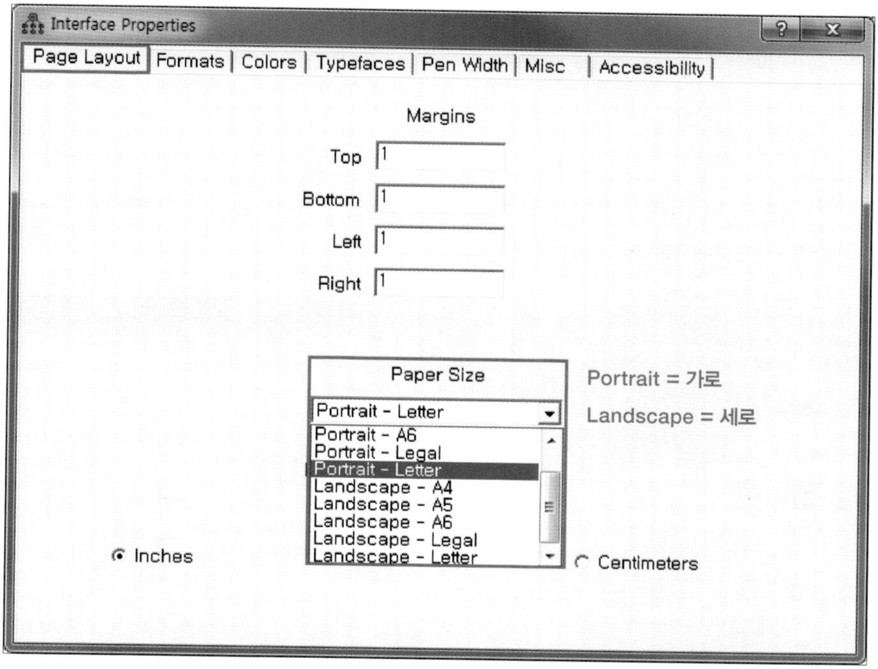

그림 8-10

잠재변수 및 관측변수 그리기

첫 줄의 세 번째 아이콘인 Draw Indicator Variable(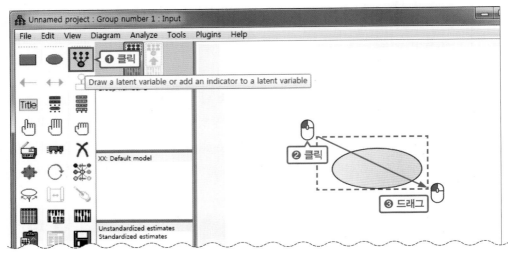) 버튼은 잠재변수와 관측변수를 그림으로 그리는 메뉴입니다.

1 먼저 잠재변수를 그려보겠습니다. ❶ 버튼을 클릭한 다음 ❷ 마우스 커서(↘)를 모형 그림 그리는 공간에 가져다 놓습니다. 마우스 왼쪽 버튼을 클릭한 채로 ❸ 원하는 크기가 될 때까지 오른쪽 아래로 드래그합니다. 마우스 왼쪽 버튼을 놓으면 원이 그려집니다.

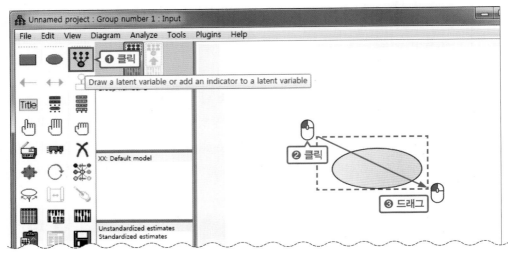

그림 8-11

2 버튼이 파란 테두리로 선택된 상태에서, 원 위에 마우스 커서를 올려놓고 클릭하면, 위쪽에 네모와 원이 추가됩니다.

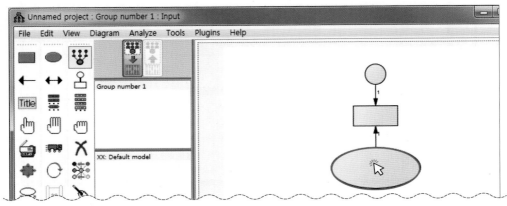

그림 8-12

3 원 위에 마우스 커서를 그대로 둔 채 계속 클릭하면, 클릭한 횟수만큼 위쪽에 네모와 원이 추가됩니다. 만약 원 위에서 네 번 클릭하면 네모가 4개 추가됩니다.

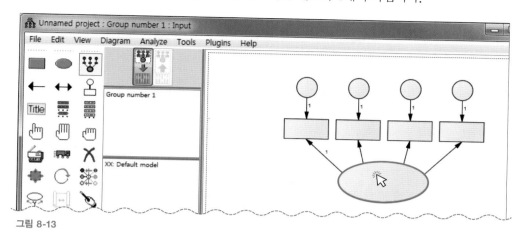

그림 8-13

4 처음에 만들어진 원은 잠재변수를 의미하고, 클릭하면서 추가된 네모는 관측변수를 의미합니다. 그리고 네모 위에 달린 작은 원은 각 관측변수에 따른 오차를 의미합니다.

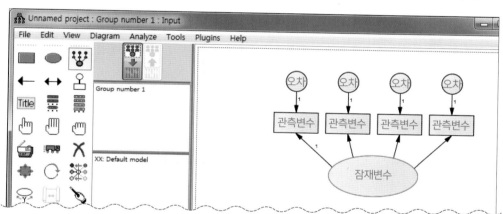

그림 8-14

그린 그림 선택/해제하기

(1) 하나씩 선택하기 : 🖐 버튼

네 번째 줄에는 손 모양의 버튼 3개가 있습니다. 이 손 모양 버튼으로 앞서 그린 그림을 선택하거나 해제할 수 있습니다. 한 손가락 모양은 Select(🖐) 버튼, 손바닥 모양은 Sellect All(🖐) 버튼, 주먹 쥔 모양은 Deselect All(✊) 버튼이라고 합니다.

1 ❶ 먼저 🖐 버튼을 클릭하고 ❷ 네모 하나를 클릭합니다. 클릭한 네모의 테두리가 파란색으로 변합니다. 파란색으로 표시되면 그 네모가 선택되었다는 의미입니다.

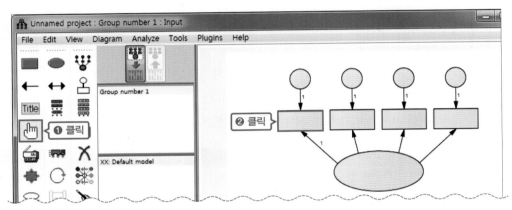

그림 8-15

2 또 다른 네모를 클릭해보세요. 그 네모의 테두리도 파란색으로 변한 것을 확인할 수 있습니다. 이런 식으로 🖐 버튼이 클릭된 상태에서 그림을 하나씩 클릭하여 선택할 수 있습니다.

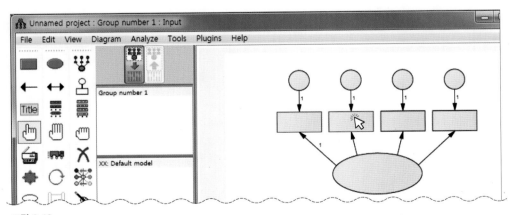

그림 8-16

(2) 전체 선택하기 : 🖐 버튼

🖐 버튼을 클릭하면 모든 그림의 테두리가 파란색으로 변합니다. 즉, 🖐 버튼은 그림 전체를 선택하는 버튼입니다.

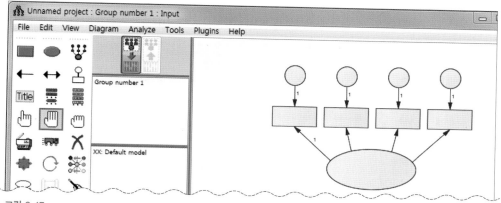

그림 8-17

(3) 전체 선택 해제하기 : 🖐 버튼

🖐 버튼을 클릭하면 모든 그림의 테두리 색이 원래의 검은색으로 바뀝니다. 즉, 🖐 버튼은 그림 전체를 선택 해제하는 버튼입니다.

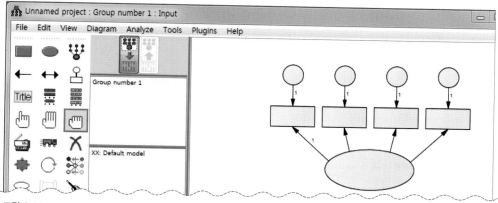

그림 8-18

복사·이동·삭제하기

(1) 복사하기 : 🖐️ 버튼

1 현재 그려놓은 그림 전체를 복사해보겠습니다. ❶ 먼저 🖐️ 버튼을 클릭하고 ❷ 다섯 번째 줄에 있는 복사기 모양의 Duplicate objects(🖨️) 버튼을 클릭합니다.

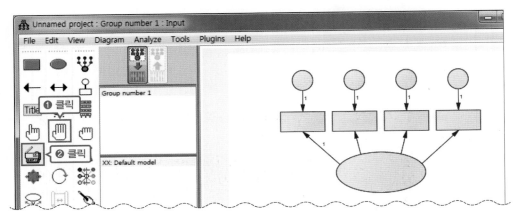

그림 8-19

2 복사하려는 그림 위에 마우스 커서를 올려놓고, 마우스 왼쪽 버튼을 누른 상태에서 아래로 드래그하면 같은 모양의 그림이 복사되는 것을 확인할 수 있습니다.

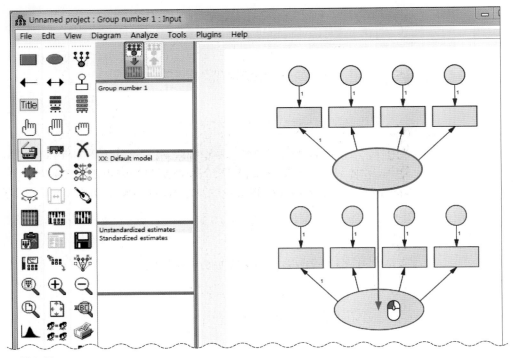

그림 8-20

(2) 이동하기 : 🚚 버튼

🖥 버튼 옆에 있는 자동차 모양의 Move objects(🚚) 버튼을 클릭하면, 그려놓은 도형들을 원하는 위치로 이동시킬 수 있습니다. ❶ 🚚 버튼을 클릭합니다. ❷ 마우스 왼쪽 버튼을 누른 상태에서 그림을 아래로 끌어내리면, 선택된 그림이 아래로 이동합니다. 현재 아래쪽 그림만 선택된 상태이므로 아래쪽 그림만 이동되었습니다.

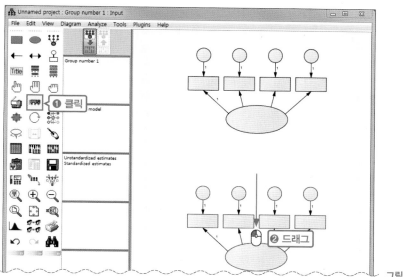

그림 8-21

전체 그림을 이동하고 싶다면 ❶ 🖐 버튼으로 전체를 선택한 상태에서 ❷ 🚚 버튼을 클릭합니다. ❸ 이어서 마우스 드래그를 통해 도형을 움직이면 전체 그림이 이동합니다.

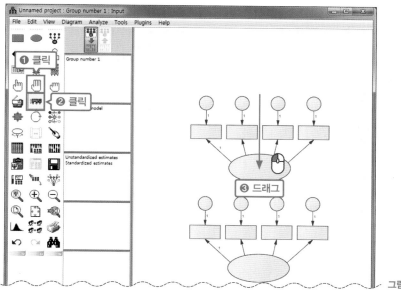

그림 8-22

도형 하나만 선택해서 이동하고 싶을 때는 어떻게 하면 좋을까요? ❶ 우선 [버튼] 버튼을 클릭하여 선택된 것을 모두 해제한 다음 ❷ [버튼] 버튼을 클릭합니다. ❸ 이동을 원하는 도형 하나만 선택한 상태에서 ❹ [버튼] 버튼을 누릅니다. ❺ 선택한 도형을 마우스 왼쪽 버튼을 누른 채 움직이면 선택된 도형 하나만 이동합니다. 그러면 [그림 8-23]의 아래쪽 그림과 같이 선택된 도형 위치가 변경됩니다.

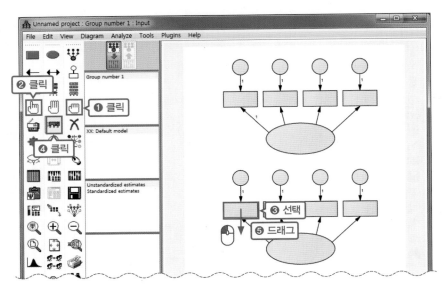

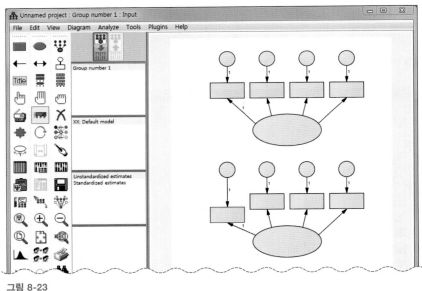

그림 8-23

(3) 삭제하기 : ✗ 버튼

삭제하고 싶은 도형이 있으면 ❶ 🚐 버튼 오른쪽에 있는 Erase objects(✗) 버튼을 클릭합니다. ❷ 오차항을 클릭하면 그 오차항 하나가 삭제됩니다. ❸ 관측변수를 클릭하면 해당 도형이 삭제됩니다. 연결된 화살표는 클릭하지 않아도 해당 도형이 삭제되면 자동으로 삭제됩니다.

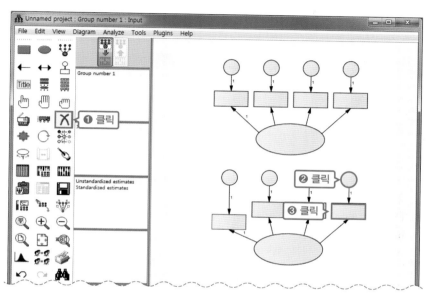

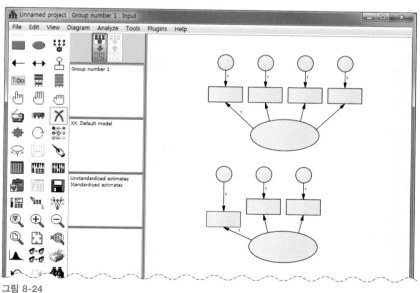

그림 8-24

화살표 그리기, 오차항 넣기

(1) 한 방향 화살표 그리기 : ← 버튼

변수 간의 관계를 설명하는 화살표 그림은 두 번째 줄에 있습니다. ❶ 한 방향 화살표 모양의 Draw paths(←) 버튼을 클릭합니다. ❷ 출발하고자 하는 도형 안에서 마우스 왼쪽 버튼을 클릭한 채로 드래그하여 ❸ 도착하고자 하는 도형 안에서 마우스 버튼을 놓으면 연결하는 화살표가 생긴 것을 확인할 수 있습니다.

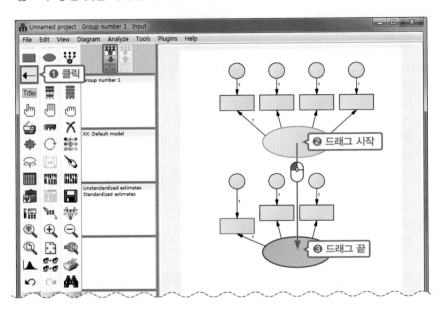

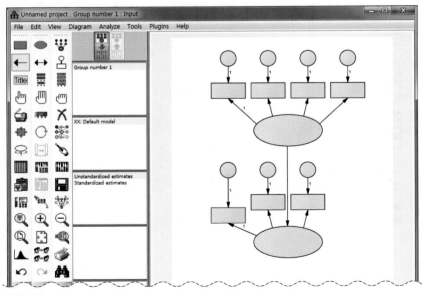

그림 8-25

이번에는 한 방향 화살표를 지우고 양방향 화살표를 그려보겠습니다. X 버튼을 선택하고 방금 그린 화살표를 클릭하면 화살표가 삭제됩니다.

(2) 양방향 화살표 그리기 : ↔ 버튼

← 버튼 옆에 있는 ❶ 양방향 화살표 모양의 Draw covariances(↔) 버튼을 클릭합니다. 한 방향 화살표 그리기와 마찬가지로, ❷ 출발하고자 하는 도형 안에서 마우스 왼쪽 버튼을 클릭한 채로 드래그하여 ❸ 도착하고자 하는 도형 안에서 마우스 버튼을 놓습니다. 그러면 두 도형의 관계를 나타내는 양방향 화살표 모양이 생긴 것을 확인할 수 있습니다.

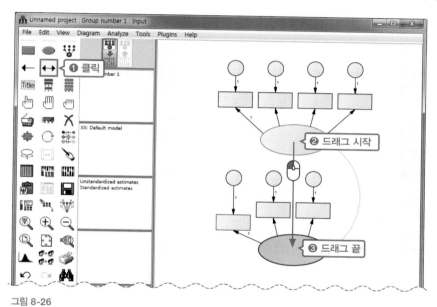

그림 8-26

(3) 오차항 넣기 : 😀 버튼

이번에는 잠재변수에 오차항 넣는 실습을 해보겠습니다. 독립변수가 아닌 잠재변수의 경우에는 오차항을 넣어줘야 합니다. 이 개념과 관련된 내용은 Part 02에서 설명하겠습니다. 여기서는 일단 오차항을 그리는 연습만 진행합니다. X 버튼을 이용해 방금 그린 양방향 화살표를 지웁니다.

1 ↔ 버튼 오른쪽에 있는 버튼이 오차항을 나타내는 Add a unique variable to an existing variable(옴) 버튼입니다. ❶ 옴 버튼을 클릭한 다음 ❷ 잠재변수(타원) 위에 마우스 커서를 놓고 클릭하면 잠재변수에 딸린 오차항이 하나 생긴 것을 확인할 수 있습니다. 하지만 오차항이 다른 그림들과 겹쳐서 조금 복잡해 보입니다.

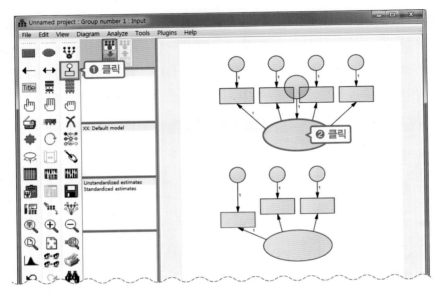

그림 8-27

2 겹쳐 그려진 오차항이 있는 잠재변수를 한 번 더 클릭하면, 오차항이 45도 정도 돌아갑니다.

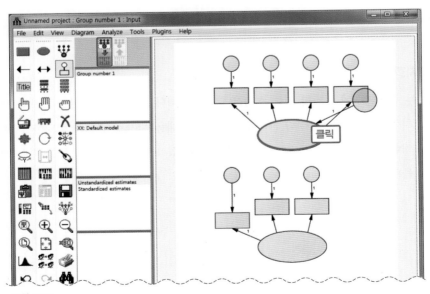

그림 8-28

3 잠재변수를 한 번 더 클릭하면, 오차항이 90도 정도 돌아가면서, 겹치지 않게 배치됩니다. 결국 回 버튼을 선택한 상태에서 오차항이 포함된 잠재변수를 클릭할 때마다 오차항이 약 45도씩 회전하는 것을 확인할 수 있습니다. 오차항이 겹치지 않고 보기 좋게 배치되도록 잠재변수를 클릭하면 됩니다.

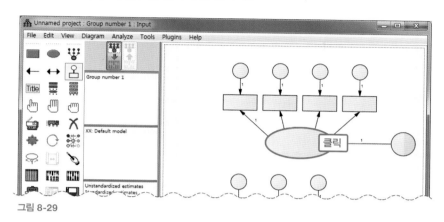

그림 8-29

변수 이름 입력하기

(1) 관측변수 및 잠재변수 이름 입력하기

1 이번에는 모형 안에 변수 이름들을 입력해보겠습니다. ❶ 回 버튼을 클릭하고 ❷ 변수 이름이 들어갈 도형을 더블클릭합니다.

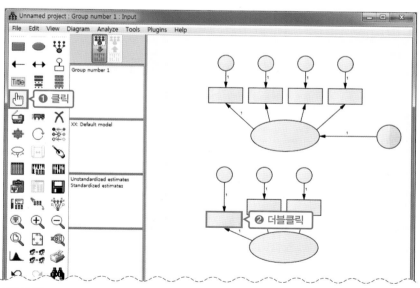

그림 8-30

2 Object Properties 창이 열리면 'Variable name' 칸에 관측변수의 이름을 입력합니다. 여기서는 'b1'이라는 문항이 있다고 가정하고 'b1'을 입력합니다.

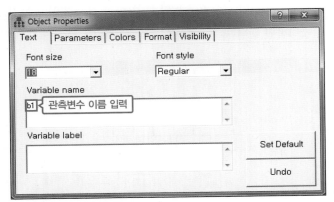

그림 8-31

3 🖑 버튼이 선택된 상태에서 **1** ~ **2** 의 과정을 반복하여, 오차항을 제외한 모든 원과 네모에 변수 이름을 입력합니다.

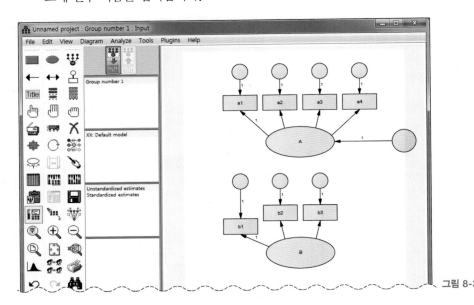

그림 8-32

 여기서 잠깐!!

[그림 8-31]에서 관측변수 이름을 입력한 다음 어떻게 해야 할지 몰라 당황할 수 있는데, 다른 관측변수를 클릭하면 자동으로 방금 입력했던 변수 이름이 입력됩니다. 모든 관측변수에 이름을 입력했다면 창 닫기(⬛ x ⬛) 버튼을 누릅니다. 만약 관측변수 이름을 1개만 입력하고 싶다면, 바로 창 닫기(⬛ x ⬛) 버튼을 누릅니다. 그러면 그 관측변수에만 이름이 입력됩니다. 잠재변수도 동일한 방식으로 진행하면 됩니다.

(2) 오차항 이름 입력하기

이제 오차항 이름을 입력해보겠습니다. 오차항 이름은 e1, e2, e3, e4 등을 순서대로 입력해도 되지만, 단순 작업이므로 한 번에 입력해주는 기능을 사용하면 좋습니다. Plugins − Name Unobserved Variables 메뉴를 클릭하면, 오차항 이름이 e1부터 e8까지 자동으로 삽입됩니다.

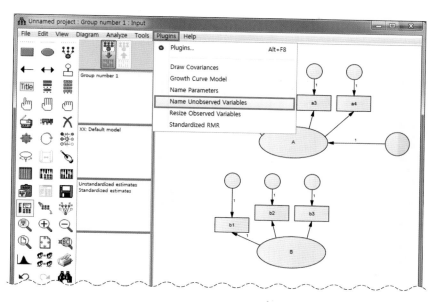

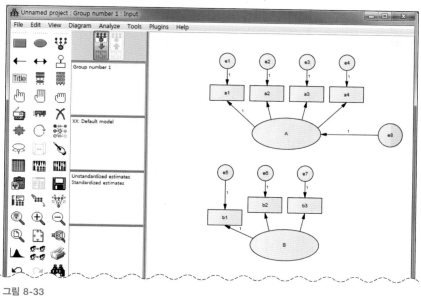

그림 8-33

도형 크기 조절하기, 관측변수 회전시키기

(1) 도형 크기 조절하기 : ⬥ 버튼

도형의 크기를 조절하고 싶다면, Change the shape of objects(⬥) 버튼을 활용하면 됩니다. 도형 안에 변수 이름이 다 들어가지 않거나 시각적으로 보기 안 좋을 때 도형의 크기를 조정할 수 있습니다. 아래쪽 모형 그림에 있는 타원의 크기를 키워보겠습니다. ❶ ⬥ 버튼을 클릭합니다. ❷ 타원 위에 마우스 커서를 올려놓은 채 마우스 왼쪽 버튼을 누르고 드래그하여 크기를 조정합니다.

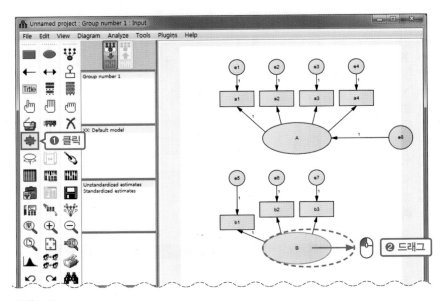

그림 8-34

(2) 관측변수 회전시키기 : ↻ 버튼

잠재변수에 딸린 관측변수를 그리면, 기본적으로 잠재변수 위쪽에 동일한 간격과 높이로 그려집니다. 하지만 연구 가설과 구조모형에 따라 관측변수 도형을 오른쪽이나 왼쪽, 아래로 회전하거나 이동하고 싶을 때가 있습니다. 이럴 때 쓸 수 있는 기능이 관측변수 회전 기능입니다. Rotate the indecators of a latent variable(↻) 버튼을 활용합니다.

1 ❶ 6번째 줄 2열에 있는 🔄 버튼을 클릭합니다. ❷ 회전시킬 관측변수(네모)가 있는 잠재변수(타원) 위에 마우스 커서를 올려놓고 클릭합니다.

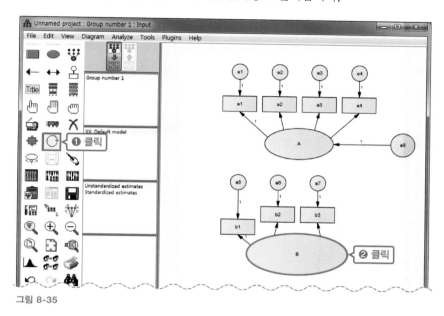

그림 8-35

2 한 번 클릭할 때마다 90도씩 회전합니다. 네 번 클릭하면 원래 모형으로 돌아갑니다.

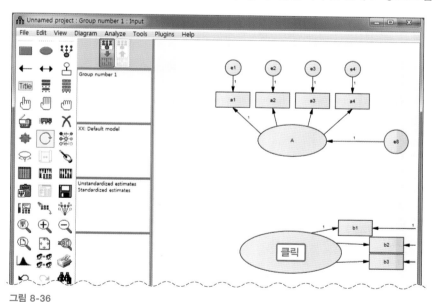

그림 8-36

(3) 탬플릿 크기에 맞게 도형 크기 조절하기 : 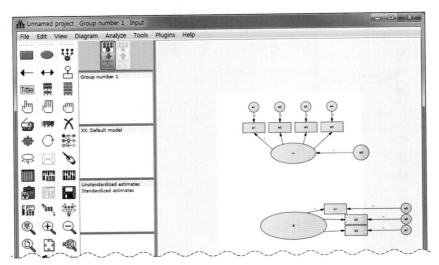... 버튼

앞서 관측변수를 회전시키고 나니, [그림 8-37]처럼 구조모형에 있는 오차항이 페이지(흰색 바탕) 밖으로 벗어났습니다. 물론 페이지 밖으로 벗어나도 분석할 수 있지만, 보기에 좋지 않고 분석을 진행할 때 도형이 보이지 않아 실수할 수도 있습니다. 따라서 페이지 안에 모든 도형이 들어가게끔 도형 크기를 조절해야 합니다. 이때 12번째 줄 2열에 있는 Fit to Page() 버튼을 활용합니다.

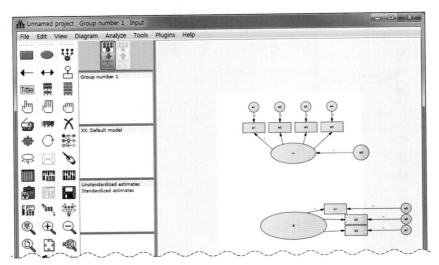

그림 8-37

... 버튼을 클릭하면 그림과 같이 모든 도형이 페이지 안으로 들어갑니다.

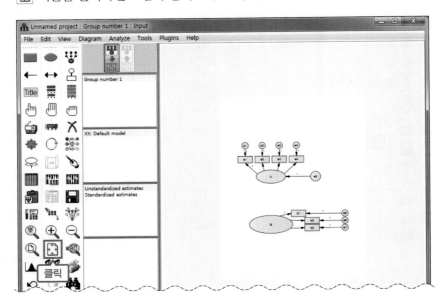

그림 8-38

파일 선택하기, 분석 실행하기

구조모형 그림을 그리는 것만큼 중요한 일은 실제 SPSS 파일을 읽어와 실행하고 그 결과를 보는 것입니다. 궁극적으로는 분석을 진행하기 위해 Amos라는 인터페이스를 사용해 구조모형 작업을 하는 것이기 때문입니다. 따라서 다음과 같은 기능 버튼을 알아두어야 합니다.

- Select Data Files(▥) 버튼 : SPSS 파일을 선택합니다.
- Analysis Properties(▥) 버튼 : 분석을 진행할 때 사용하는 옵션들이 있는 아이콘입니다.
- Calculate Estimates(▥) 버튼 : 분석을 실행합니다.
- Text Output(▥) 버튼 : 분석한 결과를 보여줍니다. [그림 8-39]에서는 아직 활성화되어 있지 않은데, 분석을 실행하면 활성화됩니다.
- Save the current path diagram(💾) 버튼 : 파일을 저장합니다.

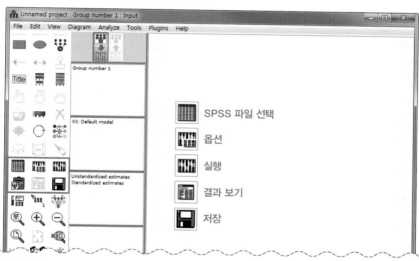

그림 8-39

이 아이콘들은 Part 02에서 실제 연구문제를 통해 분석 방법들을 공부할 때 자세히 설명하겠습니다. Part 02로 넘어가기 전에 이번 Section에서 실습해본 기능들을 복습하길 권합니다. 그러면 Part 02의 각 Section을 공부할 때 많은 도움이 될 것입니다. 이어지는 Part 02에서는 구조방정식을 사용하는 연구문제와 그에 따른 Amos 활용 방법을 자세히 다루겠습니다.

PART
02

CONTENTS

Amos를 활용한 구조방정식 분석

▶ PART 02에서는 먼저 Amos를 다루는 데 필요한 구조방정식모형의 개념과 특성을 알아보고 SPSS를 활용하여 분석 준비 작업을 어떻게 해야 하는지 살펴봅니다. 이어서 연구문제와 가설을 통해 도출된 각각의 연구모형을 구조방정식모형으로 설계하는 방법을 살펴봅니다. 마지막으로 구조모형을 Amos 통계 프로그램을 통해 어떻게 활용하는지 알아봅니다. 더불어 분석 결과가 잘 나오지 않을 때, Amos 통계 프로그램에 오류 메시지가 뜰 경우 어떻게 대처해야 하는지도 설명하겠습니다.

구조방정식모형의 전반적 이해

PREVIEW

- **구조방정식모형이란?**
  - 변수 간의 인과관계를 파악하는 분석
  - 확인적 요인분석(측정모형)과 경로분석(구조모형)으로 구성

- **구조방정식모형 관련 용어**
  - 잠재변수 : 직접적으로 측정되지 않은 이론적 변수
  - 측정변수(관측변수) : 실제로 측정 혹은 관찰되는 변수
  - 오차 : 설명하지 못하는 정도(error)

- **구조방정식모형을 사용하는 이유**
  - 구조방정식모형은 측정오차를 추정할 수 있음
  - 매개모형의 경우 구조방정식모형으로 한 번에 분석할 수 있음
  - 다수의 독립변수와 종속변수를 한 번에 분석할 수 있음

- **구조방정식모형 활용 시, 고려해야 할 사항**
  - 구조방정식모형을 활용할 때는 자신의 연구모형에 대한 이론적 근거(이론, 선행 연구)가 있어야 함
  - 연구모형 설정 시 연구자의 주관이 많이 개입됨

- **구조방정식을 활용한 논문의 진행 방식**
  - 보통 '신뢰도 분석 → 빈도 분석 → 기술통계 분석 → 상관관계 분석 → 측정모형 검증(확인적 요인분석) → 구조모형 검증(경로분석)'의 절차를 거침

01 _ 구조방정식모형의 위치

연구자들 사이에서 구조방정식모형에 대한 관심이 계속 높아지고 있습니다. 회귀분석에서 한 단계 업그레이드된 분석을 원하는 연구자들이 구조방정식모형을 찾는 경우가 많습니다. 그렇다면 구조방정식모형이 회귀분석보다 좋은 분석일까요? 구조방정식모형은 회귀분석과 어떤 관계일까요? 궁극적으로 구조방정식모형은 무엇일까요? 우선 인과관계 분석에서 구조방정식모형의 위치를 가늠해보도록 하겠습니다.

토빗 분석

프로빗 분석

기타 등등

로지스틱 회귀분석

다층모형분석

회귀분석

구조방정식모형

인과관계분석

그림 9-1 | **구조방정식모형의 위치**

[그림 9-1]은 구조방정식모형의 위치를 확인하기 위해 인과관계분석과 관련된 각종 분석들을 제시한 그림입니다. 그렇다면 논문에서 구조방정식모형, 다층모형분석, 토빗 분석 등 생소한 분석을 보더라도 '아. 회귀분석처럼 독립변수가 종속변수에 영향을 주는지 확인하는 분석이구나.'라고 가볍게 생각할 수 있습니다. 해석도 각 분석마다 조금씩 차이가 있지만, '회귀분석처럼 독립변수가 높아질수록(낮아질수록) 종속변수가 높아지는(낮아지는) 것으로 나타났다.'라고 하면 됩니다. 이처럼 구조방정식모형도 결국 회귀분석과 같이 인과관계를 확인하는 분석 중 하나입니다. 실제로 분석 결과에 대한 해석도 회귀분석과 큰 차이가 없습니다.

그러면 회귀분석 하나로 인과관계분석을 하면 될 텐데, 군이 구조방정식모형 등의 다양한 분석이 생겨나고 이에 대한 분석 방법이 따로 구분되어 있는 이유는 무엇일까요? 다양한 분석이 생겨난 이유는 종속변수가 '예, 아니요'처럼 이분형 변수이거나 독립변수가 여러 집단과 개인 등으로 구분될 수 있는 변수일 때 그 특징을 정확하게 반영하여 좀 더 근사한 결과 값을 내기 위해서입니다. 또한 각 연구 가설과 모형에 따라 그 분석 방법이 적용되는 것입니다.

결론적으로 회귀분석은 인과관계분석의 가장 기본적인 형태로 볼 수 있으며, 독립변수와 종속변수 간의 관계를 더 정확하게 확인하기 위해서 구조방정식모형 등을 실시한다고 보면 됩니다. 즉, 구조방정식모형은 회귀분석을 근간에 두고 있습니다. 이제 구조방정식모형의 개념을 알아보겠습니다.

02 _ 구조방정식모형이란?

구조방정식모형(Structural Equation Modeling; SEM)은 확인적 요인분석(Confirmatory Factor Analysis; CFA)과 경로분석(path analysis)을 통하여 변수 간의 인과관계를 파악하는 분석입니다.

그림 9-2 | **구조방정식모형 구성**

확인적 요인분석과 경로분석에 대해서는 뒤에서 구체적으로 설명하겠지만, 우선 간단히 살펴보겠습니다.

확인적 요인분석은 이미 검증된 측정 도구(이론적으로 근거가 있는 척도)를 자신의 연구에서 사용할 때 문제가 없는지 확인하기 위해 사용하는 분석으로 측정모형을 검증합니다. 측정모형은 [그림 9-3]과 같이 각각의 척도를 구성한 모형입니다. 즉 확인적 요인분석은 '자아존중감'이라는 변수를 '자아존중감1, 자아존중감2, 자아존중감3' 문항을 통해 잘 설명하고 있는지 확인하겠다는 의미입니다. 만약 '자아존중감'이라는 변수가 '자아존중감3' 문항을 잘 설명하지 못한다면 '자아존중감3' 문항을 삭제하게 되는데, 이 작업이 측정모형을 검증할 때 진행됩니다. 정리하면 다음과 같습니다. 측정모형을 검증하기 위해 확인적 요인분석을 실시하고, 확인적 요인분석을 통해 선행 연구에서 사용한 주요 변수와 하위 문항의 관계를 확인합니다. 이때 실제로 내 연구모형에서는 잘 설명하고 있지 못하는 부적절한 문항을 삭제하여 측정모형을 최종 확인하는 과정을 거칩니다.

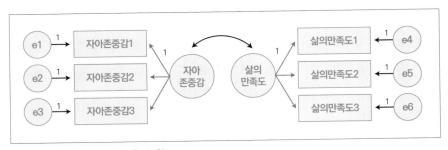

그림 9-3 | **확인적 요인분석과 측정모형**

[그림 9-3] 모형의 기준이 되는 설문지는 다음과 같습니다.

**1 다음은 여러분의 자아존중감에 관한 질문입니다. 각 문항을 읽고 자신의 생각과 일치하는 곳에 표시
해 주시기 바랍니다.**

항목		매우 그렇다	그런 편이다	그렇지 않은 편이다	전혀 그렇지 않다
1	나는 내가 자랑스러워할 만한 것이 별로 없다고 느낀다.	①	②	③	④
2	때때로 나는 내가 쓸모없는 존재로 느껴진다.	①	②	③	④
3	나는 내가 실패자라고 느끼는 경향이 있다.	①	②	③	④

**2 다음은 여러분의 삶의 만족도에 관한 질문입니다. 각 문항을 읽고 자신의 생각과 일치하는 곳에 표시
해 주시기 바랍니다.**

항목		매우 그렇다	그런 편이다	그렇지 않은 편이다	전혀 그렇지 않다
1	나는 사는 게 즐겁다.	①	②	③	④
2	나는 걱정거리가 별로 없다.	①	②	③	④
3	나는 내 삶이 행복하다고 생각한다.	①	②	③	④

이렇게 설문지와 측정모형의 검증이 끝나면 구조모형 검증을 진행합니다. 구조모형 검증에
서는 [그림 9-4]와 같이 화살표 방향에 따라 효과가 어떤지를 알아보는 경로분석을 통해 주
요 변수들 간의 인과관계를 살펴봅니다.

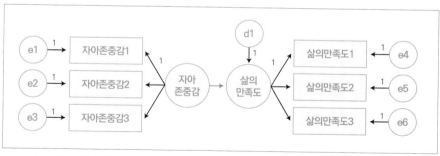

그림 9-4 | **경로분석과 구조모형**

이렇듯 측정모형 검증을 통해 문제가 있는 문항을 확인한 후, 주요 변수들 간의 영향 관계를
확인하는 일련의 과정이 기본적인 구조방정식모형 검증을 위한 분석 방법입니다.

03 _ 구조방정식모형 관련 용어

구조방정식모형에서 사용되는 용어를 정확히 이해해야 하는데, 개념 자체가 어려울 수 있습니다. 그래서 Part 01에서는 Amos 통계 프로그램을 무작정 따라 하면서 개념을 훑고 지나갔다면, Part 02에서는 연구 가설과 모형에 따른 구조방정식모형과 그에 해당되는 용어가 무엇인지 구체적으로 살펴보도록 하겠습니다.

잠재변수

잠재변수는 직접적으로 측정되지 않은 이론적 변수를 말합니다. [그림 9-5]의 구조방정식 모형에서 '자아존중감'과 '삶의만족도'가 잠재변수입니다. 그런데 왜 측정되지 않았다고 말하는 것일까요? 실제로 측정한 것은 '자아존중감1, 자아존중감2, 자아존중감3'과 '삶의만족도1, 삶의만족도2, 삶의만족도3'이지 '자아존중감'과 '삶의만족도'가 아니기 때문입니다. 잠재변수는 Amos 통계 프로그램에서 원으로 표시합니다. 외생변수, 내생변수라는 용어도 구조방정식모형에서 사용합니다. 외생변수는 독립변수와 같은 의미이며, 원인이 되는 변수라고 보면 됩니다. 내생변수는 종속변수와 같은 의미이며, 결과가 되는 변수입니다. [그림 9-5]의 모형에서 외생변수는 '자아존중감'이고, 내생변수는 '삶의만족도'입니다. 실제로 논문을 작성할 때 구조방정식모형을 사용할 경우 외생변수와 내생변수 대신 독립변수와 종속변수라고 지칭해도 큰 문제는 되지 않습니다.

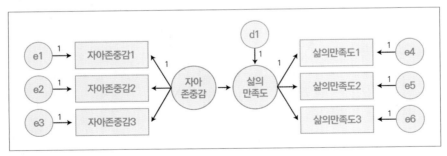

그림 9-5 | 잠재변수

측정변수(관측변수)

측정변수는 실제로 측정하거나 관찰한 변수를 말합니다. [그림 9-6]에서 '자아존중감'과 '삶의만족도' 척도에 따른 각 문항들, 즉 '자아존중감1, 자아존중감2, 자아존중감3, 삶의만족도1,

삶의만족도2, 삶의만족도3'이 측정변수 혹은 설문 문항이 됩니다. 측정변수는 Amos 통계
프로그램에서 사각형으로 표시합니다.

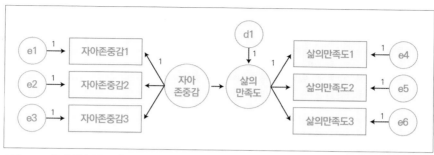

그림 9-6 | 측정변수(관측변수)

오차

구조방정식 모형에서 오차(error)는 측정오차와 구조오차로 구성되어 있습니다. 측정오차는
잠재변수가 측정변수를 설명하지 못하는 정도를 말합니다. [그림 9-7]을 보면 '자아존중감'
이 자아존중감1, 자아존중감2, 자아존중감3을 설명해야 하는데, 설명하지 못하는 부분을 측
정오차로 보고, Amos에서는 그것을 e1, e2, … 으로 표시합니다. 여기서 e는 error의 약자
입니다. 만약 설명하지 못하는 부분이 너무 많다면 해당 측정변수는 삭제해야 합니다.

구조오차는 외생변수(독립변수)가 내생변수(종속변수)를 설명하지 못하는 정도를 말합니다.
[그림 9-7]에서 '자아존중감'이 '삶의만족도'를 설명해야 하는데 설명하지 못하는 부분을 구
조오차로 보고, Amos에서는 그것을 d1으로 표시합니다. 만약 매개변수나 종속변수가 더 있
었다면 매개변수와 추가된 종속변수에 d2, d3가 있었을 것입니다. 구조오차도 오차인데 왜
d로 표시하는지 의문을 품을 수 있습니다. 사실 e로 표시해도 문제없습니다. d로 표시하는
이유는 단순히 측정오차와 구조오차를 구분하기 위함입니다. 오차는 Amos 통계 프로그램
에서 원으로 표시합니다.

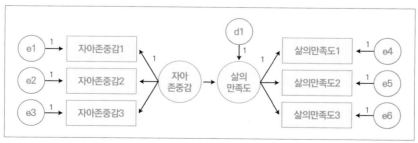

그림 9-7 | 구조오차와 측정오차

구조방정식모형을 활용할 때 표본의 크기는 얼마나 되어야 할까요? 사실 학자들마다 구조방정식에 대한 적정 표본 수를 달리 말하고 있어, 정답이라고 이야기할 수 있는 표본 숫자도 딱히 없습니다. 하지만 컨설팅을 진행하다 보면, 구조방정식모형을 활용하기로 마음먹은 연구자들이 몇 명을 설문조사해야 하는지 자주 질문합니다. 그럴 때마다 저희는 적어도 200명 정도는 해야 한다고 말씀드립니다.

Boomsma(1982)[1]에 따르면 구조방정식모형에서 적어도 200명 정도를 분석해야 한다고 언급하고 있습니다. 지금까지의 경험에 비추어 보아도 표본 수가 200명이 안 되면 대체로 분석 결과가 잘 나오지 않는 편이고, 해석되지 않을 때가 많습니다.

04 _ 구조방정식모형을 사용하는 이유

❶ 구조방정식모형은 측정오차를 추정할 수 있다

앞서 측정오차라는 개념을 배웠습니다. 측정오차는 잠재변수가 측정변수를 설명하지 못하는 정도입니다. 측정오차를 통해 해당 측정변수에 문제가 있는지 여부를 확인할 수 있습니다. 예를 들어 잠재변수가 자아존중감이라면 측정변수인 자아존중감 1번 문항을 잘 설명하고 있는지 확인해보고, 문제가 있다면 자아존중감 1번 문항을 삭제합니다. 이러한 일련의 과정을 확인적 요인분석이라고 합니다. 이렇듯 문제가 있는 측정변수를 측정오차를 통해 확인하고 제거하면 더 명확한 결과 값이 나옵니다.

회귀분석을 진행할 때는 각각의 문항에 대한 측정오차를 고려하지 않습니다. 예를 들어 회귀분석에서 똑같이 자아존중감이라는 변수를 활용한다고 했을 때, 자아존중감 1번 문항, 2번 문항 등을 모두 연구모형에서 직접 활용하나요? 아닙니다. 자아존중감 1번 문항, 2번 문항 등 모든 문항의 합을 내거나 평균을 내서 '자아존중감 총점', '자아존중감 평균'이라는 변수를 만들어 사용합니다. 즉 자아존중감 1번 문항이 문제가 있더라도 그대로 사용된다는 뜻입니다. 이것이 바로 회귀분석과 구조방정식모형의 가장 두드러지는 차이라고 볼 수 있습니다.

결론적으로 자아존중감이라는 측정 도구(척도)가 자아존중감 1번 문항, 2번 문항으로 구성

1 Boomsma, A. (1982). The robustness of LISREL against small sample sizes in factor analysis models. *Systems under indirect observation*: Causality, structure, *prediction*, 149-173.

되어 있고, 그 문항의 유형이 점수화할 수 있는 리커트 척도(Likert scale)로 되어 있다면, 회귀분석보다는 구조방정식모형을 분석할 때 추정값에 대해서 더 신뢰할 수 있고 정확한 분석을 진행할 수 있습니다.

 여기서 잠깐!!

통계에서 더 신뢰할 수 있고, 정확한 값을 추정할 수 있다는 것은 참 매력적으로 들립니다. 그래서 많은 연구자들이 회귀분석보다는 구조방정식모형을 무조건 선택하려는 경향이 있습니다. 하지만 데이터와 연구 방법에 따라서 회귀분석 또는 구조방정식모형 분석 방법이 결정됩니다. 예를 들어 측정오차를 통해 결정할 수 있습니다. 측정오차를 추정할 수 있는 대표적인 척도는 리커트 척도이고, 구조방정식모형을 통해 리커트 척도가 자주 활용됩니다. 따라서 구조방정식모형을 처음 접하는 연구자라면 측정 도구의 척도가 리커트 척도로 되어 있을 때, 구조방정식모형 활용을 고민해보길 추천합니다.

❷ 매개모형의 경우, 구조방정식모형으로 한 번에 분석할 수 있다

회귀분석에서 매개모형을 검증한다면, 적어도 3단계를 거쳐야 합니다. [그림 9-8]과 같이 1단계는 독립변수 → 매개변수, 2단계는 독립변수 → 종속변수, 3단계는 독립변수, 매개변수 → 종속변수의 단계를 거쳐 Sobel-test를 통해서 매개변수의 매개효과를 검증할 수 있습니다. Section 03에서 매개효과를 설명할 때 원래 바론(Baron)과 케니(Kenny)는 1, 2단계 순서를 바꾼 형태를 제안했는데, 국내 논문에서는 간접효과를 좀 더 쉽게 파악하기 위해 [그림 9-8]과 같이 순서를 바꿔 분석하는 논문이 대부분이라고 말씀드렸습니다. 결국 회귀분석을 이렇게 3단계에 걸쳐서 하는 이유는 종속변수를 1개밖에 활용하지 못하기 때문입니다. 독립변수 입장에서는 매개변수도 종속변수에 해당하기 때문에 정확한 매개모형 검증을 위해서는 3단계를 통해 여러 번 분석을 진행해야 하는 한계가 있습니다.

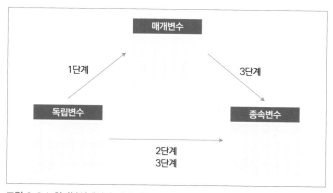

그림 9-8 | **회귀분석에서의 매개모형 분석 절차**

하지만 구조방정식모형을 활용하면 회귀분석에서 진행하는 1, 2, 3단계를 한 번에 분석할 수 있습니다. 또한 간접효과도 회귀분석처럼 단계를 통해 간접적으로 도출하는 것이 아니라, 직접적으로 알 수 있게 됩니다. 예를 들어, 구조방정식모형을 분석하는 프로그램인 Amos 등에서는 매개모형을 분석할 때, 바론과 케니가 제안한 위계적 회귀분석이나 Sobel-test보다 매개효과 검증에 더 민감한 부트스트래핑 결과까지 한 번에 제시합니다. 따라서 매개모형의 경우 회귀분석보다는 구조방정식모형을 활용하는 게 더 효율적입니다. 마치 한 번에 갈 수 있는 길을 여러 번 걸쳐서 가면 더 오류가 생길 가능성이 커지는 것과 같은 이치입니다.

❸ 다수의 독립변수와 종속변수를 한 번에 분석할 수 있다

회귀분석을 진행할 때는 종속변수가 1개라야 SPSS에서 분석이 가능했습니다. 만약 종속변수가 2개 이상이라면 연구모형도 2개 이상이 되므로 각각 분석해야 합니다. 하지만 구조방정식모형에서는 종속변수가 여러 개여도 상관없이 한 번에 분석할 수 있습니다. 그러다 보니 회귀분석보다는 구조방정식모형을 활용한 분석에서 보다 복잡한 연구모형을 검증하는 편입니다.

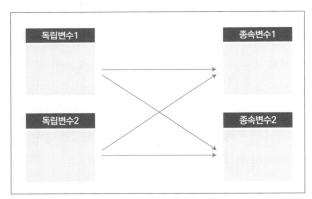

그림 9-9 | 다수의 독립변수와 종속변수를 한 번에 분석할 수 있는 구조방정식모형

여기서 잠깐!!

리커트 척도(Likert scale)란 무엇일까요?

'한번에 통과하는 논문' 시리즈 1권의 설문지 작성 방법에서 잠시 언급한 적이 있지만, 여기서 좀 더 구체적으로 설명하려고 합니다. 리커트 척도는 측정하고 싶은 현상에 대한 개념, 태도, 성향 등의 주관적인 생각에 대해 동의하거나 동의하지 않는 정도에 따라 3, 5, 7, 10점 등으로 점수를 부여하여 응답자에게 질문하는 문항 유형 중 하나입니다. 만약 연구자가 사용하려는 '자아존중감'이라는 척도의 각 문항이 아래와 같이 구성되어 있다면, 1)번 문항이 '자아존중감1', 2)번 문항이 '자아존중감2', 3)번 문항이 '자아존중감3'이 될 것이고, 측정오차를 추정하기에 유리한 구조방정식모형을 사용할 수 있다고 생각하면 됩니다.

다만 아래 '자아존중감' 문항은 이해를 돕기 위해 임의로 만든 것으로, 전혀 검증되지 않은 문항입니다. 혹시 사용하는 연구자가 있을까 봐 말씀드립니다.

전혀 그렇지 않다	그렇지 않다	보통이다	그렇다	매우 그렇다
1	2	3	4	5

	자아존중감					
1)	나는 매우 멋진 사람이라고 생각한다.	1	2	3	4	5
2)	나는 매우 가치 있는 사람이라고 생각한다.	1	2	3	4	5
3)	나는 내가 가진 능력에 대해 매우 만족한다.	1	2	3	4	5

05 _ 구조방정식모형 활용 시, 고려해야 할 사항

❶ 자신이 설계한 연구모형에 대한 이론적 근거(이론, 선행연구)가 있어야 한다

구조방정식모형을 회귀분석처럼 생각하고 단순히 통계 프로그램을 돌리면 결과가 나올 것이라고 생각하는 연구자들도 있습니다. 하지만 그렇지 않습니다. 구조방정식모형에서는 모형적합도(Model fit)가 매우 중요합니다. 모형적합도는 말 그대로 연구모형이 현실과 이론을 잘 반영하고 있는지 확인하는 것입니다. 연구자가 선행 연구에 대한 검토 없이 연구모형을 자신의 상식 수준에서 설계하고 분석을 진행하면 모형적합도가 낮게 나올 가능성이 높습니다. 그러면 분석 결과에 대한 해석 자체를 할 수가 없습니다. 따라서 연구모형을 설정할 때 자신의 경험이나 상식적인 수준에서 진행하는 것이 아니라, 이론과 선행 연구를 통해 근거를 마련하고 진행하는 것이 좋습니다. 연구모형에 대한 이론적 근거가 있다는 것은 연구모형이 현상을 잘 반영할 수 있는 데이터를 확보할 가능성이 높아진다는 것을 의미합니다. 모형적합도는 뒤에서 자세히 설명하겠습니다.

❷ 연구모형 설정 시 연구자의 주관이 많이 개입된다

구조방정식모형에서는 같은 선행 연구모형일지라도 연구자마다 다양한 연구모형을 만들 수 있습니다. 예를 들어, 오차항 간의 관계를 만든다든가, 잠재변수 간의 관계를 재설정하는 등의 작업을 진행하기도 합니다. 이는 연구자가 원하는 방향으로 결과가 나올 때까지 모형을 만들게 된다는 문제가 발생합니다. 즉, 연구자의 주관이 많이 개입될 수 있습니다. 그래서 구조방정식에서는 '연구자의 주관성 문제'를 해결하기 위해서 모형적합도 지수를 많이 만들어 놓았습니다. 실제로 논문에서 구조방정식모형을 분석할 때 각종 모형적합도 지수의 기준을 넘어서야만 그 연구 결과의 해석과 유의성이 인정됩니다.

06 _ 경로분석의 이해

경로분석의 의미

경로분석은 변수 간의 인과관계를 분석하는 방법입니다. 구조방정식모형에서 말하는 경로분석은 잠재변수 간 관계를 말하는 것이고, 일반적인 논문에서 보는 경로분석은 [그림 9-10]처럼 측정변수 간 관계를 살펴보는 분석을 말합니다.

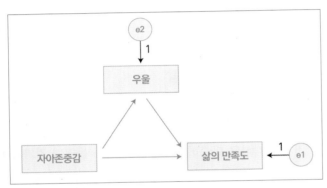

그림 9-10 | 경로 분석의 형태

경로분석을 사용하는 이유

그렇다면 측정변수만 활용하는 경로분석을 왜 사용하는 것일까요? 사실 구조방정식모형을 활용하면 주요 변수에 해당하는 각 문항들의 측정오차를 고려하기 때문에 더 정확한 분석 결과 값을 도출할 수 있습니다. 그럼에도 불구하고 측정변수만 활용하는 경로분석을 진행하는 경우가 종종 있습니다. 그 이유는 주요 변수가 리커트 척도가 아닌 하나의 문항으로만 이루어진 경우가 있기 때문입니다. 혹은 여러 개의 문항으로 구성되어 있어도 총합이나 평균 같은 '측정변수' 형태로만 분석을 진행하고 싶을 때도 있기 때문입니다.

아래 설문 문항은 독립변수가 '주관적 건강상태'이고, 1개의 문항으로 설계되어 있는 경우입니다. 이 경우 잠재변수는 없고, 독립변수는 측정변수가 됩니다.

> **1** 다음은 여러분의 주관적 건강상태에 관한 질문입니다. 자신의 생각과 일치하는 곳에 표시해 주시기 바랍니다.
>
> ① 전혀 건강하지 않다 ② 건강하지 않은 편이다 ③ 보통이다 ④ 건강한 편이다 ⑤ 매우 건강하다

매개변수와 종속변수도 독립변수처럼 1개 문항으로 구성되어 있다면, 측정변수일 것입니다. 이런 경우 경로분석을 진행하면 됩니다. 그래서 [그림 9-10]도 자아존중감, 삶의 만족도, 우울이 잠재변수를 나타내는 원이 아닌 측정변수를 나타내는 네모로 구성되어 있습니다.

물론 측정변수 간의 관계를 살펴보는 것은 회귀분석에서도 충분히 진행할 수 있습니다. 굳이 경로분석을 하는 이유는 연구모형이 매개모형이거나 다수의 독립변수와 종속변수를 포함하는 경우 한 번에 분석할 수 있기 때문입니다. 즉, 경로분석은 회귀분석보다 복잡한 연구모형을 다룰 수 있다는 장점이 있습니다. 그렇다고 구조방정식모형과 같이 잠재변수를 구성할 수 있는데도 불구하고 측정변수만 활용하는 경로분석으로 진행하는 것은 좋지 않습니다. 왜냐하면 구조방정식모형을 활용한 분석은 측정오차를 컨트롤할 수 있기 때문에 경로분석보다 더 정확한 결과 값을 도출할 수 있기 때문입니다.

아무도 가르쳐주지 않는 Tip

자신의 연구모형에 잠재변수도 있고 측정변수도 있다면 구조방정식이라고 말할 수 있을까요? [그림 9-11]의 모형은 경로분석인가요, 구조방정식모형인가요? 정답은 구조방정식모형입니다.

그런데 이 모형이 경로분석인지 구조방정식모형인지를 맞히는 것은 큰 의미가 없습니다. 그보다 측정변수가 잠재변수에 영향을 주는 연구모형을 그릴 수 있다는 사실을 아는 것이 중요합니다. 반대로 잠재변수가 측정변수에 영향을 주는 모형을 그릴 수도 있습니다.

연구모형에 있는 변수들이 모두 측정변수라면 경로분석이 되고, 변수 중 하나라도 잠재변수가 있다면 구조방정식모형이 됩니다. 그래서 같은 연구모형이라도 연구자의 주관에 따라 다양한 연구모형을 만들 수 있는 것입니다.

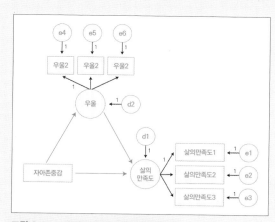

그림 9-11 | **경로분석 VS 구조방정식모형**

07 _ 구조방정식모형을 활용한 논문의 전반적 흐름

구조방정식모형을 활용하여 논문을 작성하고자 할 때 어떤 분석을 언제 제시해야 하는지 궁금해하는 연구자들이 많습니다. 구조방정식모형을 활용한 논문의 분석 절차를 보면 대체로 [그림 9-12]와 같습니다. 신뢰도 분석부터 상관관계 분석까지는 SPSS 통계 프로그램을 활용하고, 측정모형과 구조모형은 Amos 통계 프로그램을 활용하여 분석 결과를 논문에 제시합니다. 하지만 이 절차를 반드시 따를 필요는 없습니다. 학교 양식이나 논문 그리고 연구자에 따라 조금씩 차이가 있기 때문입니다.

그림 9-12 | 구조방정식을 활용한 주요 논문의 통계분석 절차

실제로 구조방정식을 활용한 논문[2]의 전반적인 흐름을 보면서 통계분석 절차가 어떻게 진행되고, 어떤 부분에서 구조방정식 관련 내용이 작성되었는지 구체적으로 살펴보겠습니다.

논문 제목 : 노인의 사회참여활동은 사회적 고립과 자살생각 간의 관계를 매개하는가?

❶ 연구모형과 가설

3. 연구 방법

1) 연구모형

본 연구는 노인의 사회적 고립이 자살생각에 미치는 영향을 검증하고, 노인의 사회적 고립이 사회참여활동을 통해서 자살생각을 억제하는지를 검증하고자 한다. 연구의 목적을 달성하기 위해 연구모형을 〈그림 1〉과 같이 설정하였으며 이에 따른 연구 가설은 다음과 같다.

> **가설 1 : 노인의 사회적 고립은 자살생각에 직접적으로 영향을 미칠 것이다.**
> **가설 2 : 노인의 사회참여활동은 사회적 고립이 자살생각에 미치는 영향을 억제시킬 것이다.**

---

2 이묘숙(2012). 노인의 사회참여활동은 사회적 고립과 자살생각 간의 관계를 매개하는가?, 정신보건과 사회사업, 40(3), 231-259.

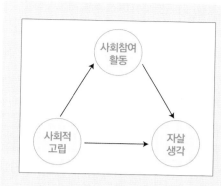

〈그림 1〉 예시 논문 연구모형

〈그림 1〉에서 확인할 수 있는 것처럼, 이 논문의 연구모형과 가설은 회귀분석을 활용한 논문과 차이가 없다는 것을 파악할 수 있습니다. 다시 말해, 구조방정식모형이라고 해서 연구모형을 복잡하게 그릴 필요도 없고, 가설이 다를 필요도 없습니다. 다만 구조방정식모형의 경우, 변수의 특성에 따라 연구모형이 〈그림 2〉와 〈그림 3〉처럼 조금씩 차이가 날 수 있습니다.

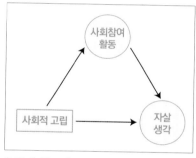

〈그림 2〉 연구모형 1

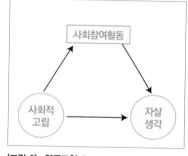

〈그림 3〉 연구모형 2

〈그림 2〉에 있는 연구모형 1의 경우 〈그림 1〉의 연구모형과 주요 변수는 같으나 사회적 고립이라는 독립변수의 그림 형태가 다릅니다. 사회적 고립이 〈그림 1〉에서는 원 안에 작성되어 있고, 〈그림 2〉에서는 사각형 안에 작성되어 있습니다. 여기서 원은 잠재변수를 뜻하고, 사각형은 측정변수를 뜻합니다. 사회적 고립이 〈그림 3〉처럼 잠재변수로 설정되어 있다면, 리커트 척도로 구성된 '사회적 고립' 척도를 측정변수 1번, 2번, 3번 등의 세부 문항으로 연구모형에서 사용한다는 의미이고, '사회적 고립' 척도가 〈그림 2〉처럼 측정변수로 설정되어 있다면, 사회적 고립이라는 하나의 변수(사회적 고립 평균 변수나 합 변수)만 사용한다는 것을 의미합니다. 〈그림 3〉 연구모형 2에서는 '사회참여활동' 척도가 측정변수로 설정되어 있습니다. 이것은 '사회참여활동' 척도가 리커트 척도일지라도 사회참여활동의 세부 문항에 대한 평균이나 합을 계산해서 하나의 변수만 사용한다는 것을 의미합니다.

❷ 연구 대상 : 연구 대상 지역, 표집 방법, 표집 기간, 최종 분석 케이스 수 제시

2) 연구 대상

본 연구의 대상 지역은 제주자치구를 제외한 전국을 크게 4대 광역지역으로 구분한 후 다시 각 구역에서 3~4개 지역을 선정하여 총 13개 광역시·도로 선정하였다. 대상자는 각 지역의 노인복지관, 경로당, 노인회관 등 노인과 관련된 기관을 임의로 선정하여 65세 남녀 노인으로 편의표집하였다. 조사원은 현지에 거주하는 대학생을 선발하여 설문에 필요한 기초적인 지식을 통신을 이용하여 교육하였으며, 설문지는 우편으로 조사자에게 발송하여 조사자가 현지에서 관련기관을 직접 방문하는 방법으로 실시하였다. 노인의 특성상 스스로 설문을 하기 어려운 점을 고려해서 일부 설문의 내용을 잘 이해하는 대상자를 제외하고는 조사자가 직접 질문내용을 읽어가며 질문하는 직접면접방식을 택했다. 조사기간은 2011년 7, 8월이고, 설문지는 총 900부를 배포하고 847부를 회수하였으며, 그중 불량한 17부를 제거한 후 총 830부를 연구에 사용하였다.

'연구 대상' 부분은 구조방정식모형을 사용한다고 해서 특별히 회귀분석 등과 차이가 나는 부분은 없습니다.

❸ 측정 도구 : 원척도, 문항 구성, 신뢰도 분석 결과 제시

3) 분석 변수 및 측정 도구

(1) 자살생각

자살이란 자발적이고 의도적으로 자신의 생명을 끊는 행위를 말한다. 자살의 개념은 자살행위, 자살시도, 자살생각 등의 개념을 포괄하고 있다. 자살생각은 살아가면서 어느 순간 자살에 대해 심각하게 고려해본 것을 의미한다(현외성, 2010). 자살생각을 측정하기 위해 Harlow et al.(1986)이 개발하고, 국내에서 김형수(2002) 등이 사용한 5문항으로 구성된 Suicidal Ideation Scale 척도를 사용하였다. 문항의 구성은 ① 자살에 대한 생각을 해본 적이 있다, ② 최근에 죽고 싶다고 생각을 해본 적이 있다, ③ 누군가에게 자살하고 싶다는 말을 해본 적이 있다, ④ 내 삶이 자살로 끝날 것이라는 생각을 해본 적이 있다, ⑤ 자살하려는 시도를 해본 적이 있다로 Likert 5점 척도로 1점(전혀 그렇지 않다)~5점(매우 그렇다)으로 구성되었고 점수가 높을수록 자살생각의 경험이 많은 것으로 해석된다. 김형수(2002) 연구에서는 신뢰도 $\alpha = .74$로 나타났으나 본 연구에서는 신뢰도 $\alpha = .89$로 내적 일관성이 비교적 높게 나타났다.

'분석 변수 및 측정 도구' 부분에서는 주요 변수에 대한 조작적 정의를 제시합니다. 이를 통해 주요 변수가 잠재변수로 활용되었는지, 측정변수로 활용되었는지 파악할 수 있습니다. 이 연구에서는 '자살생각'을 잠재변수로 활용했다는 것을 알 수 있습니다. '자살생각'이라는 척도에 5개의 문항이 있다는 것을 알 수 있는데 이 5개의 문항이 측정변수가 될 것이므로 '자살생각' 척도는 잠재변수임을 짐작할 수 있습니다. 만약 좀 더 정확하게 작성하고 싶다면, 맨 뒤에 '자살생각은 잠재변수로 설정하였으며, 5개의 하위문항은 측정변수로 구성하였다.'라고 한 줄 정도 추가로 작성하면 됩니다.

구조방정식모형을 활용하고 싶다면 그 전에 주요 변수에 대한 신뢰도 분석이 필수입니다. 이 논문처럼 연구 방법의 '분석 변수 및 측정 도구' 부분에서 제시해줄 수도 있고, 연구 결과에서 제시하기도 합니다. 작성 위치는 연구자의 뜻이나 학교 양식에 따라 달라지지만, 보통 연구 방법의 측정 도구를 제시하는 부분에 작성합니다.

❹ 분석 방법 및 절차 : 활용한 통계 프로그램, 분석 절차 제시

4) 분석 방법 및 절차

본 연구에서의 연구문제를 해결하고 가설을 검증하기 위한 분석 방법 및 절차는 다음과 같다. 연구분석을 위해서 SPSS 18.0과 Amos 18.0 프로그램을 이용하였다. 첫째, 연구모형에 포함될 주요 변수의 이상치, 결측치 그리고 자료의 정규성 검토 및 연구 대상자의 인구사회학적 특성을 파악하기 위해서 기술통계 및 빈도분석을 실시하였다. 둘째, SPSS 18.0을 이용해서 변수의 신뢰도분석, 상관관계분석, 요인분석 등을 실시하였다. 셋째, t-test와 ANOVA를 통해 주요 변수에 따른 인구사회학적 변수들의 집단 간 차이를 분석하였다. 마지막으로 구조방정식모델 (Structure Equation Model:SEM)을 통해서 모형의 적합성[4] 및 독립변수 사회적 고립과 종속변수 자살생각 간의 관계를 파악하고 사회참여활동의 독립변수와 종속변수 간 매개효과 검증을 실시하였으며, 매개효과 검증을 위해서는 부트스트랩(Bootstrap)[5] 분석을 실시하였다.

---

[4] TLI와 CFI는 0부터 1의 연속체에 따라 다르게 나타나며, 그 값이 .90 이상이면 적합도가 좋다고 말할 수 있으며 (Tucker and Lewis, 1973; Bentler, 1990) RMSEA는 .05 이하이면 좋은 적합도 .05~.08 사이이면 적당한 적합도, .10 이상이면 나쁜 적합도이다(Browne and Cudeck, 1993).

[5] 부트스트랩 분석은 기존의 매개효과 검증이 가질 수 있는 간접효과의 표준오차를 부트스트랩을 이용해서 추정하는 방법이다. 또한 간접효과에 대한 신뢰구간을 설정하여 그 구간에 0이 포함되지 않으면 통계적으로 유의미한 것으로 보는 방법으로 매개경로의 유의미성을 Sobel test equation보다 더욱 민감하게 검증할 수 있다는 장점이 있다(Shrout and Bolger, 2002).

'분석 방법 및 절차' 부분은 어떤 통계 프로그램을 활용하고 어떤 절차로 분석되는지 작성하는 곳입니다. 구조방정식모형을 활용할 때, Amos라는 통계 프로그램을 많이 활용하는 편입니다. 그래서 이 책에서도 Amos를 활용하여 구조방정식모형을 분석하는 방법에 대해 공부할 예정입니다. 이 연구에서는 구조방정식을 진행하기 전에 빈도분석, 기술통계분석, 신뢰도분석, 상관관계분석, 요인분석, t-test, ANOVA를 진행하였고, 구조방정식모형을 활용한 후 매개효과 검증을 위해 부트스트랩 분석도 실시하였습니다. 구조방정식모형을 활용하는 논문이라면 신뢰도분석, 빈도분석, 기술통계분석, 상관관계분석은 필수이고, 그 외 분석은 연구목적에 따라 추가되기도 하고 생략되기도 합니다.

구조방정식을 활용한 논문이라면 분석 방법 및 절차 부분에서 꼭 제시해야 하는 것이 있는데, 바로 모형적합성 지수 혹은 모형적합도 지수입니다. 이 논문에서는 287페이지 각주 4번에 TLI, CFI, RMSEA를 활용했다고 작성하면서 각각 모형적합도 지수의 기준을 제시하였습니다. 최근 논문에서는 이 같은 내용을 생략하기도 합니다. 하지만 구조방정식 모형을 검증할 때 모형적합도 자체가 매우 중요하기 때문에 어떤 모형적합도 지수를 활용했는지 밝힐 필요가 있고, 그 모형적합도 지수의 적정 적합 기준도 함께 제시해주어야 합니다.

또한 이 논문에는 부트스트랩(Bootstap) 분석도 활용했다고 작성되어 있습니다. 부트스트랩 분석은 매개효과를 검증하는 분석 중 하나로 자신의 연구모형이 매개모형이라면 구조방정식모형을 분석한 이후 부트스트랩 분석을 진행합니다.

 여기서 잠깐!!

다른 논문에서는 부트스트랩(Bootstrap) 분석을 '붓스트랩'이나 'Boostrapping'으로 표현하기도 합니다. 논문을 읽을 때 참고하세요.

4. 연구 결과

1) 연구 대상자의 일반적인 특성

본 연구의 대상은 제주자치구를 제외한 전국 13개 시도에 거주하는 65세 남여 노인 830명이다. 연구 대상자의 인구사회학적 특성은 〈표 1〉과 같다. 성별은 남성노인이 341명(41%), 여성노인이 489명(59%)으로 여성노인의 비율이 높게 구성되었다. 연령은 65~69세 노인이 318명(38.3%)으로 가장 높은 비율을 차지했으며, 70~74세가 213명(25.7%), 75~79세 190명(22.9%), 80~84세가 80명(9.6%), 85세 이상 노인이 29명(3.5%)으로 구성되었다. 대상 노인들의 학력은 무학이 108명(13.0%), 초졸이 224명(27.0%), 중졸이 163명(19.6%), 고졸이 206명(24.8%), 전문대졸 이상이 125명(15.1%)으로 대체적으로 고른 분포로 구성되었다. … (하략)

〈표 1〉 연구 대상의 인구사회학적 특성

(n = 830)

구분		빈도	백분율(%)
성별	남	341	41.0
	여	489	59.0
연령	65~69세	318	38.3
	70~74세	213	25.7
	75~79세	190	22.9
	80~84세	80	9.6
	85세 이상	29	3.5
학력	무학	108	13.0
	초졸	224	27.0
	중졸	163	19.6
	고졸	206	24.8
	전문대졸 이상	125	15.1
…			

연구 결과에서 '연구 대상자의 일반적인 특성(인구사회학적 특성)' 부분은 SPSS 통계 프로그램을 통해 빈도분석을 진행한 결과를 바탕으로 작성합니다. 〈표 1〉은 연구 대상자의 특성을 기술하고 있습니다. 논문을 작성할 때 이 부분은 꼭 필요한 영역이지만, 구조방정식모형과 큰 관련은 없습니다.

❻ 주요 변수의 기술통계 : 주요 변수의 평균, 표준편차, 왜도, 첨도 제시

2) 주요 변수의 기술통계

본 연구의 모형은 노인의 사회적 고립, 사회참여활동, 자살생각의 3개의 주요 잠재변수로 구성되어 있으며 모든 변수의 최솟값은 1, 최댓값은 5이다. 구조방정식분석 모형에 투입할 주요 변수의 평균, 표준편차, 왜도, 첨도를 알아보기 위해 기술통계를 실시하였다. 요인분석 결과 모든 변수가 단일차원으로 구성되어 있고 항목의 수가 5개 이하로 구성되어 있으므로 설문 항목을 그대로 관측변수로 투입시켰다. 자료의 정상성을 측정해 보았는데, West, Finch and Curran(1995)이 제시한 정규분포의 기준에 의하면 적용된 모든 변수들은 왜도가 모두 2보다 작고 첨도가 모두 7보다 작아서 정규분포의 가정을 충족시켰다고 볼 수 있다.

〈표 2〉 주요 변수에 대한 평균, 표준편차, 첨도, 왜도

(n=830)

잠재변수	측정변수	평균	표준편차	왜도	첨도
사회적 고립	사회적 고립1	2.179	.853	.606	.129
	사회적 고립2	2.454	.972	.443	−.577
	사회적 고립3	2.428	.941	.462	−.506
	사회적 고립4	2.378	.924	.522	−.299
	사회적 고립5	2.296	.896	.595	.042
자살생각	자살생각1	1.901	.789	.295	−1.016
	자살생각2	1.857	.744	.378	−.679
	자살생각3	1.734	.704	.595	−.201
	자살생각4	1.619	.641	.716	.263
	자살생각5	1.547	.634	.943	.747
사회참여활동	사회참여활동1	2.937	1.973	−.069	−.820
	사회참여활동2	3.394	1.105	−.169	−.728
	사회참여활동3	2.257	1.458	.658	−1.239
	사회참여활동4	1.965	1.330	1.055	−.289

'주요 변수의 기술통계' 부분에서는 보통 독립변수, 종속변수 등 연구모형에서 활용되는 변수의 평균과 표준편차, 최솟값, 최댓값 정도를 작성합니다. 구조방정식모형을 활용한 논문에서도 마찬가지로 평균과 표준편차, 최솟값, 최댓값을 작성할 수 있는데, 이에 더해 왜도와 첨도를 기술해야 합니다. 그 이유는 예시 논문에도 기술되어 있듯이, 구조방정식에서 활용하는 변수는 정규분포를 가정해야 하기 때문입니다. 만약 정규분포를 충족하지 않는다면, 그 변수는 로그나 루트를 취해야 하고, 그래도 안 된다면 제거해야 합니다. 만약 정규분포를 충족하지 않는 변수가 구조방정식에서 활용될 경우, 모형적합도가 좋지 않게 나오거나 해석하기 어려운 결과 값이 나올 수 있습니다.

구조방정식을 활용한 논문에서 정규분포 충족 기준은 West et al.(1995)[3]과 Hong et al.(2003)[4] 연구에서 제시한 왜도와 첨도 기준을 많이 활용하고 있습니다. West et al.(1995)의 정규분포 기준은 |왜도|<3, |첨도|<8이고, Hong et al.(2003)은 |왜도|<2, |첨도|<4입니다. 둘 중 어떤 기준을 활용해도 상관없으니 자신의 논문에 맞게 적절한 기준을 사용하면 됩니다. 예시 논문에서는 West et al.(1995)의 기준을 활용했고, 왜도와 첨도 값이 모두 절댓값 2 미만으로 나타났기 때문에 정규분포 기준에 부합하다는 것을 확인할 수 있습니다.

여기서 고려해야 할 점은 구조방정식모형에서 활용하는 변수를 〈표 2〉처럼 기술통계분석표로 제시해야 한다는 것입니다. 다시 말해, 예시 논문의 잠재변수인 사회적 고립, 자살생각, 사회참여활동의 평균과 표준편차를 제시하는 것이 아니라, 사회적 고립1, 사회적 고립2, 자살생각 1, 자살생각 2 등의 측정변수 각각의 평균과 표준편차를 기술해야 합니다.

 여기서 잠깐!!

평균과 표준편차, 왜도, 첨도 값을 표에 제시할 때 소수점 몇째 자리까지 기술해야 하는지 궁금할 수 있습니다. 어떤 논문에서는 소수점 첫째 자리까지 기술되어 있고, 어떤 논문에서는 둘째 자리까지 제시되어 있습니다. 그리고 예시 논문에서는 셋째 자리까지 기술되어 있습니다. 이런 경우 혼란스러울 수 있죠. 하지만 소수점 몇째 자리까지 작성해야 하는가에 대한 정답은 없습니다. 저희가 컨설팅을 진행해보니, 대부분 학교 양식이나 교수님의 의견에 따라 연구자가 결정하면 큰 문제가 없었습니다. 그리고 기술통계량은 보통 소숫점 둘째 자리까지 기록하는 편입니다.

❼ 주요 변수 간 상관관계 : 주요 변수의 상관관계 및 다중공선성 여부 제시

3) 주요 변수 간 상관관계

　〈표 3〉과 같이 주요 변수 간 상관관계분석을 실시하였다. 분석 결과 모든 잠재변수 간 상관관계가 $p<.01$로 유의한 상관관계를 보이고 있다. 사회적 고립과 자살생각의 상관관계가 .452, 사회적 고립과 사회참여활동의 상관관계가 −.440 그리고 사회참여활동과 자살생각의 상관관계는 −.332로 나타났다. 다중공선성 여부를 판단하기 위해 다중회귀분석을 통해 VIF가 10을 넘는지를 확인한 결과 모든 측정변수가 1을 약간 넘는 정도로 낮아 문제가 되지 않는 것으로 확인되었다. 상관관계분석은 탐색적 연구에서 가설 검증에 사용될 뿐 아니라 가설 검증에 앞서 모든

3 West, S. G. Finch, J. F., & Curran, P. J. (1995). Structural equation models with nonnormal variables: Problems and remedies. In R. H. Hoyle(Ed). Structural equation modeling: Concepts, issues, and applications. Thounsand Oaks. CA: Sage Publications.

4 Hong S. Malik, M. L., & Lee M. K. (2003). Testing Configural, Metric, Scalar, and Latent Mean Invariance Across Genders in Sociotropy and Autonomy Using a Non-Western Sample. Educ. Psychol. Meas. 63. 636–654.

연구 가설에서 사용되는 주요 변수들 간의 관계의 강도를 제시함으로써 변수 간 관련성에 대한 대체적인 윤곽을 제시해 준다.

〈표 3〉 주요 변수들 간의 상관관계분석

변수	사회적 고립	자살생각	사회참여활동	Cronbach's α
사회적 고립	1			.877
자살생각	452**	1		.888
사회참여활동	−.440**	−.332**	1	.654

*$p<.05$, **$p<.01$

연구 결과의 '주요 변수 간 상관관계' 부분에서는 주요 변수의 관계 유무와 관계 강도, 방향을 확인합니다. 구조방정식모형을 진행하기에 앞서 주요 변수들 간에 관계가 있는지 확인해 보아야 합니다. 인과관계 추론의 조건 중 하나가 바로 상관관계가 있다는 것을 전제하기 때문입니다. 그러나 최근 연구에서 상관관계분석은 예시 논문처럼 다중공선성 문제가 있는지 사전에 파악하기 위해 진행되는 추세입니다. 다중공선성 문제는 독립변수들 간에 공통된 부분이 많아 발생하는 문제를 말합니다.

만약 상관관계가 높아 다중공선성에서 문제 가능성이 높은 독립변수들이 있다면, 다중공선성 여부를 판단하는 *VIF* 지수를 통해 확인합니다. 이 지수가 10을 넘어 문제가 있다면 해당 독립변수를 구조방정식모형을 진행하기 전에 제거해야 합니다.

 여기서 잠깐!!

예시 논문의 〈표 3〉에 Cronbach's α(신뢰도 값)가 제시되어 있습니다. 다른 논문의 경우, 분석을 진행하기 전에 각 측정 도구의 신뢰도와 타당도를 검증하는 논리로 구성하여, 연구 결과(분석 결과) 앞에 배치하기도 합니다. 정답은 없으니, 학교 양식이나 지도 교수님의 검토를 통해 논문 흐름에 맞게 구성하면 됩니다. 히든그레이스 논문통계팀에서는 주로 분석 결과 앞부분에 Cronbach's α(신뢰도 값)를 따로 배치하는 편입니다.

❽ 측정모형 분석 : 측정모형 적합도, 확인적 요인분석 결과 제시

4) 측정모형 분석

구조방정식분석에서는 구조모형의 분석을 통해 변수 간의 영향력을 살펴보기 전에 연구모형에 포함된 개념들이 적절하게 추정되고 있는지에 대한 평가가 선행되어야 한다. 이는 측정모형이 구조모형을 구성하기에 적합한지를 측정모형 분석을 통해 검토하기 위함이다. 따라서 본 연

구 모형에 포함된 사회적 고립, 사회참여활동, 자살생각 변수들의 측정모형 분석을 실시하여 하나 이상의 계수가 매우 큰 오차를 보이거나, 음 오차분산(negative error variance)과 같은 부(−)적 해가 있거나 지나치게 비합리적인 추정치가 있거나, 추정계수 사이에 매우 높은 상관관계(± .90 이상)가 있는지를 확인하였다. 그 결과 가정에 위배되는 추정치는 발견되지 않아 모든 가정을 충족시켰다. 측정모형의 적합도는 χ^2 =223.342(74), p= .000으로 통계량이 통계적으로 유의한 것으로 나타났지만 통계량은 사례 수에 민감하여 모형과 자료의 불일치를 과도하게 추정하는 특성이 있기 때문에 그 외 다른 적합도 지수를 살펴보았다. 설명력과 간명성을 고려하여 CFI, TLI, RMSEA의 적합도를 함께 고려한 결과 CFI= .970, TLI= .964, RMSEA= .049로 나타나 본 측정모형이 비교적 자료를 잘 반영한 것으로 확인되었다. 측정모형에 대한 분석 결과는 〈그림 4〉와 〈표 4〉와 같다.

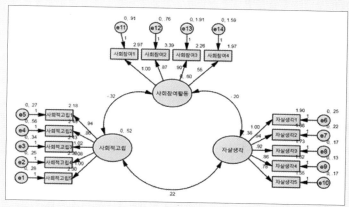

〈그림 4〉 측정모형

〈표 4〉 측정모형의 분석 결과

잠재변수	측정변수	Estimate		S.E.	CR
		B	β		
사회적 고립	사회적 고립1	1.000	.792***		
	사회적 고립2	.916	.632***	.049	18.695
	사회적 고립3	1.088	.782***	.046	23.852
	사회적 고립4	1.146	.838***	.044	25.906
	사회적 고립5	1.066	.805***	.043	24.689
자살생각	자살생각1	1.000	.778***		
	자살생각2	.940	.776***	.041	23.161
	자살생각3	.924	.805***	.038	24.182
	자살생각4	.863	.826***	.035	24.869
	자살생각5	.777	.752***	.035	22.333
사회참여활동	사회참여활동1	.873	.611***	.080	10.926
	사회참여활동2	.897	.448***	.097	9.211
	사회참여활동3	.553	.321***	.078	7.073
	사회참여활동4	1.000	.630***		

χ^2=223.342, df=74, CFI=.970, TLI=.964, RMSEA=.049,

*p<.05. **p<.01. ***p<.001

'측정모형 분석' 부분은 측정모형을 검증하고 그 구조방정식모형에 대한 분석 결과를 제시하는 부분입니다. 분석 결과를 제시할 때는 통계 프로그램을 활용한 측정모형 분석 결과를 결과표로 제시하면 되는데, 여기에서는 Amos를 활용하여 분석을 진행하였습니다. 측정모형은 확인적 요인분석을 진행하는 모형입니다. 구조방정식모형에서는 모든 모형에 대해서 가장 먼저 확인해야 할 것이 바로 모형적합도입니다. 이 예시 논문에서도 〈그림 4〉처럼 측정모형의 적합도에 문제가 없음을 확인한 후에 〈표 4〉처럼 확인적 요인분석 결과를 제시하였습니다. 구체적인 해석 방법과 적합도에 문제가 없는지 확인하는 방법은 추후에 다루겠습니다.

〈그림 4〉의 측정모형은 학술논문에서는 페이지 수 제한 때문에 제시하지 않는 편입니다. 그러나 학위논문 등에서는 어떻게 측정모형이 분석되었는지 확인할 수 있게 제시하기도 합니다.

❾ 구조모형 분석 : 구조모형 적합도, 경로분석 결과 제시

5) 구조모형 분석

주관적 경제상태와 배우자만족 변수를 통제한 후 분석하였다. 결과에 대한 모형적합도는 χ^2=287.980, df=98, CFI= .964, TLI= .956, RMSEA= .048로 나타나, 필요한 요구적합도를 충족시켰으며 경로계수는 〈그림 5〉와 〈표 5〉와 같다. 분석 결과를 구체적으로 살펴보면, 사회적 고립에서 사회참여활동에 이르는 경로는 CR=−10.884[***], 사회참여활동에서 자살생각에 이르는 경로는 CR=−2.835[**], 사회적 고립에서 자살생각에 이르는 경로는 CR=7.045[***]로 나타났다. 그리고 통제된 인구사회학적 변수인 주관적 경제상태에서 자살생각에 이른 경로는 CR=−3.192[***]로 나타났고, 배우자만족도에서 자살생각에 이르는 경로는 CR=−3.786[***]으로 나타났다. 노인의 사회참여활동은 사회적 고립을 통해서 자살생각에 부적(−) 영향을 미치는 것이 검증되었고, 통제된 노인의 주관적 경제상태와 배우자 만족도 또한 노인의 자살생각을 낮추는 변인임이 확인되었다.

이 결과는 노인의 사회적 고립이 자살생각에 정(+)의 영향을 미치는 것으로 사회적 고립 정도가 높을수록 자살생각이 높아지는 것을 의미한다. 반면 노인의 사회참여활동은 사회적 고립과 자살생각 간에서 자살생각을 억제시키는 매개 역할을 하고 있음이 검증되었다. 따라서 사회참여활동이 노인의 자살생각을 감소시킬 수 있는 중요한 변인임이 확인되었다고 볼 수 있다.

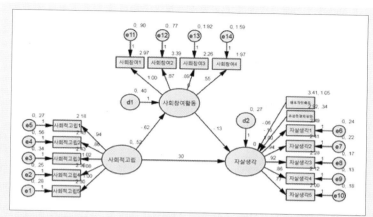

〈그림 5〉 구조모형

〈표 5〉 최종 구조모델 경로분석 결과

측정변수	Extimate		S.E.	CR
	B	β		
사회적 고립 → 사회참여활동	−.659	−.574	.061	−10.884***
사회참여활동 → 자살생각	−.127	−.165	.045	−2.835**
사회적 고립 → 자살생각	.319	.361	.045	7.045***
주관적 경제상태 → 자살생각	−.062	−.106	.019	−3.192**
배우자만족 → 자살생각	−.130	−.126	.034	−3.786***

x^2=287.980, df=98, CFI=.964, TLI=.956, RMSEA=.048,
***p<.001, **p<.01

'구조모형 분석' 부분도 측정모형을 검증할 때처럼 먼저 모형적합도에 문제가 없는지 제시하고, 문제가 없다면 경로분석에 대한 결과인 주요 변수 간 경로의 결과 값을 제시하면 됩니다. 〈그림 5〉처럼 구조모형에 대한 결과 그림을 그리거나 Amos 통계 프로그램에서 그린 모형 그림을 캡처(capture)하여 논문에 제시합니다.

예시 논문에서 분석에 대한 해석을 살펴보면, '~ 높아질수록 ~ 높아지는 것으로 나타났다.' 형태로 작성되어 있습니다. 이를 통해 구조방정식모형 분석에 대한 해석 방법이 회귀분석의 해석 방법과 큰 차이가 없다는 것을 알 수 있습니다.

❿ 매개효과 분석 : 매개효과 추정치, 표준오차, 간접신뢰구간 제시

6) 매개효과 분석

구조모형을 통해 사회참여활동이 사회적 고립과 자살생각 사이에서 매개 역할을 하고 있음이 확인되었다. 매개효과 검증을 위해 매개효과 유의검증방법의 하나인 Bootstrapping을 실시하였다.[6] 분석한 총효과, 직접효과, 간접효과는 〈표 6〉과 같다. 사회적 고립과 자살생각 간 사회참여활동의 매개효과는 총효과가 .450, 직접효과가 .356, 그리고 간접효과가 .094로 나타나 사회적 고립과 자살생각 사이에서 사회참여활동은 부분매개한 것으로 확인되었다. 이에 대한 간접신뢰구간은 .023~.194**로 유의수준 $p<.05$에서 유의미한 것으로 나타나 노인의 사회적 고립이 자살생각에 미치는 영향에서 사회참여활동은 부분적으로 매개 역할을 하고 있으며 매개효과(.094**)가 있음이 확인되었다.

〈표 6〉 최종 모델의 효과 분해표

	Total Effect	Direct Effect	Indirect Effect	간접신뢰구간
사회적 고립 → 자살생각	.450	.356	.094	.023-.194**
사회적 고립 → 사회참여활동	−.584	.584	.000	.000-.000
사회참여활동 → 자살생각	−.160	.160	.000	000-.000

---

6) Amos를 통한 매개효과 유의검증에서 Sobel 검증과 Bootstrapping 결과가 다르게 나타날 수 있으며 이 경우 Sobel 검증보다는 Bootstrapping 결과를 참고하는 것이 바람직하다는 연구 결과가 있다(Cheung and Lau, 2008). 이 방법은 기존의 매개효과 검증이 가질 수 있는 직접효과와 간접효과의 표준오차를 Bootstrap 방법을 이용해서 추정하는 방법으로 신뢰구간을 제시하고 그 구간이 0을 포함하지 않으면 간접효과나 직접효과가 통계적으로 유의미한 것으로 보는 방법이다(Shout and Bolger, 2002).

'매개효과 분석' 부분에서는 보통 매개효과 추정치, 표준오차, 간접신뢰구간을 제시하여 매개변수에 매개효과가 있는지 나타냅니다. 물론 〈표 6〉처럼, 직접효과, 간접효과, 총효과에 대한 추정치를 제시하기도 합니다. 구조방정식모형을 활용한 매개효과분석은 부트스트래핑을 통해 검증됩니다. 그 이유는 Amos와 같은 프로그램이 부트스트래핑으로 모형에 대한 반복적인 검증을 하여 한 번에 간접신뢰구간을 도출해내기 때문입니다. 간접신뢰구간에 0이 포함되어 있지 않으면 매개효과가 있는 것으로 해석합니다. Part 01에서는 3단계로 진행하는 위계적 회귀분석을 통해 여러 번의 분석을 거쳐 간접효과를 추정하거나 소벨-테스트(Sobel-test)를 통해 간접효과를 도출하였습니다. 하지만 2개 방법 모두 여러 작업을 거쳐야 했죠. 그래서 이런 부트스트래핑 방법을 SPSS에서 진행할 수 있도록 Hayes(2012)가 제안한 SPSS 프로세스 매크로 방법을 사용한다고 앞에서 설명했습니다. 하지만 이 역시 측정변수와 잠재변수의 오차를 분석할 수 없다는 한계가 있습니다.

지금까지 구조방정식모형을 활용한 논문을 개괄적으로 살펴보았습니다. 생소한 용어가 많이 보이지만, 회귀분석을 활용한 논문의 흐름과 크게 차이가 나지는 않습니다. 기존 구조방정식을 사용한 논문을 훑어보고 이 책을 통해서 실습해본다면, 구조방정식모형을 활용한 분석 결과를 이해하는 데 도움이 될 것입니다. 다음 Section부터는 예시 논문에서 제시한 것과 같은 결과가 어떻게 도출되며, 자신의 연구에 어떻게 적용할 수 있는지 하나씩 살펴보도록 하겠습니다.

 여기서 잠깐!!

간혹 매개효과 검증을 구조방정식모형을 활용한 부트스트래핑이 아닌 Sobel-test를 통해서 분석하기도 하는데, 이렇게 하면 논문 심사자나 담당 지도 교수님에게 지적받을 수 있습니다. Sobel-test를 통해 매개효과 검증을 한다고 해서 부트스트래핑 분석 결과와 큰 차이가 나지는 않습니다. 하지만 Sobel-test보다 부트스트래핑에 대한 결과 값이 더 정확하다는 연구가 많기 때문에 저는 연구자들에게 부트스트래핑을 활용한 매개효과 검증을 하라고 주로 제안하는 편입니다.

Amos 프로그램의 이해

가이드라인
동영상

bit.ly/onepass-amos11

PREVIEW

· **Amos 프로그램이란?**
 – 구조방정식모형을 분석할 수 있는 대표적인 프로그램

· **Amos 프로그램을 사용하는 이유**
 – SPSS 프로그램과의 호환성
 – 아이콘을 이용하여 복잡한 연구모형을 쉽게 분석할 수 있음

· **Amos 프로그램 시작**
 – 윈도우 단추(혹은 시작 단추) → IBM SPSS Statistics → IBM SPSS Amos → Amos Graphics

· **Amos 프로그램 구성**
 – Amos 프로그램은 크게 '메뉴, 작업 아이콘, 관리창, 작업창'의 네 가지 영역으로 구성됨
 – 작업 아이콘에 있는 아이콘의 기능 위주로 익혀야 함

01 _ Amos 프로그램이란?

Amos(Analysis of Moment Structure)는 구조방정식모형을 분석할 수 있는 대표적인 통계 프로그램입니다. 구조방정식모형을 분석했는지 물어볼 때 "Amos 돌렸어?"라고 물어

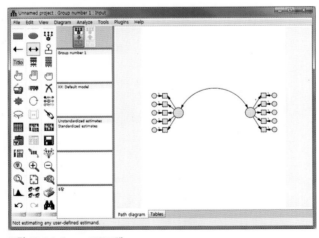

그림 10-1 | **Amos 프로그램**

보는 경우가 많습니다. 이 때문에 마치 Amos가 구조방정식모형과 같은 것으로 오해하는 분들이 많습니다. Amos는 구조방정식모형을 분석할 수 있는 통계 프로그램 중 하나일 뿐입니다. 구조방정식모형을 분석할 수 있는 통계프로그램으로 Amos 말고도 Lisrel, EQS, STATA 등이 있습니다. 그렇다면 구조방정식모형을 Amos 통계 프로그램으로 분석하려는 이유는 무엇일까요? 그 이유는 다음과 같습니다.

❶ SPSS 프로그램과의 호환성이 높다

Amos 프로그램은 SPSS 프로그램과 연동되기 때문에 SPSS 프로그램 사용자가 구조방정식모형을 분석할 경우 자연스럽게 Amos 프로그램을 활용하는 것입니다. SPSS에서 정리한 데이터를 Amos 프로그램으로 가져와 구조방정식모형을 분석할 때도 적용할 수 있다는 장점이 있습니다. 많은 분석가들이 SPSS에서 데이터 핸들링을 하고 그 데이터로 Amos에서 분석하는 편입니다.

❷ 아이콘을 이용하여 복잡한 연구모형을 쉽게 분석할 수 있다

[그림 10-1]을 보면, 왼쪽에 그림을 그릴 수 있는 도구인 아이콘들이 모여 있습니다. Amos 프로그램을 활용할 때는 이 아이콘들로 연구모형을 그려 분석합니다. 이렇게 다른 통계 프로그램보다 비교적 쉽게 구조방정식모형을 그려서 분석할 수 있기 때문에 Amos 프로그램을 많이 활용하는 편입니다.

Amos 프로그램이 쉽다는 장점이 있지만, 단점도 있습니다. 일단 Amos 프로그램은 한글판이 없습니다. 그래서 분석 결과뿐 아니라 모든 것이 영어로 표시됩니다. 하지만 영어 해석을 요하는 부분이나 알아야 할 영어 단어들이 많지는 않습니다. 게다가 연구모형을 만들 때 아이콘을 많이 사용하다보니, 아이콘이 지닌 의미를 정확하게 이해하면 영어를 잘 몰라도 프로그램을 잘 활용할 수 있습니다.

Amos 프로그램의 또 다른 단점은 제대로 된 방법으로 연구모형을 설정하여 분석하지 않으면, 오류가 많이 발생하고 분석이 실행되지 않는 경우가 많다는 것입니다. 더 큰 문제는 프로그램 오류 메시지가 떴을 때, 그 오류가 어떤 의미인지 몰라 오류를 해결하지 못하는 연구자가 많습니다. 그래서 Section 18에서는 Amos 프로그램 오류 메시지에 대한 대응 방법을 다룰 예정입니다.

02 _ Amos 프로그램 기본 메뉴 및 아이콘

Amos 프로그램 시작하기

Amos 프로그램을 시작하려면, 먼저 윈도우 단추 (혹은 시작 단추)를 누르고 [그림 10-2]와 같이 IBM SPSS Statistics 해당 버전 – IBM SPSS Amos 해당 버전 – Amos Graphics를 클릭하면 됩니다. File Manager, Language 등은 Amos와 관련된 파일이지만, 자주 사용하지 않으므로 넘어가도 됩니다.

그림 10-2 | Amos 프로그램 시작

Amos 프로그램 구성

Section 08에서 Amos 프로그램을 간단히 소개했습니다. 여기에서는 Amos 프로그램 구성에 대해 좀 더 구체적으로 살펴보겠습니다. [그림 10-3]을 보면, Amos 프로그램은 크게 메뉴, 작업 아이콘, 관리창, 작업창의 네 가지 영역으로 구성되어 있습니다.

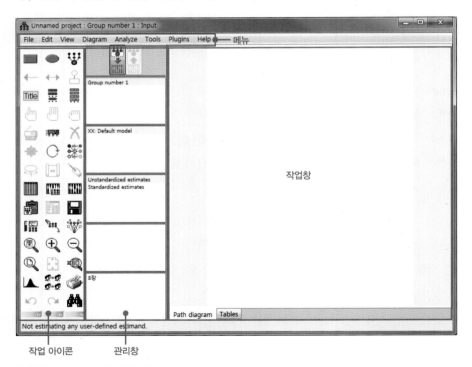

그림 10-3 | Amos 프로그램 구성

(1) 메뉴

메뉴 영역은 Amos 프로그램에서 할 수 있는 기능이 전부 모여 있는 곳입니다. 파일 저장하기, 분석 옵션 설정하기, 작업창 화면 크게 하기 등 각종 기능들이 있습니다. 메뉴에서 자주 사용하는 기능을 아이콘 형태로 만든 것이 바로 작업 아이콘입니다. 그렇다보니 메뉴에 직접 들어가서 분석을 진행하는 경우는 많지 않습니다. 또한 작업 아이콘과 중복되는 기능이 많기 때문에 굳이 메뉴에 있는 기능을 다 알 필요가 없습니다. 메뉴에서는 한 번이라도 사용할 만한 것들 위주로 설명하겠습니다.

메뉴에는 File, Edit, View, Diagram, Analyze, Tools, Plugins, Help가 있습니다. 구체적으로 하나씩 살펴보겠습니다.

❶ File

• New : 새로운 창 열기
• Save : 파일 저장하기(단축키 [Ctrl] + [S])
• Save As : 다른 이름으로 저장하기

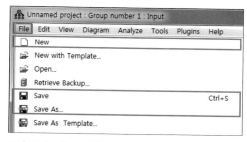

그림 10-4 | Amos 메뉴 – File

논문을 쓰다보면, 연구모형을 많이 수정해야 하고 모형마다 저장해야 하기 때문에, Save As 기능을 유용하게 사용합니다.

❷ Edit

Edit에 있는 기능은 모두 작업 아이콘에 있기 때문에 잘 사용하지는 않습니다.

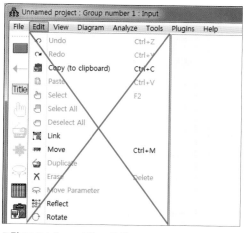

그림 10-5 | Amos 메뉴 – Edit

❸ View

• Interface Properties : 연구모형을 그리는 화면의 크기 변경하기

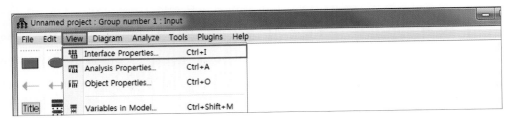

그림 10-6 | Amos 메뉴 – View

❹ Diagram

Diagram에 있는 기능 역시 대부분 작업 아이콘에 있기 때문에 잘 사용하지 않는 편입니다.

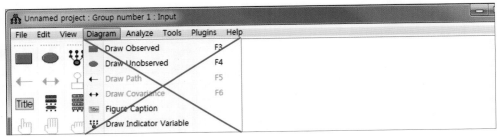

그림 10-7 | Amos 메뉴 – Diagram

❺ Analyze

• Multiple-Group Analysis : 다중집단 분석하기

• Data Imputation : 결측치 대체하기

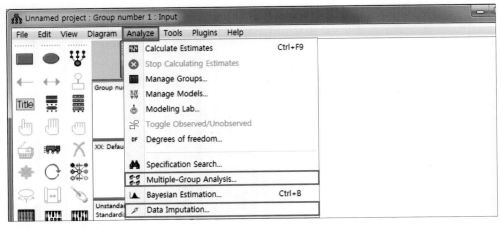

그림 10-8 | Amos 메뉴 – Analyze

❻ Tools

Tools 메뉴에는 글꼴 관리, 난수 관리, 도구상자 관리 기능 등이 있는데, 중요한 기능은 아닙니다. 작업창에서 바로 진행할 수 있는 기능이 대부분입니다.

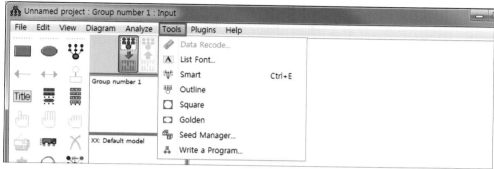

그림 10-9 | Amos 메뉴 – Tools

❼ Plugins

• Name Unobserved Variables : 잠재변수와 오차변수 이름 설정하기

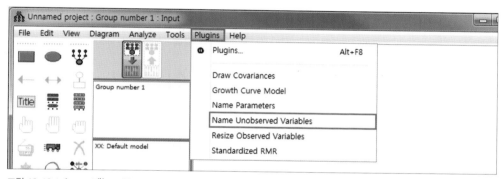

그림 10-10 | Amos 메뉴 – Plugins

❽ Help

Help 메뉴에는 Amos가 무엇인지 알려주고 Amos Website로 이동하게 하는 기능 등이 있는데, 잘 사용하지 않는 편입니다.

그림 10-11 | Amos 메뉴 – Help

(2) 작업 아이콘

작업 아이콘에 제시된 아이콘은 메뉴에 있는 기능을 손쉽게 이용할 수 있도록 만들어놓은 것입니다. Section 08에서 이 아이콘들을 사용하는 실습을 해보았으니, 여기서는 주로 사용하는 아이콘을 한눈에 볼 수 있도록 정리하겠습니다. 추후 Amos를 활용하여 여러 구조방정식모형을 분석할 때 아이콘 기능이 생각나지 않는다면 여기서 확인하기 바랍니다.

그림 10-12 | 주로 사용하는 아이콘

표 10-1 | 주요 아이콘과 기능

아이콘	기능	아이콘	기능
	측정변수 그리기		원하는 위치로 객체 이동하기
	잠재변수 그리기		삭제하기
	잠재변수와 측정변수, 그리고 측정오차까지 한 번에 그리기		잠재변수와 연결된 측정변수, 오차변수를 모두 90도씩 회전시키기
	잠재변수 간의 경로를 그리기(독립변수 → 종속변수)		Amos에서 사용할 파일 지정하기
	공분산 관계 표시하기		분석 옵션(아웃풋, 부트스트래핑 등)
	오차항 그리기(측정오차, 구조오차)		분석 진행하기
	SPSS의 변수 보기		분석 결과 확인하기
	그려진 잠재변수나 측정변수, 화살표 등 특정 객체 선택하기		저장하기
	그려진 모든 객체 선택하기		다중집단분석
	선택된 객체 취소하기		되돌리기
	객체 복사하기		재되돌리기

(3) 관리창

관리창은 작업창에서 분석 결과를 볼 수 있도록 전환하거나 그룹을 구분하는 등 여러 가지 기능이 있습니다. 하지만 주로 [최근 저장 파일창]에서 최근에 저장한 파일을 빠르게 열 때 사용하는 편입니다. 기타 기능들은 가볍게 한번 훑어보면 됩니다.

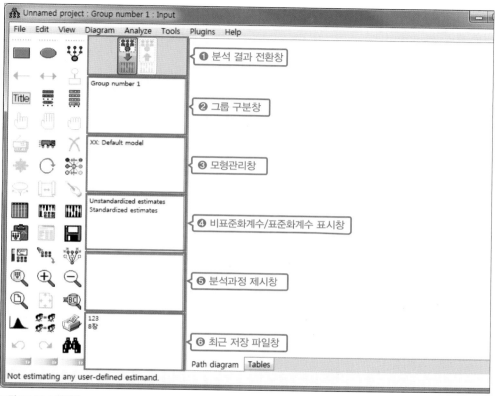

그림 10-13 | 관리창

❶ 분석 결과 전환창

작업창에 연구모형이 그려져 있는데 그 모형에 따른 분석 결과 값을 제시하고 싶은 경우, 이 창에서 오른쪽에 있는 모형을 클릭하면 결과 값을 확인할 수 있습니다. 반대로 연구모형에 수치가 나와 있어 너무 복잡하다면 왼쪽에 있는 모형을 클릭하여 모형만 보이게 할 수 있습니다.

❷ 그룹 구분창

다중집단분석을 실시할 때 사용되는 화면으로, 같은 연구모형을 그룹별로 분석하여 결과 값을 작업창에서 확인하고 싶을 때 사용합니다. [그림 10-13]에는 현재 Group number 1로 제시되어 있는데, 만약 남자와 여자를 구분하여 살펴보는 다집단 분석 연구라면 남자 그룹과 여자 그룹이 구분되어 표시되어 있을 것입니다. 추후 실습을 통해 살펴보겠습니다.

❸ 모형관리창

이 창은 주로 잠재성장모형 등을 분석할 때 사용합니다. 보통 Default model이고, 각종 오차나 경로 등을 제약할 경우 다른 모델이 제시됩니다. 그래서 잠재성장모형을 활용하는 것이 아니라면 크게 고려하지 않아도 되는 창입니다.

❹ 비표준화계수/표준화계수 표시창

작업창에 분석 결과 값이 포함된 모형을 선택할 때, 결과 값을 비표준화 계수로 표시할 것인지 표준화계수로 표시할 것인지를 결정할 수 있는 창입니다.

❺ 분석과정 제시창

분석 파일, 분석 데이터, 자유도, 카이제곱 수치 등을 간단하게 제시해주는 창입니다.

❻ 최근 저장 파일창

최근에 저장한 파일 목록이 제시된 창입니다.

(4) 작업창

작업창은 메뉴와 작업 아이콘을 통해서 직접 연구모형을 그리는 공간입니다. 도화지라고 생각하면 됩니다.

지금까지 Amos 프로그램의 개념을 살펴보고, 실제 분석에 사용하는 아이콘과 메뉴를 정리해보았습니다. 이제 Amos를 활용할 수 있도록 SPSS를 통해 데이터를 정리하고, 아이콘과 메뉴를 사용해서 각 연구모형에 맞게 분석을 진행해보겠습니다.

구조방정식모형 분석 전, SPSS를 활용한 준비 작업

가이드라인
동영상

bit.ly/onepass-amos12

PREVIEW

• **구조방정식모형 분석 전, SPSS에서 진행해야 할 작업**

  – 데이터 핸들링 : 이상치 및 결측치 확인, 역코딩

  – SPSS 분석 : 신뢰도분석, 빈도분석, 기술분석, 상관관계분석

Amos에서 구조방정식모형을 분석하기 전에, SPSS에서 데이터 핸들링을 통해 데이터를 정리하고, 기본 분석(신뢰도분석, 빈도분석, 기술통계분석, 상관관계분석 등)을 진행합니다. SPSS를 활용한 기본 분석은 '한번에 통과하는 논문' 시리즈의 2권에서 자세히 다루었으므로, 이 책에서는 바로 [그림 11–1]의 매개모형을 연구모형으로 설정하여 SPSS에서 진행해야 할 준비 작업을 순서에 맞게 제시하겠습니다. [그림 11–1]의 연구모형을 보면, 독립변수는 자아존중감, 종속변수는 삶의 만족도, 매개변수는 우울로 설정되어 있습니다. 논문에 연구모형을 그린다면 그림과 같이 간단하게 제시해도 좋습니다.

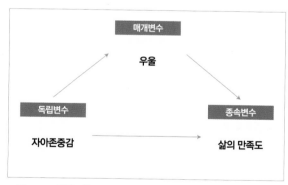

그림 11-1 | 연구모형

자아존중감, 삶의 만족도, 우울 척도에 대한 설문 문항을 구체적으로 살펴보겠습니다. 아래 설문지를 확인해보면, 자아존중감은 총 10문항, 삶의 만족도는 3문항, 우울은 10문항의 4점

리커트 척도로 구성되어 있습니다. 자아존중감, 삶의 만족도, 우울은 잠재변수, 각각의 문항은 측정변수라는 것을 파악할 수 있습니다.

1 다음은 여러분의 자아존중감에 관한 질문입니다. 각 문항을 읽고 자신의 생각과 일치하는 곳에 표시해 주시기 바랍니다.

항목	매우 그렇다	그런 편이다	그렇지 않은 편이다	전혀 그렇지 않다
1 나는 나에게 만족한다.	①	②	③	④
2 때때로 나는 내가 어디에도 소용없는 사람이라고 생각한다.	①	②	③	④
3 나는 내가 장점이 많다고 느낀다.	①	②	③	④
4 나는 남들만큼의 일은 할 수 있다.	①	②	③	④
5 나는 내가 자랑스러워할 만한 것이 별로 없다고 느낀다.	①	②	③	④
6 때때로 나는 내가 쓸모없는 존재로 느껴진다.	①	②	③	④
7 나는 내가 적어도 다른 사람만큼 가치 있는 사람이라고 느낀다.	①	②	③	④
8 나는 나를 좀 더 존중할 수 있었으면 좋겠다.	①	②	③	④
9 나는 내가 실패자라고 느끼는 경향이 있다.	①	②	③	④
10 나는 나에 대해 긍정적인 태도를 지니고 있다.	①	②	③	④

2 다음은 여러분의 삶의 만족도에 관한 질문입니다. 각 문항을 읽고 자신의 생각과 일치하는 곳에 표시해 주시기 바랍니다.

항목	매우 그렇다	그런 편이다	그렇지 않은 편이다	전혀 그렇지 않다
1 나는 사는 게 즐겁다.	①	②	③	④
2 나는 걱정거리가 별로 없다.	①	②	③	④
3 나는 내 삶이 행복하다고 생각한다.	①	②	③	④

3 다음은 여러분의 우울에 관한 질문입니다. 각 문항을 읽고 자신의 생각과 일치하는 곳에 표시해 주시기 바랍니다.

항목	매우 그렇다	그런 편이다	그렇지 않은 편이다	전혀 그렇지 않다
1 요즘은 행복한 기분이 든다.	①	②	③	④
2 불행하다고 생각하거나 슬퍼하고 우울해한다.	①	②	③	④
3 걱정이 없다.	①	②	③	④
4 죽고 싶은 생각이 든다.	①	②	③	④
5 울기를 잘한다.	①	②	③	④
6 어떤 일이 잘못되었을 때 나 때문이라는 생각을 자주 한다.	①	②	③	④
7 외롭다.	①	②	③	④
8 모든 일에 관심과 흥미가 없다.	①	②	③	④
9 장래가 희망적이지 않은 것 같다.	①	②	③	④
10 모든 일이 힘들다.	①	②	③	④

01 _ 데이터 핸들링

준비파일 : Amos data.sav

먼저 구조방정식모형을 진행하기 전에, SPSS 파일을 열고 변수 보기에서 주요 변수를 위로 올려 정리한 후 데이터 핸들링을 진행합니다. 주요 변수인 자아존중감, 삶의 만족도, 우울 모두 이상하게 코딩된 것이 있는지, 결측치가 있는지(Data Cleaning), 역코딩할 문항이 있는지(Data recording)를 확인합니다.

그림 11-2 | **SPSS를 통한 주요 변수 확인 작업**

여기서 잠깐!!

처음 실습파일을 열면, [그림 11-2]와 다른 화면이 보입니다. 이 책은 '한번에 통과하는 논문' 시리즈 2권을 공부했거나 SPSS를 다룰 줄 아는 독자들을 대상으로 하고 있지만, 혹시 당황하는 독자가 있을 수 있으니 실습파일의 화면과 [그림 11-2]의 화면이 나오는 이유와 방법을 간단히 설명하겠습니다.

실습파일을 열면 독립변수, 종속변수, 매개변수 같은 글자가 보이는데, 이것은 변수를 구분하기 위해 설정해놓은 것입니다. 분석에서는 오류가 많이 발생하고, 분석하는 데 시간적인 여유가 없는 경우가 많아 데이터만 보고도 대략의 연구 가설과 모형을 파악할 수 있도록 설계하는 편입니다. [그림 11-3]과 같이 **변수 보기** 화면을 열고 ❶ 변수 번호 위에서 마우스 오른쪽 버튼을 클릭한 다음 ❷ **변수 삽입** 메뉴를 클릭하면 구분하는 변수를 임의로 설정할 수 있습니다.

	이름	유형	너비	소수점이	레이블	값	결측값	열	맞춤	측도
19	질병유무4	숫자	10	0	질병유무4_심...	{1. 있었다}...	없음	11	오른쪽	척도
20	질병유무5	숫자	10	0	질병유무5_당...	{1. 있었다}...	없음	11	오른쪽	척도
21	질병유무6	숫자	10	0	질병유무6_기타	{1. 있었다}...	없음	11	오른쪽	척도
22	공격성1	숫자	10	0	공격성1_작은...	{1. 매우 그...	없음	11	오른쪽	척도
23	공격성2	숫자	10	0	공격성2_남이...	{1. 매우 그...	없음	11	오른쪽	척도
24	공격성3	숫자	10	0	공격성3_내가...	{1. 매우 그...	없음	11	오른쪽	척도
25	공격성4	숫자	10	0	공격성4_별 것...	{1. 매우 그...	없음	11	오른쪽	척도
26	공격성5	숫자	10	0	공격성5_하루...	{1. 매우 그...	없음	11	오른쪽	척도
27	공격성6	숫자	10	0	공격성6_아무...	{1. 매우 그...	없음	11	오른쪽	척도
28	❶ 변수 번호 위에서 오른쪽 클릭				우울1_요즘은...	{1. 매우 그...	없음	11	오른쪽	척도
29	복사(C)		10	0	우울2_불행하...	{1. 매우 그...	없음	11	오른쪽	척도
30	붙여넣기(P)		10	0	우울3_걱정이 ...	{1. 매우 그...	없음	11	오른쪽	척도
31	지우기(E)		10	0	우울4_죽고 싶...	{1. 매우 그...	없음	11	오른쪽	척도
32	변수 삽입(A) ❷ 클릭			0	우울5_울기를 ...	{1. 매우 그...	없음	11	오른쪽	척도
33				0	우울6_어떤 일...	{1. 매우 그...	없음	11	오른쪽	척도
34	변수 붙여넣기(V)...				우울7_외롭다	{1. 매우 그...	없음	11	오른쪽	척도
35	변수 정보(V)...		10	0	우울8_모든 일...	{1. 매우 그...	없음	11	오른쪽	척도
36	기술통계량(D)		10	0	우울9_장래가 ...	{1. 매우 그...	없음	11	오른쪽	척도
37	우울10	숫자			우울10_모든 일...	{1. 매우 그...	없음	11	오른쪽	척도

그림 11-3 │ 변수 구분을 위한 삽입 메뉴 활용 방법

주요 변수를 위로 올리는 방법은 [그림 11-4]와 같습니다. **변수 보기** 화면에서 ❶ 주요 변수에 해당하는 우울, 자아존중감, 삶의 만족도 문항의 변수 번호를 '마우스 왼쪽 버튼 + Shift or Ctrl'을 사용하여 선택하고, ❷ 선택한 변수 번호 중 아무거나 위로 드래그하면 [그림 11-2]와 같은 화면이 나옵니다.

34	우울7	숫자	10	0	우울7_외롭다	{1. 매우 그...	없음	11	오른쪽	척도
35	우울8	숫자	10	0	우울8_모든 일...	{1. 매우 그...	없음	11	오른쪽	척도
36	우울9 ❷ 드래그	숫자	10	0	우울9_장래가 ...	{1. 매우 그...	없음	11	오른쪽	척도
37	우울10	숫자	10	0	우울10_모든 일...	{1. 매우 그...	없음	11	오른쪽	척도
38	자아존중감1	숫자	10	0	자아존중감1-나...	{1. 매우 그...	없음	10	오른쪽	척도
39	자아존중감2	숫자	10	0	자아존중감2-때...	{1. 매우 그...	없음	10	오른쪽	척도
40	자아존중감3	숫자	10	0	자아존중감3-나...	{1. 매우 그...	없음	10	오른쪽	척도
41	자아존중감4	숫자	10	0	자아존중감4-나...	{1. 매우 그...	없음	10	오른쪽	척도
42	자 ❶ 옮길 변수 선택		10	0	자아존중감5-때...	{1. 매우 그...	없음	10	오른쪽	척도
43			10	0	자아존중감6-때...	{1. 매우 그...	없음	10	오른쪽	척도
44	자아존중감7	숫자	10	0	자아존중감7-나...	{1. 매우 그...	없음	10	오른쪽	척도
45	자아존중감8	숫자	10	0	자아존중감8-나...	{1. 매우 그...	없음	10	오른쪽	척도
46	자아존중감9	숫자	10	0	자아존중감9-나...	{1. 매우 그...	없음	10	오른쪽	척도
47	자아존중감10	숫자	10	0	자아존중감10-...	{1. 매우 그...	없음	10	오른쪽	척도
48	삶의만족도1	숫자	10	0	삶의 만족도1_...	{1. 매우 그...	없음	11	오른쪽	척도

그림 11-4 │ 손쉬운 분석을 위한 변수 이동 방법

이상치 확인하기

1 주요 변수에 이상한 값(이상치)이 있는지 확인하기 위해 분석 – 기술통계량 – 빈도분석 메뉴를 클릭합니다.

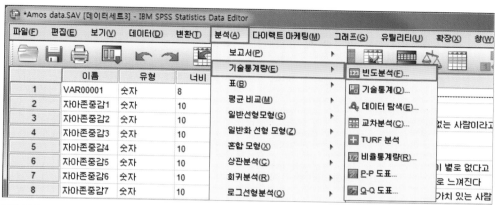

그림 11-5

2 빈도분석 창에서 **①** 주요 변수를 선택하고 **②** 오른쪽 이동 버튼(➡)을 클릭한 후 **③** 확인을 클릭합니다.

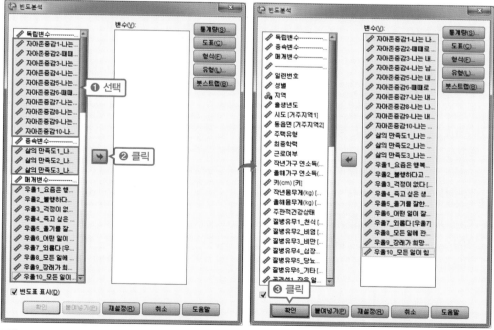

그림 11-6

3 출력 결과 창에서 빈도를 확인합니다. 예를 들어, [그림 11-7]을 보면 우울1과 우울2는 이상치가 없다는 것을 확인할 수 있습니다. 이 외에 다른 주요 변수에서도 이상치가 있는지 확인해본 결과 문제가 없다는 것을 파악할 수 있었습니다.

우울1_요즘은 행복한 기분이 든다

		빈도	퍼센트	유효 퍼센트	누적 퍼센트
유효	매우 그렇다	34	1.4	1.6	1.6
	그런 편이다	325	13.8	15.4	17.0
	그렇지 않은 편이다	1065	45.3	50.5	67.6
	전혀 그렇지 않다	684	29.1	32.4	100.0
	전체	2108	89.7	100.0	
결측	시스템	243	10.3		
전체		2351	100.0		

우울2_불행하다고 생각하거나 슬퍼하고 우울해한다

		빈도	퍼센트	유효 퍼센트	누적 퍼센트
유효	매우 그렇다	37	1.6	1.8	1.8
	그런 편이다	275	11.7	13.0	14.8
	그렇지 않은 편이다	959	40.8	45.5	60.3
	전혀 그렇지 않다	837	35.6	39.7	100.0
	전체	2108	89.7	100.0	
결측	시스템	243	10.3		
전체		2351	100.0		

그림 11-7

아무도 가르쳐주지 않는 Tip

우울의 값은 '1=매우 그렇다, 2=그런 편이다, 3=그렇지 않은 편이다, 4=전혀 그렇지 않다'의 4점 리커트 척도로 구성되어 있고, 연구자가 이미 SPSS를 활용하여 값을 입력해놓았습니다. 그래서 빈도분석을 하면, 숫자가 나오는 것이 아니라 값에 해당하는 레이블이 나오는 것입니다. 자신의 데이터를 SPSS로 분석할 때 숫자가 나온다면, 그건 값을 입력하지 않았기 때문입니다.

값을 입력해두면 [그림 11-8]처럼 해당 변수에 입력한 레이블(매우 그렇다, 그런 편이다, 그렇지 않은 편이다, 전혀 그렇지 않다) 이 외의 값이나 숫자가 빈도분석 결과에서 [그림 11-9]와 같이 나왔을 때, 바로 이상치 혹은 코딩 오류 값을 찾아낼 수 있습니다. 따라서 빈도분석을 실행하기 전에 값을 입력하는 습관을 들이는 것이 좋습니다.

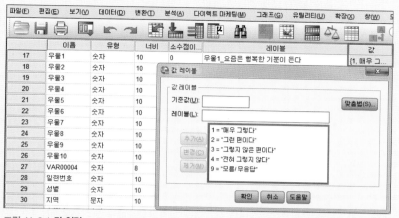

그림 11-8 | 값 입력

우울1_요즘은 행복한 기분이 든다

		빈도	퍼센트	유효 퍼센트	누적 퍼센트
유효	매우 그렇다	34	1.4	1.6	1.6
	그런 편이다	325	13.8	15.4	17.0
	그렇지 않은 편이다	1065	45.3	50.5	67.5
	전혀 그렇지 않다	684	29.1	32.4	100.0
	5	1	.0	.0	100.0
	전체	2109	89.7	100.0	
결측	시스템	242	10.3		
전체		2351	100.0		

그림 11-9 | 이상치 확인

4 실습파일에는 이상치가 없지만, 이상치가 있다고 가정하고 이상치를 결측치로 바꿔보 겠습니다. 변환 – 같은 변수로 코딩변경 메뉴를 클릭합니다.

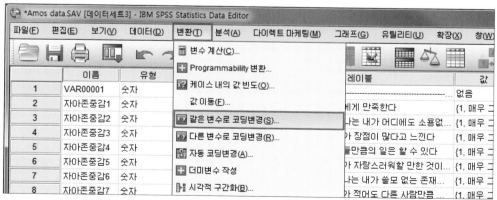

그림 11-10

5 ❶ 같은 변수로 코딩변경 창에서 이상치가 있는 변수를 선택하고 ❷ 오른쪽 이동 버튼 (➡)을 클릭한 후 ❸ 기존값 및 새로운 값을 클릭합니다.

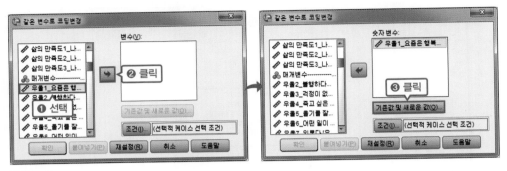

그림 11-11

6 같은 변수로 코딩변경: 기존값 및 새로운 값 창에서 ❶ 기존값의 '값'에 '1'을 입력하고 ❷ 새로운 값의 '값'에도 '1'을 입력한 후 ❸ 추가를 클릭합니다. 이와 같은 방식으로 기존값과 새로운 값의 '값'에 '2 → 2', '3 → 3', '4 → 4'를 차례로 입력합니다.

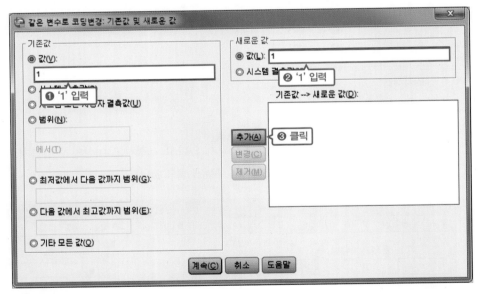

그림 11-12

7 ❶ 기존값에서 '기타 모든 값'을 클릭하고 ❷ 새로운 값에서 '시스템 결측값'을 클릭합니다. ❸ 추가를 클릭한 후 ❹ 계속을 클릭합니다.

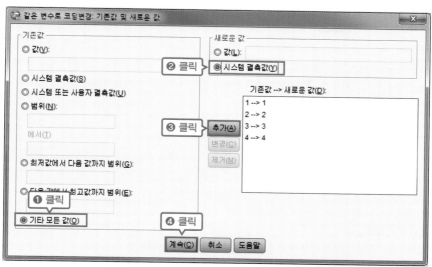

그림 11-13

8 같은 변수로 코딩변경 창에서 확인을 클릭합니다. '우울1'에 대한 값이 1부터 4까지만 나오고, 나머지는 모두 시스템 결측값인 빈칸으로 남게 되어 이상치가 결측치로 바뀝니다.

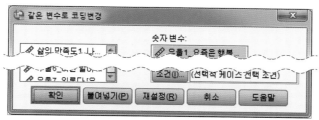

그림 11-14

9 다시 한 번 이상치가 있는지 확인하기 위해 빈도분석을 하여 출력 결과를 확인합니다.

그림 11-15

우울1_요즘은 행복한 기분이 든다

		빈도	퍼센트	유효 퍼센트	누적 퍼센트
유효	매우 그렇다	34	1.4	1.6	1.6
	그런 편이다	325	13.8	15.4	17.0
	그렇지 않은 편이다	1065	45.3	50.5	67.6
	전혀 그렇지 않다	684	29.1	32.4	100.0
	전체	2108	89.7	100.0	
결측	시스템	243	10.3		
전체		2351	100.0		

여기서 잠깐!!

1. '같은 변수로 코딩변경'과 '다른 변수로 코딩변경'의 차이와 의미는 무엇인가요?

'같은 변수로 코딩변경'과 '다른 변수로 코딩변경'의 차이는 원데이터의 보존 여부입니다. '한번에 통과하는 논문' 시리즈 2권의 Section 08에서는 원데이터를 보존하고 변경한 변수를 확인하는 용도로 '다른 변수로 코딩변경'을 추천했습니다. 하지만 역문항에서는 '같은 변수로 코딩변경'을 하는 것이 더 좋습니다. 역문항은 코딩 변경을 통해 분석할 수 있는 완벽한 변수가 되기 때문에 굳이 원데이터를 보존할 필요가 없습니다. 대신 변수명이나 레이블에 're'를 붙여 변수를 변경했음을 표시하는 편입니다.

2. 결측치란 무엇인가요?

'결측치'라는 단어는 '결측값(value unknown at present 혹은 missing value)'에서 나왔습니다. 결측값은 존재하지 않거나 정해져 있지 않은 값, 관측되지 못한 값을 의미합니다. 보통 설문조사에서는 '무응답'을 의미합니다. 분석가들은 '결측값' 대신 '결측치'라는 단어를 많이 사용하는 편입니다.

3. 이상치란 무엇인가요?

이 책에서 언급한 이상치는 설문지 문항에 없는 문항이거나 연구자의 실수로 인해 기록된 값을 뜻합니다. 통계적으로 볼 때 이상치(outlier)는 데이터가 정규분포에서 많이 벗어나 있는 값을 의미하기도 합니다. 그래서 정상적인 사람과 다른 사람 혹은 특별하고 매우 특출난 재능이 있는 사람을 가리킬 때 아웃라이어(outlier)라고 하죠. 정규분포에 속해 있지 않고, 평균에서 많이 벗어난 사람이기 때문입니다. 이 책에서 말하는 이상치는 오류(error)라는 개념에 가깝습니다.

결측치 확인 및 삭제하기

1 주요 변수에 결측치가 있는지 확인하기 위해 분석 – 기술통계량 – 빈도분석 메뉴를 클릭합니다.

	이름	유형	너비
1	VAR00001	숫자	8
2	자아존중감1	숫자	10
3	자아존중감2	숫자	10
4	자아존중감3	숫자	10
5	자아존중감4	숫자	10
6	자아존중감5	숫자	10
7	자아존중감6	숫자	10
8	자아존중감7	숫자	10

그림 11-16

2 빈도분석 창에서 **①** 주요 변수를 선택하고 **②** 오른쪽 이동 버튼(➡)을 클릭한 후 **③** 확인을 클릭합니다.

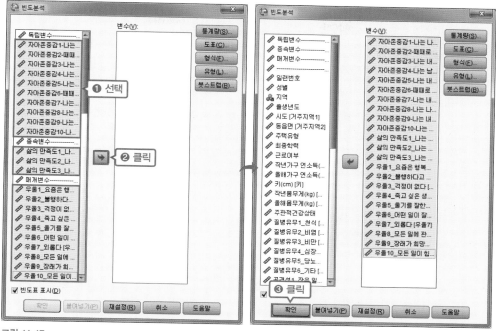

그림 11-17

3 출력 결과 창에서 '빈도' 결과의 〈통계량〉 결과표에 '결측'이라고 적힌 부분을 확인합니다. '자아존중감1'의 경우 260 케이스가 결측치인 것으로 확인되었습니다. '삶의 만족도'와 '우울'에 대한 결측치 여부를 확인합니다. 결측치는 변수마다 차이가 있을 수 있습니다.

		자아존중감10-나는 나에 대해 긍정적인 태도를 지니고 있다 re	삶의 만족도1_나는 사는 게 줄겁다re	삶의 만족도2_나는 걱정거리가 별로 없다re	삶의 만족도3_나는 내 삶이 행복하다고 생각한다re	우울1_요즘은 행복한 기분이 든다
N	유효	2091	2108	2108	2108	2108
	결측	260	243	243	243	243

그림 11-18

4 결측치가 하나라도 있는 케이스를 확인하기 위해 변환 – 변수 계산 메뉴를 클릭합니다.

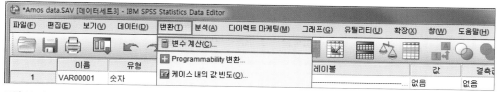

그림 11-19

5 변수 계산 창에서 **①** 목표변수에 '합합'이라고 입력합니다. **②** Amos에서 활용할 주요 변수
를 하나씩 더블클릭하여 **③** '숫자표현식'에 넣고 '+'로 더해줍니다. **④** 확인을 클릭합니다.

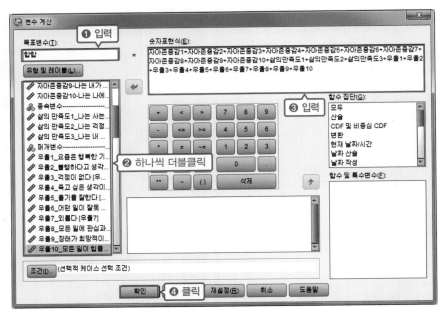

그림 11-20

 여기서 잠깐!!

[그림 11-20]에서 각 측정변수를 하나씩 더하여 계산해보았나요? 어떤 독자는 왜 [그림 11-20]처럼 번거로운 덧셈
과정을 사용하는가에 대한 의문을 품는 분도 있을 것입니다. 그리고 [그림 11-21]처럼 sum 함수를 떠올리시겠죠?
하지만 실제 SPSS 프로그램을 통해 계산을 해보시면, 모든 변수를 하나씩 더하는 방법과 sum 함수를 사용하는
방법의 결과값은 다르게 나옵니다. 모든 변수를 더하는 [그림 11-20] 방법은 1개라도 값이 없다면 계산이 되지 않
고 결측값으로 처리되는 반면, sum 함수를 사용하는 [그림 11-21] 방법은 없는 값이 있어도 그 값을 제외하고 계
산이 진행됩니다.

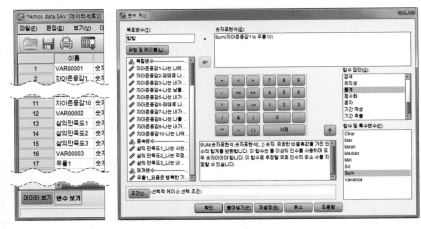

그림 11-21 | sum과 to를 이용해 측정변수와 합 계산

6 데이터 보기에서 '합합'이라는 변수를 확인합니다. 주요 변수에 하나라도 결측치가 있는
케이스는 빈칸으로 표시됩니다.

그림 11-22

7 하나라도 결측치가 있는 케이스를 삭제하고자 데이터 – 케이스 선택 메뉴를 클릭합니다.

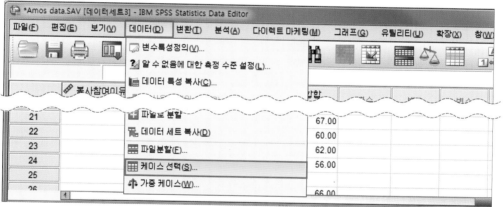

그림 11-23

8 케이스 선택 창에서 ❶ '조건을 만족하는 케이스'를 클릭하고 ❷ 조건을 클릭합니다.

그림 11-24

9 케이스 선택: 조건 창에서 **①** '합합' 변수를 더블클릭하고 **②** `>=` 버튼을 클릭한 뒤 **③** '0'을 입력하여 '합합 >=0'이라는 식을 만듭니다. **④** 계속을 클릭합니다.

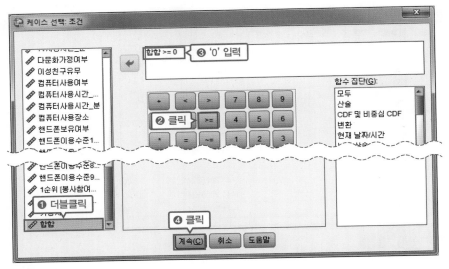

그림 11-25

 여기서 잠깐!!

'합합 >=0'은 '케이스 중에서 0보다 크거나 같은 케이스만 남겨라'라는 뜻입니다. '합합'이라는 변수는 결측치를 제외한 나머지가 모두 숫자로 표시되어 있습니다. 또한 '합합'이라는 변수가 주요 변수를 모두 더한 값이기 때문에, 음수가 나올 수 없습니다. 결국 모든 값은 0보다 크거나 같을 것입니다. 그래서 '합합 >=0'이라는 수식을 사용하면, 숫자로 표시되지 않은 모든 결측치를 삭제해주는 효과가 있습니다.

10 케이스 선택 창에서 **①** '선택하지 않은 케이스 삭제'를 클릭하고 **②** 확인을 클릭합니다.

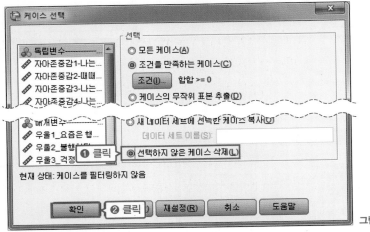

그림 11-26

11 결측치를 삭제한 변수 '합합'을 통해 결측치가 있는 케이스가 삭제되었는지 확인합니다.

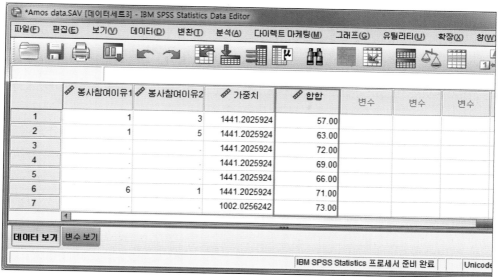

그림 11-27

아무도 가르쳐주지 않는 Tip

결측치가 있는 케이스는 되도록 삭제하는 것이 좋습니다. 구조방정식에서는 결측치가 있더라도 분석되지만, 매개효과 등을 검증할 때 사용하는 부트스트래핑이라든지, 수정지표의 경우 결측치가 하나라도 있다면 통계 프로그램이 분석 결과를 제시해주지 않습니다. 그리고 결측치를 삭제하지 않으면, 최종 분석 대상자를 결측치를 제거하기 전 케이스 수로 오해하는 경우가 생기기도 합니다. 그래서 최종 분석 대상자의 결측치를 미리 삭제해야 합니다. 또한 최종 연구모형에서 활용하는 케이스 수가 최종 연구 대상자이므로, 빈도분석이나 기술통계분석을 하기 전에 최종 분석(구조방정식)에서 활용하는 케이스 수를 확인해야 합니다.

물론 케이스를 삭제하지 않고 결측치를 대체하는 방법도 있습니다. 결측치를 대체할지, 삭제할지는 연구자의 판단에 따릅니다. 또한 집단의 대표성을 가정하는 정규성 등의 통계적인 부분도 고려해야 합니다. 하지만 보통 케이스 자체가 많으면 결측치를 삭제하도록 권합니다. 만약 케이스가 200개 이하이면, 결측치를 대체하는 것도 고려해보길 바랍니다. 결측치를 대체하는 방법은 Section 17에서 설명하도록 하겠습니다.

역코딩할 변수 확인하기

1 설문지를 통해서 주요 변수 중에 역코딩할 변수가 있는지 확인합니다.

[역코딩할 변수]
자아존중감 : 1, 3, 4, 7, 10 / 삶의 만족도 : 1, 2, 3 / 우울 : 2, 4, 5, 6, 7, 8, 9, 10

1 다음은 여러분의 자아존중감에 관한 질문입니다. 각 문항을 읽고 자신의 생각과 일치하는 곳에 표시해 주시기 바랍니다.

항목	매우 그렇다	그런 편이다	그렇지 않은 편이다	전혀 그렇지 않다
1 나는 나에게 만족한다.	①	②	③	④
2 때때로 나는 내가 어디에도 소용없는 사람이라고 생각한다.	①	②	③	④
3 나는 내가 장점이 많다고 느낀다.	①	②	③	④
4 나는 남들만큼의 일은 할 수 있다.	①	②	③	④
5 나는 내가 자랑스러워할 만한 것이 별로 없다고 느낀다.	①	②	③	④
6 때때로 나는 내가 쓸모없는 존재로 느껴진다.	①	②	③	④
7 나는 내가 적어도 다른 사람만큼 가치 있는 사람이라고 느낀다.	①	②	③	④
8 나는 나를 좀 더 존중할 수 있었으면 좋겠다.	①	②	③	④
9 나는 내가 실패자라고 느끼는 경향이 있다.	①	②	③	④
10 나는 나에 대해 긍정적인 태도를 지니고 있다.	①	②	③	④

2 다음은 여러분의 삶의 만족도에 관한 질문입니다. 각 문항을 읽고 자신의 생각과 일치하는 곳에 표시해 주시기 바랍니다.

항목	매우 그렇다	그런 편이다	그렇지 않은 편이다	전혀 그렇지 않다
1 나는 사는 게 즐겁다.	①	②	③	④
2 나는 걱정거리가 별로 없다.	①	②	③	④
3 나는 내 삶이 행복하다고 생각한다.	①	②	③	④

3 다음은 여러분의 우울에 관한 질문입니다. 각 문항을 읽고 자신의 생각과 일치하는 곳에 표시해 주시기 바랍니다.

항목	매우 그렇다	그런 편이다	그렇지 않은 편이다	전혀 그렇지 않다
1 요즘은 행복한 기분이 든다.	①	②	③	④
2 불행하다고 생각하거나 슬퍼하고 우울해한다.	①	②	③	④
3 걱정이 없다.	①	②	③	④
4 죽고 싶은 생각이 든다.	①	②	③	④
5 울기를 잘한다.	①	②	③	④
6 어떤 일이 잘못되었을 때 나 때문이라는 생각을 자주 한다.	①	②	③	④
7 외롭다.	①	②	③	④
8 모든 일에 관심과 흥미가 없다.	①	②	③	④
9 장래가 희망적이지 않은 것 같다.	①	②	③	④
10 모든 일이 힘들다.	①	②	③	④

여기서 잠깐!!

선행 논문에서 역코딩(역채점)을 진행하는 기준은 측정 도구나 변수 설계 부분에서 확인할 수 있습니다. 또한 [그림 11-28]처럼, 역문항은 별표(*)로 표시되어 있습니다. 그래서 별표로 표시된 문항을 기준으로 역코딩하는 것이 가장 좋은 방법입니다. 역코딩을 하지 않은 채, 원래는 통계적으로 유의미하게 나오는 결과였는데 지금은 결과가 안 나온 다며 회사로 찾아오는 연구자들이 많습니다. 선행 연구의 역문항은 꼭 확인하고, 역코딩을 진행하길 부탁드립니다.

사회적 회피 및 불안 척도 (Social Avoidance and Distress Scale: SADS)

변수	하위요인	문항번호	문항수	Cronbach's α
사회불안	사회적 회피	2, 4*, 8, 9*, 13, 17*, 18, 19*, 21, 22*, 24, 25*, 26, 27*	14	.879
	불안	1*, 3*, 5, 6*, 7*, 10, 11, 12*, 14, 15*, 16, 20, 23, 28*	14	.893
	전체		28	.936

* 역문항

그림 11-28 │ 역코딩 진행 기준 : 별표(*)로 표시된 문항

2 주요 변수의 최젓값과 최곳값을 확인합니다.

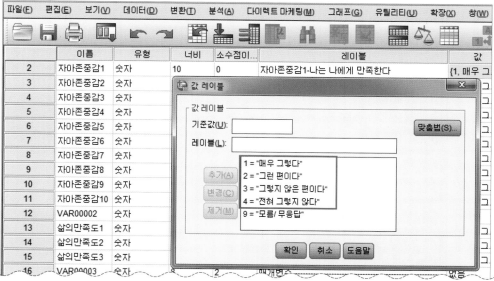

그림 11-29

3 역코딩을 진행하기 위해 변환 – 같은 변수로 코딩변경 메뉴를 클릭합니다.

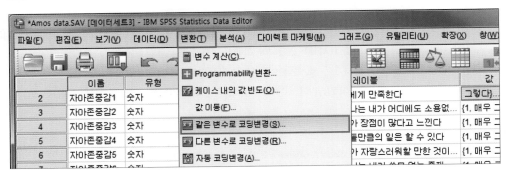

그림 11-30

여기서 잠깐!!

아직 SPSS가 익숙지 않은 연구자라면 역코딩할 때 **변환 – 다른 변수로 코딩변경**을 활용하는 것이 더 좋습니다. 다른 변수로 코딩변경을 하면 원데이터와 비교하여 자신이 진행한 역코딩을 확인할 수 있기 때문입니다.

4 같은 변수로 코딩변경 창에서 ❶ 역코딩해야 하는 변수를 선택하고 ❷ 오른쪽 이동 버튼 (➡)을 클릭한 후 ❸ 기존값 및 새로운 값을 클릭합니다.

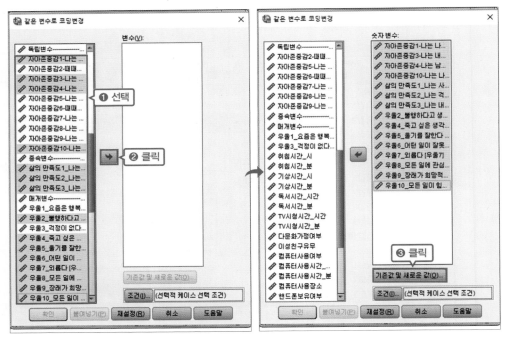

그림 11-31

5 같은 변수로 코딩변경: 기존값 및 새로운 값 창에서 **①** 기존값의 '값'에 '1'을 입력하고 **②** 새로운 값의 '값'에는 '4'를 입력한 후 **③** 추가를 클릭합니다. 같은 방식으로 기존값과 새로운 값의 '값'에 '2 → 3', '3 → 2', '4 → 1'을 차례로 입력합니다.

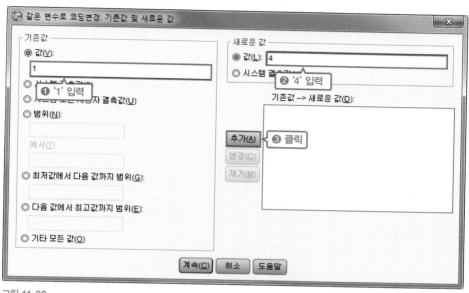

그림 11-32

6 **①** 기존값에서 '기타 모든 값'을 클릭하고 **②** 새로운 값에서 '시스템 결측값'을 클릭합니다. **③** 추가를 클릭 후 **④** 계속을 클릭합니다.

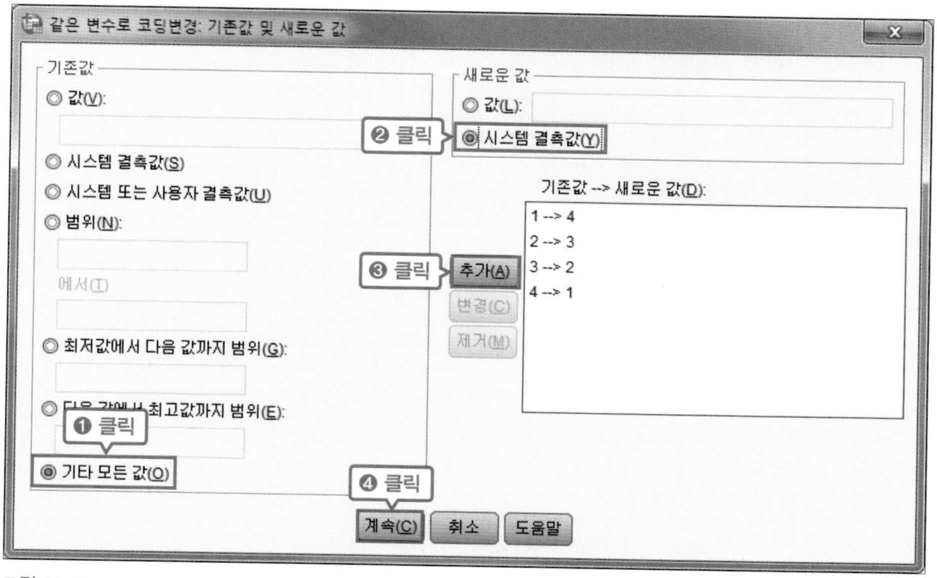

그림 11-33

여기서 잠깐!!

[그림 11-29]에서 최젓값과 최곳값을 확인하는 이유는 코딩 변경을 할 때 [그림 11-33]처럼 기존값과 새로운 값을 지정해줘야 하기 때문입니다. 설문 문항을 통해 값의 범위를 정확하게 파악하지 못하면, 잘못된 코딩 변환을 할 수 있습니다.

7 확인을 클릭합니다. 이렇게 하면 역코딩이 진행된 것입니다.

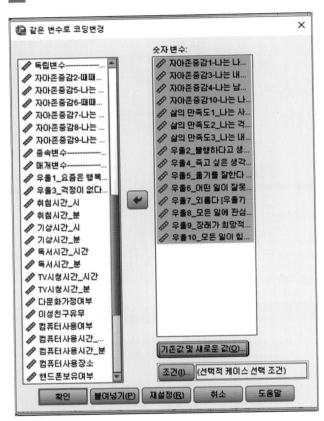

그림 11-34

8 같은 변수로 코딩변경을 했기 때문에 역코딩했다는 표시를 하겠습니다. 변수 보기로 들어가 역코딩한 변수의 변수명이나 레이블에 're' 표시를 합니다.

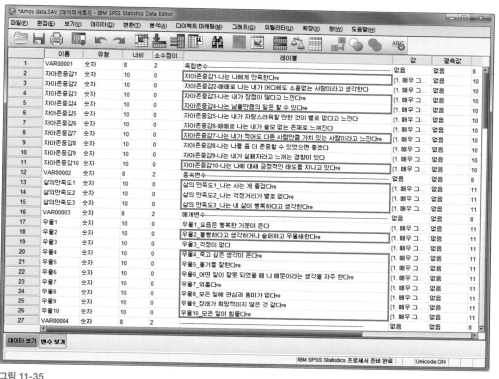

	이름	유형	너비	소수점이...	레이블	값	결측값	
1	VAR00001	숫자	8	2	독립변수~	없음	없음	8
2	자아존중감1	숫자	10	0	자아존중감1-나는 나에게 만족한다re	{1. 매우 그...	없음	10
3	자아존중감2	숫자	10	0	자아존중감2-매매로 나는 내가 어디에도 소용없는 사람이라고 생각한다	{1. 매우 그...	없음	10
4	자아존중감3	숫자	10	0	자아존중감3-나는 내가 장점이 많다고 느낀다re	{1. 매우 그...	없음	10
5	자아존중감4	숫자	10	0	자아존중감4-나는 남올만큼의 일은 할 수 있다	{1. 매우 그...	없음	10
6	자아존중감5	숫자	10	0	자아존중감5-나는 내가 자랑스러워할 만한 것이 별로 없다고 느낀다	{1. 매우 그...	없음	10
7	자아존중감6	숫자	10	0	자아존중감6-매매로 나는 내가 쓸모 없는 존재로 느껴진다	{1. 매우 그...	없음	10
8	자아존중감7	숫자	10	0	자아존중감7-나는 내가 적어도 다른 사람만큼 가치 있는 사람이라고 느낀다re	{1. 매우 그...	없음	10
9	자아존중감8	숫자	10	0	자아존중감8-나를 좀 더 존중할 수 있으면 좋겠다	{1. 매우 그...	없음	10
10	자아존중감9	숫자	10	0	자아존중감9-나는 내가 실패자라고 느끼는 경향이 있다	{1. 매우 그...	없음	10
11	자아존중감10	숫자	10	0	자아존중감10-나는 나에 대해 긍정적인 태도를 지니고 있다re	{1. 매우 그...	없음	10
12	VAR00002	숫자	8	2	종속변수~	없음	없음	8
13	삶의만족도1	숫자	10	0	삶의 만족도1_나는 사는 즐겁다re	{1. 매우 그...	없음	11
14	삶의만족도2	숫자	10	0	삶의 만족도2_나는 걱정거리가 별로 없다	{1. 매우 그...	없음	11
15	삶의만족도3	숫자	10	0	삶의 만족도3_나는 내 삶이 행복하다고 생각한다re	{1. 매우 그...	없음	11
16	VAR00003	숫자	8	2	매개변수~	없음	없음	8
17	우울1	숫자	10	0	우울1_요즘은 행복한 기분이 든다	{1. 매우 그...	없음	11
18	우울2	숫자	10	0	우울2_불행하다고 생각하거나 슬퍼하고 우울해한다re	{1. 매우 그...	없음	11
19	우울3	숫자	10	0	우울3_걱정이 없다	{1. 매우 그...	없음	11
20	우울4	숫자	10	0	우울4_죽고 싶은 생각이 든다	{1. 매우 그...	없음	11
21	우울5	숫자	10	0	우울5_울기를 잘한다re	{1. 매우 그...	없음	11
22	우울6	숫자	10	0	우울6_어떤 일이 잘못 되었을 때 나 때문이라는 생각을 자주 한다re	{1. 매우 그...	없음	11
23	우울7	숫자	10	0	우울7_외롭다	{1. 매우 그...	없음	11
24	우울8	숫자	10	0	우울8_모든 일에 관심과 흥미가 없다re	{1. 매우 그...	없음	11
25	우울9	숫자	10	0	우울9_장래가 희망적이지 않은 것 같다re	{1. 매우 그...	없음	11
26	우울10	숫자	10	0	우울10_모든 일이 힘들다re	{1. 매우 그...	없음	11
27	VAR00004	숫자	8	2		없음	없음	8

그림 11-35

아무도 가르쳐주지 않는 Tip

앞에서 언급했듯이 역코딩을 선정하는 기준은 선행 논문을 보고 판단하면 됩니다. 하지만 참고할 만한 선행 척도가 없을 때는 어떤 변수를 역코딩해야 하는지 헷갈릴 수 있습니다. 이때는 점수가 높을수록 변수의 특성이 잘 드러나는지를 확인하고 코딩해야 합니다. 예를 들어 '자아존중감'은 점수가 높을수록 자아존중감이 높아져야 합니다. 즉 자아존중감 변수의 점수가 높을수록 변수의 특성이 잘 표현돼야 합니다.

[그림 11-35]의 자아존중감 1번 문항이 '나는 나에게 만족한다'인데, '1=매우 그렇다, 4=전혀 그렇지 않다'로 구성되어 있습니다. 점수가 높을수록 자아존중감이 떨어지게 되는 것입니다. 하지만 자아존중감이 높을수록 점수가 높아야 변수의 특성이 잘 표현되므로, 자아존중감1은 역코딩을 통해 점수가 높을수록 자아존중감이 높아지는 방향으로 수정할 수 있습니다.

역코딩 문항인지 빠르게 확인할 수 있는 방법도 있습니다. 문항이 긍정문인지, 부정문인지 살펴보면 됩니다. 자아존중감1은 긍정문입니다. 이 문항이 4점 리커트 척도로 이루어져 있기 때문에 역코딩을 해야 한다고 판단할 수 있습니다. 그렇다면 자아존중감의 다른 측정변수에서 제시된 긍정문은 모두 역코딩한다고 생각하면 됩니다. 반대로 부정문은 그대로 놔두면 됩니다. 이렇게 하면 한 방향으로 통일되게끔 변수 계산을 할 수 있습니다.

02 _ SPSS를 활용한 사전 분석

준비파일 : Amos 결측치와 역코딩 완료.sav

구조방정식모형을 진행하기에 전에 SPSS를 활용하여 사전 분석을 진행해야 합니다. 지금부터 SPSS 분석을 간단하게 하는 방법과 결과표를 같이 제시하고자 합니다. 진행 순서는 신뢰도 분석, 빈도분석, 기술통계분석, 상관관계분석 순입니다. 실습파일은 지금까지 진행한 파일을 쓰는 것이 가장 좋습니다. 그러나 이 과정부터 실습하는 분들도 있을 수 있기 때문에 앞의 과정을 거친 실습파일을 공유합니다.

신뢰도 분석

주요 변수의 내적 일관성에 문제가 있는지 사전에 파악하기 위해서 신뢰도 분석을 진행합니다.

1 주요 변수 중 하나인 자아존중감의 신뢰도를 확인하기 위해 분석 – 척도분석 – 신뢰도 분석 메뉴를 클릭합니다.

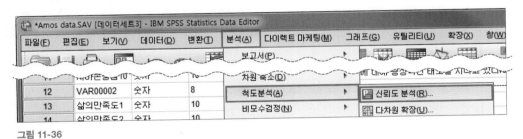

그림 11-36

2 신뢰도 분석 창에서 ❶ 자아존중감 문항이 10개이므로, 자아존중감1부터 자아존중감10까지 선택하고 ❷ 오른쪽 이동 버튼(➡)을 클릭한 후 ❸ 통계량을 클릭합니다.

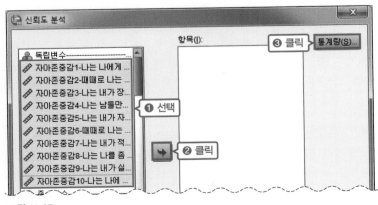

그림 11-37

3 신뢰도 분석: 통계량 창에서 ❶ '항목제거시 척도'를 체크하고 ❷ 계속을 클릭합니다.

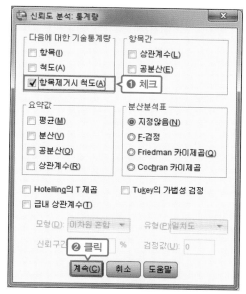

그림 11-38

4 확인을 클릭합니다.

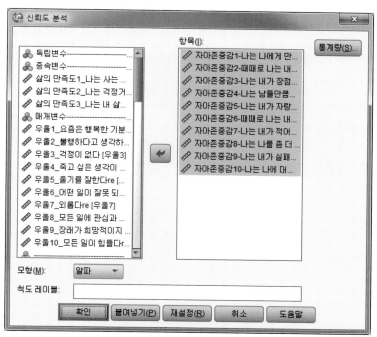

그림 11-39

5 출력 결과를 확인합니다. 신뢰도를 나타내는 크론바흐 알파 계수(Cronbach's alpha)가 0.858로 나타나 자아존중감 척도의 신뢰도는 높은 것을 알 수 있습니다. 이와 같은 방법으로 삶의 만족도와 우울 척도의 신뢰도를 분석합니다. 그 결과 삶의 만족도의 크론바흐 알파 계수는 0.807, 우울은 0.603으로 나타나 모두 수용할 만한 수준인 것으로 확인되었습니다.

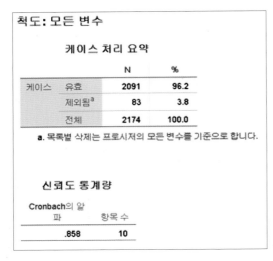

척도: 모든 변수

케이스 처리 요약

		N	%
케이스	유효	2091	96.2
	제외됨[a]	83	3.8
	전체	2174	100.0

a. 목록별 삭제는 프로시저의 모든 변수를 기준으로 합니다.

신뢰도 통계량

Cronbach의 알파	항목 수
.858	10

그림 11-40

여기서 잠깐!!

'항목제거시 척도' 항목을 사용하는 이유와 신뢰도 값의 논문 기준은 무엇인가요?

[그림 11-38]에서 '항목제거시 척도' 항목에 체크하는 이유는 측정변수 중에 '자아존중감'을 잘 설명하지 못하는 문항을 제거하여 신뢰도 값을 높이기 위해서입니다. 신뢰도 값을 나타내는 크론바흐 알파 계수는 0.6 이상 ~ 0.7 미만이면 수용 가능한 수준, 0.7 이상~0.8 미만이면 양호한 수준, 0.8 이상~0.9 미만이면 우수한 수준[1]으로 판단합니다. 따라서 신뢰도 값이 0.6 미만으로 나타나면, 각 문항(측정변수)의 '항목을 제거했을 때 척도' 값을 확인하여 신뢰도를 저해하는 문항을 판단하고 삭제합니다. '항목제거시 척도'에 체크하면 각 문항을 제거했을 때의 신뢰도 값이 표기되기 때문에 쉽게 판단할 수 있습니다.

학교에 따라 0.7 이상으로 좀 더 엄격한 기준을 요구하는 경우도 있을 수 있습니다. 이 경우 우울 변수가 0.7 미만이므로, '항목제거시 척도' 기능을 사용하여 우울의 10개 문항 중 제거했을 때 0.7 이상의 신뢰도 값이 나오는 문항을 제거하면 그 기준을 맞출 수 있습니다.

---

1 DeVellis, R.F. (2012). Scale development: Theory and applications. Los Angeles: Sage. pp. 109-110.

6 신뢰도 분석 결과를 통해 다음과 같이 논문을 작성할 수 있습니다. 결과를 논문에 제시할 때는 [연구 방법] − [측정 도구] 부분이나 [연구 결과] 초반에 신뢰도 분석을 〈표 1〉과 같이 제시하는 경우가 많습니다.

> 자아존중감의 신뢰도(Cronbach's alpha)는 .858로 나타났으며, 삶의 만족도는 .807, 우울은 .603으로 나타나 수용할 만한 수준인 것으로 확인되었다.

〈표 1〉 신뢰도 분석 결과

변수	Cronbach's alpha	항목 수
자아존중감	.858	10
삶의 만족도	.807	3
우울	.603	10

 여기서 잠깐!!

구조방정식모형을 진행할 때도 탐색적 요인분석을 진행해야 하나요?

저희가 컨설팅을 진행하다 보면, 위와 같은 질문을 많이 받습니다. 이렇게 질문하는 연구자들의 공통점을 찾아보면, 지도 교수님이 탐색적 요인분석을 무조건 하라고 시켰거나, 졸업한 선배들의 학위논문에 모두 탐색적 요인분석이 되어 있는 경우가 많습니다. 하지만 탐색적 요인분석에 대한 이해 없이 무조건 진행하는 것은 문제가 있습니다.

탐색적 요인분석은 척도의 타당도를 확인하기 위해 실시합니다. 그래서 연구자가 직접 문항을 개발한 척도이거나 아직 체계적인 이론이 뒷받침되지 않은 척도일 때 주로 사용하는 분석입니다. 하지만 이미 검증된 보편적인 척도를 사용할 경우에는 확인적 요인분석을 많이 진행합니다.

물론 구조방정식모형과 관련하여 파셀링(여러 개의 측정변수를 카테고리화하여 묶어주는 작업)할 때, 탐색적 요인분석을 진행할 수는 있습니다. 그리고 탐색적 요인분석에 대한 결과를 제시할 때 신뢰도 분석 결과 값도 함께 제시하는 편입니다.

탐색적 요인분석과 확인적 요인분석 중에 어떤 것을 결정해야 하는지에 대한 기준은 〈한번에 통과하는 논문 : SPSS 결과표 작성과 해석 방법〉 책의 Seciton 12에서 언급하고 있으니 참고하세요. 구조방정식과 관련된 확인적 요인분석에 관한 설명과 비교는 Section 12에서 구체적으로 다루겠습니다.

빈도분석

빈도분석은 연구 대상자의 '인구사회학적 특성'이나 '일반적 특성'을 제시하기 위해 진행합니다.

1 빈도분석을 진행하기 위해 분석 – 기술통계량 – 빈도분석 메뉴를 클릭합니다.

그림 11-41

2 빈도분석 창에서 ❶ 빈도분석을 진행하고자 하는 인구사회학적 변수를 선택하고 ❷ 오른쪽 이동 버튼(➡)을 클릭한 후 ❸ 확인을 클릭합니다.

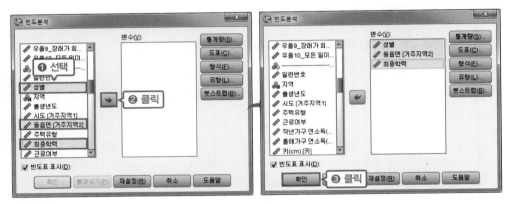

그림 11-42

3 출력 결과를 확인합니다.

성별

		빈도	퍼센트	유효 퍼센트	누적 퍼센트
유효	남자	1075	49.4	51.0	51.0
	여자	1033	47.5	49.0	100.0
	전체	2108	97.0	100.0	
결측	시스템	66	3.0		
전체		2174	100.0		

동읍면

		빈도	퍼센트	유효 퍼센트	누적 퍼센트
유효	동	1801	82.8	85.4	85.4
	읍	182	8.4	8.6	94.1
	면	125	5.7	5.9	100.0
	전체	2108	97.0	100.0	
결측	시스템	66	3.0		
전체		2174	100.0		

최종학력

		빈도	퍼센트	유효 퍼센트	누적 퍼센트
유효	중졸 이하	74	3.4	3.8	3.8
	고졸	798	36.7	41.2	45.0
	전문대 졸	195	9.0	10.1	55.1
	대졸	778	35.8	40.1	95.2
	대학원 졸	89	4.1	4.6	99.8
	모름/무응답	4	.2	.2	100.0
	전체	1938	89.1	100.0	
결측	시스템	236	10.9		
전체		2174	100.0		

그림 11-43

4 빈도분석 결과를 통해 다음과 같이 논문에 작성할 수 있습니다. 결과를 논문에 제시할 때는 [연구 결과] 초반부의 '연구 대상자의 인구사회학적(일반적) 특성' 부분에서 〈표 2〉와 같이 제시합니다.

연구 대상자의 인구사회학적 특성은 〈표 2〉와 같다. 성별의 경우 남자는 1,075명(51.0%), 여자는 1,033명(49.0%)로 나타났다. 거주하고 있는 지역은 동지역의 경우 1,801명(85.4%)로 대다수를 차지하였고, 읍지역이 182명(8.6%), 면지역은 125명(5.9%)으로 집계되었다. 최종학력을 살펴보면, 고졸이 798명(41.2%)로 가장 많았고, 대졸 778명(40.1%), 전문대 졸 195명(10.1%), 대학원 졸 89명(4.6%), 중졸이하 74명(3.4%) 순으로 나타났다.

〈표 2〉 연구 대상자의 인구사회학적 특성   N=2,174

구분	분류	빈도(명)	비율(%)
성별	남자	1,075	51.0
	여자	1,033	49.0
거주지역	동지역	1,801	85.4
	읍지역	182	8.6
	면지역	125	5.9
최종학력 (n=1,934)	중졸이하	74	3.4
	고졸	798	41.2
	전문대 졸	195	10.1
	대졸	778	40.1
	대학원 졸	89	4.6

기술통계분석

기술통계분석은 주요 변수의 평균과 표준편차, 정규성을 확인하기 위해 진행합니다.

1 기술통계분석을 진행하기 위해 분석 – 기술통계량 – 기술통계 메뉴를 클릭합니다.

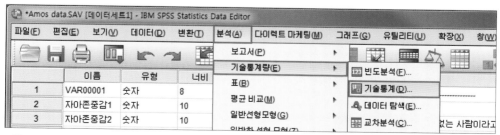

그림 11-44

2 기술통계 창에서 **①** 기술통계분석을 진행하고자 하는 주요 변수(자아존중감1~우울10)를 선택하고 **②** 오른쪽 이동 버튼(➡)을 클릭한 후 **③** 옵션을 클릭합니다.

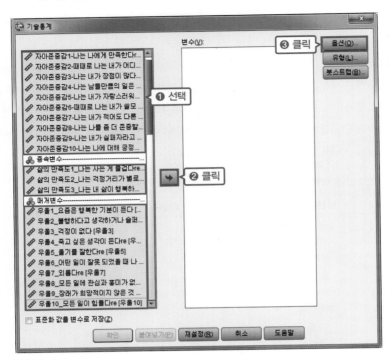

그림 11-45

3 기술통계: 옵션 창에서 **①** '첨도'와 '왜도'를 체크하고 **②** 계속을 클릭합니다.

그림 11-46

4 기술통계 창에서 확인을 클릭합니다.

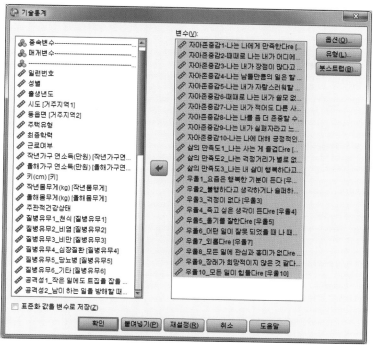

그림 11-47

5 출력 결과를 확인합니다. 여기서는 평균과 표준편차, 왜도와 첨도를 확인합니다. '|왜도| < 3, |첨도|< 8'을 만족하면, 주요 변수들이 정규분포 조건을 충족했다고 볼 수 있습니다. 만약 기준을 만족하지 못했다면 그 변수에 대해서 로그변환을 하거나 루트를 씌워서 최대한 값을 표준화하는 작업을 거칩니다.

	N 통계량	최소값 통계량	최대값 통계량	평균 통계량	표준편차 통계량	왜도 통계량	왜도 표준오차	첨도 통계량	첨도 표준오차
기술통계량									
자아존중감1-나는 나에게 만족한다re	2091	1	4	2.93	.650	-.258	.054	.225	.107
자아존중감2-때때로 나는 내가 어디에도 소용없는 사람이라고 생각한다	2091	1	4	3.04	.749	-.281	.054	-.601	.107
자아존중감3-나는 내가 장점이 많다고 느낀다re	2091	1	4	2.83	.658	-.031	.054	-.277	.107
자아존중감4-나는 남들만큼의 일은 할 수 있다re	2091	1	4	3.15	.526	.033	.054	.840	.107
⋮	⋮	⋮	⋮	⋮	⋮	⋮	⋮	⋮	⋮
우울8_모든 일에 관심과 흥미가 없다re	2108	1	4	1.73	.717	.719	.053	.165	.107
우울9_장래가 희망적이지 않은 것 같다re	2108	1	4	1.93	.851	.495	.053	-.654	.107
우울10_모든 일이 힘들다re	2108	1	4	1.81	.766	.657	.053	-.056	.107

그림 11-48

6 기술통계분석 결과를 통해 〈표 3〉과 같이 논문에 작성할 수 있습니다. 분석 결과는 논문에서 보통 '인구사회학적 특성' 다음에 작성합니다.

주요 변수의 기술통계 및 정규성을 검토한 결과는 〈표 3〉에 제시된 바와 같다. 주요 변수의 평균을 살펴보면, 독립변수인 자아존중감 1~10번 문항은 4점 만점에 평균 2.05~3.15점(SD=.526~.757)으로 나타났다. 종속변수인 삶의 만족도 1~3번 문항은 4점 만점에 평균 2.47~3.04점(SD=.656~.795)으로 집계되었다. 매개변수인 우울 1~10번 문항은 4점 만점에 평균 1.49~3.14점(SD=.637~.901)으로 분석되었다.

West, Finch and Curran(1995)은 정규분포의 기준을 |왜도| < 3, |첨도| <8으로 제시하고 있는데, 주요 변수들의 왜도와 첨도를 확인해 본 결과 각각 절댓값 2 미만의 값을 보여 모두 정규성을 띠고 있는 것으로 나타나 구조방정식모형을 사용하기에 무리가 없는 것으로 확인되었다.

〈표 3〉 주요 변수의 기술통계 $N=2,025$

구분		평균	표준편차	왜도	첨도
자아존중감	자아존중감1	2.93	.650	−.258	.225
	자아존중감2	3.04	.749	−.281	−.601
	자아존중감3	2.83	.658	−.031	−.277
	자아존중감4	3.15	.526	.033	.840
	자아존중감5	2.87	.733	−.073	−.555
	자아존중감6	3.08	.743	−.349	−.502
	자아존중감7	3.08	.619	−.261	.357
	자아존중감8	2.05	.665	.527	.835
	자아존중감9	2.95	.757	−.132	−.741
	자아존중감10	3.00	.650	−.171	−.114
삶의 만족도	삶의만족도1	3.04	.656	−.369	.399
	삶의만족도2	2.47	.795	.227	−.419
	삶의만족도3	2.97	.697	−.345	.105
우울	우울1	3.14	.724	−.471	−.176
	우울2	1.77	.738	.658	−.042
	우울3	2.66	.901	.071	−.921
	우울4	1.49	.637	1.016	.341
	우울5	1.89	.834	.512	−.630
	우울6	2.03	.815	.203	−.899
	우울7	1.97	.869	.483	−.640
	우울8	1.73	.717	.719	.165
	우울9	1.93	.851	.495	−.654
	우울10	1.81	.766	.657	−.056

상관관계분석

상관관계분석은 주요 변수의 상관관계와 다중공선성이 의심되는지를 확인하기 위해 진행합니다.

1 분석 - 상관분석 - 이변량 상관 메뉴를 클릭합니다.

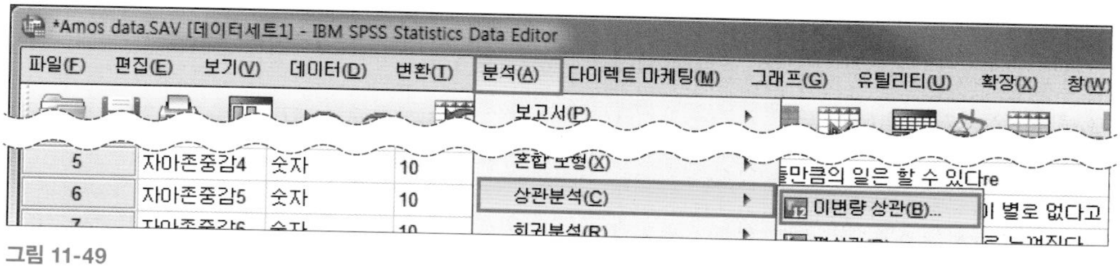

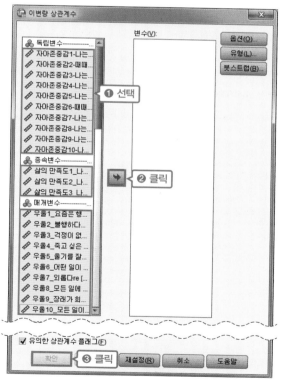

그림 11-49

2 이변량 상관계수 창에서 **①** 상관관계분석을 진행하고자 하는 주요 변수(자아존중감1~우울10)를 선택하고 **②** 오른쪽 이동 버튼(➡)을 클릭한 후 **③** 확인을 클릭합니다.

그림 11-50

3 출력 결과에서 측정변수들 간 상관계수를 확인합니다.

상관관계

		자아존중감1-나는 나에게 만족한다ire	자아존중감2-때때로 나는 내가 어디에도 소용없는 사람이라고 생각한다	자아존중감3-나는 내가 장점이 많다고 느낀다ire	자아존중감4-나는 남들만큼의 일을 할 수 있다re	자아존중감5-나는 내가 자랑스러워할 만한 것이 별로 없다고 느낀다	자아존중감6-때때로 나는 내가 쓸모없는 존재로 느껴진다
자아존중감1-나는 나에게 만족한다ire	Pearson 상관	1	.373**	.475**	.361**	.439**	.397**
	유의확률 (양측)		.000	.000	.000	.000	.000
	N	2091	2091	2091	2091	2091	2091
자아존중감2-때때로 나는 내가 어디에도 소용없는 사람이라고 생각한다	Pearson 상관	.373**	1	.342**	.322**	.551**	.622**
	유의확률 (양측)	.000		.000	.000	.000	.000
	N	2091	2091	2091	2091	2091	2091
자아존중감3-나는 내가 장점이 많다고 느낀다re	Pearson 상관	.475**	.342**	1	.517**	.500**	.378**
	유의확률 (양측)	.000	.000		.000	.000	.000
	N	2091	2091	2091	2091	2091	2091
자아존중감4-나는 남들만큼의 일을 할 수 있다ire	Pearson 상관	.361**	.322**	.517**	1	.383**	.356**
	유의확률 (양측)	.000	.000	.000		.000	.000
	N	2091	2091	2091	2091	2091	2091
자아존중감5-나는 내가 자랑스러워할 만한 것이 별로 없다고 느낀다	Pearson 상관	.439**	.551**	.500**	.383**	1	.564**
	유의확률 (양측)	.000	.000	.000	.000		.000
	N	2091	2091	2091	2091	2091	2091
자아존중감6-때때로 나는 내가 쓸모없는 존재로 느껴진다	Pearson 상관	.397**	.622**	.378**	.356**	.564**	1
	유의확률 (양측)	.000	.000	.000	.000	.000	
	N	2091	2091	2091	2091	2091	2091

그림 11-51

여기서 잠깐!!

[그림 11-51]에서는 〈한번에 통과하는 논문 : SPSS 결과표 작성과 해석 방법〉 책에서 설명한 것과 달리 상관관계 분석을 각 문항별로 보고 있습니다. 구조방정식에서는 1개 문항이 측정변수가 되고, 이 측정변수들의 관계성을 통해 상관계수가 0.8 이상이 되면 다중공선성을 의심할 수 있기 때문입니다. 하지만 실제로 다중공선성은 회귀분석 메뉴에서 '공선성 진단'을 통해 확인할 수 있고, VIF 값이 10을 넘지 않는다면 문제가 없는 것으로 판단하는 편이고, 측정변수의 평균을 내서 진행해야 하므로 구조방정식에서는 잘 사용하지 않는 편입니다.

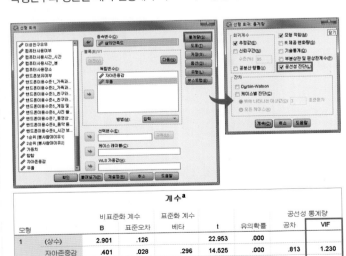

계수ᵃ

모형		비표준화 계수		표준화 계수			공선성 통계량	
		B	표준오차	베타	t	유의확률	공차	VIF
1	(상수)	2.901	.126		22.953	.000		
	자아존중감	.401	.028	.296	14.525	.000	.813	1.230
	우울	-.605	.034	-.368	-18.029	.000	.813	1.230

a. 종속변수: 삶의만족도

그림 11-52 | 회귀분석을 통한 다중공선성 확인 방법

4 상관관계분석 결과를 통해, 〈표 4〉와 같이 논문에 작성할 수 있습니다. 분석 결과를 논문에서 제시할 때 보통 구조방정식모형 분석 결과를 작성하기 전에 제시합니다.

주요 변수 간 상관관계를 확인한 결과는 〈표 4〉와 같다. 구체적으로 살펴보면, 자아존중감과 삶의 만족도는 $r=.455(p<.001)$로 나타나 정적인 관계에 있는 것으로 확인되었다. 자아존중감과 우울은 $r=-.432(p<.001)$로 나타났고 삶의 만족도와 우울은 $r=-.488(p<.001)$으로 분석되어 부적인 관계에 있는 것으로 확인되었다. 일반적으로 변수들 간의 상관계수가 0.8 이상이면 다중공선성의 위험이 있다고 볼 수 있으나, 다중공선성이 의심되는 변수는 없는 것으로 나타났다. 실제 다중공선성 여부를 판단하기 위해 다중회귀분석을 통해 VIF가 10을 넘는지를 확인한 결과 모든 측정변수가 1을 약간 넘는 정도로 나타나 문제가 되지 않는 것으로 확인되었다.

〈표 4〉 주요 변수 간 상관관계

평균	자아존중감	삶의 만족도	우울
자아존중감	1		
삶의 만족도	.455***	1	
우울	−.432***	−.488***	1

*p<.05, **p<.01, ***p<.001

아무도 가르쳐주지 않는 Tip

구조방정식모형을 진행하기 전에 상관관계분석을 실시하는 이유는 측정변수들 간 상관계수가 너무 높아서 다중공선성에 문제가 있는 것은 없는지 검증해보는 단계이기 때문입니다. 그러나 최근에는 학술논문인 경우에 페이지 수 제한으로 인해 상관관계분석에 대한 결과를 생략하기도 합니다. 하지만 실제로 다중공선성이 의심되는 측정변수가 하나라도 있다면, 구조방정식모형에서도 예상 밖의 결과가 나오는 경우가 많기 때문에 사전에 확인하는 것이 중요합니다.

구조방정식 분석을 적용하지 않은 학술논문에서는 상관관계분석을 제시해야 할 경우 학위논문처럼 측정변수보다는 잠재변수에 대한 상관관계분석 결과를 제시하는 편입니다. [그림 11-53]처럼 측정변수들의 평균값을 도출하고, 잠재변수인 자아존중감, 삶의 만족도, 우울에 대한 상관관계분석 결과를 제시합니다. 이를 통해 주요 변수들 간

그림 11-53 | 잠재변수 평균값 도출 방법 : 변수 계산(Mean)의 활용

관계 유무와 관계 강도, 방향을 살펴보는 수준에서 상관관계분석 결과를 이해하고 해석합니다. 마치 회귀분석을 진행하기 전에 상관분석으로 정(+)의 영향인지, 음(−)의 영향인지 판단하는 것과 비슷하다고 생각하면 됩니다. 이 책에서도 측정변수들의 상관관계분석을 통해 다중공선성이 의심되는 변수가 있는지 정도만 분석으로 확인하고, 논문에 기술할 때는 주요 잠재변수인 '자아존중감, 삶의 만족도, 우울'에 대한 상관관계분석 결과를 제시하겠습니다. 선행연구에 따라 잠재변수를 '평균'으로 나타내지 않고, '총점'으로 제시하는 경우도 있습니다.

측정모형 검증 방법 :
확인적 요인분석

가이드라인
동영상

bit.ly/onepass-amos13

PREVIEW

· **확인적 요인분석** : 검증이 된 척도(이론적으로 근거가 있는 척도)를 자신의 연구에서 사용할 때 문제가 없는지 확인하기 위해 사용하는 분석으로 측정모형에서 진행함

· **측정모형 분석 절차** : 작업창 크기 조정 → 측정모형 그리기 → 변수명 넣기 → SPSS 파일 불러오기 → 분석옵션 설정하기 → 저장 및 분석하기

· **주요 모형적합도 지수** : χ^2, TLI, CFI, RMSEA

· **측정모형의 적합도 향상 방법**
  – Estimates의 Regression Weights의 p값이 0.05 이상인 측정변수 제거
  – Standardized Regression Weights(표준화 계수)가 0.5 미만인 측정변수 제거
  – Variances(측정오차의 분산)가 음수인 측정변수 제거
  – Squared Multiple Correlations(SMC=설명력)가 0.4 미만인 측정변수 제거

01 _ 기본 개념

요인분석은 타당성을 검증하기 위한 분석으로, 측정하고자 하는 개념을 그 측정 도구(문항)가 정확하게 측정하고 설명하는지를 확인하는 작업입니다. 통계 프로그램에서 요인분석을 통해 자아존중감이나 우울 등의 개념을 명확하게 파악하고 각 문항이 자아존중감과 우울을 측정했는지 파악하는 것은 아닙니다. 요인분석의 원리는 측정변수들의 관계를 통해 동일한 요인으로 묶이는지 확인하는 것입니다. 통계 프로그램은 이 관계에 대한 수치를 연구자에게 제시해줍니다. 이에 따라 연구자는 관계가 약한 측정변수가 있다면 그 개념을 정확하게 측정하지 않았다고 보고 그 기준에 맞게 제거하는 것입니다.

요인분석은 크게 탐색적 요인분석과 확인적 요인분석으로 구분됩니다. 탐색적 요인분석은 요인 수를 줄이거나 새로운 측정 도구를 만들고 싶을 때 주로 사용합니다. 이론이나 선행 연구를 통해서 잠재변수와 측정변수 간의 관계를 정확하게 알지 못할 때 사용하는 분석 방법이고, 보통 SPSS에서 진행합니다. 반면, 확인적 요인분석은 이론이나 선행 연구를 통해서 잠재

변수와 측정변수 간의 관계를 알고 있을 때 사용하는 요인분석으로 보통 Amos에서 진행합니다. 하지만 탐색적 요인분석은 SPSS, 확인적 요인분석은 Amos를 무조건 사용하는 것은 아닙니다. SPSS에서도 요인 수를 고정하고, 기존 선행 척도를 확인할 수 있는 확인적 요인분석을 진행할 수 있습니다. 정리하면, 탐색적 요인분석은 보통 척도를 개발할 때 사용하고 확인적 요인분석은 이미 검증이 된 척도를 자신의 연구에서 사용할 때 문제가 없는지 확인하기 위해서 사용합니다.

예를 들어, 자아존중감이라는 척도를 개발하기 위해 자아존중감을 설명할 수 있는 다양한 문항들을 만들고 그 문항들에 문제가 없는지 확인할 때는 탐색적 요인분석을 진행합니다. 이미 개발되었거나 검증된 자아존중감 척도(문항)를 사용할 때는 응답자가 자아존중감에 있는 문항을 제대로 이해하고 맞게 응답했는지 확인하고, 선행 논문과 똑같이 요인이 묶이는지 검증하는 확인적 요인분석을 진행합니다.

 여기서 잠깐!!

Amos를 활용하여 구조방정식모형을 진행한다면, 확인적 요인분석을 반드시 진행해야 합니다. 측정모형에서 확인적 요인분석을 진행하는데, 구조방정식모형 분석에 측정모형 검증이 포함되어 있기 때문입니다. 확인적 요인분석을 하여 잠재변수와 측정변수의 관계에 문제가 없음을 측정모형 검증을 통해 확인한 후, 잠재변수 간의 관계를 구조모형 검증을 통해 살펴보는 것이 구조방정식모형의 핵심입니다.

그런데 컨설팅을 하면서 '구조방정식모형을 진행할 때 탐색적 요인분석도 필요할까?' 하는 궁금증이 생겼습니다. 검증된 척도를 사용한다면 굳이 탐색적 요인분석을 할 필요가 없다고 생각합니다. 확인적 요인분석만 진행해도 됩니다. 문제는 연구자의 주요 변수 중 하나가 검증되지 않은 척도인 경우입니다. 이럴 때는 탐색적 요인분석을 진행해야 한다고들 말하지만, 저희는 이마저도 긍정적으로 생각하지 않습니다.

검증되지 않은 척도를 사용해서 분석 결과가 나왔다고 가정해보죠. 과연 그 결과를 일반화할 수 있을까요? 또 논문 심사장에 들어갔을 때 교수님의 반응은 어떨까요? 그 분석 결과는 거의 100% 지적 사항이 됩니다. 그래서 저희는 되도록 검증된 척도를 사용하라고 추천합니다. 검증된 척도는 원척도를 말합니다. 원척도를 자신의 연구에 맞게 수정한다거나 이미 원척도를 수정한 척도를 사용하는 것은 사실 검증되지 않은 척도를 사용하는 것입니다. 물론 이 문제를 해결하기 위해 수정한 척도를 전문가들에게 검토 받거나 분석을 통해 요인을 다시 정의하는 등의 노력을 보이지만, 엄격하게 말하자면 그 역시 검증되지 않은 척도입니다.

특히 구조방정식모형 분석의 경우, 여러 변수의 관계성을 검증하는 분석이므로 결과가 유의하게 나오기가 쉽지 않습니다. 측정변수와 잠재변수, 잠재변수와 잠재변수 간의 관계가 이미 이론이나 선행 연구로 검증된 상태여야 모형적합도가 적절한 수준으로 나옵니다. 검증되지 않은 척도를 사용하면 당연히 모형적합도가 좋지 않게 나올 가능성이 큽니다. 모형적합도가 적절하지 않으면 그 구조모형을 사용할 수 없고, 그 이후의 분석도 가설에 따라 진행할 수 없습니다. 그래서 구조방정식모형을 사용하는 연구자는 '이미 많은 연구자들이 사용한 검증된 척도'를 사용하길 권합니다.

이제 탐색적 요인분석과 확인적 요인분석 방법을 간단히 살펴보겠습니다.

탐색적 요인분석은 [그림 12-1]과 같이 주로 SPSS에서 분석 − 차원 축소 − 요인분석 메뉴로
들어가 진행합니다.

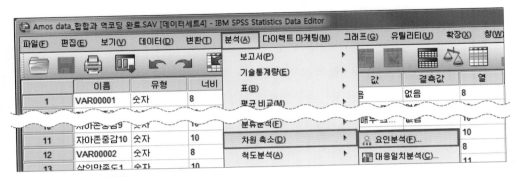

그림 12-1 | **탐색적 요인분석**

확인적 요인분석은 주로 Amos에서 진행합니다. [그림 12-2]의 왼쪽 그림과 오른쪽 그림을
측정모형이라고 하는데, 변수들의 위치만 바꿨을 뿐, 사실 이 두 모형은 같습니다. 논문에서
는 보통 오른쪽과 같은 모형으로 제시합니다. 그렇다고 왼쪽 그림이 틀린 형태는 아닙니다.
측정모형은 논문에 제시하지 않는 경우도 많습니다.

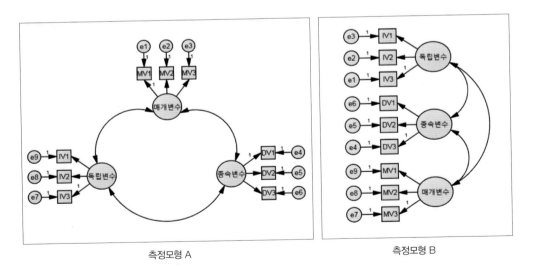

측정모형 A   측정모형 B

그림 12-2 | **확인적 요인분석**

02 _ Amos 무작정 따라하기

최종 연구모형은 [그림 12-3]과 같습니다. 이 연구모형의 측정모형을 Amos 통계 프로그램에 그려보고, 확인적 요인분석을 진행해보겠습니다.

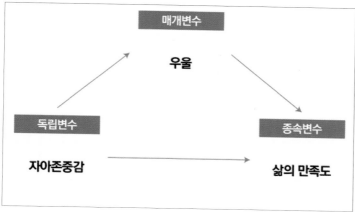

그림 12-3 | 연구모형

작업창 크기 조정하기

1 연구모형 그리는 공간인 작업창 크기를 키우기 위해 View − Interface Properties 메뉴를 클릭합니다.

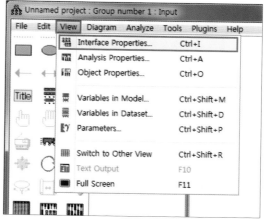

그림 12-4

2 Interface Properties 창에서 **❶** 'Paper size'의 역삼각형 모양의 버튼(▼)을 클릭한 다음 **❷** 'Landscape – A4'를 클릭합니다. **❸** 닫기 버튼(✖)을 클릭하거나 Esc를 눌러 Interface Porperties 창을 닫습니다.

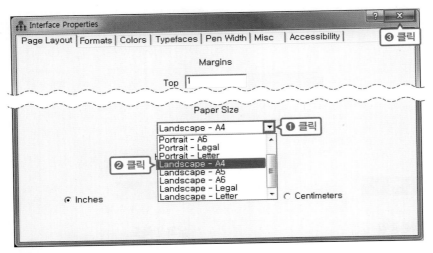

그림 12-5

 여기서 잠깐!!

Paper size는 작업창의 크기를 설정하는 곳입니다. 히든그레이스 논문통계팀에서는 주로 Landscape – A4 또는 Landscape – Legal을 사용합니다. 보통 연구모형을 그릴 때 공간이 넓을수록 좋은데, Landscape의 A4 또는 Legal은 작업창을 최대로 키워서 작업할 수 있는 크기입니다.

측정모형 그리기

1 측정모형을 그리기 위해 버튼을 클릭합니다.

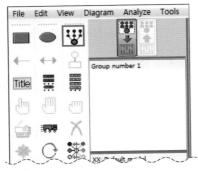

그림 12-6

2 **❶** 작업창에서 클릭한 상태로 드래그하여 적절한 크기의 원을 하나 만듭니다. **❷** 원 안에 커서를 두고 측정변수 수만큼 클릭합니다. **❸** 독립변수, 종속변수, 매개변수 모두 이와 같은 방식으로 만듭니다.

독립변수 : 자아존중감(문항 10개), 종속변수 : 삶의 만족도(문항 3개), 매개변수 : 우울(문항 10개)

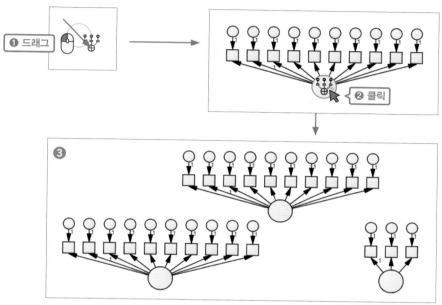

그림 12-7

3 독립변수와 종속변수의 측정변수를 각각 왼쪽과 오른쪽으로 정렬하겠습니다. **❶** 작업 아이콘 창에서 🔃 버튼을 클릭한 후 **❷** 잠재변수인 독립변수와 종속변수를 클릭하여 회전시킵니다.

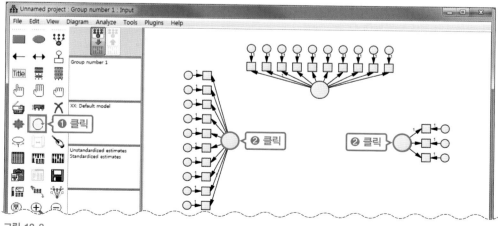

그림 12-8

4 작업 아이콘 창에서 ❶ ↔ 버튼을 클릭하고 ❷ 잠재변수끼리 드래그하여 이어줍니다.

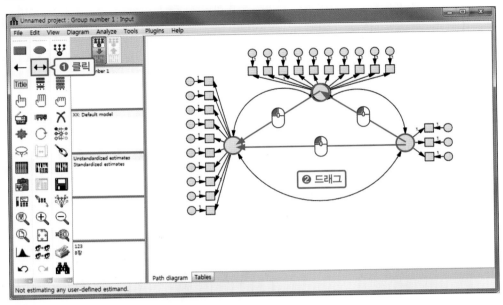

그림 12-9

변수명 넣기

1 잠재변수명을 넣기 위해 잠재변수를 더블클릭합니다.

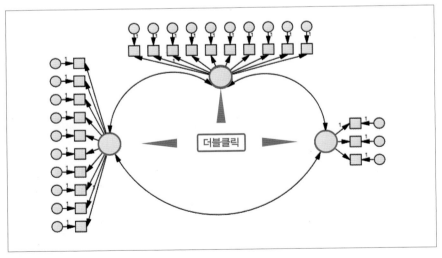

그림 12-10

2 Object Properties 창에서 ❶ 해당 잠재변수에 맞는 변수명을 'Variable name'에 입력합니다. ❷ 닫기 버튼(x)을 클릭하거나 [Esc]를 눌러 창을 닫습니다.

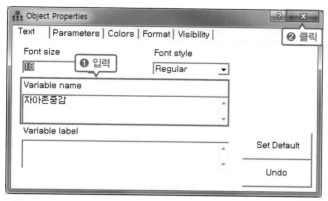

그림 12-11

여기서 잠깐!!

[그림 12-11]과 같이 변수명을 넣을 때 다음 두 가지를 주의해야 합니다.

- Variable name에 넣고자 하는 변수명이 SPSS에도 똑같이 있다면 오류가 발생합니다.
- 변수명을 입력할 때 띄어쓰기를 하면 오류가 발생합니다. 예를 들어 '삶의 만족도'라고 입력하면 오류가 발생하고, '삶의만족도'라고 입력해야 문제가 발생하지 않습니다.

3 변수명을 넣으면 원 밖으로 글자가 튀어나옵니다. 분석하는 데는 아무 문제가 없지만 보기에 좋지 않습니다. 그래서 Amos에서 그린 측정모형을 캡처해서 논문에 넣길 원한다면, 폰트를 줄여서 원 안으로 조정하는 방법이 있습니다.

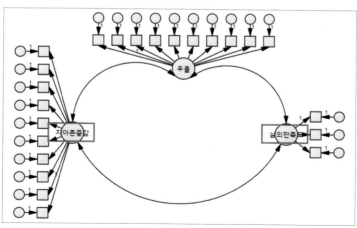

그림 12-12

4 'Font size'를 줄이면 원 안으로 글자가 들어갑니다.

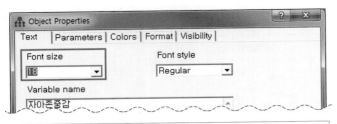

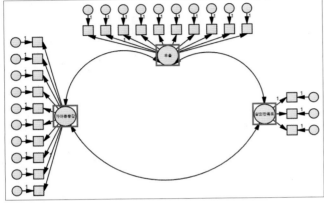

그림 12-13

사실 그림을 예쁘게 그리는 것은 큰 의미가 없습니다. Amos를 활용하여 연구모형을 그리는 것은 연구모형을 검증하기 위해서이지, 보기 좋은 그림을 구현하기 위해서가 아니기 때문입니다. 게다가 예쁘게 그리기도 쉽지 않고, 측정모형은 논문에 잘 제시하지도 않습니다. 그러나 구조모형의 경우 그림을 제시하기도 하는데, 그럴 때는 파워포인트를 이용하여 잠재변수와 경로를 그리고 표준화 계수 정도만 넣어서 논문에 제시합니다. 중요한 것은 경로 간 유의성과 통계 결과이기 때문입니다.

 여기서 잠깐!!

Font size를 조정해도 모형이 [그림 12-13]처럼 예쁘게 그려지지 않는다면 다음과 같은 방법을 사용해보세요.

- ↔ 버튼의 시작 위치를 변경해보세요. 어느 잠재변수를 시작점으로 드래그하느냐에 따라서 화살표의 굴곡이 달라질 수 있습니다.
- ✎ 버튼을 사용해보세요. Touch up이라는 기능인데, 화살표를 그린 잠재변수에 대고 클릭하면 모형이 비교적 예쁘게 수정됩니다.

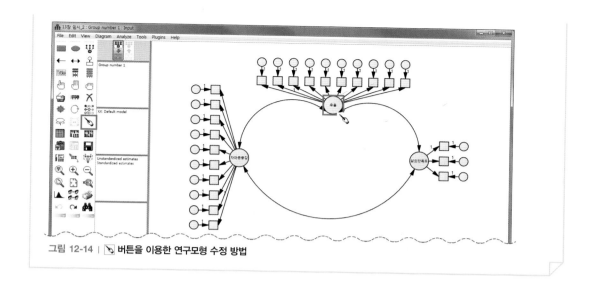

그림 12-14 | ✎ 버튼을 이용한 연구모형 수정 방법

5 오차항의 변수명을 넣기 위해 Plugins − Name Unobserved Variables 메뉴를 클릭합니다.

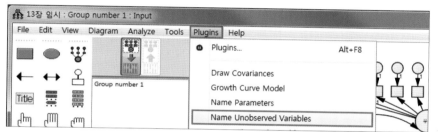

그림 12-15

6 모든 오차항에 변수명이 잘 들어갔는지 확인합니다.

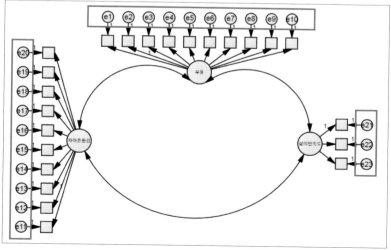

그림 12-16

만약 오차항을 추가하고 싶다면 작업 아이콘 창에서 버튼을 클릭하여 해당 잠재변수에서 클릭하면 됩니다. 추가된 오차항이 있을 때, 기존 오차항 중 변수명을 바꾸고 싶을 때, 해당 오차항을 더블클릭하면 [그림 12-17]과 같이 Object Properties 창이 뜹니다. 이 창에서 잠재변수와 마찬가지로 'Variable name'에 변수명을 삽입하면 됩니다.

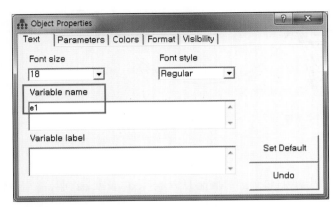

그림 12-17

여기서 잠깐!!

오차항에 변수명을 넣을 때 주의할 사항이 있습니다. 기본적으로 잠재변수에 변수명을 넣을 때의 주의 사항과 같습니다.

• Variable name에 넣고자 하는 오차항 변수명이 SPSS에도 똑같이 있다면 오류가 발생합니다.
• 변수명을 작성할 때 띄어쓰기를 해도 오류가 발생합니다.
• [그림 12-16]처럼 오차항이 e1부터 e23까지 순서대로 입력되지 않을 수 있습니다. 하지만 변수명이 중복되지 않고 빠짐없이 입력되어 있다면 분석하는 데 문제가 없습니다. [그림 12-15]로 진행했을 때 오차항의 변수명이 무작위(Random)로 입력되기 때문에 순서대로 입력되는 경우는 거의 없습니다. 그래도 순서대로 입력하고 싶다면 [그림 12-17]처럼 오차항을 하나씩 더블클릭하여 변수명을 입력하면 됩니다. 변수명은 e 대신 f를 사용하여 f1, f2, f3, … 형태로 진행하는 경우도 있습니다. 하지만 주로 e를 사용합니다.

SPSS 파일 불러오기

준비파일 : Amos data_결측치와 역코딩 완료.sav

지금까지 잠재변수와 오차항에 해당하는 변수명을 넣었습니다. 이제 측정변수에 해당하는
변수명을 입력해야겠죠? 측정변수는 SPSS 파일을 불러와서 진행해야 합니다.

1 SPSS 파일을 불러오기 위해 작업 아이콘 창에서 ▦ 버튼을 클릭합니다.

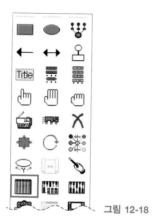

그림 12-18

2 Data Files 창에서 File Name을 클릭합니다.

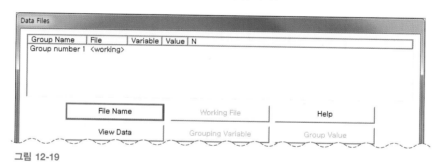

그림 12-19

3 ❶ 사전에 작업해둔 SPSS 파일을 선택한 뒤 ❷ 열기를 클릭합니다.

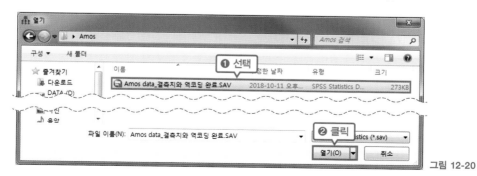

그림 12-20

4 Data Files 창에서 OK를 클릭합니다.

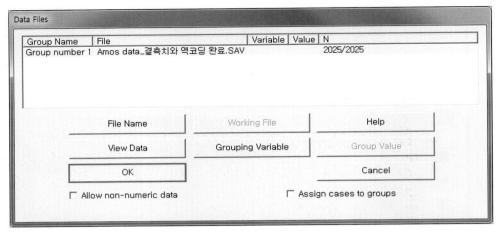

그림 12-21

 여기서 잠깐!!

여기서는 미리 만들어놓은 실습파일인 'Amos data_결측치와 역코딩 완료.sav'로 실습을 진행합니다. 혹시 'Amos data.sav' 파일을 사용하고 있다면 나중에 결과 값이 다르게 나와 당황할 수 있습니다. 저희도 검수하는 중에 그런 오류를 발견했습니다. 또한 연구자들이 자신의 연구 가설로 분석을 진행할 때 주로 로데이터(rawdata)를 엑셀로 옮겨 작업하는 경우가 많은데, 엑셀 데이터를 SPSS로 불러와 변수 세팅과 데이터 핸들링을 거쳐 구조방정식모형 분석을 진행하는 것이 좋습니다. 결측치와 역코딩 등으로 인하여 결과가 달라지거나 오류가 발생할 수 있기 때문입니다. SPSS 데이터 핸들링에 대한 내용은 Section 11과 〈한번에 통과하는 논문 : SPSS 결과표 작성과 해석 방법〉 책의 Section 08에서 자세히 설명해두었으니 참고하기 바랍니다.

5 측정변수를 불러오기 위해 작업 아이콘 창에서  버튼을 클릭합니다.

그림 12-22

6 Variables in Dataset 창에서 자아존중감1~10, 삶의 만족도1~3, 우울1~10 문항을 **❶** 하나씩 차례대로 클릭한 후 **❷** 드래그해서 측정모형에 넣습니다.

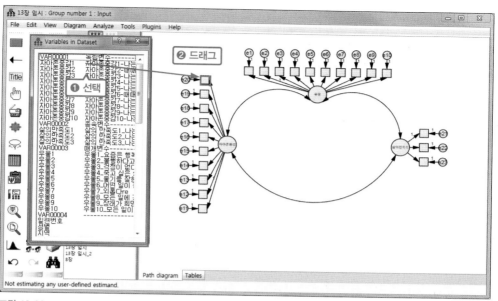

그림 12-23

여기서 잠깐!!

[그림 12-23]에서 우울 변수의 경우, 각 문항을 드래그해서 옮기면 글자가 겹쳐서 정확하게 옮기기가 어렵습니다. 이때 **❶** 작업 아이콘 창의 ◯ 버튼을 이용해 **❷** 우울 잠재변수를 [그림 12-24]처럼 세로 형태로 회전시키면 상대적으로 쉽게 옮길 수 있습니다.

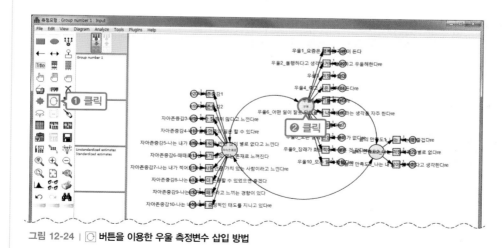

그림 12-24 | ◯ 버튼을 이용한 우울 측정변수 삽입 방법

7 모든 측정변수가 잘 들어갔는지 확인합니다.

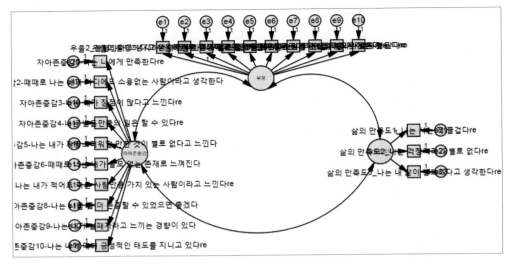

그림 12-25

측정모형의 변수명이 [그림 12-25]와 같이 긴 이유는 SPSS의 이름(변수 이름)이 아닌 레이블(변수 설명)로 변수명을 인식하기 때문입니다. 만약 [그림 12-26]과 같은 레이블이 없다면, 변수명을 SPSS의 이름(변수 이름)으로 인식합니다. 하지만 굳이 변경하지 말고 그대로 진행할 것을 추천합니다. 그래야 어떤 측정변수의 적합도가 기준에 못 미치는지 Amos 모형만 보고도 정확히 파악할 수 있기 때문입니다.

	이름	유형	너비	소수점이…	레이블	값	결측값	열	맞춤	측도
1	VAR00001	숫자	8	2	독립변수---------	없음	없음	8	灉 오른쪽	믊 명목
2	자아존중감1	숫자	10	0	자아존중감1-나…	{1, 매우 그…	없음	10	灉 오른쪽	척도
3	자아존중감2	숫자	10	0	자아존중감2-때…	{1, 매우 그…	없음	10	灉 오른쪽	척도
4	자아존중감3	숫자	10	0	자아존중감3-나…	{1, 매우 그…	없음	10	灉 오른쪽	척도
5	자아존중감4	숫자	10	0	자아존중감4-나…	{1, 매우 그…	없음	10	灉 오른쪽	척도
6	자아존중감5	숫자	10	0	자아존중감5-나…	{1, 매우 그…	없음	10	灉 오른쪽	척도
7	자아존중감6	숫자	10	0	자아존중감6-때…	{1, 매우 그…	없음	10	灉 오른쪽	척도
8	자아존중감7	숫자	10	0	자아존중감7-나…	{1, 매우 그…	없음	10	灉 오른쪽	척도
9	자아존중감8	숫자	10	0	자아존중감8-나…	{1, 매우 그…	없음	10	灉 오른쪽	척도

그림 12-26 | 레이블을 사용하는 이유

그래도 깔끔하게 측정변수명을 정리하고 싶다면, 수정하고 싶은 측정변수를 더블클릭하여 [그림 12-27]에서 'Variable label'을 삭제하면 됩니다. 단, Variable name은 수정할 수 없습니다.

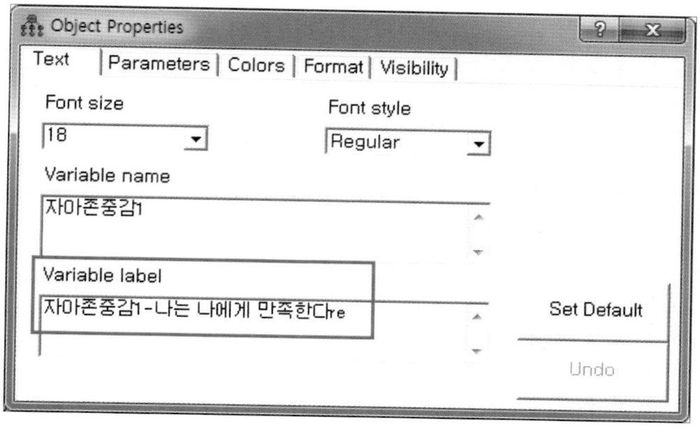

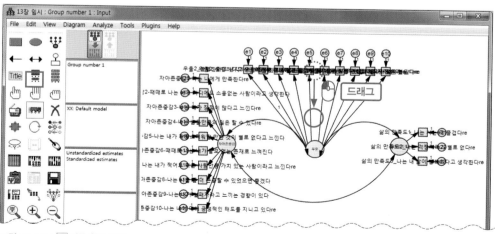

그림 12-27 | Amos에서 긴 측정변수 이름 삭제하는 방법

이 작업을 거쳐도 변수 이름 자체가 길어서 사각형인 측정변수의 틀을 넘어가는 경우가 있습니다. Amos 모형을 활용하여 논문에 제시하고 싶은 연구자라면, 측정모형 자체를 다시 그리는 게 좋습니다. 이때 [버튼] 버튼을 사용하지 말고 ●, ■, ♀, ← 등의 버튼을 각각 사용하여 글자 크기에 맞게 진행하면 됩니다.

이제 측정모형을 그릴 때 유용하게 사용하는 아이콘을 적용해보겠습니다. [버튼] 버튼은 원하는 위치로 객체를 이동시킬 때 사용합니다. 우리가 그린 모형에서 [버튼] 버튼을 클릭한 뒤, 우울 잠재변수를 클릭한 상태에서 아래로 내리면 [그림 12-28]과 같이 나타납니다. 만약 여러 개를 한꺼번에 옮기고 싶다면 [버튼] 버튼으로 선택하거나 [버튼] 버튼으로 전체를 선택한 후, [버튼] 버튼을 클릭하여 이동시킬 수 있습니다.

그림 12-28 | [버튼] 버튼 활용 방법

⊡ 버튼은 객체를 복사할 때 사용합니다. ⊡ 버튼을 클릭한 뒤, 자아존중감 잠재변수를 클릭 후 드래그하면 [그림 12-29]와 같이 복사됩니다. 만약 여러 개를 한꺼번에 복사하고 싶다면 🖑 버튼으로 복사할 변수만 선택하거나 🖑 버튼으로 전체를 선택한 후 ⊡ 버튼을 클릭하여 복사할 수 있습니다. 🖑 버튼으로 객체를 선택한 후 ⊡ 버튼 대신 Ctrl + C (복사하기)를 누른 다음 Ctrl + V (붙여넣기)를 눌러도 복사가 됩니다. 우울과 자아존중감의 측정변수는 둘 다 10문항이니, 우울에 대한 잠재변수와 측정변수를 만들고 ⊡ 버튼을 사용하면, 자아존중감의 측정모형을 쉽게 만들 수 있습니다.

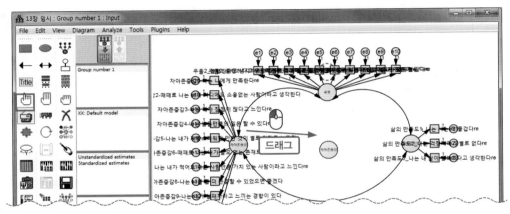

그림 12-29 | ⊡ 버튼 활용 방법

⊠ 버튼은 객체를 삭제할 때 사용합니다. [그림 12-25]의 모형에서 ⊠ 버튼을 클릭한 뒤 우울 잠재변수를 클릭하면 [그림 12-30]과 같이 삭제됩니다. ↺ 버튼은 바로 직전에 했던 작업을 취소하고 그 전 상황으로 되돌릴 때 사용합니다. 현재 모형에서 ↺ 버튼을 클릭하거나 Ctrl + Z 를 누르면 우울 잠재변수를 삭제하기 전 작업으로 되돌릴 수 있습니다.

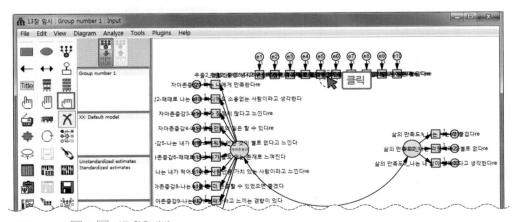

그림 12-30 | ⊠ 와 ↺ 버튼 활용 방법

측정모형을 [그림 12-25]와 같은 상태로 만들어둡니다. 이제 모형적합도 향상 방법을 공부하면서 지금까지 설명한 기능들을 요긴하게 적용해보겠습니다.

분석옵션 설정하기

측정모형을 검증하고 해석할 때 표준화 계수를 비롯해 고려해야 할 사항이 많습니다. 이를 위해 분석 전에 분석옵션을 설정해야 합니다.

1 분석 옵션을 설정하기 위해 작업 아이콘 창에서 ▦ 버튼을 클릭합니다.

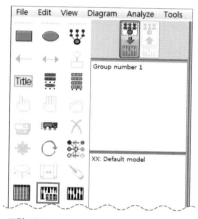

그림 12-31

2 Analysis Properties 창의 ❶ Estimation 탭에서 ❷ 'Maximum likelihood'와 ❸ 'Estimate means and intercepts'를 체크합니다.

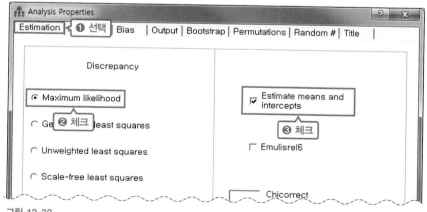

그림 12-32

여기서 잠깐!!

[그림 12-32]에서 볼 수 있듯이, Estimation 탭은 구조방정식모형에 있는 각종 추정치를 구하는 방법을 선택할 수 있도록 구성되어 있습니다. 하지만 측정변수들이 정규분포를 따르고, 특이한 통계 모형이 아니라면, Maximum likelihood와 Estimate means and intercepts만 체크하면 됩니다.

Maximum likelihood는 구조방정식모형에서 보편적으로 활용하는 방법이며, 측정변수가 정규분포를 따를 때 사용합니다. 우리말로 '최대우도법'이라 하는데, 간단하게 말해서 우도를 최대화한다는 뜻입니다. 측정한 데이터를 활용하여 모수일 가능성을 최대로 높여 추정하는 방법이라고 이해하면 됩니다.

Estimate means and intercepts는 Maximum likelihood를 사용하면 짝꿍처럼 따라다니는 명령어로, 각 변수의 평균과 절편을 계산하여 결측치에 대해서 임의로 추정할 때 체크합니다. 결측치가 있을 때 Estimate means and intercepts를 체크하지 않으면 오류 메시지가 뜹니다. 그래서 결측치가 있는 데이터는 항상 이 옵션을 설정하는 편입니다. 우리가 분석하는 대부분의 데이터에는 결측치가 존재하는 경우가 많기 때문에 측정모형을 검증할 때 고려해야 할 분석옵션 중 하나라고 이해하면 됩니다.

그 외 Unweighted least squares, Scale-free least squares 등이 있으나 이 분석옵션들은 측정변수들이 정규분포를 따르지 않는 경우에 사용합니다. 특수한 상황이 아니라면 잘 사용하지 않기 때문에 이 책에서는 따로 설명하지 않습니다.

3 ❶ Output 탭을 선택한 후 ❷ 'Minimization history', 'Standardized estimates', 'Squared multiple correlations'를 체크합니다. ❸ 닫기 버튼(✕)을 클릭하거나 Esc 를 눌러 창을 닫습니다.

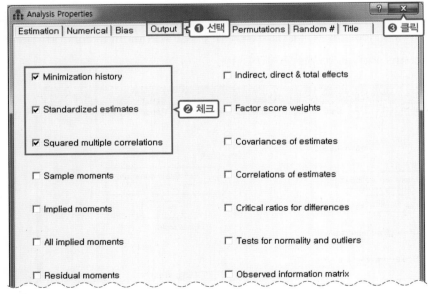

그림 12-33

Output 탭은 모형에 제시하고 싶은 결과 값을 설정하는 옵션으로 구성되어 있습니다. 측정모형 검증에서는 주로 Minimization history, Standardized estimates, Squared multiple correlations를 확인합니다. Minimization history는 기본적으로 표시되어 있으며, 데이터와 연구모형 간 불일치 정도를 요약하여 결과로 제시해줍니다. Standardized estimates는 표준화 계수를 추정하여 결과로 제시합니다. Squared multiple correlations는 SMC로 축약해서 사용하는 편이고, 우리말로 '다중상관계수'라 부릅니다. 다중상관계수는 변수 간의 설명력을 나타내는 수치라고 이해하면 됩니다. 즉, 독립변수가 종속변수를 얼마나 설명하는지, 잠재변수가 측정변수를 얼마나 설명하는지를 나타내는 수치입니다.

저장 및 분석하기

앞에서 Amos를 활용하여 검증할 측정모형을 그린 다음, 분석옵션을 설정하였습니다. 지금까지 진행한 작업을 저장하고 분석을 진행하면 확인적 요인분석을 할 수 있습니다.

1 작업 아이콘 창에서 💾 버튼을 클릭하거나 Ctrl + S 를 누릅니다.

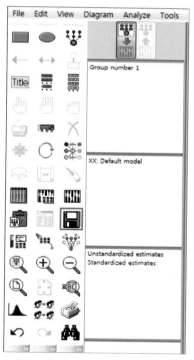

그림 12-34

2 ❶ 파일 이름에 '측정모형'을 입력하고 ❷ 저장을 클릭합니다.

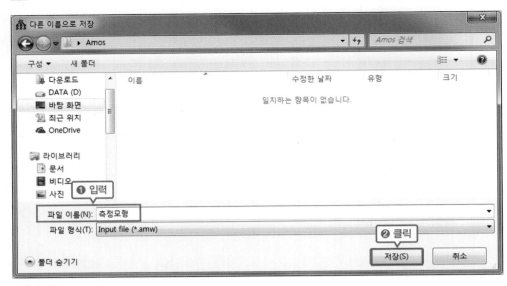

그림 12-35

3 ❶ 분석을 진행하기 위해 ▦ 버튼을 클릭한 후 ❷ 분석 결과를 확인하기 위해 ▦ 버튼을 클릭합니다.

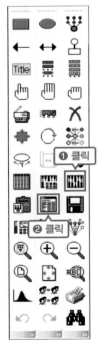

그림 12-36

2와 **3** 과정을 거치면 [그림 12-37]과 같은 화면을 확인할 수 있습니다. 이 출력 결과를 중심으로 하나씩 해석하면서 그 의미를 살펴보겠습니다.

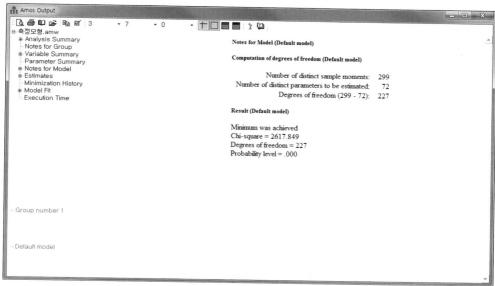

그림 12-37 | 측정모형을 검증한 출력 결과 화면

아무도 가르쳐주지 않는 Tip

Amos 프로그램을 사용할 때는 SPSS 실습파일과 저장파일을 한 폴더 안에 두길 추천합니다. 대부분의 연구자들이 바탕화면에서 작업을 하는데 바탕화면에 저장파일과 임시파일들이 계속 흩어져 있으면 나중에 파일을 찾기가 어렵습니다. 또한 실습파일과 Amos 저장파일이 다른 위치에 있으면, 컴퓨터를 재부팅하거나 다시 파일을 열어서 진행할 때, [그림 12-38]처럼 오류가 발생합니다. Amos 저장파일은 모형을 저장하고 있기 때문입니다. '구조방정식 관련 파일을 한 폴더 안에 넣어서 작업하기'만 기억해도 초보 연구자는 구조방정식모형 분석을 좀 더 쉽게 진행할 수 있습니다.

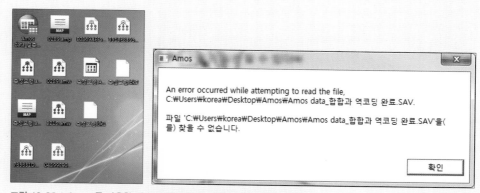

그림 12-38 | Amos를 사용할 때, 실습파일을 하나의 폴더로 저장하는 이유

03 _ 출력 결과 해석하기

Amos Output 창에서 가장 먼저 봐야 하는 것은 모델적합도입니다. 모델적합도는 [그림 12-39]에서 [Model Fit]이라는 항목을 통해 확인할 수 있습니다. 모형적합도에는 χ^2(CMIN), NFI, RFI, IFI, TLI, CFI, RMSEA 등 각종 모형적합도 지수가 있습니다. 이러한 모형적합도 지수들이 적합한지에 대한 판단 기준은 [그림 12-40]과 같습니다.

Amos Output

측정모형.amw
  Analysis Summary
  Notes for Group
  Variable Summary
  Parameter Summary
  Notes for Model
  Estimates
  Minimization History
  Model Fit
  Execution Time

Model Fit Summary

CMIN

Model	NPAR	CMIN	DF	P	CMIN/DF
Default model	72	2495.783	227	.000	10.995
Saturated model	299	.000	0		
Independence model	46	20932.214	253	.000	82.736

Baseline Comparisons

Model	NFI Delta1	RFI rho1	IFI Delta2	TLI rho2	CFI
Default model	.881	.867	.890	.878	.890
Saturated model	1.000		1.000		1.000
Independence model	.000	.000	.000	.000	.000

Amos Output

측정모형.amw
  Analysis Summary
  Notes for Group
  Variable Summary
  Parameter Summary
  Notes for Model
  Estimates

RMSEA

Model	RMSEA	LO 90	HI 90	PCLOSE
Default model	.070	.068	.073	.000
Independence model	.201	.199	.203	.000

그림 12-39 | 측정모형 검증 출력 결과 : Model Fit 확인

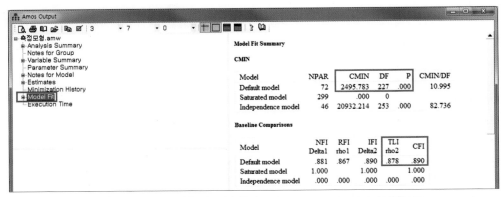

모형 적합도 지수	절대적합지수	x^2(CMIN)	p값이 0.05 이상이면 적합
		GFI	0.9 이상이면 적합
		AGFI	0.9 이상이면 적합
		RMSEA	0.1 이하면 적합
	증분적합지수	NFI	0.9 이상이면 적합
		TLI	0.9 이상이면 적합
		CFI	0.9 이상이면 적합
	간명적합지수	PGFI	1에 가까울수록 적합
		PNFI	1에 가까울수록 적합
		AIC	0에 가까울수록 적합

그림 12-40 | 측정모형 검증 출력 결과 : Model Fit 적합 기준

[그림 12-39]의 출력 결과를 하나씩 확인하면서 측정모형이 적합한지 검증하겠습니다. 일단 논문에서 가장 많이 활용하는 χ^2(CMIN), TLI, CFI, RMSEA 지수들을 중심으로 확인해보 겠습니다.

χ^2(CMIN) 값을 보면, 2,495.783($p<$.001)으로 p값이 0.05 미만으로 나타났습니다. 원래 χ^2 의 p값이 0.05 이상이면 연구모형이 모집단 데이터에 적합하다는 의미입니다. 그런데 p값이 0.05 미만이므로, 연구모형은 모집단 데이터에 적합하지 않다는 의미로 해석할 수 있습니다. 따라서 현재 설정한 측정모형은 분석을 진행할 연구모형으로 적합하지 않기 때문에 수정해 야 한다고 이야기할 수 있습니다. 하지만 분석을 진행해보면, χ^2은 표본 수가 많은 경우, 대 부분 p값이 0.05 미만으로 나타나기 때문에 모형적합도 지수로 유용하지 않다는 평가를 받 고 있습니다. 그래서 χ^2에 대한 결과가 혹시 적합하지 않더라도 다른 모형적합도 지수를 살 펴보고, 그 기준에 부합하면 모형으로 사용해도 됩니다.

[그림 12-39]를 통해 다른 모형적합도 지수도 확인할 수 있습니다. TLI는 0.878, CFI는 0.890으로 나타났습니다. [그림 12-40]의 기준에 근거하여, 이 지수들 역시 0.9 이상이 아 니므로 모형이 적합하지 않은 것으로 해석할 수 있습니다. 마지막으로 RMSEA는 0.070으로 나타나 적합한 것으로 확인되었습니다.

종합적으로 살펴보았을 때, 이런 경우 측정모형이 적합하지 않다고 판단합니다. 결국 모형 자체가 적합하지 않으므로, 확인적 요인분석을 통한 측정모형 검증 결과를 제시할 수 없습니 다. 적절하지 않은 측정변수를 제거하는 등의 방법을 거쳐 모형적합도를 향상시키거나 좋은 모형적합도를 가진 측정모형을 재설계해야 합니다.

 여기서 잠깐!!

χ^2(CMIN)은 p값이 0.05 이상이 되어야 모형이 적합하다는 기준에 부합하지 않아도 그 모형을 사용한다고 설명했습 니다. 그 이유는 카이제곱 통계량 χ^2(CMIN)은 자료가 정규분포를 따른다는 가정 아래 완벽한 모형 기준을 설정하 고 있기 때문입니다. 그래서 우리가 그리는 모형이 모두 완벽하다고 가정합니다. 그러나 실제 데이터는 복잡하고 정 규분포를 따르지 않는 경우가 많기 때문에 당연히 기대했던 완벽한 수치와 차이가 나타납니다. 그래서 χ^2(CMIN)은 그 차이가 있다고 도출해주는 것이고, 가정한 완벽한 모형과 현실 데이터를 적용한 모형 간의 차이가 유의하다고 판 단하여, p값이 0.05 이상이 아닌 미만으로 나타나는 경우가 생겨나는 것입니다.

최근에는 χ^2(CMIN)을 논문에 기록할 뿐 무시하는 추세이고, 그 대안 지수로 TLI, CFI, RMSEA 모형적합도 지수를 사용합니다. 단, 논문에서는 다음과 같이 기술하는 편입니다.

연구모형의 모형적합도를 확인하기 위해 χ^2 검증을 할 경우, χ^2 검증은 표본의 크기에 매우 민감하여 표본의 크기가 클수록(n>200인 경우) 연구모형은 기각되기 쉬우며, 표본이 n>400인 경우 거의 대부분 통계적으로 유의한 것으로 나타난다. 따라서 본 연구에서는 χ^2 검증에서 표본 크기에 의한 영향력을 최소화하기 위한 대안으로 TLI, CFI, RMSEA 모형적합도 지수를 사용하였다.

이렇게 모형적합도의 적합 여부를 철저하게 확인하는 이유는 [Model fit] 수치가 기준에 미치지 못하여 모형이 적합하지 않다고 판단되면 향후 그 모형으로 진행하는 모든 분석에 대해 결과를 해석할 수 없고, 설사 해석한다고 해도 그 해석은 신뢰할 수 없기 때문입니다. 조금 다른 개념이기는 하나, 신뢰도 계수(크론바흐 알파 값)가 0.6 이상이 되지 않으면, 그 측정 도구를 신뢰하지 않고 가설에 맞는 분석 방법을 진행하지 않는 것과 비슷한 이치라고 생각하면 됩니다. 그래서 구조방정식모형에서는 모형적합도가 매우 중요합니다.

모형적합도는 연구자가 설계한 연구모형이 얼마나 현실을 잘 반영하는가를 판단하는 것입니다. 따라서 그 수치가 기준을 충족하지 못한다면 연구모형이 현실을 반영하지 못하는 것이므로 분석을 진행하는 것도 의미가 없습니다. 그래서 TLI, CFI, RMSEA 등의 모형적합도 지수를 통해 현실(데이터)과 연구모형 간의 간극을 확인함으로써 모형적합도의 현실 반영 여부를 판단하게 되는 것입니다.

하지만 모형적합도가 낮다고 해서 연구를 더 이상 진행하지 못하는 것은 아닙니다. 모형적합도를 향상하는 방법을 통해 연구모형을 수정하여, 데이터와 모형 간의 간극을 줄여서 [Model fit] 지수를 높이면 됩니다. 이제 모형적합도가 낮게 나온 실습 모형을 변경하여 모형이 적합하도록 만들고, 확인적 요인분석을 진행한 다음 그 결과를 기술하는 방법에 대해 설명하겠습니다.

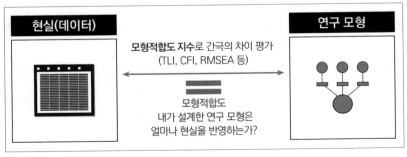

그림 12-41 | 모형적합도의 의미

컨설팅을 진행할 때 모형적합도와 관련하여 자주 나온 질문들입니다.

- **어떤 모형적합도 지수를 사용해야 하나요?**

    논문에서 공통으로 많이 사용하는 모형적합도 지수는 χ^2(CMIN), TLI, CFI, RMSEA입니다. 하지만 자신의 전공 관련 학술논문과 지도 교수님의 논문을 보면서 어떤 지수를 활용했는지 확인해보고 그에 맞게 사용하는 것이 좋습니다.

- **모형적합도 지수의 적합도 기준은 절대적인가요? 충족하지 않아도 그 모형을 사용해도 되나요?**

    사실 절대적이지 않습니다. 하지만 각종 모형적합도 지수의 적합 기준은 여러 석학들의 연구에 의해서 검증된 수치입니다. 적합 기준을 충족하지 못한 모형을 사용하고 싶다면 설득력 있는 근거 자료를 찾아야하는데, 이런 자료를 찾기가 쉽지 않습니다. 적합도를 충족하는 모형을 사용하는 것이 현명합니다.

- **우리 학과에서는 GFI라는 모형적합도 지수를 사용하는데, 모형적합도 수치에서 찾지 못하겠습니다.**

    [그림 12-42]와 같이 분석옵션인 ▥ 버튼을 선택한 후, ❶ Estimation 탭에서 ❷ 'Estimate means and intercepts'를 체크 해제하면 모형적합도 지수 출력 결과는 [그림 12-43]과 같이 나타납니다. 단, 결측값이 있다면 [그림 12-44]와 같은 오류 메시지가 뜨므로 결측값을 모두 제거하고 진행해야 GFI 값을 도출할 수 있습니다. 'Amos data.sav' 실습파일로 진행해보면, 결측값이 존재하기 때문에 오류 메시지가 뜨는 것을 확인할 수 있습니다.

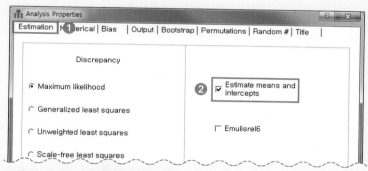

그림 12-42 | GFI 모형적합도 지수 도출 방법

RMR, GFI

Model	RMR	GFI	AGFI	PGFI
Default model	.027	.888	.864	.730
Saturated model	.000	1.000		
Independence model	.180	.279	.213	.255

그림 12-43 | GFI 지수가 포함된 모형적합도 지수 출력 결과

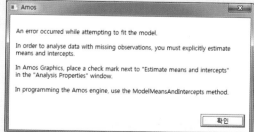

그림 12-44 | GFI 지수 도출할 때, 결측값 존재에 따른 에러 발생

04 _ 측정모형의 적합도를 향상시켜 확인적 요인분석 결과 해석하기

앞에서 측정모형을 분석한 결과 χ^2(CMIN)=2,495.783(p<.001), TLI=0.878, CFI=0.890, RMSEA=0.070으로 나타나 모형적합도 기준에 못 미치므로 모형이 적합하지 않은 것으로 확인되었습니다. 이제 측정모형의 적합도를 향상시키는 방법을 살펴보겠습니다. 먼저 Amos Output 창에서 [Estimates] 항목의 Regression Weights의 p값, Standardized Regression Weights(표준화 계수), Variances(측정오차의 분산), Squared Multiple Correlations(SMC=설명력)를 확인하면 그 방법을 찾아낼 수 있습니다.

Regression Weights의 p값을 통해 잠재변수와 측정변수 간의 관계가 있는지를 확인할 수 있습니다. 만약 p값이 유의하지 않게 나왔다면, 잠재변수와 측정변수 간에 관계가 없다는 의미이므로 해당 측정변수를 제거해야 합니다.

Standardized Regression Weights(표준화 계수)를 확인함으로써 잠재변수를 구성하는 측정변수들의 일치성 정도를 확인하는 집중타당도에 문제가 있는지 파악할 수 있습니다. Standardized Regression Weights는 표준화된 요인적재량이라고 볼 수 있으며, 엄격한 기준으로 표준화 계수가 0.5 미만이면 해당 측정변수를 제거해야 합니다.

Variances(측정오차의 분산)는 분산 자체가 음수(-) 값이 나올 수 없습니다. 만약 분산이 음수(-)라면 해당 측정변수와 측정오차를 제거하여 모형적합도를 높일 수 있습니다. 이렇게 측정오차의 분산이 음수가 나오는 경우를 통계 용어로 헤이우드 케이스(Heywood Case)라고 합니다.

Squared Multiple Correlations(SMC, 설명력)를 확인함으로써, 각각의 잠재변수가 측정변수를 얼마나 설명하고 있는지 파악할 수 있습니다. 보통 SMC 값이 0.4 이상이 되어야 잠재변수가 측정변수를 잘 설명하고 있다고 판단합니다. SMC 값이 0.4 미만이라면, 즉 약 40%도 설명하지 못한다면 해당 측정변수를 삭제합니다. [표 12-1]은 측정모형의 적합도 향상 방법을 정리한 것입니다.

표 12-1 | 측정모형의 적합도 향상 방법

구분	제거 기준	모형적합도와의 관계
Regression Weights의 p값	0.05 이상	모형적합도가 좋아도 0.05 이상이면 삭제
Standardized Regression Weights(표준화 계수)	0.5 미만	모형적합도가 좋으면 0.5 미만이라도 삭제하지 않음
Variances(측정오차의 분산)	음수	모형적합도가 좋아도 음수면 삭제
Squared Multiple Correlations(설명력)	0.4 미만	모형적합도가 좋으면 0.4 미만이라도 삭제하지 않음

여기서 잠깐!!

측정오차는 잠재변수가 측정변수를 설명하지 못하는 정도를 말합니다. 그런데 Variances(측정오차의 분산)가 음수로 나왔다면 잠재변수가 측정변수를 100% 이상 설명한다는 뜻입니다. 따라서 상식적으로 말이 안 되는 결과입니다. 그러므로 측정오차에서 음수가 도출된 해당 측정변수를 삭제해야 모형의 적합도를 높일 수 있습니다.

이제 측정모형의 적합도를 향상시켜 보겠습니다.

Regression Weights의 p값 확인 후 측정변수 제거하기

1 Amos Output 창에서 ❶ [Estimates] 항목을 클릭한 후 ❷ Regression Weights의 P값을 확인합니다. p값이 0.05 이상인 측정변수가 있는지 확인합니다.

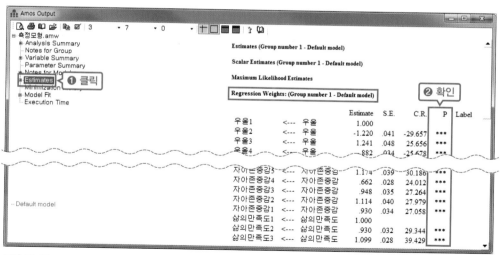

그림 12-45

2 모두 유의하게 나왔다면 같은 방법으로 Standardized Regression Weights(표준화 계수)를 확인합니다.

3 만약 Regression Weights의 P값이 유의하지 않게 나왔다면 해당 측정변수를 제거한 후 다시 측정모형을 분석하여 Regression Weights의 P값을 확인합니다.

4 다시 분석한 결과를 [Estimates] 항목을 통해 확인한 후, 모든 경로가 유의하게 나올 때까지 측정변수 제거를 반복합니다. 이렇게 Regression Weights의 P값을 통해 유의하지 않은 경로를 삭제하면 모형적합도가 향상됩니다. 모형적합도가 적절하게 나왔더라도 Regression Weights에 유의하지 않은 경로가 있다면, 그 측정변수는 삭제해야 합니다.

[그림 12-46]을 보면 Regression Weights의 P값이 아예 없는 경로를 확인할 수 있습니다. 이 측정변수를 삭제하면 오류가 발생합니다. Estimate가 1로 체크되어 있는 부분은 표준화 계수를 1로 고정한 것입니다. 이 값은 다른 경로에 있는 Estimate의 P값을 구하는 기준 값이 됩니다. 즉, 기준이 되는 경로이기 때문에 P값이 제시되지 않습니다.

Regression Weights: (Group number 1 - Default model)

			Estimate	S.E.	C.R.	P	Label
우울1	<---	우울	1.000				
우울2	<---	우울	-1.220	.041	-29.657	***	
우울3	<---	우울	1.241	.048	25.656	***	
우울4	<---	우울	-.882	.034	-25.678	***	
우울5	<---	우울	-1.007	.044	-22.936	***	
우울6	<---	우울	-1.114	.044	-25.467	***	
우울7	<---	우울	-1.254	.047	-26.744	***	
우울8	<---	우울	-1.034	.039	-26.641	***	
우울9	<---	우울	-1.180	.046	-25.747	***	
우울10	<---	우울	-1.250	.042	-29.445	***	
자아존중감10	<---	자아존중감	1.000				
자아존중감9	<---	자아존중감	1.111	.040	27.697	***	
자아존중감8	<---	자아존중감	.212	.034	6.180	***	
자아존중감7	<---	자아존중감	.884	.033	27.097	***	
자아존중감6	<---	자아존중감	1.166	.040	29.429	***	
자아존중감5	<---	자아존중감	1.174	.039	30.186	***	
자아존중감4	<---	자아존중감	.662	.028	24.012	***	
자아존중감3	<---	자아존중감	.948	.035	27.264	***	
자아존중감2	<---	자아존중감	1.114	.040	27.979	***	
자아존중감1	<---	자아존중감	.930	.034	27.058	***	
삶의만족도1	<---	삶의만족도	1.000				
삶의만족도2	<---	삶의만족도	.930	.032	29.344	***	
삶의만족도3	<---	삶의만족도	1.099	.028	39.429	***	

그림 12-46 | 측정모형 검증 출력 결과 : 기준 경로 계수 찾기

잠재변수에서 측정변수로 가는 경로 중 기준 경로, 즉 Regression Weights 값을 1로 설정하는 경로를 무엇으로 할지 고민하는 연구자가 있는데, 그건 걱정하지 않아도 됩니다. 작업 아이콘 창에서 [아이콘] 버튼을 클릭하여 모형을 만들면 [그림 12-47]과 같이 자동으로 만들어주기 때문입니다.

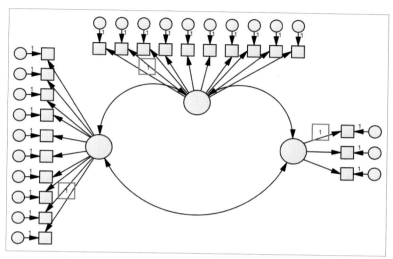

그림 12-47 | [아이콘] 버튼을 통한 기준 경로 계수 설정 방법

만약 [아이콘] 버튼을 이용하지 않고 분석을 진행한다면 직접 기준 경로를 선택하여 1로 고정해 주는 작업이 필요합니다. 예를 들어, [그림 12-47]의 모형에서 잠재변수(●)에서 측정변수 (■)로 가는 경로 중 하나를 선택하여 선을 더블클릭하면 [그림 12-48]과 같은 화면이 나타납니다. 이 Object Properties 창에서 ❶ Parameters 탭을 클릭한 후 ❷ 'Regression weight'에 1이라고 입력하면 됩니다. ❸ 닫기 버튼(█ ✕ █)을 클릭하거나 Esc 를 눌러 창을 닫으면 기준 경로가 적용됩니다.

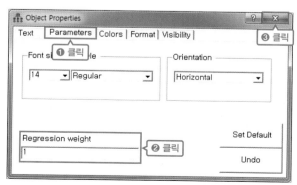

그림 12-48 | 옵션을 통한 기준 경로 계수 설정 방법

[그림 12-46]에서 각 경로에 따른 Esimate를 보면, 양수(+)와 음수(−)가 섞여 있는 것을 확인할 수 있습니다. 이는 잠재변수가 각 측정변수에 유의한 영향을 나타낸다는 의미입니다. 양수(+)는 정적으로 유의하고, 음수(−)는 부적으로 유의하다는 뜻입니다. 원래는 한 방향으로 유의해야 합니다. 만약 그렇지 않다면 표준화 계수를 1로 고정한 측정변수(문항)를 찾아보고, 기준 변경을 고민해야 합니다. 이 방법은 Standardized Regression Weights(표준화 계수)를 확인하고 측정변수를 제거할 때 함께 다루도록 하겠습니다. 일단 여기서는 Regression Weights의 P값을 확인하여, 유의하지 않은 경로만 삭제하는 방법을 살펴봅니다.

'자아존중감 → 자아존중감1' 경로가 유의하지 않다고 가정해보죠. [그림 12-49]처럼 ❶ X 버튼을 클릭한 후 ❷ 자아존중감1 측정변수(■)와 자아존중감1의 측정오차(◯)를 클릭하여 삭제합니다. ❸ III 버튼을 클릭해 분석한 뒤, 분석 결과를 확인하기 위해 ❹ III 버튼을 클릭합니다. [Estimate] 항목에서 Regression Weights의 P값을 확인합니다. 만약 유의하지 않은 경로가 또 존재한다면, 해당 경로의 측정변수를 제거하고 Regression Weights의 P값을 확인하는 일련의 순서를 반복합니다.

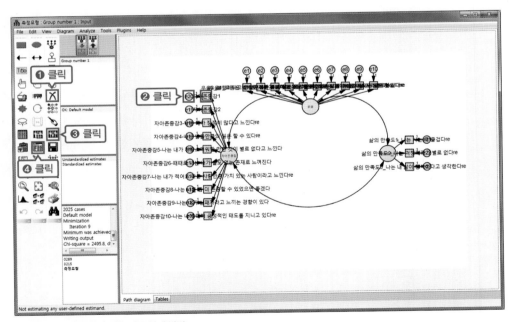

그림 12-49 | 유의하지 않은 경로 삭제 방법

여기서 잠깐!!

[그림 12-49]의 작업을 진행했더니 Regression Weights의 분석 결과에서 *p*값이 도출되지 않고 [그림 12-50]처럼 오류가 뜰 수도 있습니다. 왜 그럴까요? 그건 자아존중감1 혹은 삭제한 측정변수에 대한 잠재변수의 경로가 기준 경로 1이었기 때문입니다. 기준 경로를 현재 선택한 측정변수가 아닌 다른 경로로 변경하면 분석 결과를 정상적으로 확인할 수 있을 겁니다. 여기서는 표준화 계수를 1로 고정한 경로를 '자아존중감 → 자아존중감1, 우울 → 우울1, 삶의만족도 → 삶의만족도1'로 설정하여 진행하겠습니다. 혹시 모형에 변수를 집어넣는 과정에서 이대로 설정되지 않았다면, 앞으로 진행되는 과정과 동일한 결과를 내기 위해 재설정하길 권합니다.

그림 12-50 | 기준 경로를 삭제했을 때의 오류

Standardized Regression Weights(표준화 계수) 확인 후 측정변수 제거하기

1 Amos Output 창에서 ❶ [Estimates] 항목을 클릭합니다. ❷ Standardized Regression Weights(표준화 계수)에서 0.5 미만이 있는지 확인합니다.

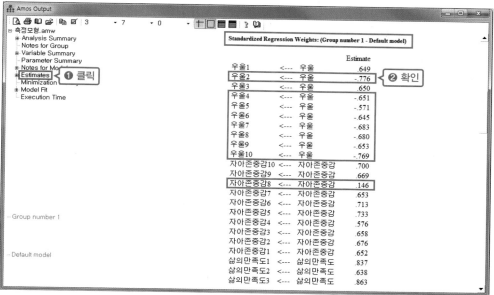

그림 12-51

2 모두 0.5 이상으로 나왔다면 Variances(측정오차의 분산)를 확인합니다. 그러나 Standardized Regression Weights의 값이 0.5 미만으로 나왔다면 가장 낮은 값을 가진 측정변수를 제거한 후 다시 측정모형을 분석하여 모형적합도를 확인합니다.

[그림 12-51]의 출력 결과를 확인해보면, 표준화 계수가 0.5 미만이거나 음수(−)인 측정변수는 '우울2, 우울4, 우울5, 우울6, 우울7, 우울8, 우울9, 우울10, 자아존중감8'입니다. 원칙은 가장 낮은 값을 가진 측정변수를 제거하는 것입니다. 이 원칙에 따르면 우울 2가 −.776이므로 '우울2' 측정변수와 '우울2' 측정오차(그림의 모형에서는 'e2')를 삭제한 후 모형적합도 확인 작업을 가장 먼저 해야 합니다. 하지만 이렇게 하면 '우울' 변수의 경우 '우울 1'과 '우울 3'을 제외한 모든 변수를 삭제해야 합니다. 이런 경우에는 기준 변수(표준화 계수 1)로 삼았던 '우울 1'에 문제가 있는지 의심해보고, 우울 잠재변수의 기준 경로 1을 다른 측정도구로 변경해야 합니다. 우리는 '우울 2'를 기준 경로 1로 변경하여 실습해보겠습니다.

3 측정모형에서 '우울 → 우울1' 경로를 더블클릭합니다. 선이 얇아서 클릭하기 어렵다면 화살표 머리를 클릭해도 됩니다.

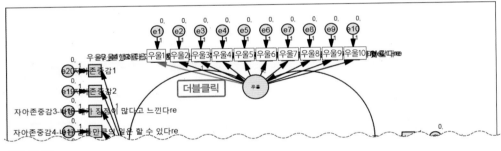

그림 12-52

4 Object Properties 창에서 **❶** Parameters 탭을 선택하고 **❷** 'Regression weight'의 1을 삭제한 후 **❸** 닫기 버튼(❎)을 클릭하거나 Esc 를 눌러 창을 닫습니다.

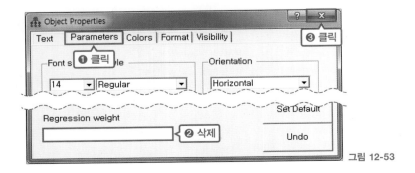

그림 12-53

5 측정모형에서 '우울 → 우울2' 경로를 더블클릭합니다. Object Properties 창의 Parameters 탭을 열어 'Regression weight'에 1을 입력한 후 닫기 버튼(█ x █)을 눌러 창을 닫습니다. '우울 → 우울2' 경로가 1로 고정되었는지 확인합니다.

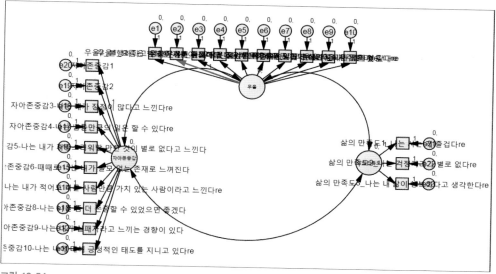

그림 12-54

6 ▦ 버튼을 클릭한 다음 ▦ 버튼을 클릭합니다. 새로운 분석 결과가 담긴 [Model Fit] 항목을 클릭하여 모형적합도를 확인합니다. $\chi^2=2,495.783(p<.001)$, TLI=0.878, CFI=0.890, RMSEA=0.070으로 나타나 모형이 적합하지 않은 것으로 해석할 수 있습니다.

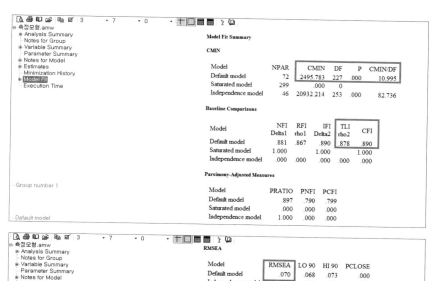

그림 12-55

7 [Estimates] 항목에서 Regression Weights의 P값이 모두 유의한지 확인합니다. 유의하지 않은 경로가 있다면, 그 경로를 삭제하는 것이 우선이기 때문입니다. 확인해보니 p값이 모두 유의합니다. 따라서 다음 단계로 넘어갑니다.

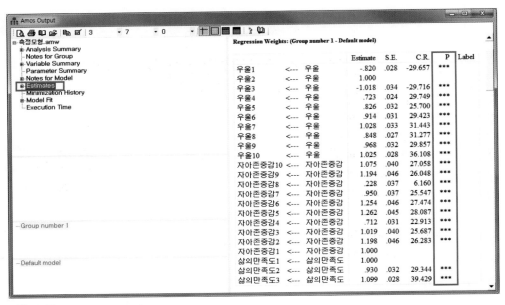

그림 12-56

8 Standardized Regression Weights(표준화 계수)에서 0.5보다 낮은 수치가 있는 경로를 확인합니다. '우울 → 우울1=−.649, 우울 → 우울3=−.650, 자아존중감 → 자아존중감8=.146'입니다. '우울 → 우울3'의 수치가 가장 낮은 것을 확인할 수 있습니다.

Standardized Regression Weights: (Group number 1 - Default model)

			Estimate
우울1	<---	우울	-.649
우울2	<---	우울	.776
우울3	<---	우울	-.650
우울4	<---	우울	.651
우울5	<---	우울	.571
우울6	<---	우울	.645
우울7	<---	우울	.683
우울8	<---	우울	.680
우울9	<---	우울	.653
우울10	<---	우울	.769
자아존중감10	<---	자아존중감	.700
자아존중감9	<---	자아존중감	.669
자아존중감8	<---	자아존중감	.146
자아존중감7	<---	자아존중감	.653
자아존중감6	<---	자아존중감	.713
자아존중감5	<---	자아존중감	.733
자아존중감4	<---	자아존중감	.576
자아존중감3	<---	자아존중감	.658
자아존중감2	<---	자아존중감	.676
자아존중감1	<---	자아존중감	.652
삶의만족도1	<---	삶의만족도	.837
삶의만족도2	<---	삶의만족도	.638
삶의만족도3	<---	삶의만족도	.863

그림 12-57

9 작업 아이콘 창에서 ❶ ✗ 버튼을 클릭합니다. ❷ 가장 낮은 Standardized Regression Weights(표준화 계수) 값을 나타낸 측정변수 '우울3'과 그에 해당하는 측정오차 e를 클릭하여 삭제합니다.

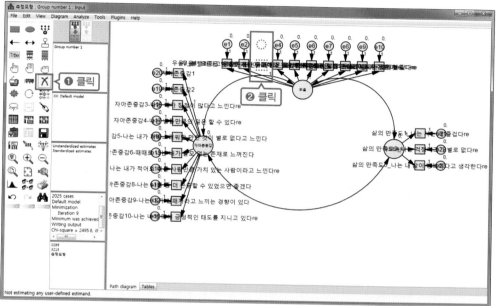

그림 12-58

10 표준화 계수가 낮은 순서대로 '우울1'과 '자아존중감8'의 측정변수와 측정오차도 모두 삭제합니다. 이어서 '[Model fit] 항목에서 모형적합도 수치 확인 → [Estimates] 항목에서 Regression Weights의 *p*값의 유의성 확인 → Standardized Regression Weights가 0.5 미만인 값이 있는지 확인'하는 순서를 반복하여 모형적합도를 확인합니다.

11 Standardized Regression Weights의 값이 0.5 미만인 측정변수 '우울3, 우울1, 자아 존중감8'을 차례대로 제거한 결과, 모형적합도는 $\chi^2=1{,}847.660(p<.001)$, TLI=0.895, CFI=0.907, RMSEA=0.071로 향상된 것을 확인할 수 있습니다.

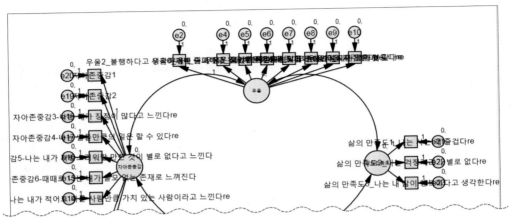

(a) 우울1, 우울3, 자아존중감8 삭제 전 모형적합도　　(b) 우울1, 우울3, 자아존중감8 삭제 후 모형적합도

그림 12-59

여기서 잠깐!!

모형적합도가 적절하게 나온 경우, Standardized Regression Weights의 값이 0.3 미만이 아니라면 0.5 미만이 나왔더라도 무조건 삭제하지 않는 것이 좋습니다. Standardized Regression Weights의 값이 0.5 미만인 측정변 수를 삭제하는 것이 측정모형 검증에서 필수 사항은 아니며, 0.5 미만이더라도 약간이나마 설명력이 있다고 판단할 수 있기 때문입니다. 또한 측정변수를 삭제한다는 것은 그 척도에서 측정변수에 해당하는 요인을 보지 않겠다는 것이므로 삭제는 최소한으로 해야 합니다. 다만, [그림 12-56]에서 확인했듯이 Regression Weights의 P값이 유의하지 않다는 것은 그 경로 자체가 통계적으로 유의하지 않고, 잠재변수를 설명하지 못한다는 의미이므로 무조건 삭제하는 것이 좋습니다.

Variances(측정오차의 분산) 확인 후 측정변수 제거하기

1 Amos Output 창에서 ❶ [Estimates] 항목을 클릭하고 ❷ Variances를 확인합니다. ❸ Estimate 에 음수가 있는지 확인합니다.

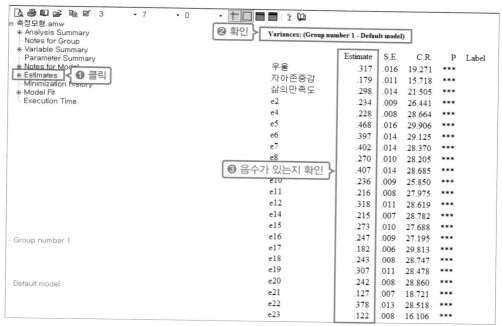

② 확인

Variances: (Group number 1 - Default model)

	Estimate	S.E.	C.R.	P	Label
우울	.317	.016	19.271	***	
자아존중감	.179	.011	15.718	***	
삶의만족도	.298	.014	21.505	***	
e2	.234	.009	26.441	***	
e4	.228	.008	28.664	***	
e5	.468	.016	29.906	***	
e6	.397	.014	29.125	***	
e7	.402	.014	28.370	***	
e8	.270	.010	28.205	***	
e10	.407	.014	28.685	***	
e11	.236	.009	25.850	***	
e12	.216	.008	27.975	***	
e14	.318	.011	28.619	***	
e15	.215	.007	28.782	***	
e16	.273	.010	27.688	***	
e17	.247	.009	27.195	***	
e18	.182	.006	29.813	***	
e19	.243	.008	28.747	***	
e20	.307	.011	28.478	***	
e21	.242	.008	28.860	***	
e22	.127	.007	18.721	***	
e23	.378	.013	28.518	***	
	.122	.008	16.106	***	

③ 음수가 있는지 확인

그림 12-60

이 실습파일에서는 Variances의 값이 모두 양수이므로 다음 단계로 넘어가 Squared Multiple Correlations(SMC)를 확인합니다.

2 만약 Variances의 값에 음수가 나왔다면, 해당 측정오차에 연결된 측정변수를 제거한 후 다시 측정모형을 분석하여 모형적합도를 확인하는 작업을 거칩니다. 예를 들어, 측정오차 e12의 Variances 값이 음수라면, 측정오차 e12(◯)와 e12의 측정변수인 우울 변수(□)를 삭제해야 합니다. (측정오차가 무작위로 설정되면 여기서 제시한 그림과 일치하지 않을 수 있어서 우울 변수를 따로 제시하지 않았습니다.)

측정오차의 분산이 음수가 되는 경우를 헤이우드 케이스(Heywood Case) 혹은 음오차분산이라고 정의합니다. 이런 경우 측정변수를 제거해도 되지만 '오차의 분산을 작은 수로 고정시키는 방법'도 있습니다. 예를 들어보겠습니다. 측정모형에서 문제가 있는 측정오차를 더블 클릭하면 [그림 12-61]과 같은 화면이 나타납니다. 이 Object Properties 창에서 Parameters 탭에 있는 'Variance' 값을 '0.005'로 설정합니다. 이렇게 하면 측정변수를 삭제하지 않고 모형적합도를 향상시킬 수도 있습니다. 다만 Variance 값을 임의로 고정시키는 것이기 때문에 향후 논문 심사 때 지적받을 수도 있고, 모형적합도가 오히려 좋지 않게 나올 수도 있습니다. 그러므로 헤이우드 케이스가 보인다면 측정변수 삭제 방법을 선택하길 권합니다.

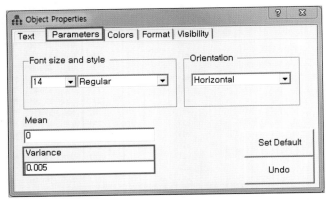

그림 12-61 | 헤이우드 케이스 해결 방법

여기서 잠깐!!

왜 Variance의 값을 0.005로 설정할까요? 또 측정오차의 분산은 왜 음수가 되면 안 될까요?

오차는 어떤 값의 차이를 나타내고, 그 차이는 양수(+)인 것이 일반적입니다. "그거 음(-)적인 차이가 있는데?" 이렇게 이야기하는 경우는 없습니다. 어떤 값의 차이는 절댓값을 씌운 양수(+)가 됩니다. 게다가 오차의 '분산'이므로, 제곱합에 루트를 씌운 절댓값 형태이기 때문에 사실 음수가 나올 수 없습니다. 하지만 수학적으로는 가능합니다.

측정오차의 분산은 잠재변수가 측정변수를 설명하지 못하는 정도를 말합니다. 따라서 수학적으로 음수가 나왔다고 하면 잠재변수가 측정변수를 100%이거나 그 이상을 설명한다는 의미입니다. 통계적으로는 가능하나 현실에서는 불가능하기 때문에 측정오차의 분산(Variance) 값을 최대한 100%와 가깝게 맞추는 과정이 필요한 것이고, 그래서 0.005로 설정하는 것입니다. 이론상으로는 0.0005, 0.00005로 설정해도 괜찮지만, 이렇게 하면 거의 100% 설명하게 되는 1개의 측정변수가 생겨나는 것이므로, 이 책에서는 권유하고 있지 않습니다.

Squared Multiple Correlations(SMC=설명력) 확인 후 측정변수 제거하기

1 Amos Output 창에서 **❶** [Estimates] 항목을 클릭한 후 **❷** Squared Multiple Correlations(이하 SMC)를 확인합니다. **❸** 0.4 미만이 있는지 확인합니다.

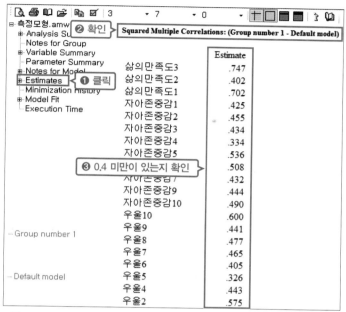

그림 12-62

모두 0.4 이상으로 나왔다면 최종적으로 모형적합도 지수를 확인한 후, 측정모형으로 결정하여 사용할지 여부를 판단합니다. 그러나 SMC의 값이 0.4 미만으로 나온 측정변수가 있다면 0.4 미만에 해당하는 측정변수 중에서 가장 낮은 값을 가진 측정변수부터 제거한 후, 다시 측정모형을 분석하여 모형적합도를 확인합니다. 그런 다음 이 측정모형 검증을 최종적으로 마칠지 판단합니다. 지금까지 수정한 측정모형의 모형적합도는 χ^2=1,847.660(p<.001), TLI=0.895, CFI=0.907, RMSEA=0.071로 아직 TLI가 0.9 이상이 아닙니다. 그래서 SMC 확인을 통해서 측정변수를 제거하고자 합니다.

2 0.4 미만인 측정변수는 '우울5'와 '자아존중감4'입니다. 그중 '우울5'가 0.326으로 값이 더 낮습니다. **❶** 작업 아이콘 창에서 ✖ 버튼을 클릭합니다. **❷** '우울5' 측정변수와 '우울5' 측정오차 e를 클릭하여 삭제합니다. **❸** [Model Fit] 항목을 클릭하여 **❹** 모형적합도를 확인합니다. χ^2= 1,630.606(p<.001), TLI=0.902, CFI=0.914, RMSEA=0.070으로 나타나 만족할 만한 수준으로 검증되었습니다. 따라서 '자아존중감4'의 SMC 값이 0.4 미만이지만 제거하지 않고 그대로 진행하겠습니다.

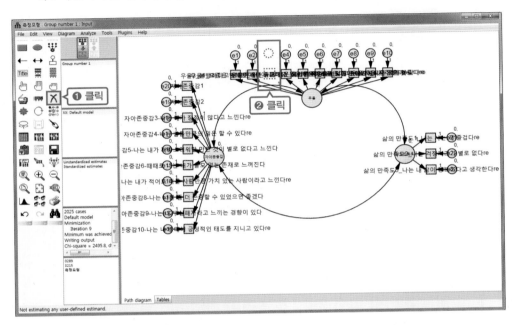

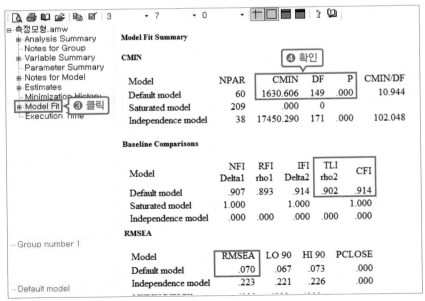

그림 12-63

SMC 값이 0.4 미만인 측정변수가 여러 개일 때 단계적으로 삭제하지 않고 한꺼번에 삭제하는 연구자들도 있습니다. 하지만 그렇게 진행하면 문제가 발생할 수 있습니다. [그림 12-63]에서 '우울5'를 삭제한 다음 SMC 값을 확인하면 어떤 결과가 나타날까요?

실제로 '우울5'를 지운 상태에서 SMC 값을 확인해보면, 가장 낮은 값은 [그림 12-62]와 같이 '자아존중감4=.334' 입니다. 그런데 삭제 전에는 없었던 '우울6=.377'이 나타납니다. 이 결과는 0.4 미만의 측정변수 1개를 삭제했을 때, SMC 값이 변할 수 있다는 것을 보여줍니다. 따라서 모형적합도가 좋지 않다고 SMC 값이 0.4 미만인 측정변수를 한꺼번에 삭제하면 안 됩니다. 1개씩 지워가면서 측정모형을 분석하고 SMC 값을 확인하는 반복 작업을 거쳐야 합니다. 또한 Standardized Regression Weights 값을 삭제할 때와 마찬가지로, 하나씩 삭제했을 때 모형적합도가 적합하게 나왔다면 비록 SMC 값이 0.4 미만인 측정변수가 남아 있어도 그대로 두는 것이 더 좋습니다. 최대한 측정변수를 삭제하지 않고 모형을 유지해야 측정모형에 대한 이론적 근거를 튼튼하게 세울 수 있습니다.

지금까지 모형적합도를 향상시키기 위한 네 가지 방법을 살펴보았습니다. Regression Weights의 p값, Standardized Regression Weights(표준화 계수), Variances(측정오차의 분산), Squared Multiple Correlations(SMC)에 의거해서 자아존중감8, 우울1, 우울3, 우울5 측정변수가 제거되었습니다.

최종 측정모형은 [그림 12-64]와 같습니다. 모형적합도는 $\chi^2 = 1,630.606(p<.001)$, TLI= 0.902, CFI=0.914, RMSEA=0.070으로 나타나 만족할 만한 수준인 것으로 확인되었습니다.

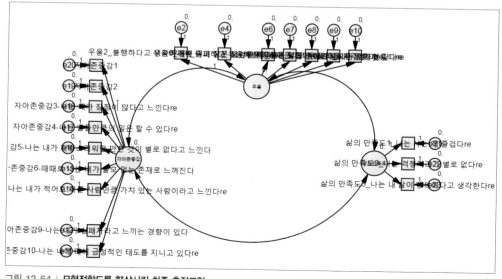

그림 12-64 | 모형적합도를 향상시킨 최종 측정모형

또한 [그림 12-65]에서 [Estimates] 항목에 제시된 Regression Weights의 p값을 보면, 자아존중감, 우울, 삶의 만족도 잠재변수와 측정변수 간의 관계가 유의한 것으로 확인됩니다. 이를 통해 측정변수들이 잠재변수를 타당하게 구성하고 있음을 알 수 있습니다.

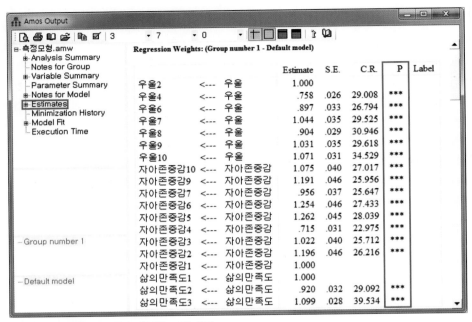

그림 12-65 | 최종 측정모형의 모형적합도 지수 확인

 여기서 잠깐!!

만약 Regression Weights의 p값, Standardized Regression Weights(표준화 계수), Variances(측정오차의 분산), Squared Multiple Correlations(SMC)에 의거하여 측정변수를 단계적으로 삭제했는데도 모형적합도가 만족할 만한 수준이 아니라면 그 측정모형은 잘못되었다고 볼 수 있습니다. 그렇다면 계속 삭제하며 모형을 수정하기보다는 구조방정식모형을 버리는 것이 좋습니다. 그리고 선행 논문을 찾아보면서 잠재변수의 관계를 나타내는 경로분석으로 변경하거나 모형을 쪼개서 매개효과나 조절효과를 보는 연구로 변경하는 것이 좋습니다.

이것으로 자아존중감, 우울, 삶의 만족도를 구성하는 요인들에 문제가 없음을 모두 확인하였습니다. 이제 검증된 측정모형을 논문에 어떻게 기술하는지 살펴보겠습니다.

05 _ 논문 결과표 작성하기

1 측정모형 분석에 대한 결과표는 잠재변수와 측정변수, Estimate의 B(비표준화 계수),
β(표준화 계수), $S.E.$(표준오차), $C.R.$(회귀계수의 t값)을 열로 구성하고 각 잠재변수명
과 측정변수명을 행으로 구성하여 아래와 같이 작성합니다.

표 12-2

잠재변수	측정변수	Estimate		S.E.	C.R.
		B	β		
우울	우울2				
	우울4				
	우울6				
	우울7				
	우울8				
	우울9				
	우울10				
자아존중감	자아존중감10				
	자아존중감9				
	자아존중감7				
	자아존중감6				
	자아존중감5				
	자아존중감4				
	자아존중감3				
	자아존중감2				
	자아존중감1				
삶의 만족도	삶의 만족도1				
	삶의 만족도2				
	삶의 만족도3				

$*p<.05. **p<.01. ***p<.001$

2 Amos Output 창에서 [Estimates] 항목의 ❶ Regression Weights 표를 클릭한 후 ❷ 마
우스 오른쪽 버튼을 눌러 ❸ Copy를 클릭합니다.

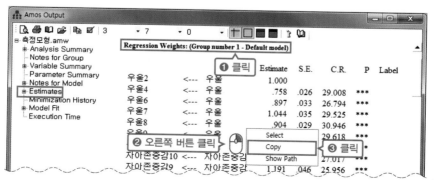

그림 12-66

3 엑셀 시트에 붙여넣기([Ctrl]+[V])를 합니다.

	A	B	C	D	E	F	G	H
1	Regression Weights: (Group number 1 - Default model)							
2								
3				Estimate	S.E.	C.R.	P	Label
4	우울2	<---	우울	1				
5	우울4	<---	우울	0.758	0.026	29.008	***	
6	우울6	<---	우울	0.897	0.033	26.794	***	
7	우울7	<---	우울	1.044	0.035	29.525	***	
8	우울8	<---	우울	0.904	0.029	30.946	***	
9	우울9	<---	우울	1.031	0.035	29.618	***	
10	우울10	<---	우울	1.071	0.031	34.529	***	
11	자아존중감10	<---	자아존중감	1.075	0.04	27.017	***	
12	자아존중감9	<---	자아존중감	1.191	0.046	25.956	***	
13	자아존중감7	<---	자아존중감	0.956	0.037	25.647	***	
14	자아존중감6	<---	자아존중감	1.254	0.046	27.433	***	
15	자아존중감5	<---	자아존중감	1.262	0.045	28.039	***	
16	자아존중감4	<---	자아존중감	0.715	0.031	22.975	***	
17	자아존중감3	<---	자아존중감	1.022	0.04	25.712	***	
18	자아존중감2	<---	자아존중감	1.196	0.046	26.216	***	
19	자아존중감1	<---	자아존중감	1				
20	삶의만족도1	<---	삶의만족도	1				
21	삶의만족도2	<---	삶의만족도	0.92	0.032	29.092	***	
22	삶의만족도3	<---	삶의만족도	1.099	0.028	39.534	***	

(셀 D13~D14 사이에 [Ctrl]+[V] 표시)

그림 12-67

4 Amos Output 창에서 [Estimates] 항목의 ❶ Standardized Regression Weights 표를 클릭한 후 ❷ 마우스 오른쪽 버튼을 눌러 ❸ Copy를 클릭합니다.

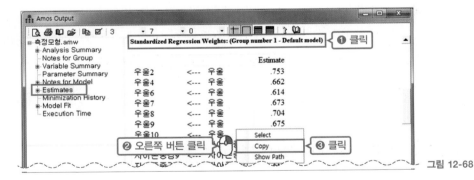

그림 12-68

여기서 잠깐!!

Regression Weights 표의 Estimate는 B(비표준화 계수)를 뜻하고, Standardized Regression Weights 표의 Estimate는 β(표준화 계수)를 뜻합니다.

5 엑셀 시트에 붙여넣기(Ctrl + V)를 합니다.

Regression Weights: (Group number 1 - Default model)

			Estimate	S.E.	C.R.	P	Label
우울2	<---	우울	1				
우울4	<---	우울	0.758	0.026	29.008	***	
우울6	<---	우울	0.897	0.033	26.794	***	
우울7	<---	우울	1.044	0.035	29.525	***	
우울8	<---	우울	0.904	0.029	30.946	***	
우울9	<---	우울	1.031	0.035	29.618	***	
우울10	<---	우울	1.071	0.031	34.529	***	
자아존중감10	<---	자아존중감	1.075	0.04	27.017	***	
자아존중감9	<---	자아존중감	1.191	0.046	25.956	***	
자아존중감7	<---	자아존중감	0.956	0.037	25.647	***	
자아존중감6	<---	자아존중감	1.254	0.046	27.433	***	
자아존중감5	<---	자아존중감	1.262	0.045	28.039	***	
자아존중감4	<---	자아존중감	0.715	0.031	22.975	***	
자아존중감3	<---	자아존중감	1.022	0.04	25.712	***	
자아존중감2	<---	자아존중감	1.196	0.046	26.216	***	
자아존중감1	<---	자아존중감	1				
삶의만족도1	<---	삶의만족도	1				
삶의만족도2	<---	삶의만족도	0.92	0.032	29.092	***	
삶의만족도3	<---	삶의만족도	1.099	0.028	39.534	***	

Standardized Regression Weights: (Group number 1 - Default model)

			Estimate
우울2	<---	우울	0.753
우울4	<---	우울	0.662
우울6	<---	우울	0.614
우울7	<---	우울	0.673
우울8	<---	우울	0.704
우울9	<---	우울	0.675
우울10	<---	우울	0.78
자아존중감10	<---	자아존중감	0.7
자아존중감9	<---	자아존중감	0.667
자아존중감7	<---	자아존중감	0.657
자아존중감6	<---	자아존중감	0.713
자아존중감5	<---	자아존중감	0.732
자아존중감4	<---	자아존중감	0.578
자아존중감3	<---	자아존중감	0.659
자아존중감2	<---	자아존중감	0.675
자아존중감1	<---	자아존중감	0.652
삶의만족도1	<---	삶의만족도	0.838
삶의만족도2	<---	삶의만족도	0.633
삶의만족도3	<---	삶의만족도	0.865

(Ctrl + V 표시)

그림 12-69

6 엑셀에서 ❶ Standardized Regression Weights의 Estimate가 있는 열(M열)을 클릭하여 복사(Ctrl + C)합니다. ❷ Regression Weights의 S.E. 열(E열)에서 마우스 오른쪽 버튼을 클릭하여 ❸ 복사한 셀 삽입을 클릭합니다.

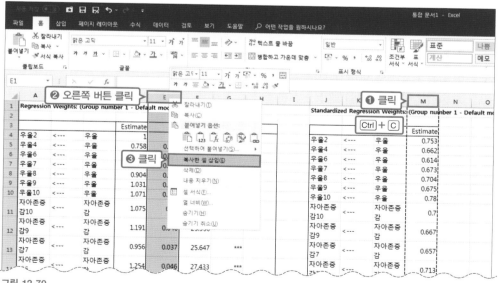

그림 12-70

7 엑셀에서 결과 값을 모두 선택하여 복사(Ctrl + C)합니다.

	A	B	C	D	E	F	G	H	I
1	Regression Weights: (Group number 1 - Default model)								
2									
3				Estimate	Estimate	S.E.	C.R.		P Label
4	우울2	<---	우울	1	0.753				
5	우울4	<---	우울	0.758	0.662	0.026	29.008	***	
6	우울6	<---	우울	0.897	0.614	0.033	26.794	***	
7	우울7	<---	우울	1.044	0.673	0.035	29.525	***	
8	우울8	<---	우울	0.904	0.704	0.029	30.946	***	
9	우울9	<---	우울	1.031	0.675	0.035	29.618	***	
10	우울10	<---	우울	1.071	0.78	0.031	34.529	***	
11	자아존중감10	<---	자아존중감	1.075	0.7	0.04	27.017	***	
12	자아존중감9	<---	자아존중감	1.191	0.667	0.046	25.956	***	
13	자아존중감7	<---	자아존중감	0.956	0.657	0.037	25.647	***	
14	자아존중감6	<---	자아존중감	1.254	0.713	0.046	27.433	***	
15	자아존중감5	<---	자아존중감	1.262	0.732	0.045	28.039	***	
16	자아존중감4	<---	자아존중감	0.715	0.578	0.031	22.975	***	
17	자아존중감3	<---	자아존중감	1.022	0.659	0.04	25.712	***	
18	자아존중감2	<---	자아존중감	1.196	0.675	0.046	26.216	***	
19	자아존중감1	<---	자아존중감	1	0.652				
20	삶의만족도1	<---	삶의만족도	1	0.838				
21	삶의만족도2	<---	삶의만족도	0.92	0.633	0.032	29.092	***	
22	삶의만족도3	<---	삶의만족도	1.099	0.865	0.028	39.534	***	

Ctrl + C

그림 12-71

8 미리 작성해놓은 한글 표의 첫 번째 칸에 붙여넣기(Ctrl + V)합니다.

잠재변수	측정변수	Estimate		S.E.	C.R.
		B	β		
우울	우울2				
	우울4	Ctrl + V			
	우울6				
	우울7				
	우울8				
	우울9				
	우울10				

그림 12-72

9 셀 붙이기 창에서 ❶ '내용만 덮어 쓰기'를 클릭한 다음 ❷ 붙이기를 클릭합니다.

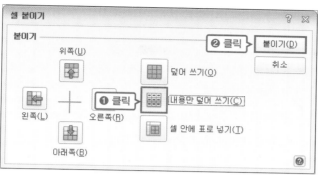

그림 12-73

10 엑셀에서 ❶ P값을 확인하여 ❷ 한글 표의 *C.R.* 값 오른쪽에 *표를 위첨자로 기입합니다. 예를 들어 P값이 ***이면 ***를 붙이고, P<0.01이면 **를 붙이고, P<0.05이면 *를 붙입니다.

Regression Weights: (Group number 1 - Default model)								
			Estimate	Estimate	S.E.	C.R.	P	Label
우울2	<---	우울	1	0.753				
우울4	<---	우울	0.758	0.662	0.026	29.008	***	
우울6	<---	우울	0.897	0.614	0.033	26.794	***	
우울7	<---	우울	1.044	0.673	0.035	29.525	***	
우울8	<---	우울	0.904	0.704	0.029	30.946	***	
우울9	<---	우울	1.031	0.675	0.035	29.618	***	
우울10	<---	우울	1.071	0.78	0.031	34.529	***	

❶ 확인

잠재변수	측정변수	Estimate		S.E.	C.R.
		B	β		
우울	우울2	1	0.753		
	우울4	0.758	0.662	0.026	29.008***
	우울6	0.897	0.614	0.033	26.794***
	우울7	1.044	0.673	0.035	29.525***
	우울8	0.904	0.704	0.029	30.946***
	우울9	1.031	0.675	0.035	29.618***
	우울10	1.071	0.78	0.031	34.529***

❷ 기준에 맞춰 '*' 삽입

그림 12-74

여기서 잠깐!!

[그림 12-74]를 보면 *C.R.*이라는 생소한 단어가 나옵니다. *C.R.*(Critical Ratio)은 구조방정식 모델에서 각 변수에 유의성이 있는지 알 수 있는 수치로, 회귀분석 결과의 t값(영향력의 유의성 판단)과 같은 의미로 이해하면 됩니다. 아래 〈표〉는 시리즈 2권 Section 21에서 기술한 다중회귀분석 결과표입니다. *p*값과 다중공선성(*VIF*) 값을 제외하고 대부분 [그림 12-74]와 비슷한 형태임을 알 수 있습니다.

p(유의확률)값이 0.05 미만일 때 통계적으로 의미가 있다고 판단하는데, 그때 *t*값 혹은 *C.R.* 값은 |1.96| 이상이어야 합니다. *p*<0.01일 때는 |2.58| 이상, *p*<0.001일 때는 |3.30| 이상이 됩니다. [그림 12-74]에서는 *C.R.* 값이 모두 |3.30| 이상이기 때문에 별표(*)를 3개 기입한 것입니다. 구조방정식모형 결과표에서는 *p*값 대신에 *C.R.* 값을 위첨자로 기록해주는 방식을 많이 사용합니다.

구조방정식모형의 타당성을 검증하는 방법 중에 '집중타당도 검증'이 있는데, 그때도 논문 결과표에 C.R. 값을 적어주는 경우가 있습니다. 하지만 이때의 *C.R.* 값은 '개념신뢰도(C.R.; Construct Reliability)'를 의미하는 것으로, 영향력 유의성을 판단하는 *C.R.*(Critical Ratio)과 전혀 다른 개념입니다. 개념 신뢰도의 *C.R.* 값은 오히려 신뢰도계수(Cronbach's Alpha, 크론바흐 알파)와 비슷한 개념입니다. 또한 Amos에서 자동으로 계산해주지 않고, 연구자가 수식을 통해 계산을 진행해야 합니다.

스마트폰 만족도 주요 요인이 전반적 만족도에 미치는 영향

〈표〉 품질, 이용편리성, 디자인, 부가기능이 전반적 만족도에 미치는 영향

종속변수	독립변수	B	S.E.	β	t	p	VIF
전반적 만족도	(상수)	0.588	0.234		2.511*	.013	
	품질	0.145	0.064	.129	2.275*	.024	1.337
	이용편리성	0.177	0.057	.179	3.115**	.002	1.370
	디자인	0.264	0.064	.250	4.090***	<.001	1.551
	부가기능	0.160	0.054	.165	2.941**	.004	1.307
F=29.742(p<.001), R^2=.287, $_{adj}R^2$=.278, D-W=1.565							

*p<.05, **p<.01, ***p<.001

11 입력한 모든 셀의 글자 모양을 양식에 맞게 변경하면 결과표가 완성됩니다.

표 12-3

잠재변수	측정변수	Estimate		S.E.	C.R.
		B	β		
우울	우울2	1	0.753		
	우울4	0.758	0.662	0.026	29.008***
	우울6	0.897	0.614	0.033	26.794***
	우울7	1.044	0.673	0.035	29.525***
	우울8	0.904	0.704	0.029	30.946***
	우울9	1.031	0.675	0.035	29.618***
	우울10	1.071	0.780	0.031	34.529***
자아존중감	자아존중감10	1.075	0.700	0.040	27.017***
	자아존중감9	1.191	0.667	0.046	25.956***
	자아존중감7	0.956	0.657	0.037	25.647***
	자아존중감6	1.254	0.713	0.046	27.433***
	자아존중감5	1.262	0.732	0.045	28.039***
	자아존중감4	0.715	0.578	0.031	22.975***
	자아존중감3	1.022	0.659	0.040	25.712***
	자아존중감2	1.196	0.675	0.046	26.216***
	자아존중감1	1	0.652		
삶의 만족도	삶의 만족도1	1	0.838		
	삶의 만족도2	0.920	0.633	0.032	29.092***
	삶의 만족도3	1.099	0.865	0.028	39.534***

*p<.05, **p<.01, ***p<.001

 여기서 잠깐!!

측정모형의 적합도를 아래 〈표〉처럼 제시하기도 하고, 표 없이 '모형적합도는 χ^2=1,630.606(p<.001), TLI=0.902, CFI=0.914, RMSEA=0.070으로 나타났다.'와 같은 문장으로만 작성하기도 합니다. 이 책에서는 표 없이 문장 형태로 서술합니다.

〈표〉

모형	χ^2	df	TLI	CFI	RMSEA
측정모형	1,630.606***	149	0.902	0.914	0.070

06 _ 논문 결과표 해석하기

측정모형 분석 결과표의 해석은 2단계로 작성합니다.

---

❶ 측정모형 적합도와 제거된 측정변수 설명

1) 제거된 측정변수가 없을 때는 "측정모형의 적합도는 χ^2=1,630.606(p<.001), TLI=0.902, CFI=0.914, RMSEA=0.070으로 나타나 만족할 만한 수준인 것으로 확인되었다."

2) 제거된 측정변수가 있을 때는 "초기 측정모형의 적합도는 χ^2=2,495.783(p<.001), TLI=0.878, CFI=0.890, RMSEA=0.070로 나타나 모형이 적합하지 않은 것으로 확인되었다. 이에 잠재변수와의 관계가 유의하지 않은 ○○○ 측정변수와, 표준화된 요인적재량이 0.5 미만인 ○○○ 측정변수와, 측정오차의 분산이 음수인 ○○○ 측정변수와, SMC가 0.4 미만인 ○○○ 측정변수를 제거하였다. 최종 측정모형의 적합도는 χ^2=1,630.606(p<.001), TLI=0.902, CFI=0.914, RMSEA=0.070으로 나타나 만족할 만한 수준인 것으로 확인되었다."

❷ 확인적 요인분석 결과 설명

확인적 요인분석 결과, 자아존중감, 우울, 삶의 만족도 잠재변수에서 측정변수에 이르는 경로는 유의수준 .001에서 모두 유의한 것으로 나타났다.

위의 2단계에 맞춰 자아존중감, 우울, 삶의 만족도의 확인적 요인분석 결과를 작성하면 다음과 같습니다.

❶ 초기 측정모형의 적합도는 χ^2=2,495.783(p<.001), TLI=0.878, CFI=0.890, RMSEA=0.070으로 나타나 모형이 적합하지 않은 것으로 확인되었다. 이에 표준화된 요인적재량이 0.5 미만인 우울1, 우울3, 자아존중감8 측정변수와, SMC가 0.4 미만인 우울5 측정변수를 제거하였다. 최종 측정모형의 적합도는 χ^2=1,630.606(p<.001), TLI=0.902, CFI=0.914, RMSEA=0.070으로 나타나 만족할 만한 수준인 것으로 확인되었다.

❷ 확인적 요인분석 결과, 자아존중감, 우울, 삶의 만족도 잠재변수에서 측정변수에 이르는 경로는 유의수준 .001에서 모두 유의한 것으로 나타났다.

[측정모형 검증 논문 결과표 완성 예시]

자아존중감, 우울, 삶의 만족도의 확인적 요인분석 결과

〈표〉 측정모형의 적합도 검증

잠재변수	측정변수	Estimate		S.E.	C.R.
		B	β		
우울	우울2	1	0.753		
	우울4	0.758	0.662	0.026	29.008***
	우울6	0.897	0.614	0.033	26.794***
	우울7	1.044	0.673	0.035	29.525***
	우울8	0.904	0.704	0.029	30.946***
	우울9	1.031	0.675	0.035	29.618***
	우울10	1.071	0.780	0.031	34.529***
자아존중감	자아존중감10	1.075	0.700	0.040	27.017***
	자아존중감9	1.191	0.667	0.046	25.956***
	자아존중감7	0.956	0.657	0.037	25.647***
	자아존중감6	1.254	0.713	0.046	27.433***
	자아존중감5	1.262	0.732	0.045	28.039***
	자아존중감4	0.715	0.578	0.031	22.975***
	자아존중감3	1.022	0.659	0.040	25.712***
	자아존중감2	1.196	0.675	0.046	26.216***
	자아존중감1	1	0.652		
삶의 만족도	삶의 만족도1	1	0.838		
	삶의 만족도2	0.920	0.633	0.032	29.092***
	삶의 만족도3	1.099	0.865	0.028	39.534***

*p<.05, **p<.01, ***p<.001

　자아존중감, 우울, 삶의 만족도에 대한 초기 측정모형의 적합도는 χ^2=2,495.783(p<.001), TLI=0.878, CFI=0.890, RMSEA=0.070으로 나타나 모형이 적합하지 않은 것으로 확인되었다. 이에 표준화된 요인적재량이 0.5 미만인 우울1, 우울3, 자아존중감8 측정변수와, SMC가 0.4 미만인 우울5 측정변수를 제거하였다. 최종 측정모형의 적합도는 χ^2=1,630.606(p<.001), TLI=0.902, CFI=0.914, RMSEA=0.070으로 나타나 만족할 만한 수준인 것으로 확인되었다. 확인적 요인분석 결과, 〈표〉와 같이 자아존중감, 우울, 삶의 만족도 잠재변수에서 측정변수에 이르는 경로는 유의수준 .001에서 모두 유의한 것으로 나타났다.

여기서 잠깐!!

지금까지 측정모형을 검증하는 확인적 요인분석 방법에 대해 살펴보았습니다. 다른 구조방정식 책을 공부하다보면, 이 책에서 다루지 않은 용어나 분석 방법이 있음을 알 수 있습니다. 저희가 사회취약계층과 함께 일하며, 이들에게 '논문통계'라는 업무를 가르치고 전문가로 만들려다 보니, 기존 방법으로는 상당히 어렵다는 것을 알게 되었습니다. 용어나 개념을 이해하기가 어렵고 업무에 바로 적용하기도 어려웠습니다. 그래서 저희는 이 책의 서술 원칙을 다음과 같이 세웠습니다.

> ❶ 사회취약계층이 최대한 쉽게 이해할 수 있게 설명하자.
> ❷ 그들이 논문 결과표를 스스로 해석하고, 스스로 기술할 수 있게 하자.

이런 원칙에 따라, 구조방정식의 정의나 개념보다는 실제로 모형이 잘 나오지 않을 경우 어떻게 기준에 맞게 모형을 수정하고 기술할 것인가에 대한 고민을 통해 책을 구성하게 되었습니다. 또한 구조방정식모형 분석은 상대적으로 최근에 발표된 연구 방법이라 학자들마다 의견이 분분한 영역이 있기 때문에 이견이 있는 부분은 최대한 언급하지 않으려고 노력하였습니다.

하지만 앞으로 연구자의 길을 계속 걸을 분들은 이 책을 공부한 후에 다른 구조방정식 책을 공부할 수 있으므로, 구조방정식 관련 용어들과 흐름을 간략하게 정리하겠습니다.

1. 모형적합도 지수의 종류

이 책에서는 논문에서 자주 사용하는 지표를 중심으로 적합도를 살펴보았습니다. 모형적합도 지수의 종류에 대해서는 언급하지 않아, 여기서 간략하게 정리합니다.

(1) 절대적합지수
- 모형의 전반적인 적합도를 평가하는 지수
- 우선적으로 파악해야 하는 지표
- 논문에서 자주 사용하는 지표(χ^2, GFI, RMSEA)

(2) 증분적합지수
- 연구자가 설계한 연구모형이 실제 데이터와 얼마나 간극이 있는지 파악하는 지표
- 논문에서 자주 사용하는 지표(TLI, CFI)

(3) 간명적합지수
- 모형의 복잡성까지 고려하여 만든 지표
- 논문에서는 잘 사용하지 않는 편

2. 측정모형의 타당성 검증 방법

(1) 개념타당도 / 구성타당도 (construct validity)
- 잠재변수를 구성하는 각 측정변수의 개념이 잘 정의되었는지 확인
- Estimates의 Regression Weights의 p값, Standardized Regression Weights(표준화 계수)로 확인
- Standardized Regression Weights(표준화 계수)가 0.5 이상이면 괜찮다고 판단

이 책에서는 Regression Weights(비표준화 계수)의 p값 유의성 여부를 판단하고, Standardized Regression Weights(표준화 계수)가 0.5 미만일 때, 해당 측정변수를 제거하여, 모형타당도를 높이는 방법을 설명하였습니다.

(2) 수렴타당도 / 집중타당도 (convergent vaildity)

- 잠재변수를 구성하는 측정변수가 잠재변수를 얼마나 잘 설명하는지 확인
- Estimates의 Standardized Regression Weights(표준화 계수), Variances(측정오차의 분산), Squared Multiple Correlations(SMC=설명력) 값으로 확인
- Amos 프로그램 자체적으로는 확인할 수 없는 지수 : 평균분산추출(AVE) 값, 개념신뢰도를 나타내는 C.R.(Construct reliability)
- Standardized Regression Weights(표준화 계수), Variances(측정오차의 분산) 값을 활용하여 AVE 값과 C.R. 값을 계산
- 최근에는 표준화 계수와 측정오차의 분산을 입력하면, 자동으로 계산해주는 함수나 엑셀 시트를 재야의 고수들이 온/오프라인으로 공유

이 책에서는 Variances(측정오차의 분산) 값이 음수가 나오는 Heywood case(헤이우드 케이스)일 때와 Squared Multiple Correlations(SMC=설명력)가 0.4 미만일 때, 해당 측정변수를 제거하여 모형적합도를 높이는 방법을 설명하였습니다. 그리고 개념신뢰도 C.R. 값과 AVE 값을 도출하지 않는 대신, 초보 연구자들이 상대적으로 기술하기 쉬운 신뢰도분석과 기술통계를 통한 왜도와 첨도를 논문 앞부분에 적는 것으로 보완하였습니다.

이 같은 방식이 모형의 적합도를 정확하게 평가하는 방법은 아니지만, 잠재변수와 측정변수의 신뢰도, 각 측정변수의 평균과 왜도 및 첨도를 파악함으로써 측정변수가 잠재변수를 얼마나 잘 설명하는지는 검증할 수 있습니다. 즉 대안적인 방법으로 유용합니다.

(3) 판별타당도

- 잠재변수들이 얼마나 차별성이 있는지 확인
- 이 책에서 다루지 않은 Estimates의 Correlations(상관계수) 값과 평균분산추출(AVE) 값으로 확인

이 책에서는 상관분석을 통해 각 잠재변수와 측정변수의 관계 정도를 파악하고, 다중공선성(VIF)을 확인하여 잠재변수 간의 차별성 정도를 평가하는 것으로 대체하였습니다. 초보 연구자들이 상대적으로 기술하기 쉽고, 스스로 구조방정식모형을 분석하여 서술할 수 있을 것으로 판단했기 때문입니다.

(4) 법칙타당도

- 잠재변수 간의 관계와 측정변수의 구성이 논리적인가를 확인
- 선행 연구를 통해 요인 간의 관계와 이론적 배경을 파악하여 연구모형을 평가

주요 변수 간의 관계를 선행 연구와 이론적 배경을 통해 확인하는 과정은 '한번에 통과하는 논문' 시리즈 1권에서 자세히 설명했습니다. 구조방정식모형으로 연구를 진행할 때는 이론적 배경과 측정 도구에서 많이 언급하는 편입니다. 측정모형을 검증하는 분석 부분에서는 통계적으로 따로 언급하지 않습니다.

전체적으로 요약하면, 개념타당도와 수렴타당도는 Amos 프로그램에서 한 방향 화살표(←)로 그려져 있는 경로 값을 판단하는 편이고, 판별타당도는 두 방향 화살표(↔)로 그려져 있는 경로 값을 판단하는 편입니다. 법칙 타당도는 '선행 연구'에서 확인한다고 이해하면 됩니다.

5) 참고문헌 / 관련서적

– AVE나 개념신뢰도의 *C.R.* 값, 판별타당도의 값 등을 계산하여 논문에 기술하고 싶은 연구자는 아래에 소개하는 책들을 참고하길 권합니다.

- Andrew F. Hayes.(2018). Introduction to Mediation, Moderation and Conditional Process Analysis (2nd ed.). New York: Guilford Publications.Inc.

- 허준(2013). 허준의 쉽게 따라하는 Amos구조방정식모형. 서울: 한나래출판사

- 노경섭(2014). 제대로 알고 쓰는 논문 통계분석 SPSS&Amos21(5쇄). 서울: 한빛아카데미

가이드라인
동영상

구조모형 검증 방법 : 경로분석

bit.ly/onepass-amos14

PREVIEW

· **경로분석** : 주요 변수 간의 인과관계를 살펴보는 분석으로 구조모형에서 진행함
· **구조모형 분석 절차** : 구조모형 그리기 → 분석옵션 설정하기 → 저장 및 분석하기

01 _ 기본 개념

경로분석은 주요 변수 간의 인과관계를 살펴보는 분석으로 구조모형에서 진행됩니다. 쉽게 말해, Amos에서 진행하는 회귀분석으로 보면 될 것 같습니다. 경로분석이 진행되는 구조모형은 자신의 연구모형을 말하는 것입니다. [그림 13-1]은 Amos에서 그린 구조모형입니다.

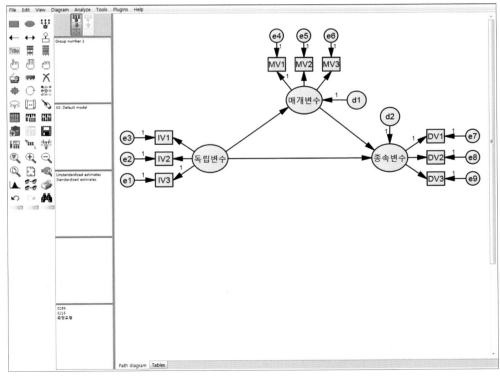

그림 13-1 | **구조모형**

앞서 실습한 파일에서 '자아존중감 → 우울, 우울 → 삶의 만족도, 자아존중감 → 삶의 만족도'에 대한 경로를 검증하려고 할 때 가설은 다음과 같습니다.

<table>
<tr><td>연구
문제
13-1</td><td>자아존중감, 우울, 삶의 만족도 간에 어떠한 관계가 있는가?

가설1 : 자아존중감은 삶의 만족도에 영향을 미칠 것이다.
가설2 : 자아존중감은 우울에 영향을 미칠 것이다.
가설3 : 우울은 삶의 만족도에 영향을 미칠 것이다.</td></tr>
</table>

02 _ Amos 무작정 따라하기

준비파일 : Amos data_결측치와 역코딩 완료.sav

[그림 13-2]는 Section 12에서 최종적으로 검증한 측정모형입니다. 이 측정모형을 구조모형으로 수정하여 각 요인 간의 관계를 분석하겠습니다.

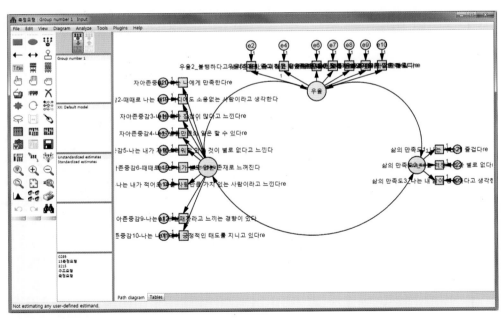

그림 13-2 | 최종 측정모형

구조모형 그리기

1 최종 측정모형에서 구조모형을 그리기 위해, ❶ 작업 아이콘 창의 ☒ 버튼을 클릭한 후 ❷ 잠재변수 간 공분산을 클릭해 삭제합니다.

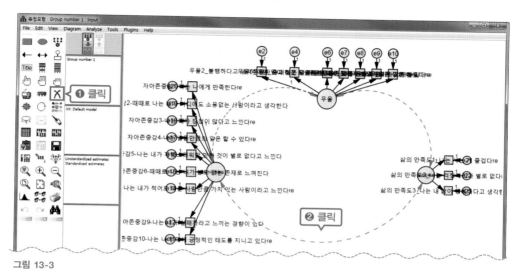

그림 13-3

2 ❶ 작업 아이콘 창의 ← 버튼을 클릭하여 ❷ 자아존중감 → 우울, 우울 → 삶의 만족도, 자아존중감 → 삶의 만족도로 드래그하여 그려줍니다.

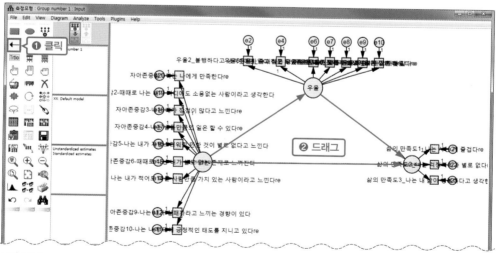

그림 13-4

3 구조오차를 그리기 위해 ❶ 작업 아이콘에서 ⌣ 버튼을 클릭합니다. ❷ 삶의 만족도 잠 재변수를 한 번 클릭하고, ❸ 우울 잠재변수를 세 번 클릭합니다. 우울 잠재변수를 세 번 클릭하는 이유는 그림이 겹치지 않도록 조정하기 위해서입니다.

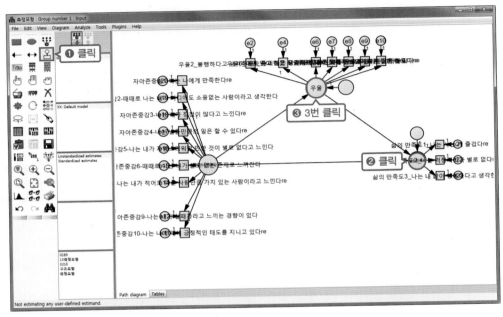

그림 13-5

 여기서 잠깐!!

독립변수인 자아존중감 변수에 구조오차를 그리지 않았습니다. 그 이유는 무엇일까요? '오차'는 '설명하지 못하는 정도'를 뜻하고, '구조오차'는 '독립변수가 종속변수를 설명하지 못하는 정도'를 뜻합니다. 그래서 독립변수 그 자체인 자아존중감에는 구조오차를 표시하지 않고, 우울과 삶의 만족도에만 표시하는 것입니다.

4 구조오차 변수명을 설정하기 위해 ① 🖐 버튼을 클릭합니다. ② 우울의 구조오차를 더
블클릭합니다. ③ Object Properties 창의 'Variable name'에 우울에 대한 잠재변수의
구조오차는 'd1'으로 작성합니다. ④ 삶의 만족도의 구조오차를 클릭한 후 ⑤ 삶의 만족
도에 대한 잠재변수의 구조오차는 'd2'로 작성합니다.

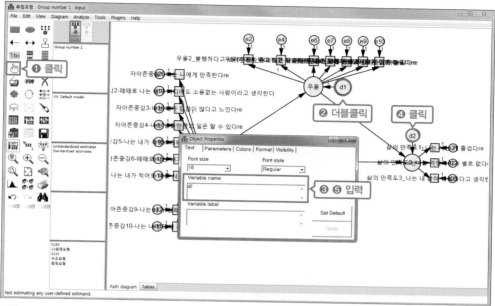

그림 13-6

분석옵션 설정하기

1 분석 옵션을 설정하기 위해 작업 아이콘 창에서 🎹 버튼을 클릭합니다.

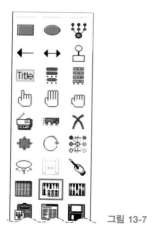

그림 13-7

2 Analysis Properties 창에서 **❶** Estimation 탭의 **❷** 'Maximum likelihood'와 **❸** 'Estimate means and intercepts'를 체크합니다.

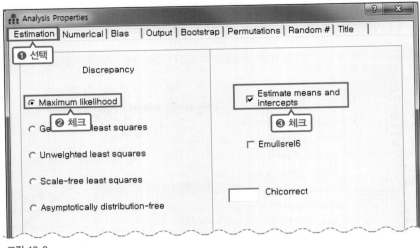

그림 13-8

3 **❶** Output 탭의 **❷** 'Minimization history', 'Standardized estimates', 'Squared multiple correlations'를 체크한 후 **❸** 닫기 버튼(×)을 클릭하거나 Esc 를 눌러 창을 닫아줍니다.

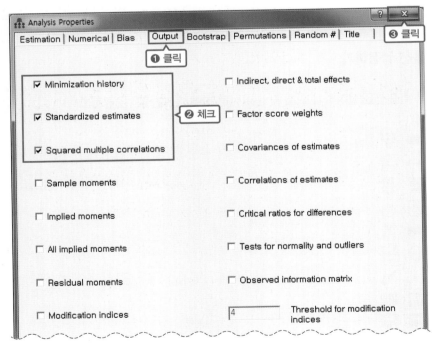

그림 13-9

저장 및 분석하기

지금까지 구조모형을 그리고 분석옵션을 설정하였습니다. 진행한 작업을 다른 이름으로 저장하고 분석을 진행하기 위해 다음과 같은 절차를 거칩니다.

1 다른 이름으로 저장하기 위해서 File – Save As... 메뉴를 클릭합니다.

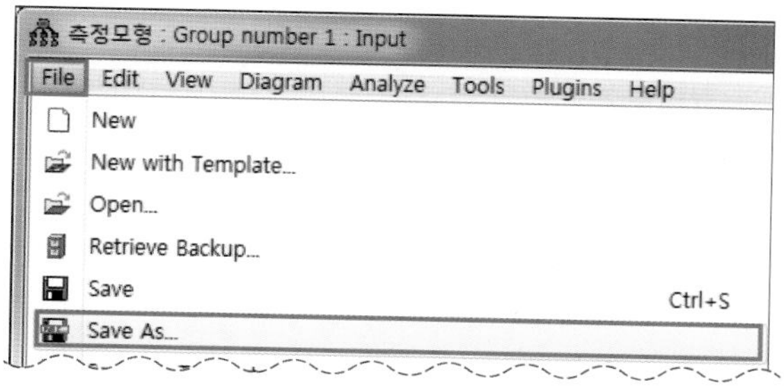

그림 13-10

2 ❶ 파일 이름에 '구조모형'이라고 작성하고 ❷ 저장을 클릭합니다.

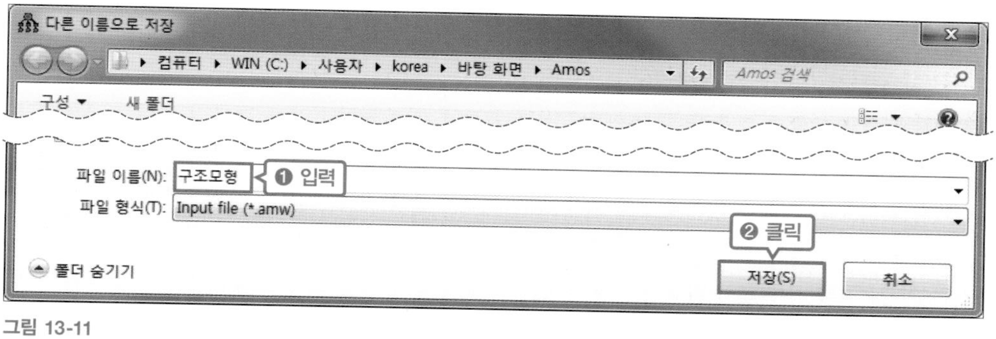

그림 13-11

3 ❶ 분석을 진행하기 위해 버튼을 클릭하고 ❷ 분석 결과를 확인하기 위해 버튼을 클릭합니다.

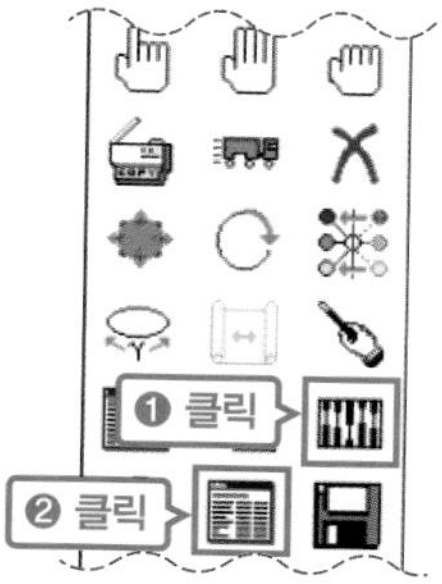

그림 13-12

03 _ 출력 결과 해석하기

Amos Output 창에서 [Model Fit] 항목을 클릭하여 모형적합도를 확인합니다. 구조모형의
모형적합도는 $\chi^2=1,630.606(p<.001)$, TLI=0.902, CFI=0.914, RMSEA=0.070으로 나타나
만족할 만한 수준인 것으로 확인되었습니다.

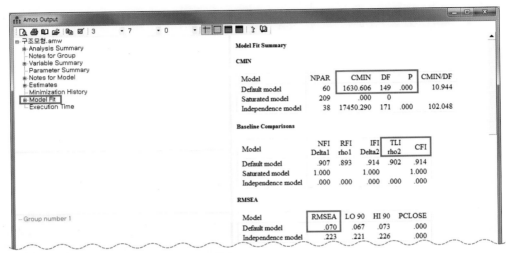

그림 13-13 | 구조모형 검증 출력 결과 : 모형적합도 확인

[그림 13-14]와 같이 [Estimates] 항목을 클릭하여 Regression Weights의 표를 확인합니
다. 표 전체를 확인할 필요는 없습니다. 잠재변수 간의 관계를 나타내는 '자아존중감 → 우
울, 우울 → 삶의 만족도, 자아존중감 → 삶의 만족도'의 Estimate와 P값만 확인하면 됩니다.

Regression Weights: (Group number 1 - Default model)

			Estimate	S.E.	C.R.	P	Label
우울	<---	자아존중감	-.709	.038	-18.854	***	
삶의만족도	<---	우울	-.496	.028	-17.962	***	
삶의만족도	<---	자아존중감	.342	.034	9.976	***	
우울2	<---	우울	1.000				
우울4	<---	우울	.758	.026	29.008	***	
우울6	<---	우울	.897	.033	26.794	***	
우울7	<---	우울	1.044	.035	29.525	***	
우울8	<---	우울	.904	.029	30.946	***	
우울9	<---	우울	1.031	.035	29.618	***	
우울10	<---	우울	1.071	.031	34.529	***	
자아존중감10	<---	자아존중감	1.075	.040	27.017	***	
자아존중감9	<---	자아존중감	1.191	.046	25.956	***	
자아존중감7	<---	자아존중감	.956	.037	25.647	***	
자아존중감6	<---	자아존중감	1.254	.046	27.433	***	
자아존중감5	<---	자아존중감	1.262	.045	28.039	***	
자아존중감4	<---	자아존중감	.715	.031	23.075	***	

그림 13-14 | 구조모형 검증 출력 결과 : Estimate 값 확인

'자아존중감 → 우울'은 Estimate가 −0.709로 나타났고 P값이 ***로 유의확률이 0.05 미만인 것으로 확인되어, 자아존중감은 우울에 부(−)적으로 유의한 영향을 주는 것으로 분석되었습니다. '우울 → 삶의 만족도'는 Estimate가 −0.496으로 나타났고 P값이 ***로 유의확률이 0.05 미만인 것으로 확인되어, 우울은 삶의 만족도에 부(−)적으로 유의한 영향을 주는 것으로 분석되었습니다. 자아존중감 → 삶의 만족도는 Esimate가 0.342로 나타났고 P값이 ***로 유의확률이 0.05 미만인 것으로 확인되어, 자아존중감은 삶의 만족도에 정(+)적으로 유의한 영향을 주는 것으로 분석되었습니다.

또한 최종 측정모형의 모형적합도와 구조모형의 모형적합도가 $\chi^2 = 1,630.606(p<.001)$, TLI=0.902, CFI=0.914, RMSEA=0.070으로 나타나 같은 것으로 확인되었습니다. 결국 구조모형은 최종 측정모형에서 공분산이 추가되거나 변수가 추가되는 등의 모형 변경이 없다면, 모형적합도가 같습니다. 하지만 모형적합도가 같더라도 구조모형의 모형적합도를 논문에 제시해야 합니다.

 여기서 잠깐!!

만약 [그림 13-14]와 같은 결과가 나오지 않았다면, 우울과 삶의 만족도의 기준 경로 1이 어떤 측정변수인지 확인해보세요. '우울2'와 '자아존중감1', '삶의만족도1'이 기준 경로 1로 설정되어 있어야 Regression Weights(비표준화계수) 값이 동일합니다.

[그림 13-15]는 '자아존중감10'을 기준 경로로 설정한 결과입니다. 그림에서 확인할 수 있듯이 비표준화 계수 값이 달라집니다. 물론 표준화 계수 값은 기준 경로와 상관없이 동일합니다.

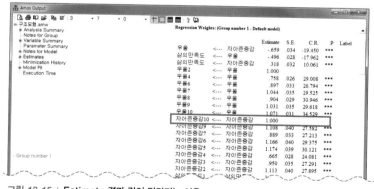

그림 13-15 | Estimate 결과 값이 달라지는 이유

04 _ 논문 결과표 작성하기

1 구조모형분석에 대한 결과표는 경로, Estimate의 *B*(비표준화 계수), *β*(표준화 계수), *S.E.*(표준오차), *C.R.*(회귀계수의 *t*값)을 열로 구성하고 각 경로를 행으로 구성하여 아래와 같이 작성합니다.

표 13-1

경로	Estimate		S.E.	C.R.
	B	*β*		
자아존중감 → 우울				
우울 → 삶의 만족도				
자아존중감 → 삶의 만족도				

*p<.05. ***p*<.01. ****p*<.001

2 Amos Output 창에서 ❶ [Estimates] 항목의 ❷ Regression Weights 표를 클릭합니다. ❸ 표 위에서 마우스 오른쪽 버튼을 눌러 ❹ Copy를 클릭합니다.

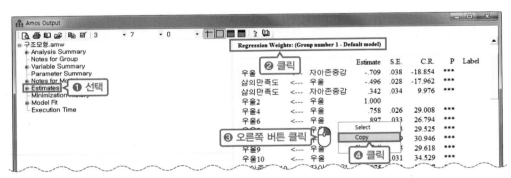

그림 13-16

3 엑셀 시트에 붙여넣기(Ctrl + V)를 합니다.

그림 13-17

4 Amos Output 창에서 **❶** [Estimates] 항목의 **❷** Standardized Regression Weights 표를 클릭합니다. **❸** 표 위에서 마우스 오른쪽 버튼을 눌러 **❹** Copy를 클릭합니다.

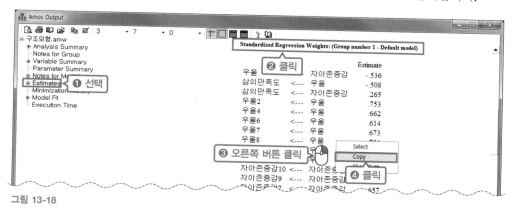

그림 13-18

5 엑셀 시트에 붙여넣기(Ctrl + V)를 합니다.

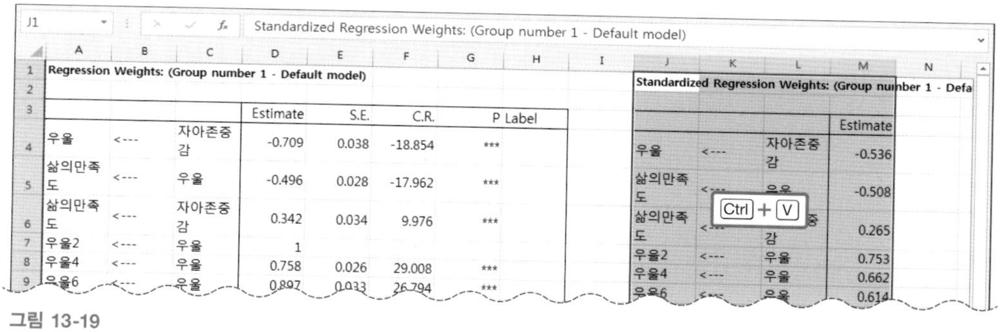

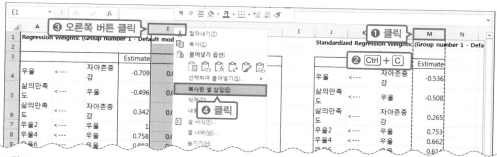

그림 13-19

6 엑셀에서 **❶** Standardized Regression Weights의 Estimate 값이 있는 열(M열)을 클릭하여 **❷** 복사(Ctrl + C)합니다. **❸** Regression Weights의 Estimate와 나란히 놓기 위해 그 옆의 열(E열)에서 마우스 오른쪽 버튼을 클릭하여 **❹** 복사한 셀 삽입을 클릭합니다.

그림 13-20

7 엑셀에 제시된 결과 값 중 잠재변수 간의 경로, 즉 자아존중감 → 우울, 우울 → 삶의 만족도, 자아존중감 → 삶의 만족도의 값을 선택하여 복사(Ctrl + C)합니다.

			Estimate	Estimate	S.E.	C.R.	P Label					Estimate
Regression Weights: (Group number 1 - Default model)									Standardized Regression Weights: (Group numb			
우울	<---	자아존중감	-0.709	-0.536	0.038	-18.854	***		우울	<---	자아존중감	-0.536
삶의만족도	<---	우울	-0.496	Ctrl + C 28		-17.962	***		삶의만족도	<---	우울	-0.508
삶의만족도	<---	자아존중감	0.342	0.265	0.034	9.976	***		삶의만족도	<---	자아존중감	0.265
우울2	<---	우울	1	0.753					우울2	<---	우울	0.753
우울4	<---	우울	0.758	0.662	0.026	29.008	***		우울4	<---	우울	0.662
우울6	<---	우울	0.897	0.614	0.033	26.794	***		우울6	<---	우울	0.614
우울7	<---	우울	1.044	0.673	0.035	29.525	***		우울7	<---	우울	0.673
우울8	<---	우울	0.904	0.704	0.029	30.946	***		우울8	<---	우울	0.704
우울9	<---	우울	1.031	0.675	0.035	29.618	***		우울9	<---	우울	0.675
우울10	<---	우울	1.071	0.78	0.031	34.529	***		우울10	<---	우울	0.78
자아존중감10	<---	자아존중감	1.075	0.7	0.04	27.017	***		자아존중감10	<---	자아존중감	0.7
자아존중감9	<---	자아존중감	1.191	0.667	0.046	25.956	***		자아존중감9	<---	자아존중감	0.667
자아존중감7	<---	자아존중감	0.956	0.657	0.037	25.647	***		자아존중감7	<---	자아존중감	0.657
자아존중감6	<---	자아존중감	1.254	0.713	0.046	27.433	***		자아존중감6	<---	자아존중감	0.713

그림 13-21

8 미리 작성해놓은 한글 결과표의 첫 번째 항목에 붙여넣기(Ctrl + V)합니다.

경로	Estimate		S.E.	C.R.
	B	β		
자아존중감 → 우울				
우울 → 삶의 만족도	Ctrl + V			
자아존중감 → 삶의 만족도				

그림 13-22

9 셀 붙이기 창에서 **❶** '내용만 덮어 쓰기'를 클릭하고, **❷** 붙이기를 클릭합니다.

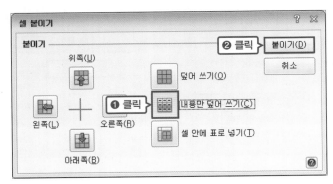

그림 13-23

10 엑셀에서 **❶** P값을 확인하여 **❷** 미리 작성해놓은 한글 결과표의 *C.R.* 값 옆에 기입합니다. 예를 들어 P값이 ***이면 ***를 붙이고, P<0.01이면 **를 붙이고, P<0.05이면 *를 붙입니다.

			Estimate	Estimate	S.E.	C.R.	P	Label
						Regression Weights: (Group number 1 - Default model)		
우울	<---	자아존중감	-0.709	-0.536	0.038	-18.854	***	
삶의만족도	<---	우울	-0.496	-0.508	0.028	-17.962	***	
삶의만족도	<---	자아존중감	0.342	0.265	0.034	9.976	***	

❶ 확인

경로	Estimate		S.E.	C.R.
	B	β		
자아존중감 → 우울	-0.709	-0.536	0.038	-18.854***
우울 → 삶의 만족도	-0.496	-0.508		-17.962***
자아존중감 → 삶의 만족도	0.342	0.265	0.034	9.976***

❷ 기준에 맞춰 '*' 삽입

그림 13-24

여기서 잠깐!!

*p*값을 나타내는 *(별표)는 *C.R.* 값 옆에 붙이기도 하고, *B*나 *β*값 옆에 붙이기도 합니다. 또는 결과표의 맨 오른쪽 칸에 따로 떼서 나타내기도 합니다. 어떤 경로가 유의한지 제시하기만 하면 됩니다.

11 입력한 모든 셀의 글자 모양을 양식에 맞게 변경하면 결과표가 완성됩니다.

표 13-2

경로	Estimate		S.E.	C.R.
	B	β		
자아존중감 → 우울	-0.709	-0.536	0.038	-18.854***
우울 → 삶의 만족도	-0.496	-0.508	0.028	-17.962***
자아존중감 → 삶의 만족도	0.342	0.265	0.034	9.976***

*p<.05. **p<.01. ***p<.001

05 _ 논문 결과표 해석하기

구조모형 분석 결과표의 해석은 2단계로 작성합니다.

❶ 구조모형 적합도 설명

구조모형의 적합도는 $\chi^2=1,630.606(p<.001)$, TLI=0.902, CFI=0.914, RMSEA=0.070으로 나타나 만족할 만한 수준인 것으로 확인되었다.

❷ 구조모형 분석 결과 설명

유의확률(p)이 0.05 미만인지, 0.05 이상인지에 따라 유의성 검증 결과를 설명합니다.

1) 유의확률(p)이 0.05 미만으로 유의한 영향을 줄 때는 "자아존중감은 우울에 부(−)적으로 유의한 영향을 미치는 것으로 나타났다($\beta=-0.536$, $p<.001$)."로 적고, 구체적으로 해석해줍니다. "자아존중감이 낮을수록 우울이 높아지는 것으로 분석되었다."

2) 유의확률(p)이 0.05 이상으로 유의하지 않을 때는 "자아존중감은 우울에 유의한 영향을 미치지 않는 것으로 나타났다."로 마무리합니다.

위의 2단계에 맞춰 자아존중감, 우울, 삶의 만족도 간 구조모형 분석 결과를 작성하면 다음과 같습니다.

❶ 구조모형의 적합도는 $\chi^2=1,630.606(p<.001)$, TLI=0.902, CFI=0.914, RMSEA=0.070으로 나타나 만족할 만한 수준인 것으로 확인되었다.

❷ 구조모형 분석 결과, 자아존중감은 우울에 부적(−)으로 유의한 영향을 미치는 것으로 나타났다($\beta=-0.536$, $p<.001$). 즉 자아존중감이 낮을수록 우울이 높아지는 것으로 분석되었다. 자아존중감은 삶의 만족도에 정적(+)으로 유의한 영향을 미치는 것으로 분석되었으나($\beta=0.265$, $p<.001$), 우울은 삶의 만족도에 부적(−)으로 유의한 영향을 미치는 것으로 확인되었다($\beta=-0.508$, $p<.001$). 즉 자아존중감이 높을수록, 우울이 낮을수록 삶의 만족도는 높아지는 것으로 분석되었다.

[구조모형 분석 논문 결과표 완성 예시]

자아존중감, 우울, 삶의 만족도 간 구조모형분석

〈표〉 구조모형 분석 결과

경로	Estimate		S.E.	C.R.
	B	β		
자아존중감 → 우울	−0.709	−0.536	0.038	−18.854***
우울 → 삶의 만족도	−0.496	−0.508	0.028	−17.962***
자아존중감 → 삶의 만족도	0.342	0.265	0.034	9.976***

*p<.05. **p<.01. ***p<.001

구조모형의 적합도는 χ^2=1,630.606(p<.001), TLI=0.902, CFI=0.914, RMSEA=0.070으로 나타나 만족할 만한 수준인 것으로 확인되었다. 구조모형 분석 결과, 자아존중감은 우울에 부 (−)적으로 유의한 영향을 미치는 것으로 나타났다(β=−0.536, p<.001). 즉 자아존중감이 낮을 수록 우울이 높아지는 것으로 분석되었다. 자아존중감은 삶의 만족도에 정(+)적으로 유의한 영 향을 미치는 것으로 분석되었으나(β=0.265, p<.001), 우울은 삶의 만족도에 부(−)적으로 유의 한 영향을 미치는 것으로 확인되었다(β=−0.508, p<.001). 즉 자아존중감이 높을수록, 우울이 낮을수록 삶의 만족도는 높아지는 것으로 분석되었다.

06 _ 노하우 : 구조모형을 예쁘게 그리는 방법

구조모형 분석 결과를 표와 함께 그림으로 제시하기도 합니다. 그런데 Amos에서 [그림 13-25]처럼 깔끔하게 구조모형을 그리는 것은 매우 어렵습니다. 실제로 우리가 그린 연구모형은 [그림 13-26]처럼 지저분합니다. [그림 13-25]처럼 그리려면 많은 시간과 노력이 필요합니다. 그러면 어떻게 해야 할까요?

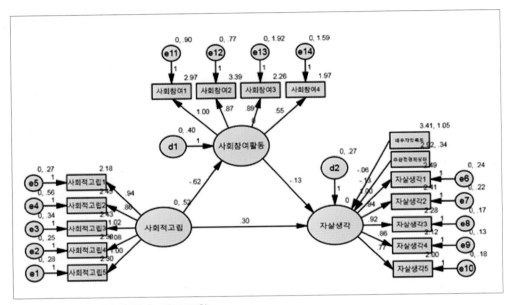

그림 13-25 | Amos에서 깔끔하게 그린 구조모형

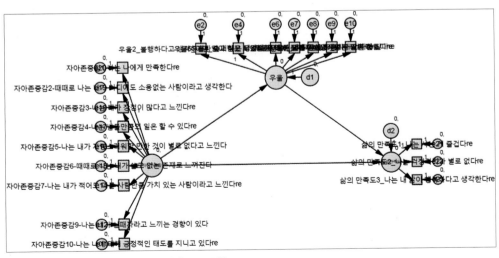

그림 13-26 | Amos에서 일반적으로 그려지는 구조모형

구조모형을 예쁘게 그려서 논문에 제시하는 것이 얼마나 의미가 있는지 생각해봐야 합니다. 당연히 의미가 있지만, 시간과 에너지를 쏟을 만한 일은 아니라고 생각합니다. 구조모형에서는 잠재변수 간 경로가 유의한지 여부와 유의했을 때 표준화 계수 값을 아는 것이 중요합니다. 그래서 파워포인트나 한글 프로그램을 사용하여, [그림 13-27]처럼 간략하게 제시할 것을 추천합니다. [그림 13-25]의 구조모형도 Amos 프로그램이 아닌 파워포인트를 사용하면 작업 시간도 줄고, 더 보기 좋게 만들 수 있습니다.

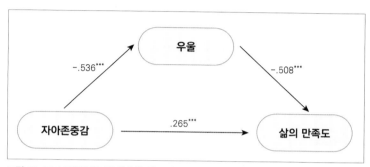

그림 13-27 | 파워포인트를 활용한 연구모형의 표준경로 계수 표기

SECTION 14

구조모형과 Amos를 활용한 매개효과 검증과 다중매개모형

bit.ly/onepass-amos15

PREVIEW

- **매개효과분석**
  - 독립변수에서 종속변수로 가는 직접적인 경로뿐 아니라 매개변수를 거쳐 가는 간접적인 경로도 유의한지 확인하는 분석
  - 경로분석 + 부트스트래핑 분석(매개효과 검증)
- **다중매개모형**
  - 2개 이상의 매개변수가 있는 모형
  - 다중매개효과분석 시 팬텀변수를 활용하여 개별 매개효과 검증
  - 팬텀변수 : 모형적합도나 각종 추정치에 영향을 미치지 않지만 매개효과 검증을 위해 만든 가상의 변수

01 _ 기본 개념

매개효과분석은 매개변수가 독립변수와 종속변수 간에 교량적 역할을 하는지 살펴보는 분석으로, 독립변수에서 종속변수로 가는 직접적인 경로뿐 아니라 매개변수를 거쳐 가는 간접적인 경로도 유의한지 확인합니다. 매개효과분석은 Section 13에서 살펴본 경로분석에 부트스트래핑(Bootstrapping)이 추가된 분석입니다. 부트스트래핑은 매개효과가 유의한지 확인할 수 있는 분석입니다.

매개효과 유의성 검증은 보통 SPSS를 활용하여 Sobel-test로 진행하거나, Amos를 활용하여 부트스트래핑으로 진행합니다. 특히 Amos를 활용하면, 매개모형을 분석하면서 동시에 부트스트래핑까지 한 번에 진행할 수 있다는 장점이 있습니다. 그러면 Amos를 활용하여 매개효과를 검증하는 절차와 방법에 대해서 구체적으로 알아보겠습니다.

여기서 잠깐!!

본문에서 매개효과 유의성을 검증하는 대표적인 방법으로 Sobel-test와 부트스트래핑이 있다고 했습니다. Amos에서는 측정모형과 구조모형을 분석한 후에 Sobel-test와 부트스트래핑을 둘 다 사용하여 매개효과 유의성을 검증할 수 있습니다. 하지만 Amos에서는 되도록 부트스트래핑으로 검증하길 추천합니다. 왜냐하면 부트스트래핑이 Sobel-test보다 더 안정적이고 민감하게 분석할 수 있다는 장점이 있기 때문입니다.

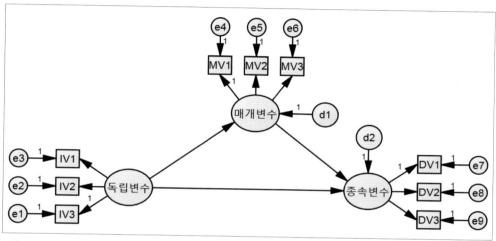

그림 14-1 | 매개모형

독립변수는 '자아존중감', 매개변수는 '우울', 종속변수는 '삶의 만족도'라고 설정하면 가설은 다음과 같습니다.

연구 문제 14-1	**자아존중감이 삶의 만족도에 영향을 미칠 때, 우울은 어떤 역할을 하는가?**

가설1 : 자아존중감은 삶의 만족도에 영향을 미칠 것이다.

가설2 : 자아존중감과 삶의 만족도의 관계에서 우울은 매개효과를 가질 것이다.

02 _ Amos 무작정 따라하기

준비파일 : Amos data_결측치와 역코딩 완료.sav

구조모형.amw

지금까지 측정모형과 구조모형을 검증한 최종 모형은 [그림 14-2]와 같습니다. 이 구조모형에서 모형은 수정하지 않고 분석옵션을 추가하여 분석을 진행하겠습니다.

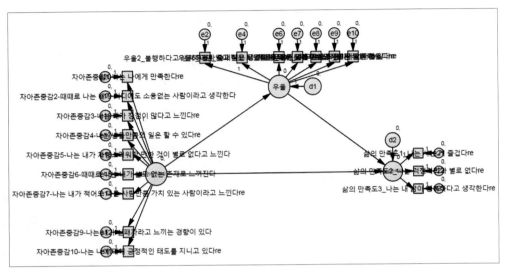

그림 14-2 | **최종 구조모형**

분석옵션 설정하기

1 작업 아이콘 창에서 [📊] 버튼을 클릭합니다.

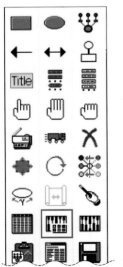

그림 14-3

2 Analysis Properties 창에서 ❶ Estimation 탭의 ❷ 'Maximum likelihood'와 ❸ 'Estimate means and intercepts'를 체크합니다.

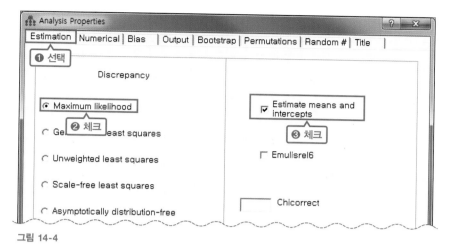

그림 14-4

3 ❶ Output 탭의 ❷ 'Minimization history', 'Standardized estimates', 'Squared multiple correlations', ❸ 'Indirect, direct & total effects'를 체크합니다.

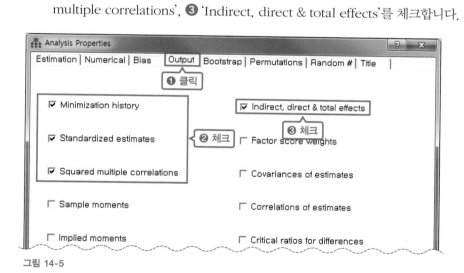

그림 14-5

 여기서 잠깐!!

Indirect, direct & total effects는 연구모형의 간접효과, 직접효과, 총효과를 파악하기 위해 체크합니다. 매개모형
에서는 대개 체크한다고 보면 됩니다.

4 ❶ Bootstrap 탭을 선택한 후 ❷ 'Perform bootstrap'을 체크하고 ❸ '500'으로 설정합니다. ❹ 'Bias-corrected confidence intervals'를 체크하고 ❺ '95'로 설정합니다. ❻ 닫기 버튼(❎)을 클릭하거나 Esc 를 눌러 창을 닫습니다.

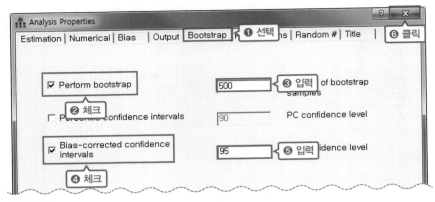

그림 14-6

여기서 잠깐!!

Perform bootstrap을 500으로 설정한 것은 부트스트래핑을 500번 수행하겠다는 의미입니다. 부트스트래핑은 주어진 데이터에서 케이스를 몇 개 뽑아내어 모수를 추정하는 방식인데, 이 작업을 500번 반복해서 결과를 도출하겠다는 것입니다. 반복 횟수를 늘리거나 줄일 수 있지만, 결과에는 큰 차이가 없습니다. 다만, 횟수를 높게 설정할수록 분석 결과가 나오는 시간이 오래 걸립니다. 그래서 보통 500번으로 진행하는 편입니다. Bias-corrected confidence intervals를 95로 설정한 것은 95%의 신뢰구간 안에서 매개효과의 유의성을 검증하겠다는 의미입니다.

저장 및 분석하기

1 다른 이름으로 저장하기 위해서 File - Save As... 메뉴를 클릭합니다.

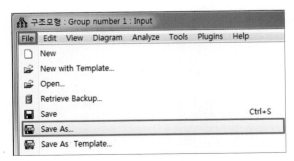

그림 14-7

2 ❶ '파일 이름'에 '매개모형'이라고 작성한 다음 ❷ 저장을 클릭합니다.

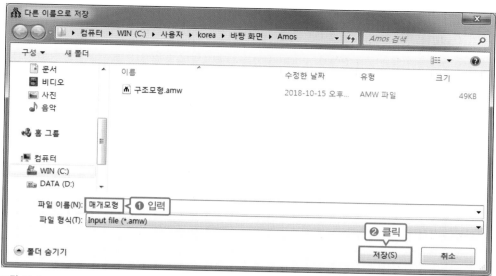

그림 14-8

3 ❶ 분석을 진행하기 위해 🎹 버튼을 클릭하고 ❷ 분석 결과를 확인하기 위해 📊 버튼을 클릭합니다.

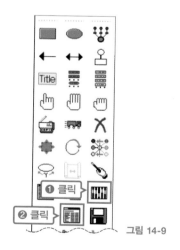

그림 14-9

아무도 가르쳐주지 않는 Tip

부트스트래핑의 경우 측정변수에 결측치가 하나라도 있다면 오류가 발생하여 분석 자체가 진행되지 않습니다. 만약 오류가 발생했다면 결측치를 모두 제거한 후에 부트스트래핑을 진행하세요.

03 _ 출력 결과 해석하기

Amos Output 창에서 [Model Fit] 항목을 클릭하여 모형적합도를 확인합니다. 매개모형의 모형적합도는 $\chi^2 = 1,630.606(p < .001)$, TLI=0.902, CFI=0.914, RMSEA=0.070으로 나타나 만족할 만한 수준인 것으로 확인되었습니다.

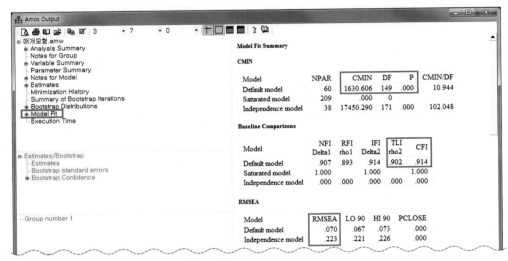

그림 14-10 | 매개모형 검증 출력 결과 : 모형적합도 확인

여기서 잠깐!!

Section 13의 [그림 13-13]에 제시한 최종 구조모형의 모형적합도와 [그림 14-10]에 제시한 매개모형의 모형적합도를 비교해보면, χ^2=1,630.606($p<$.001), TLI=0.902, CFI=0.914, RMSEA=0.070으로 같습니다. 즉, 분석옵션에서 부트스트래핑을 추가해도 모형적합도가 달라지지는 않습니다. 이는 모형적합도가 좋지 않은 구조모형이라면 사용하지 않는 편이 좋다는 반증이기도 합니다.

[Estimates] 항목을 클릭하여 Regression Weights 표를 확인합니다. [그림 14-11]을 보면, 앞서 진행한 구조모형의 결과와 같다는 것을 확인할 수 있습니다. 다만, 매개효과 검증과 관련해서 살펴봐야 할 부분이 있습니다. '독립변수 → 매개변수, 매개변수 → 종속변수의 경로가 유의한지 여부'입니다. 이 모형에서는 자아존중감 → 우울, 우울 → 삶의 만족도의 경로가 모두 $p<$.001 수준에서 유의한 것으로 분석되었습니다. 이를 통해 우울이 자아존중감과 삶의 만족도 간의 관계에서 매개효과가 있을 것으로 유추할 수 있습니다. 실제로 매개효과가 있는지는 부트스트래핑 분석 결과를 통해 확인해보겠습니다.

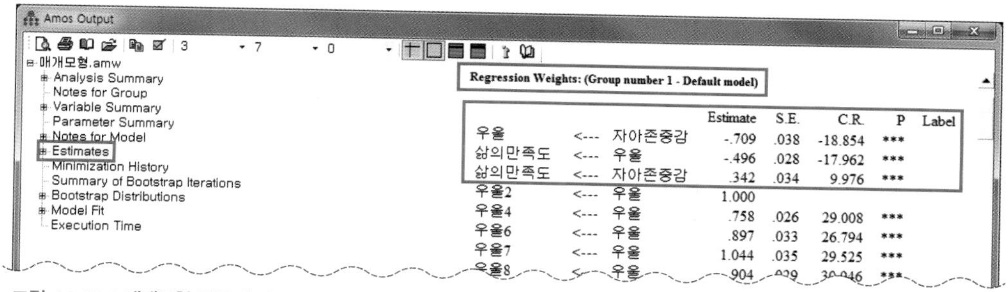

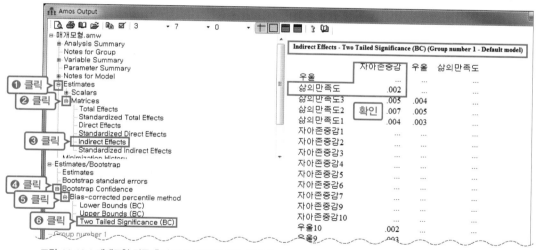

그림 14-11 │ 매개모형 검증 출력 결과 : Estmates값 확인

부트스트래핑을 통한 매개효과 분석 결과를 확인하기 위해 [그림 14-12]와 같이 ❶❷
[Estimates]와 [Matrices] 항목 왼쪽에 있는 ⊞를 클릭하여 ❸ [Indirect Effects] 값을 확인
합니다. 이어서 [Bootstrap Confidence]와 [Bias-corrected percentile method] 항목
왼쪽에 있는 ❹❺ ⊞를 클릭한 후, ❻ [Two Tailed Significance(BC)]를 클릭하여 오른쪽
에 있는 Indirect Effects - Two Tailed Significance(BC) 표를 확인합니다. 표를 살펴보
면 자아존중감이 삶의 만족도로 가는 경로에서 표준화된 간접효과의 P값이 0.002입니다. 따
라서 우울의 매개효과는 유의하다고 말할 수 있습니다.

그림 14-12 │ 매개모형 검증 출력 결과 : 표준화 계수 값 확인

아무도 가르쳐주지 않는 Tip

매개효과 분석 결과를 확인할 때 [Indirect Effects] 항목을 먼저 클릭하는 이유는 이 항목을 클릭해야만 [Estimates/Bootstrap] 항목이 활성화되기 때문입니다. 그 전에는 [Estimates/Bootstrap] 항목이 비활성화 상태라 클릭할 수가 없습니다.

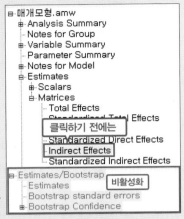

그림 14-13 | 매개모형 검증 출력 결과 : 부트스트랩 출력 결과 활성화 방법

 여기서 잠깐!!

[그림 14–14]의 왼쪽 그림과 같이 '자아존중감 → 우울, 우울 → 삶의 만족도'의 경로만 유의해도 매개효과가 있다고 말할 수 있을까요? 그렇게 말할 수 없습니다. 매개효과가 있을 것으로 유추할 수는 있으나, 매개효과가 있다고 확신할 수 없습니다. 매개효과는 [그림 14–14]의 오른쪽 그림과 같이 '자아존중감'이 '우울'을 거쳐서 '삶의 만족도'에 영향을 주는지 검증하는 것이기 때문입니다.

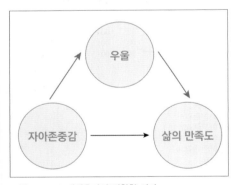 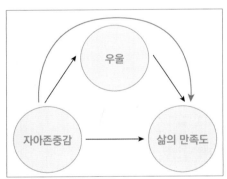

그림 14-14 | 매개효과의 정확한 의미

또한 매개효과가 있다는 것이 검증되었다면, 그 매개효과가 완전매개효과인지, 부분매개효과인지 논문에 제시해야 합니다. [그림 14–15]의 (a)처럼 독립변수에서 종속변수로 가는 직접적인 경로가 유의하지는 않지만, 매개변수를 거친 간접적인 경로는 유의할 때 완전매개효과라고 합니다. (b)처럼 독립변수에서 종속변수로 가는 직접적인 경로와 매개변수를 거쳐서 가는 간접적인 경로 모두 유의할 때 부분매개효과라고 합니다.

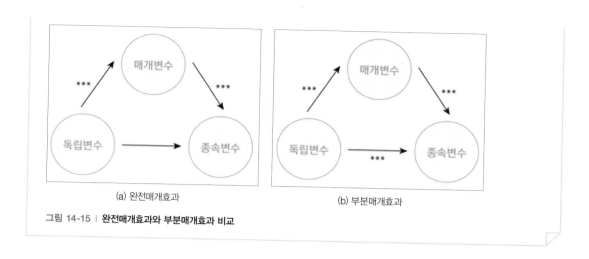

(a) 완전매개효과　　　　　　　(b) 부분매개효과

그림 14-15 | **완전매개효과와 부분매개효과 비교**

04 _ 논문 결과표 작성하기

1 Amos를 활용한 매개효과 검증에 대한 결과표는 경로, Estimate(매개효과 추정치), S.E.(표준오차), 95% 신뢰구간을 열로 구성하고, 각 경로를 행으로 구성하여 아래와 같이 작성합니다.

표 14-1

경로	Estimate	S.E.	95% 신뢰구간
자아존중감 → 우울 → 삶의 만족도			

2 Amos Output 창에서 Esimates/Bootstrap – Estimates 항목의 Indirect Effects 표에서 독립변수 '자아존중감'과 종속변수 '삶의 만족도' 사이에 있는 값(.352)을 확인합니다.

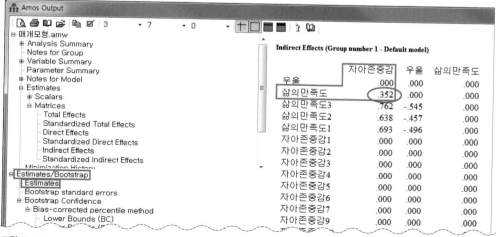

그림 14-16

3 Indirect Effects 표에서 확인한 값을 미리 작성해놓은 한글 결과표의 Estimate에 기입합니다.

경로	Estimate	S.E.	95% 신뢰구간
자아존중감 → 우울 → 삶의 만족도	.352		

그림 14-17

4 [Esimates/Bootstrap – Bootstrap standard errors] 항목의 Indirect Effects – Standard Errors 표에서 독립변수 '자아존중감'과 종속변수 '삶의 만족도' 사이에 있는 값(.027)을 확인합니다.

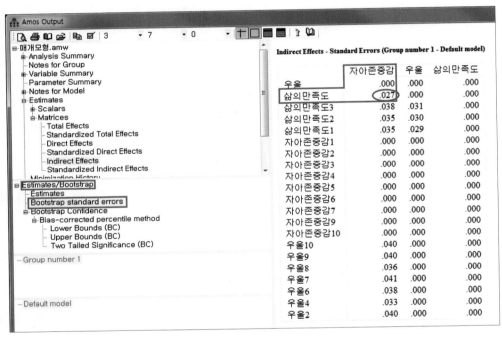

그림 14-18

5 Indirect Effects – Standard Errors 표에서 확인한 값을 미리 작성해놓은 한글 결과표의 S.E.에 기입합니다.

경로	Estimate	S.E.	95% 신뢰구간
자아존중감 → 우울 → 삶의 만족도	.352	.027	

그림 14-19

6 [Bias−corrected percentile method−Lower Bounds] 항목의 Indirect Effects−
Lower Bounds(BC) 표에서 독립변수 '자아존중감'과 종속변수 '삶의 만족도' 사이에
있는 값(.306)을 확인합니다.

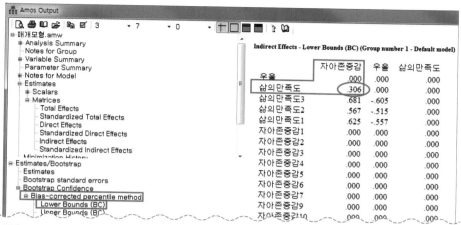

그림 14-20

7 Indirect Effects−Lower Bounds(BC) 표에서 확인한 값을 미리 작성해놓은 한글 결
과표의 95% 신뢰구간에 기입합니다.

경로	Estimate	S.E.	95% 신뢰구간
자아존중감 → 우울 → 삶의 만족도	.352	.027	.306

그림 14-21

8 [Bias−corrected percentile method−Upper Bounds] 항목의 Indirect Effects −
Upper Bounds(BC) 표에서 독립변수 '자아존중감'과 종속변수 '삶의 만족도' 사이에
있는 값(.410)을 확인합니다.

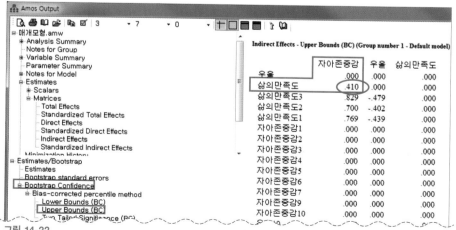

그림 14-22

9 Indirect Effects – Upper Bounds(BC) 표에서 확인한 값을 미리 작성해놓은 한글 결과표의 95% 신뢰구간에 기입하면 논문 결과표가 완성됩니다.

경로	Estimate	S.E.	95% 신뢰구간
자아존중감 → 우울 → 삶의 만족도	.352	.027	.306 ~ .410

그림 14-23

표 14-2

경로	Estimate	S.E.	95% 신뢰구간
자아존중감 → 우울 → 삶의 만족도	.352	.027	.306 ~ .410

05 _ 논문 결과표 해석하기

매개효과 검증 결과표의 해석은 2단계로 작성합니다.

❶ 부트스트랩 95% 신뢰구간에 따른 매개효과 유의성 검증
95% 신뢰구간에 0을 포함하지 않으면 매개효과가 유의하고, 0을 포함하면 매개효과가 유의하지 않은 것으로 설명합니다.
1) 95% 신뢰구간에 0을 포함하지 않을 때는 "자아존중감과 삶의 만족도 간의 관계에서 우울의 매개효과는 95% 신뢰구간에서 .306 ~ .410의 상한 값과 하한 값을 보이고 있어 0을 포함하지 않은 것으로 나타났다. 즉 우울의 매개효과는 $p<0.05$ 수준에서 통계적으로 유의한 것으로 검증되었다."
2) 95% 신뢰구간에 0을 포함할 때는 "자아존중감과 삶의 만족도 간의 관계에서 우울의 매개효과는 95% 신뢰구간에서 −.287 ~ .384의 상한 값과 하한 값을 보이고 있어 0을 포함하는 것으로 나타났다. 즉 우울의 매개효과는 통계적으로 유의하지 않은 것으로 분석되었다."

❷ 매개변수의 완전/부분매개효과 제시
매개효과가 유의한 경우 완전매개효과인지 부분매개효과인지 제시합니다.
1) 독립변수가 종속변수에 직접적으로 유의한 영향을 주지 않으나 매개효과가 유의할 때는 "우울은 완전매개효과를 가지는 것으로 확인되었다."
2) 독립변수가 종속변수에 직접적으로 유의한 영향을 주며 매개효과도 유의할 때는 "우울은 부분매개효과를 가지는 것으로 확인되었다."

위의 2단계에 맞춰 우울의 매개효과를 검증한 결과를 작성하면 다음과 같습니다.

❶ 자아존중감과 삶의 만족도 간의 관계에서 우울의 매개효과는 95% 신뢰구간에서 .306 ~ .410의 상한 값과 하한 값을 보이고 있어 0을 포함하지 않은 것으로 나타났다. 즉 우울의 매개효과는 $p<0.05$ 수준에서 통계적으로 유의한 것으로 검증되었다.

❷ 이에 우울은 부분매개효과를 가지는 것으로 확인되었다.

 여기서 잠깐!!

95% 신뢰구간이 0을 포함할 때, 통계적으로 유의하지 않은 이유는 무엇일까요? 간접효과의 영향력을 Estimate(추정값)로 확인할 때 0을 포함한다는 것은 그 영향력이 정(+)이 될 수도 있고 부(−)가 될 수도 있다는 뜻이 됩니다. 따라서 그 영향력이 유의하지 않을 수밖에 없는 거죠. 참고로 말씀드리면, −.287 ~ .384라는 상한 값과 하한 값은 임의로 설정한 변수이니 이 수치에 대해 고민할 필요는 없습니다.

신뢰구간 즉, 상위 구간(Upper Bounds)과 하위 구간(Lower Bounds)이 나타나는 이유는 무엇일까요? 반복적인 작업을 시행하는 부트스트래핑 기법이 적용되었기 때문입니다. SPSS를 활용한 위계적 회귀분석이나 sobel−test로 매개효과 검증을 할 때는 신뢰구간이라는 개념 없이 매개효과의 유의성과 간접효과 영향력을 1개만 표기했습니다. 그러나 Part 01에서 프로세스 매크로를 활용했을 때는 부트스트래핑이 적용되었기 때문에 상위 구간과 하위 구간 개념인 *LLCI*와 *ULCI*의 개념이 적용되었습니다.

[매개효과 검증 결과표 완성 예시]

우울의 매개효과 검증 결과

〈표〉 모형의 매개효과 검증 결과

경로	Estimate	*S.E.*	95% 신뢰구간
자아존중감 → 우울 → 삶의 만족도	.352	.027	.306 ~ .410

　　자아존중감과 삶의 만족도 간의 관계에서 우울의 매개효과 검증을 실시하였다. 매개효과를 살펴보기 위해 부트스트래핑(Bias Corrected Bootstrapping) 검증을 실시하였으며, 매개효과 Estimate, *S.E.*, 부트스트랩 95% 신뢰구간 값을 분석하였다. 우울의 매개효과는 95% 신뢰구간에서 .306 ~ .410의 상한 값과 하한 값을 보이고 있어 0을 포함하지 않은 것으로 나타났다. 즉 우울의 매개효과는 $p<0.05$ 수준에서 통계적으로 유의한 것으로 검증되었다. 이에 우울은 부분매개효과를 가지는 것으로 확인되었다.

06 _ 노하우 : Amos와 팬텀변수를 활용한 다중매개모형 분석 방법

준비파일 : Amos data_결측치와 역코딩 완료.sav

2개 이상의 매개변수가 있는 모형을 다중매개모형이라고 합니다. 하지만 다중매개모형에서 부트스트래핑 기법을 활용했을 때, 각각의 매개효과에 대한 검증을 할 수가 없습니다. 왜냐하면 부트스트래핑을 통한 매개효과 검증은 2개 이상이더라도 전체 매개효과에 대한 검증 결과만 제시하기 때문입니다. 그래서 각 매개변수의 매개효과를 파악하려면 팬텀변수(Phantom variable)를 만들어 진행해야 합니다. 팬텀변수는 매개효과 검증을 위해 만든 가상의 변수로 '유령변수'라고도 하며, 모형적합도나 각종 추정치에 영향을 미치지 않습니다.

팬텀변수를 만드는 방법은 크게 두 가지입니다.[1]

첫 번째는 [그림 14-24][2]의 '수정 다중매개모형 1'처럼 매개변수 각각의 팬텀변수를 설정하여 수정된 다중매개모형을 만드는 방법입니다. 다중매개모형 분석 결과로 제시된 독립변수, 매개변수1, 매개변수2, 종속변수 간 비표준화 계수를 수정하여 다중매개모형에서 활용합니다. 예를 들어 다중매개모형에서 독립변수 → 매개변수1의 비표준화 계수를 a, 매개변수1 → 종속변수의 비표준화 계수를 b로 설정했다면 수정 다중매개모형에서 독립변수 → 팬텀변수1의 비표준화 계수는 a와 b를 곱한 값으로 설정하고, 팬텀변수1 → 매개변수1의 비표준화 계수는 a, 팬텀변수1 → 종속변수의 비표준화 계수는 1, 팬텀변수1의 오차 → 팬텀변수1의 비표준화 계수는 b로 설정하면 됩니다.

두 번째는 [그림 14-24]의 '수정 다중매개모형 2'처럼 다중매개모형에서 독립변수에 팬텀변수를 설정하여 수정된 다중매개모형을 만드는 방법입니다. 그러고 난 후 독립변수 → 매개변수1의 경로를 a, 매개변수1 → 종속변수의 경로를 b, 독립변수 → 매개변수2의 경로를 c, 매개변수2 → 종속변수의 경로를 d로 설정한 후, 독립변수 → 팬텀변수1을 a, 팬텀변수1 → 팬텀변수2를 b, 독립변수 → 팬텀변수3을 c, 팬텀변수3 → 팬텀변수4를 d로 고정하면 됩니다.

---

1 홍세희(2009). 구조방정식 모형에서 Bootstrapping방법의 다양한 적용. Amos Day: SPSS Seminar

2 배병렬(2017). Amos24 구조방정식모델링. 서울: 도서출판 청람

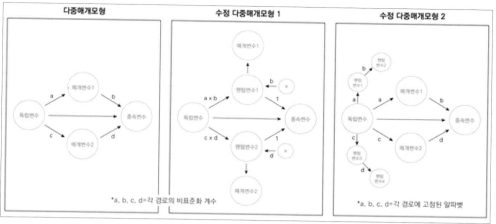

그림 14-24 │ 팬텀변수를 활용한 다중매개모형 형태

이 책에서는 오류가 적고 상대적으로 더 쉬운 '수정 다중매개모형 2' 분석 방법을 소개하겠습니다.

앞에서 진행한 매개모형에서 [그림 14-25]와 같이 '올해몸무게'를 두 번째 매개변수로 추가하여 다중매개모형의 개별 매개효과를 분석해보겠습니다. '올해몸무게'라는 측정변수를 매개변수로 설정함으로써, '우울'이라는 잠재변수 뿐 아니라 측정변수의 팬텀변수 설정을 이해할 수 있도록 가정하였습니다. 따라서 이 모형의 독립변수는 '자아존중감'이고, 매개변수는 '우울'과 '올해 몸무게'이며, 종속변수는 '삶의 만족도'입니다. 지금부터 함께 작업을 진행해보겠습니다.

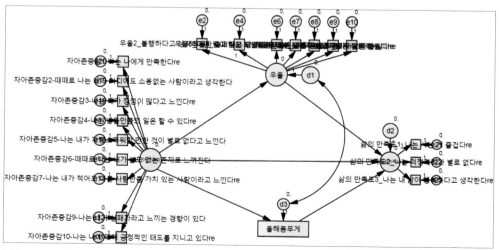

그림 14-25 │ 다중매개모형

구조방정식모형 분석 전 '올해 몸무게' 변수 이상치 확인 및 SPSS 분석하기

1 '올해몸무게'에 이상치가 있는지 확인하기 위해 ❶ SPSS에서 분석 – 기술통계량 – 빈도분석 메뉴를 클릭하여 빈도분석을 진행합니다. ❷ 출력 결과 창에서 올해몸무게 빈도 값에 문제가 없는지 확인합니다. 그림을 보면, 결측치가 없는 것으로 확인됩니다.

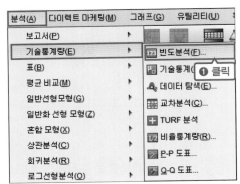
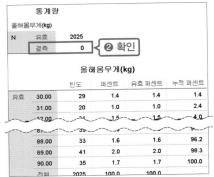

그림 14-26

2 '올해몸무게'의 평균과 표준편차, 정규성(왜도, 첨도)을 확인하기 위해 ❶ 분석 – 기술통계량 – 기술통계 메뉴를 클릭하여 기술통계분석을 진행합니다. ❷ 기술통계: 옵션 창에서 '첨도'와 '왜도'에 체크하고 분석한 뒤 ❸ 출력 결과 창에서 |왜도| < 3, |첨도| < 8 기준으로 왜도와 첨도를 확인하여 정규성 문제가 있는지 살펴봅니다. 그림과 같이 문제가 없는 것으로 확인됩니다.

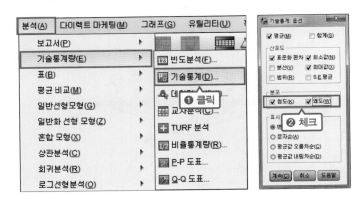

기술통계량

	N	최소값	최대값	평균	표준편차	왜도		첨도	
	통계량	통계량	통계량	통계량	통계량	통계량	표준오차	통계량	표준오차
올해몸무게(kg)	2025	30.00	90.00	60.3032	❸ 확인	.019	.054	-1.198	.109
유효 N(목록별)	2025								

그림 14-27

3 다중공선성에 의심이 되는 변수가 있는지 확인하기 위해 **❶** 분석 – 상관분석 – 이변량 상관계수 메뉴를 클릭하여 상관관계분석을 진행합니다. **❷** 이변량 상관계수 창에서 변수로 설정한 '자아존중감', '삶의만족도', '우울', '올해몸무게'의 측정변수를 모두 넣어 분석합니다. **❸** 출력 결과 창에서 상관계수가 0.8 이상인 측정변수가 있는지 살펴봅니다. 0.8 이상 되는 측정변수가 없는 것으로 확인됩니다.

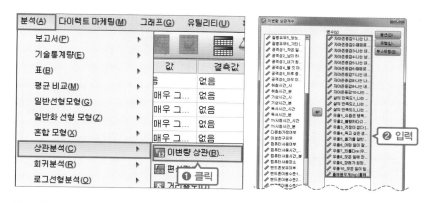

		자아존중감1-나는 나에게 만족한다re	자아존중감10-나는 나에 대해 긍정적인 태도를 지니고 있다re	삶의 만족도1_나는 사는 게 즐겁다re	삶의 만족도3_나는 내 삶이 행복하다고 생각한다re	우울1_요즘은 행복한 기분이 든다	우울10_모든 일이 힘들다re
올해몸무게(kg)	Pearson 상관	-.015	-.033	.021	.020	.006	.006
	유의확률 (양측)	.514	.139	.347	.363	.787	.793
	N	2025	2025	2025	2025	2025	2025

그림 14-28

다중매개모형 그리기

'올해몸무게'는 잠재변수가 없기 때문에 측정모형 검증을 진행하지 않고, 바로 구조모형으로 진행하겠습니다. 만약 연구모형에서 잠재변수가 있는 매개변수가 추가된다면, 측정모형 검증을 통해 모형적합도를 확인한 후, 구조모형 분석을 진행해야 합니다.

1 앞서 작업한 매개모형 Amos 파일을 열어 ❶ 작업 아이콘 창에서 ▦ 버튼을 클릭하고 ❷ Variables in Dataset 창에서 올해몸무게를 클릭한 후, ❸ 작업창으로 드래그하여 옮깁니다. '올해몸무게' 변수가 작업창에 생겼는지 확인합니다.

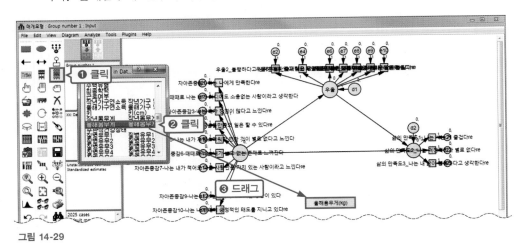

그림 14-29

아무도 가르쳐주지 않는 Tip

혹시 SPSS 파일로 저장된 데이터가 조금이라도 수정되었다면, 작업 아이콘 창에서 ▦ 버튼을 눌러 다시 SPSS 파일을 지정해주어야 합니다. 그렇게 하지 않으면 오류가 발생합니다. 올해몸무게 변수는 수정되지 않았기 때문에 파일을 다시 불러오지 않고 바로 사용하였습니다.

2 ❶ 작업 아이콘 창의 ← 버튼을 클릭하여 ❷ 자아존중감 → 올해몸무게, 올해몸무게 → 삶의 만족도를 그려줍니다.

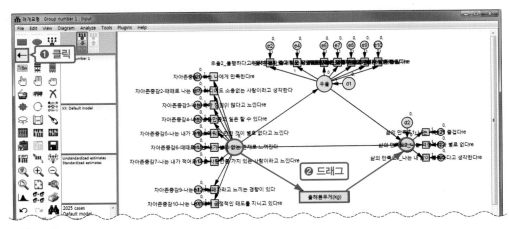

그림 14-30

3 구조오차를 그리기 위해 ❶ 작업 아이콘에서 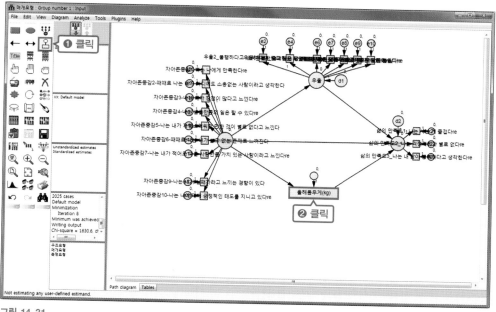 버튼을 클릭한 후 ❷ 올해몸무게를 클릭합니다.

그림 14-31

4 올해몸무게의 오차 변수명을 설정하기 위해 ❶ 버튼을 다시 클릭하여 선택을 풀거나 버튼을 클릭합니다. ❷ 올해몸무게의 오차를 더블클릭합니다. ❸ Object Properties 창의 'Variable name'에 'd3'를 입력합니다.

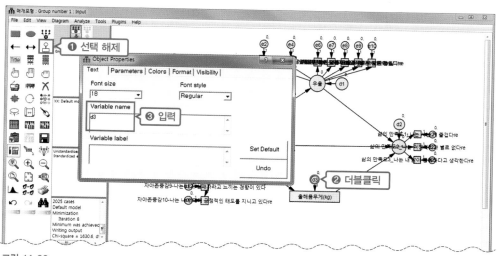

그림 14-32

5 작업 아이콘 창에서 ❶ ↔ 버튼을 클릭하여 ❷ 우울의 측정오차와 올해몸무게의 측정
오차를 연결해줍니다.

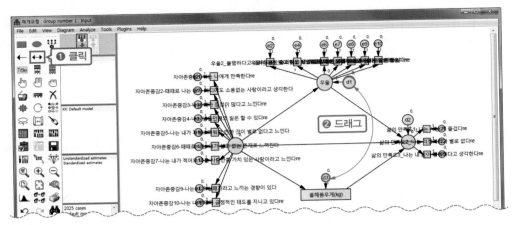

그림 14-33

 여기서 잠깐!!

매개변수1(우울)과 매개변수2(올해몸무게)의 측정오차를 공분산(↔)으로 설정하는 이유는 선행 이론이나 기존 연구를 통해 관련이 있을 것으로 예측하기 때문입니다. 우리가 진행하는 예시 모형은 '우울'과 '올해몸무게'로 사실 큰 관련이 없지만, 대개 독립변수끼리, 매개변수끼리, 종속변수끼리 같은 레벨에서 나름대로 관련성이 있는 편입니다.

연구모형을 설정할 때 매개변수들 간에 공통성이 없다면, 그 부분이 더 문제가 됩니다. 보통 연구자가 연구모형을 설정할 때는 어느 정도 공통성에 기인하여 설정합니다. 그리고 이렇게 '공통성'이 있다고 가정하는 것이 '공분산을 설정'해주는 과정입니다. 만약 독립변수나 종속변수도 여러 개라면 독립변수들 간, 종속변수들 간에도 공분산을 잡아줘야 합니다. 그러나 아무 관련도 없는데 공분산을 잡는 것은 오히려 모형적합도를 낮추는 원인이 되므로, 신중하게 연결해야 합니다.

분석 옵션 설정하기

1 분석 옵션을 설정하기 위해서 작업 아이콘 창에서 ⦙⦙ 버튼을 클릭합니다.

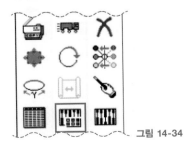

그림 14-34

2 Analysis Properties 창에서 ❶ Estimation 탭의 ❷ 'Maximum likelihood'와 ❸ 'Estimate means and intercepts'를 체크합니다.

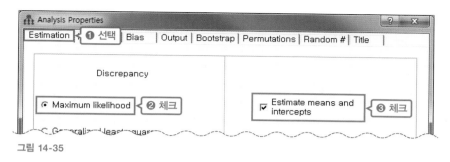

그림 14-35

3 ❶ Output 탭의 ❷ 'Minimization history', 'Standardized estimates', 'Squared multiple correlations', ❸ 'Indirect, direct & total effects'를 체크합니다.

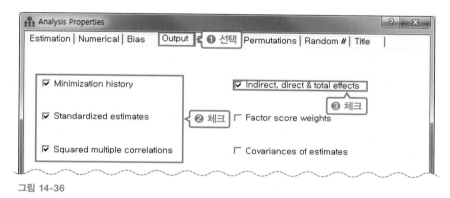

그림 14-36

4 ❶ Bootstrap 탭의 ❷ 'Perform bootstrap'을 체크하고 ❸ '500'으로 설정합니다. ❹ 'Bias-corrected confidence intervals'를 체크하고 ❺ '95'로 설정합니다. ❻ 닫기 버튼 (⊠)을 클릭하거나 Esc 를 눌러 창을 닫습니다.

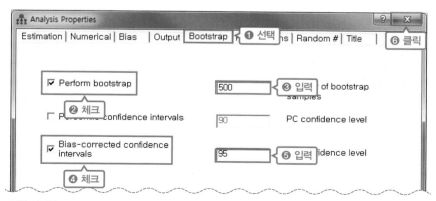

그림 14-37

저장 및 분석하기

1 다른 이름으로 저장하기 위해서 File – Save As... 메뉴를 클릭합니다.

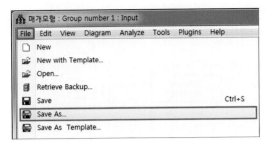

그림 18-38

2 ❶ '파일 이름'에 '다중매개모형'이라고 작성하고 ❷ 저장을 클릭합니다.

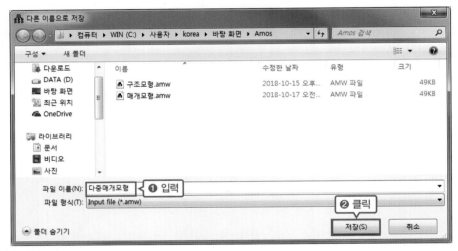

그림 14-39

3 ❶ 분석을 진행하기 위해 ⬛ 버튼을 클릭하고 ❷ 분석 결과를 확인하기 위해 ⬛ 버튼을 클릭합니다.

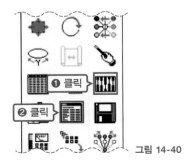

그림 14-40

다중매개 분석 결과 확인하기

1 [Model Fit] 항목을 클릭하여 모형적합도를 확인합니다. 다중매개모형의 모형적합도는 $\chi^2 = 1,640.081(p<.001)$, TLI=0.902, CFI=0.915, RMSEA=0.066으로 나타나 만족할 만한 수준인 것으로 확인되었습니다.

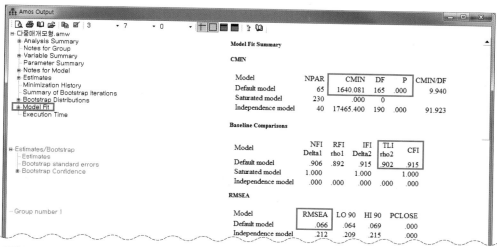

그림 14-41

2 [Estimates]를 클릭하여 'Regression Weights'(비표준화 계수)의 표를 확인합니다. '자아존중감 → 우울'과 '우울 → 삶의 만족도'의 경로가 모두 $p<.001$ 수준에서 유의한 것으로 나타났습니다. 반면에 '자아존중감 → 올해몸무게'와 '올해몸무게 → 삶의 만족도'의 경로는 유의하지 않은 것으로 확인되었습니다. 이를 통해 '우울'은 '자아존중감'과 '삶의 만족도' 간의 관계에서 매개효과가 있을 것으로 유추할 수 있고, '올해몸무게'는 매개효과가 없을 것으로 예상할 수 있습니다. 실제로 매개효과가 있는지 여부는 부트스 트래핑 분석 결과를 통해 확인해보겠습니다.

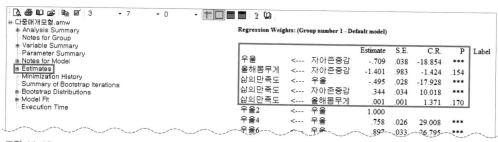

그림 14-42

3 매개효과를 검증한 분석 결과를 확인하기 위해 [Estimates] – [Matrices] – [Indirect Effects]를 확인하여 부트스트랩 결과를 활성화한 다음, [Estimates/Bootstrap] – [Bootstrap Confidence] – [Bias – corrected percentile method] – [Two Tailed Significance (BC)]를 클릭합니다. Indiredct Effects – Two Tailed Significance(BC) 의 표를 보면, '자아존중감'이 '삶의 만족도'로 가는 경로에서 표준화된 간접효과의 *p*값 이 0.002이므로 매개효과는 유의하다고 말할 수 있습니다. 하지만 이 수치는 '우울' 변 수의 매개효과인지, '올해몸무게' 변수의 매개효과인지 파악할 수 없습니다. 그래서 팬 텀변수를 활용한 다중매개모형을 만들어 각각의 매개효과를 확인하는 것입니다.

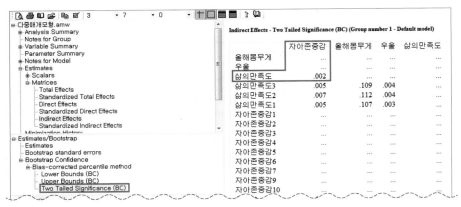

그림 14-43

팬텀변수를 활용하여 다중매개모형 그리기

1 기존 다중매개모형에서 ❶ ⬭ 버튼, ← 버튼을 이용하여 ❷ 독립변수에 4개의 팬텀변 수를 그립니다.

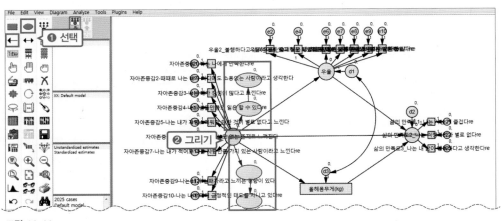

그림 14-44

[그림 14-44]를 진행하려고 하면, 독립변수인 '자아존중감' 측정변수의 label이 너무 길어서 팬텀변수와 겹치게 됩니다. 이럴 때는 해당 측정변수를 더블클릭하여, [그림 14-45]와 같이 **Text** 탭에서 'Variable label'의 내용을 삭제할 수 있습니다. label은 삭제를 해도 통계에 전혀 문제가 되지 않습니다.

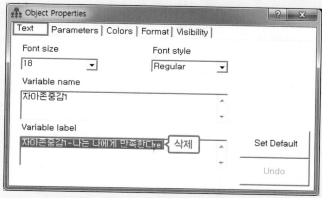

그림 14-45 | 긴 측정변수 레이블 삭제 방법

2 작업 아이콘을 아무것도 선택하지 않은 상태에서 ❶ 독립변수에 연결한 잠재변수를 더블클릭합니다. ❷ Object Properties 창이 열리면 Text 탭에서 'Variable name'에 팬텀변수명(팬텀1, 팬텀2, 팬텀3, 팬텀4)을 입력합니다.

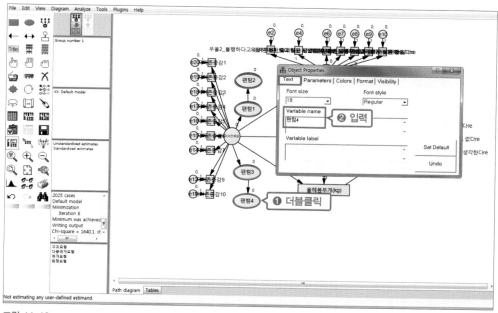

그림 14-46

3 각종 경로를 알파벳 a, b, c, d로 고정하기 위해 Parameters 탭의 'Regression weight'에 알파벳을 입력합니다. '자아존중감 → 팬텀1'은 a, '팬텀1 → 팬텀2'는 b, '자아존중감 → 팬텀3'은 c, '팬텀3 → 팬텀4'는 d, '자아존중감 → 우울'은 a, '우울 → 삶의 만족도'는 b, '자아존중감 → 올해몸무게'는 c, '올해몸무게 → 삶의 만족도'는 d로 설정합니다.

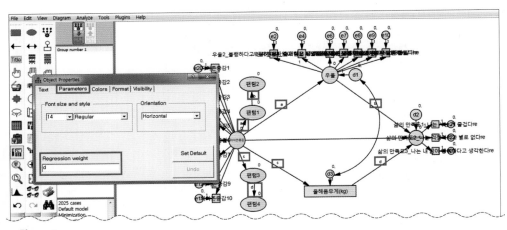

그림 14-47

아무도 가르쳐주지 않는 Tip

'독립변수 → 매개변수1 → 종속변수'에 대한 매개효과는 팬텀2, '독립변수 → 매개변수2 → 종속변수'에 대한 매개효과는 팬텀4에 해당합니다. 따라서 '자아존중감 → 우울 → 삶의 만족도'는 팬텀2의 값을 확인하면 되고, '자아존중감 → 올해몸무게 → 삶의 만족도'는 팬텀4의 값을 확인하면 됩니다.

수정된 다중매개모형 저장 및 분석하기

1 다른 이름으로 저장하기 위해 File – Save As... 메뉴를 클릭합니다.

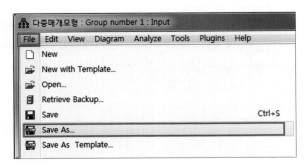

그림 14-48

2 ❶ '파일 이름'에 '수정 다중매개모형'이라고 작성하고 ❷ 저장을 클릭합니다.

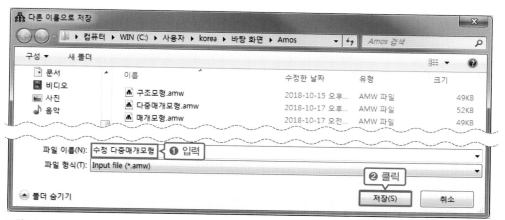

그림 14-49

3 ❶ 분석을 진행하기 위해 ▦ 버튼을 클릭합니다. ❷ 팬텀변수인 팬텀1, 2, 3, 4의 오차항이 없다는 경고창이 뜹니다. 분석 결과에 전혀 지장이 없으므로 무시하고 Proceed with the analysis를 클릭합니다.

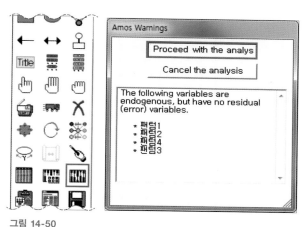

그림 14-50

4 분석 결과를 확인하기 위해 ▦ 버튼을 클릭합니다.

그림 14-51

팬텀변수가 포함된 다중매개 분석 결과 확인하기

1 [Model Fit] 항목을 클릭하여 모형적합도를 확인합니다. 수정된 다중매개모형의 모형 적합도는 $\chi^2 = 1,640.081(p<.001)$, TLI=0.902, CFI=0.915, RMSEA=0.066으로 나타 나 만족할 만한 수준인 것으로 확인되었습니다.

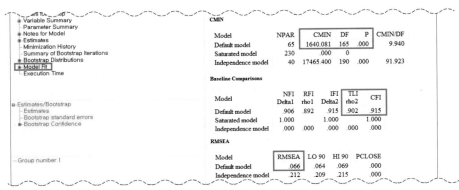

그림 14-52 | 구조모형 검증 출력 결과 : 모형적합도 확인

2 다중매개효과 검증 결과를 확인합니다. ❶ ❷ [Estimates]와 [Matrices] 항목 왼 쪽에 있는 ⊞를 클릭하여 ❸ [Indirect Effects] 값을 확인합니다. 그런 다음 ❹ ❺ [Bootstrap Confidence]와 [Bias‒corrected percentile method] 항목 왼쪽에 있는 ⊞를 클릭한 후 ❻ [Two Tailed Significance(BC)]를 클릭합니다. Indirect Effects ‒ Two Tailed Significance(BC) 표를 보면, '자아존중감 → 우울 → 삶의 만 족도'의 매개효과에 해당하는 팬텀2의 p값은 0.002로 나타나 '우울'의 매개효과는 통계 적으로 유의하다고 볼 수 있습니다. 그러나 '자아존중감 → 올해몸무게 → 삶의 만족도' 의 매개효과에 해당하는 팬텀4의 p값은 0.161로 나타나 올해몸무게의 매개효과는 유의 하지 않다고 볼 수 있습니다.

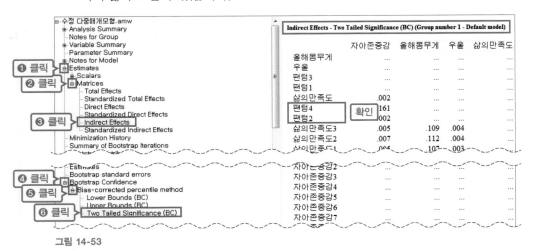

그림 14-53

3 [Estimates], [Bootstrap standard errors], [Lower Bounds(BC)], [Upper Bounds(BC)] 항목에 제시된 팬텀2와 팬텀4의 값을 확인합니다. 이 값들을 다중매개효과 검증 결과표에 입력하면 됩니다.

Indirect Effects (Group number 1 - Default model)

	자아존중감	올해몸무게	우울	삶의만족도
올해몸무게	.000	.000	.000	.000
우울	.000	.000	.000	.000
팬텀3	.000	.000	.000	.000
팬텀1	.000	.000	.000	.000
삶의만족도	.350	.000	.000	.000
팬텀4	-.001	.000	.000	.000
팬텀2	.351	.000	.000	.000

Indirect Effects - Standard Errors (Group number 1 - Default model)

	자아존중감	올해몸무게	우울	삶의만족도
올해몸무게	.000	.000	.000	.000
우울	.000	.000	.000	.000
팬텀3	.000	.000	.000	.000
팬텀1	.000	.000	.000	.000
삶의만족도	.027	.000	.000	.000
팬텀4	.001	.000	.000	.000
팬텀2	.027	.000	.000	.000

Indirect Effects - Lower Bounds (BC) (Group number 1 - Default model)

	자아존중감	올해몸무게	우울	삶의만족도
올해몸무게	.000	.000	.000	.000
우울	.000	.000	.000	.000
팬텀3	.000	.000	.000	.000
팬텀1	.000	.000	.000	.000
삶의만족도	.304	.000	.000	.000
팬텀4	-.005	.000	.000	.000
팬텀2	.306	.000	.000	.000

Indirect Effects - Upper Bounds (BC) (Group number 1 - Default model)

	자아존중감	올해몸무게	우울	삶의만족도
올해몸무게	.000	.000	.000	.000
우울	.000	.000	.000	.000
팬텀3	.000	.000	.000	.000
팬텀1	.000	.000	.000	.000
삶의만족도	.410	.000	.000	.000
팬텀4	.000	.000	.000	.000
팬텀2	.409	.000	.000	.000

그림 14-54

[다중매개효과 검증 결과표 완성 예시]

우울과 올해 몸무게의 매개효과 검증 결과

〈표〉 다중매개효과 검증 결과

경로	Estimate	S.E.	95% 신뢰구간
자아존중감 → 우울 → 삶의 만족도	.351	.027	.306 ~ .409
자아존중감 → 올해 몸무게 → 삶의 만족도	−.001	.001	−.005 ~ .000

자아존중감과 삶의 만족도 간의 관계에서 우울과 올해 몸무게의 매개효과 검증을 실시하였다. 다중매개효과를 살펴보기 위해 팬텀변수를 활용하여 부트스트래핑(Bias Corrected Bootstrapping) 검증을 실시하였으며, 매개효과 Estimate, S.E., 부트스트랩 95% 신뢰구간 값을 분석하였다. 우울의 매개효과는 95% 신뢰구간에서 .306 ~ .409의 상한 값과 하한 값을 보이고 있어 0을 포함하지 않은 것으로 나타나 $p<0.05$ 수준에서 통계적으로 유의한 것으로 검증되었다. 이에 우울은 부분매개효과를 가지는 것으로 확인되었다. 반면 올해 몸무게의 매개효과는 95% 신뢰구간에서 −.005 ~ .000의 상한 값과 하한 값을 보이고 있어 0을 포함하는 것으로 나타나 통계적으로 유의하지 않은 것으로 확인되었다.

 여기서 잠깐!!

부트스트래핑을 통한 매개효과 검증 결과는 보통 비표준화 계수(Indirect Effects) 결과를 제시합니다. 물론 표준화 계수(Standardized Indirect Effects) 결과도 확인할 수 있으나, 팬텀변수를 활용할 때에는 표준화 계수가 계산되지 않습니다. 그래서 비표준화 계수(Indirect Effects)를 통해 매개효과 유의성을 검증하는 편입니다.

조절효과 검증과 다중집단분석

가이드라인
동영상

bit.ly/onepass-amos16

PREVIEW

- **조절효과 검증**
  - 독립변수가 종속변수에 미치는 영향력을 통계적으로 유의하게 조절하는지 살펴보는 분석
  - 조절변수가 범주형 변수인 경우 다중집단분석 진행함

- **다중집단분석**
  - 2개 이상의 집단을 비교 분석
  - 다중집단 확인적 요인분석 + 다중집단 경로분석

- **다중집단 확인적 요인분석**
  - 각 집단이 측정 문항을 동일하게 인식하고 있는지 확인하기 위해서 측정동일성 검정을 진행하는 분석

- **측정동일성 검정**
  - 집단 간에 측정 문항이 같다고 생각하는지 파악하는 분석
  - 측정동일성 검정의 5단계 절차 : 형태동일성(1단계), 요인계수 동일성(2단계), 공분산 동일성(3단계), 요인계수, 공분산 동일성(4단계), 요인계수, 공분산, 오차분산 동일성(5단계)

01 _ 기본 개념

조절효과 검증

조절효과 검증은 독립변수가 종속변수에 미치는 영향력을 통계적으로 유의하게 조절하는지 살펴보는 분석입니다. 조절변수의 형태에 따라 분석하는 방법이 달라집니다. 조절변수가 범주형 변수(명목척도, 서열척도)인 경우 다중집단분석을 진행하고, 연속형 변수(등간척도, 비율척도)인 경우 Ping의 2단계 접근법, Marsh 등의 접근법 들을 활용합니다. 다만 Ping의 2단계 접근법, Marsh 등의 접근법은 활용도가 점점 떨어지는 추세입니다. 따라서 이 책에서는 조절효과 검증으로 가장 많이 활용하는 다중집단분석을 집중적으로 살펴보겠습니다.

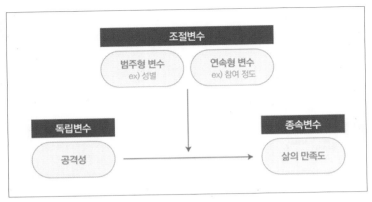

그림 15-1 | 조절모형

여기서 잠깐!!

Ping의 2단계 접근법이나 Marsh 등의 접근법을 활용한 조절효과 검증은 이해하기가 어렵고, 분석할 때 오류가 많이 발생합니다. 이런 접근법들을 활용한 논문도 많지 않습니다. 그래서 연속형 변수인 경우 Part 01에서 다룬 SPSS를 활용한 위계적 회귀분석이나 프로세스 매크로를 활용한 조절효과 검증을 진행하길 추천합니다.

연속형 변수로 구성된 잠재변수의 평균값을 구해, 평균보다 높은 집단과 낮은 집단으로 나눠 다중집단분석을 하기도 하는데, 이 방법은 권하고 싶지 않습니다. 연속형 변수를 범주형 변수로 만들어서 조절효과 검증을 한다는 것은 구체적인 정보를 뭉뚱그려서 활용하는 셈이기 때문입니다. 그래서 이때는 Amos보다 SPSS를 추천합니다. 더 정확한 추정치를 얻을 수 있습니다.

다중집단분석

다중집단분석은 2개 이상의 집단을 비교 분석하는 것입니다. 다중집단분석은 다중집단 확인적 요인분석과 다중집단 경로분석으로 이루어져 있습니다.

집단을 비교하는 방법에는 여러 가지가 있습니다. 먼저 [그림 15-2]를 살펴보겠습니다. 이 연구는 공격성이 삶의 만족도에 미치는 영향을 알아보려는 것으로, 남자와 여자를 비교하고자 합니다. 실제로 분석을 진행했더니 공격성이 삶의 만족도에 미치는 영향력이 남자는 3.2로 분석되었고 여자는 5.7로 분석되었습니다. 두 집단 모두 $p<.001$ 수준에서 통계적으로 유의한 것으로 확인되었습니다. 그렇다면 여자의 영향력(5.7)이 남자의 영향력(3.2)보다 2.5 크므로, 남자와 여자의 영향력에 차이가 난다고 말할 수 있을까요? 그렇게 말할 수 없습니다. 남자와 여자의 영향력에 차이가 난다고 판단하는 것은 단순 수치를 통한 주관적인 판단일 뿐입니다. 2.5의 차이가 통계적으로 의미가 있는지 객관적으로 판단해야 합니다. 이때 객

관적으로 남녀 간 차이가 나는지 판단하기 위해서 진행하는 통계분석 방법이 바로 '다중집단
분석'입니다. 따라서 다중집단분석을 통해 남녀 간에 차이가 얼마나 나는지, 그 차이가 통계
적으로 유의한지 확인할 수 있습니다.

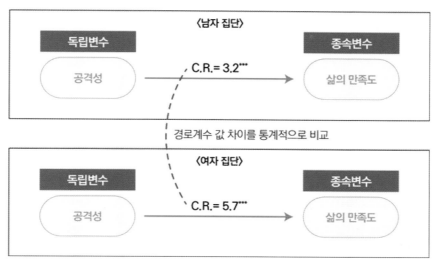

그림 15-2 | 다중집단분석

다중집단 확인적 요인분석

다중집단 확인적 요인분석은 다중집단 경로분석을 하기 전에 진행하는 분석으로, 서로 다른
집단이 측정 문항을 동일하게 인식하고 있는지 확인하기 위해서 진행합니다. 이 과정을 '측
정동일성 검정'이라고 합니다.

측정동일성 검정

측정동일성 검정은 집단 간에 측정 문항이 같다고 생각하는지 파악하는 분석입니다. 이때 측
정 문항 자체는 같아야 한다는 전제가 있어야 하고, 사회환경적인 측면에서도 그 측정 문항
에 대해 비슷하게 이해하고 있어야 합니다. 왜냐하면 같은 집단이라 할지라도 측정 문항 자
체를 다르게 인식할 수 있기 때문입니다. [그림 15-3]의 예를 통해 측정동일성을 쉽게 이해
할 수 있습니다. 왼쪽 그림은 고등학생 집단에게 현재의 영어 점수를 물어보았을 때, A 고등
학생 집단은 '토익 점수'로 인식하여 대답하고, B 고등학생 집단은 '토플 점수'로 인식하여 대
답한 상황입니다. 결국 같은 집단에게 '영어 점수'를 물어봐도 인식하는 측정 문항이 다를 수
있다는 것입니다.

또 측정 문항이 같다고 할지라도 사회환경적인 측면에서 다르게 인식할 수 있습니다. 오른쪽 그림은 진로에 대해 똑같은 문항으로 물어보았을 때 30대가 인식하는 진로와 초등학생이 인식하는 진로가 다름을 보여줍니다. 30대는 진로를 당면한 현실로 인식하지만, 초등학생은 진로를 조금은 추상적이고 미래의 일로 느낄 수 있기 때문입니다. 이렇게 '집단'에 따라서 측정 문항을 다르게 인식하고 있다면 비교하는 것이 의미가 없습니다. 그래서 동일한 측정 문항을 사용한다는 전제 아래 측정 문항에 대한 인식과 이해가 동일한지 판단하기 위하여 '측정동일성 검정'을 하는 것입니다. 측정동일성 검정은 확인적 요인분석을 통해 진행합니다.

그림 15-3 | **측정동일성에 대한 이해**

측정동일성 검정의 5단계 절차[1]

측정동일성 검정은 [그림 15-4]와 같이 총 5단계의 절차를 거칩니다. 각 단계를 구체적으로 살펴보겠습니다.

단계	동일성 검정	제약 여부	Amos
1단계	형태동일성	비제약모형	Unconstrained
2단계	요인계수 동일성		Measurement weights
3단계	공분산 동일성	제약모형	
4단계	요인계수, 공분산 동일성		Structural covariances
5단계	요인계수, 공분산, 오차분산 동일성		Measurement residuals

그림 15-4 | **측정동일성 5단계**

---

1 『우종필 교수의 구조방정식모델 개념과 이해』(2012, 한나래), 『허준의 쉽게 따라하는 Amos 구조방정식모형 고급편』(2013, 한나래)의 내용을 참고하여 재구성함

1단계 : 형태동일성(Unconstrained)

형태동일성 검정은 Amos에 그린 두 집단의 연구모형이 동일한지 살펴보는 것입니다. 즉 측정변수나 잠재변수, 오차항 등의 형태가 동일한지 살펴보는 것입니다. 만약 [그림 15-5]의 연구모형에서 측정변수 '공격성6'이 남자 집단에는 없는데 여자 집단에는 있다면, 모형 형태 자체가 달라 집단 간 비교를 진행할 수 없습니다. 이렇게 형태동일성 검정은 형태 외에 아무런 제약을 가하지 않기 때문에 '비제약모형'이라고 합니다. 여기서 말하는 제약은 잠재변수에서 측정변수로 가는 경로의 요인계수나 잠재변수 간 공분산 등의 수치를 동일하게 설정하는 것을 말합니다. 형태동일성은 Amos 분석 결과에서 Unconstrained에 대한 값을 확인하면 됩니다.

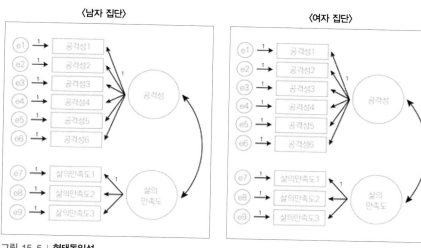

그림 15-5 | 형태동일성

2단계 : 요인계수 동일성(Measurement weights)

요인계수 동일성 검정은 잠재변수에서 측정변수로 이르는 요인계수가 동일한지 살펴보는 것입니다. 요인계수를 제약하기 때문에 '제약모형'이라고 합니다. 요인계수 동일성은 Amos 분석 결과에서 Measurement weights에 대한 값을 확인하면 됩니다. 보통 요인계수가 동일하면 두 집단의 측정동일성을 만족한다고 평가합니다.

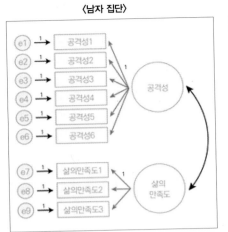

그림 15-6 | 요인계수 동일성

3단계 : 공분산 동일성( )

공분산 동일성 검정은 잠재변수들 간의 공분산과 잠재변수의 분산이 동일한지 살펴보는 것입니다. 공분산의 값을 제약하기 때문에 '제약모형'이라고 합니다. 공분산 동일성은 Amos에서 기본으로 설정되어 있지 않습니다. 사용자가 임의로 설정해야 합니다. 이 책에서는 공분산 동일성을 Model3으로 따로 만들어 분석할 것입니다. 3단계부터는 두 집단이 동일하게 나오기가 쉽지 않습니다. 하지만 3단계에서 동일하지 않아도 2단계에서 동일하게 검증되었다면 대개 측정동일성이 검증되었다고 보는 편이므로, 일단 비교하며 진행해보겠습니다.

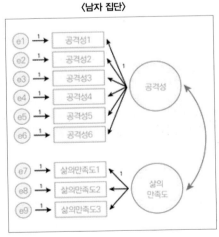
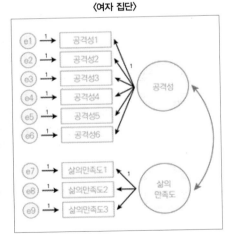

그림 15-7 | 공분산 동일성

여기서 잠깐!!

4단계 : 요인계수, 공분산 동일성(Structural covariances)

요인계수, 공분산 동일성 검정은 2단계(요인계수 동일성)와 3단계(공분산 동일성)를 동시에 살펴보는 것입니다. 요인계수 및 공분산을 제약하기 때문에 '제약모형'이라고 합니다. 요인계수, 공분산 동일성은 Amos 분석 결과에서 Structural covariances에 대한 값을 확인하면 됩니다.

〈남자 집단〉 〈여자 집단〉

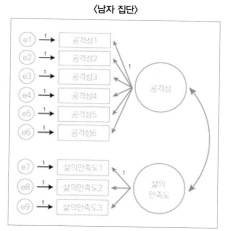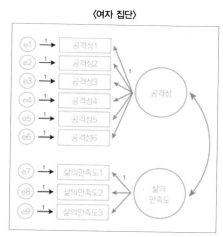

그림 15-8 | 요인계수, 공분산 동일성

5단계 : 요인계수, 공분산, 오차분산 동일성(Measurement residuals)

요인계수, 공분산, 오차분산 동일성 검정은 4단계에서 오차의 분산까지 더해 동일성 여부를 살펴보는 것입니다. 요인계수, 공분산, 오차분산을 제약하기 때문에 '제약모형'이라고 합니다. 요인계수, 공분산, 오차분산 동일성은 Amos 분석 결과에서 Measurement residuals에 대한 값을 확인하면 됩니다.

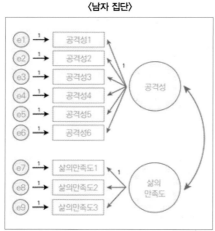

그림 15-9 | 요인계수, 공분산, 오차분산 동일성

02 _ SPSS 무작정 따라하기 : 데이터 핸들링과 기본 분석

준비파일 : Amos data.sav

최종 연구모형은 [그림 15-10]과 같습니다. 독립변수는 공격성, 종속변수는 삶의 만족도, 조절변수는 성별로 설정하였습니다. 변수가 달라졌으므로 먼저 SPSS에서 데이터 핸들링 및 신뢰도분석, 기술통계분석, 상관관계분석을 진행한 후, Amos를 활용하여 다중집단 확인적 요인분석과 다중집단 경로분석을 실시하겠습니다.

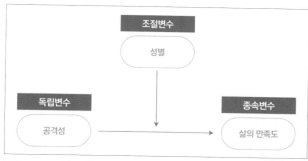

그림 15-10 | **연구모형**

다중집단 확인적 요인분석을 진행하기 전에 주요 변수인 '공격성, 삶의 만족도, 성별'에서 이상하게 코딩된 것이 있는지, 결측치가 있는지(Data Cleaning), 역코딩할 문항이 있는지 (Data Recording) 확인합니다. SPSS 파일을 열어 변수보기에서 주요 변수를 위로 올려 정리한 후, 데이터 핸들링을 진행하겠습니다. 준비파일을 열어 [그림 15-11]과 같은 화면이 나오도록 앞서 배웠던 내용을 참고하여 변수를 이동한 뒤, 해당 분석을 진행하도록 하겠습니다.

	이름	유형	너비	소수점이...	레이블
1	VAR00001	숫자	8	2	조절변수--------
2	성별	숫자	10	0	
3	VAR00002	숫자	8	2	독립변수--------
4	공격성1	숫자	10	0	공격성1_작은 일에도 트집을 잡을 때가 있다
5	공격성2	숫자	10	0	공격성2_남이 하는 일을 방해할 때가 있다
6	공격성3	숫자	10	0	공격성3_내가 원하는 것을 못 하게 하면 따지거나 덤빈다
7	공격성4	숫자	10	0	공격성4_별 것 아닌 일로 싸우곤 한다
8	공격성5	숫자	10	0	공격성5_하루 종일 화가 날 때가 있다
9	공격성6	숫자	10	0	공격성6_아무 이유 없이 울 때가 있다
10	VAR00003	숫자	8	2	종속변수
11	삶의만족도1	숫자	10	0	삶의 만족도1_나는 사는 게 즐겁다
12	삶의만족도2	숫자	10	0	삶의 만족도2_나는 걱정거리가 별로 없다
13	삶의만족도3	숫자	10	0	삶의 만족도3_나는 내 삶이 행복하다고 생각한다

그림 15-11 | **다중집단 확인적 요인분석 전, 변수 이동 작업**

이상치와 결측치 확인 및 삭제하기

1 주요 변수에 이상치와 결측치가 있는지 확인하기 위해 분석 – 기술통계량 – 빈도분석 메뉴를 클릭합니다.

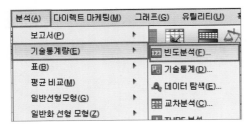

그림 15-12

2 빈도분석 창에서 ❶ 주요 변수들을 선택하고 ❷ 오른쪽 이동 버튼(➡)을 클릭하여 '변수'로 이동한 후 ❸ 확인을 클릭합니다.

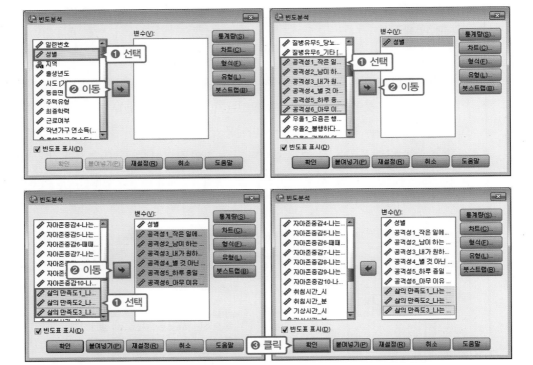

그림 15-13

3 출력 결과 창에서 '빈도'를 확인합니다. 성별은 그림과 같이 남자와 여자 외에 다른 값이 없으므로 이상치가 없다는 것을 확인할 수 있습니다. 이 외에 다른 주요 변수에서도 이 상치가 없다는 것을 파악할 수 있습니다. 다만 결측치는 성별의 경우 243케이스가 나왔 습니다. 공격성1을 비롯해 다른 주요 변수들의 결측치도 243케이스임을 알 수 있습니다.

통계량

		성별	공격성1_작은 일에도 트집을 잡을 때가 있다	공격성2_남이 하는 일을 방해 할 때가 있다	공격성3_내가 원하는 것을 못 하게 하면 따지 거나 덤빈다	공격성4_별 것 아닌 일로 싸우 곤 한다	공격성5_하루 종일 화가 날 때 가 있다	공격성6_아무 이유 없이 울 때 가 있다	삶의 만족도1_ 나는 사는 게 즐 겁다	삶의 만족도2_ 나는 걱정거리 가 별로 없다	삶의 만족도3_ 나는 내 삶이 행 복하다고 생각 한다
N	유효	2108	2108	2108	2108	2108	2108	2108	2108	2108	2108
	결측	243	243	243	243	243	243	243	243	243	243

빈도표

성별

		빈도	퍼센트	유효 퍼센트	누적 퍼센트
유효	남자	1075	45.7	51.0	51.0
	여자	1033	43.9	49.0	100.0
	전체	2108	89.7	100.0	
결측	시스템	243	10.3		
전체		2351	100.0		

공격성1_작은 일에도 트집을 잡을 때가 있다

		빈도	퍼센트	유효 퍼센트	누적 퍼센트
유효	매우 그렇다	63	2.7	3.0	3.0
	그런 편이다	443	18.8	21.0	24.0
	그렇지 않은 편이다	808	34.4	38.3	62.3
	전혀 그렇지 않다	794	33.8	37.7	100.0
	전체	2108	89.7	100.0	
결측	시스템	243	10.3		
전체		2351	100.0		

그림 15-14

4 결측치가 하나라도 있는 케이스를 확인하기 위해 **변환 – 변수 계산** 메뉴를 클릭합니다.

파일(F)	편집(E)	보기(V)	데이터(D)	변환(T)	분석(A)	다이렉트 마케팅(M)	그라

- 📊 변수 계산(C)...
- ➕ Programmability 변환...
- 📊 케이스 내의 값 빈도(O)...

	이름	유형
1	VAR00001	숫자

그림 15-15

5 변수 계산 창에서 ❶ '목표변수'에 '합합'이라고 입력합니다. ❷ '숫자표현식'에는 Amos 에서 활용할 주요 변수를 하나씩 넣으면서 +로 더해줍니다. ❸ 확인을 클릭합니다.

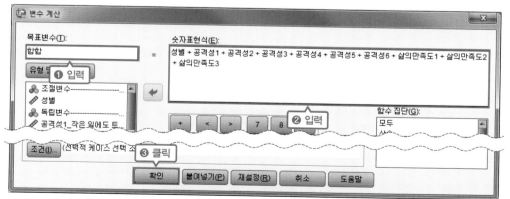

그림 15-16

6 하나라도 결측치가 있는 케이스를 삭제하기 위해 데이터 – 케이스 선택 메뉴를 클릭합니다.

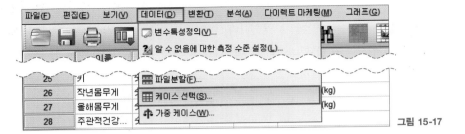

그림 15-17

7 케이스 선택 창에서 ❶ '조건을 만족하는 케이스'를 체크하고 ❷ 조건을 클릭합니다.

그림 15-18

8 케이스 선택: 조건 창에서 ❶ '합합' 변수를 더블클릭하고 ❷ '합합 >=0' 식을 만든 후 ❸ 계속을 클릭합니다.

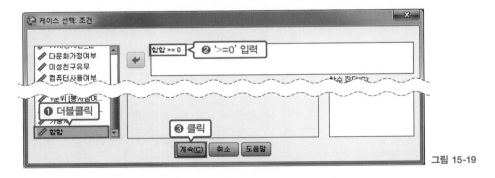

그림 15-19

9 케이스 선택 창에서 ❶ '선택하지 않은 케이스 삭제'를 클릭하고 ❷ 확인을 클릭합니다.

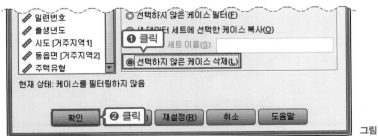

그림 15-20

역코딩할 변수 확인하기

1 설문지를 보고 주요 변수 중에 역코딩할 변수가 있는지 확인합니다.

[역코딩할 변수] 공격성 : 1, 2, 3, 4, 5, 6 / 삶의 만족도 : 1, 2, 3

1 자신의 성별은 무엇입니까?

① 남자   ② 여자

2 다음은 여러분의 공격성에 관한 질문입니다. 각 문항을 읽고 자신의 생각과 일치하는 곳에 표시해 주시기 바랍니다.

항목	매우 그렇다	그런 편이다	그렇지 않은 편이다	전혀 그렇지 않다
1 작은 일에도 트집을 잡을 때가 있다.	①	②	③	④
2 남이 하는 일을 방해할 때가 있다.	①	②	③	④
3 내가 원하는 것을 못하게 하면 따지거나 덤빈다.	①	②	③	④
4 별것 아닌 일로 싸우곤 한다.	①	②	③	④
5 하루 종일 화가 날 때가 있다.	①	②	③	④
6 아무 이유 없이 울 때가 있다.	①	②	③	④

3 다음은 여러분의 삶의 만족도에 관한 질문입니다. 각 문항을 읽고 자신의 생각과 일치하는 곳에 표시해 주시기 바랍니다.

항목	매우 그렇다	그런 편이다	그렇지 않은 편이다	전혀 그렇지 않다
1 나는 사는 게 즐겁다.	①	②	③	④
2 나는 걱정거리가 별로 없다.	①	②	③	④
3 나는 내 삶이 행복하다고 생각한다.	①	②	③	④

4 다음은 여러분의 우울에 관한 질문입니다. 각 문항을 읽고 자신의 생각과 일치하는 곳에 표시해 주시기 바랍니다.

항목	매우 그렇다	그런 편이다	그렇지 않은 편이다	전혀 그렇지 않다
1 요즘은 행복한 기분이 든다.	①	②	③	④
2 불행하다고 생각하거나 슬퍼하고 우울해한다.	①	②	③	④
3 걱정이 없다.	①	②	③	④
4 죽고 싶은 생각이 든다.	①	②	③	④
5 울기를 잘한다.	①	②	③	④
6 어떤 일이 잘못되었을 때 나 때문이라는 생각을 자주 한다.	①	②	③	④
7 외롭다.	①	②	③	④
8 모든 일에 관심과 흥미가 없다.	①	②	③	④
9 장래가 희망적이지 않은 것 같다.	①	②	③	④
10 모든 일이 힘들다.	①	②	③	④

여기서 잠깐!!

설문지에 지금 진행하는 분석과 관계없는 '우울' 변수가 들어가 있습니다. 역코딩의 의미와 기준을 비교하며 살펴보기 위해 넣어둔 것입니다. 지금 진행하는 분석에는 사용하지 않으므로, '우울' 변수까지 역코딩할 필요가 없습니다.

2 주요 변수의 값을 확인하여 최젓값과 최곳값의 숫자를 확인합니다.

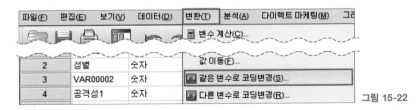

그림 15-21

3 역코딩을 진행하기 위해 변환 – 같은 변수로 코딩변경 메뉴를 클릭합니다.

파일(F)	편집(E)	보기(V)	데이터(D)	변환(T)	분석(A)	다이렉트 마케팅(M)	그...

			변수 계산(C)...
2	성별	숫자	값 이동(F)...
3	VAR00002	숫자	같은 변수로 코딩변경(S)...
4	공격성1	숫자	다른 변수로 코딩변경(R)...

그림 15-22

4 ❶ 역코딩해야 하는 변수를 선택하고 ❷ 오른쪽 이동 버튼(➡)를 클릭한 후 ❸ 기존값 및 새로운 값을 클릭합니다.

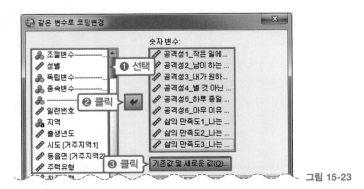

그림 15-23

5 ❶ 기존값의 '값'에 '1'을 입력하고 ❷ 새로운 값의 '값'에는 '4'를 입력합니다. ❸ 추가를 클릭합니다. 이와 같은 방식으로 기존값과 새로운 값의 '값'에 차례로 '2 → 3', '3 → 2', '4 → 1'을 입력합니다.

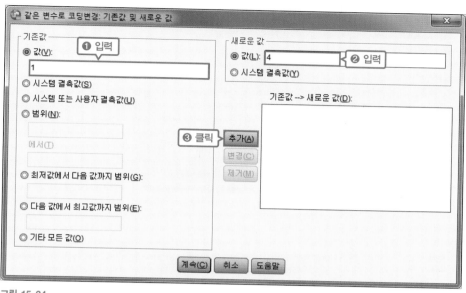

그림 15-24

6 ❶ 기존값에서 '기타 모든 값'을 체크하고 ❷ 새로운 값에서 '시스템 결측값'을 체크합니다. ❸ 추가를 클릭 후 ❹ 계속을 클릭합니다.

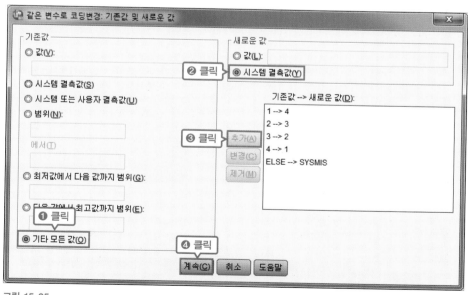

그림 15-25

7 확인을 클릭합니다. 역코딩이 진행되었습니다.

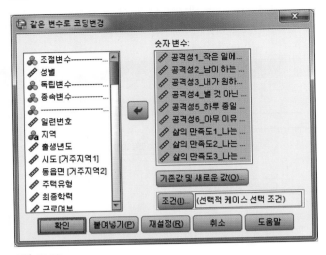

그림 15-26

8 같은 변수로 코딩변경을 했기 때문에 역코딩했다는 표시를 하기 위해 변수 보기로 들어
갑니다. 역코딩한 변수의 변수명이나 레이블에 're' 표시를 해둡니다.

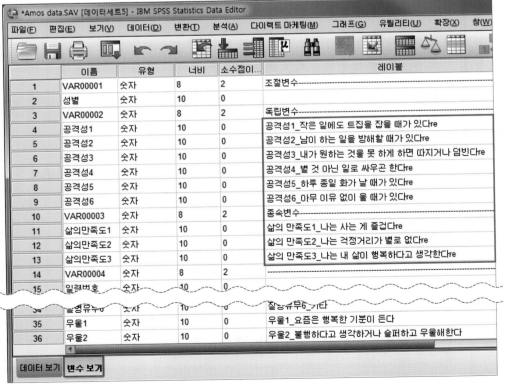

그림 15-27

신뢰도 분석하기

1 주요 변수 중 하나인 '공격성'의 신뢰도를 확인하기 위해 분석 – 척도분석 – 신뢰도 분석 메뉴를 클릭합니다.

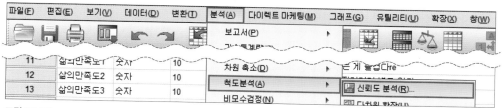

그림 15-28

2 신뢰도 분석 창에서 **①** '공격성1~6'과 '삶의만족도1~3' 변수를 선택하여 **②** 오른쪽 이동 버튼(➡)을 클릭해 옮긴 다음 **③** 통계량을 클릭합니다. 여기서 '공격성'과 '삶의 만족도'라는 변수의 신뢰도 값을 확인합니다. '공격성1~6'과 '삶의만족도1~3'으로 나누어 총 2회 분석을 진행합니다.

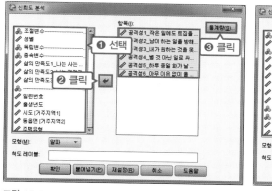 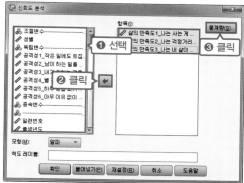

그림 15-29

3 신뢰도 분석: 통계량 창에서 **①** '항목제거시 척도'를 체크하고 **②** 계속을 클릭합니다.

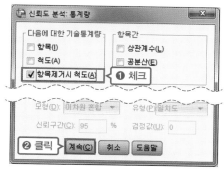

그림 15-30

4 신뢰도 분석 창에서 확인을 클릭합니다.

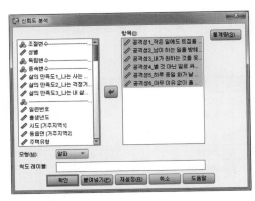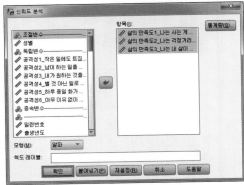

그림 15-31

5 출력 결과를 확인합니다. '공격성' 척도의 크론바흐 알파 계수(Cronbach's alpha)는 0.831로 나타나 신뢰도가 높은 것으로 확인되었습니다(왼쪽 그림). '삶의 만족도' 척도의 크론바흐 알파 계수는 0.807로 나타나 수용할 만한 수준인 것으로 확인되었습니다 (오른쪽 그림).

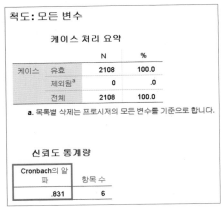

척도 : 모든 변수

케이스 처리 요약

		N	%
케이스	유효	2108	100.0
	제외됨a	0	.0
	전체	2108	100.0

a. 목록별 삭제는 프로시저의 모든 변수를 기준으로 합니다.

신뢰도 통계량

Cronbach의 알파	항목 수
.831	6

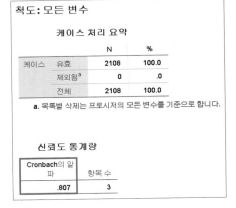

척도 : 모든 변수

케이스 처리 요약

		N	%
케이스	유효	2108	100.0
	제외됨a	0	.0
	전체	2108	100.0

a. 목록별 삭제는 프로시저의 모든 변수를 기준으로 합니다.

신뢰도 통계량

Cronbach의 알파	항목 수
.807	3

그림 15-32

기술통계분석하기

1 분석 – 기술통계량 – 기술통계 메뉴를 클릭합니다.

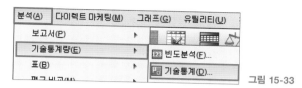

그림 15-33

2 기술통계 창에서 **①** 기술통계분석을 진행하고자 하는 주요 변수(공격성1~삶의 만족도 3)를 선택하고 **②** 오른쪽 이동 버튼( )을 클릭하여 옮긴 후 **③** 옵션을 클릭합니다.

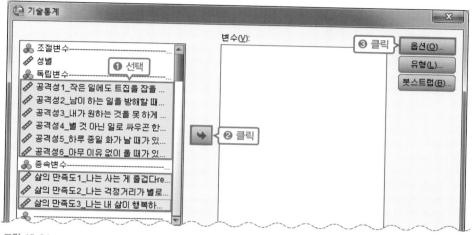

그림 15-34

3 기술통계: 옵션 창에서 **①** '첨도'와 '왜도'를 체크하고 **②** 계속을 클릭합니다.

그림 15-35

4 확인을 클릭합니다.

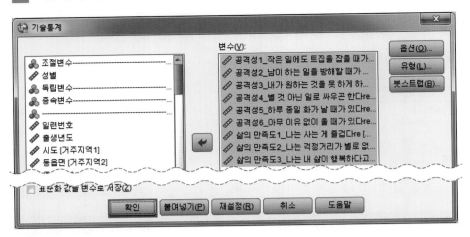

그림 15-36

5 출력 결과를 확인합니다. 여기서는 평균과 표준편차, 왜도와 첨도를 확인합니다. |왜도|
< 3, |첨도| < 8를 만족하면 주요 변수들이 정규분포 조건을 충족했다고 볼 수 있습니다.

기술통계량

	N	최소값	최대값	평균	표준편차	왜도		첨도	
	통계량	통계량	통계량	통계량	통계량	통계량	표준오차	통계량	표준오차
공격성1_작은 일에도 트집을 잡을 때가 있다re	2108	1	4	1.89	.834	.512	.053	-.630	.107
공격성2_남이 하는 일을 방해할 때가 있다re	2108	1	4	2.03	.815	.203	.053	-.899	.107
공격성3_내가 원하는 것을 못 하게 하면 따지거나 덤빈다re	2108	1	4	1.97	.869	.483	.053	-.640	.107
공격성4_별 것 아닌 일로 싸우곤 한다re	2108	1	4	1.73	.717	.719	.053	.165	.107
공격성5_하루 종일 화가 날 때가 있다re	2108	1	4	1.93	.851	.495	.053	-.654	.107
공격성6_아무 이유 없이 울 때가 있다re	2108	1	4	1.81	.766	.657	.053	-.056	.107
삶의 만족도1_나는 사는 게 즐겁다re	2108	1	4	3.04	.656	-.369	.053	.399	.107
삶의 만족도2_나는 걱정거리가 별로 없다re	2108	1	4	2.47	.795	.227	.053	-.419	.107
삶의 만족도3_나는 내 삶이 행복하다고 생각한다re	2108	1	4	2.97	.697	-.345	.053	.105	.107
유효 N(목록별)	2108								

그림 15-37

여기서 잠깐!!

이 연구모형의 조절변수인 성별은 기술통계분석을 진행하지 않았습니다. Amos에서 성별을 측정변수로 활용하지
않고 집단을 구분하기 위한 조절변수로 활용하기 때문입니다.

상관관계 분석하기

1 상관관계분석을 진행하기 위해 분석 – 상관분석 – 이변량 상관 메뉴를 클릭합니다.

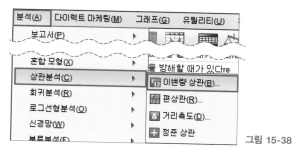

그림 15-38

2 이변량 상관계수 창에서 **①** 분석을 진행하고자 하는 주요 변수(공격성1~삶의 만족도3)
를 선택하고 **②** 오른쪽 이동 버튼(➡)을 클릭하여 옮긴 후 **③** 확인을 클릭합니다.

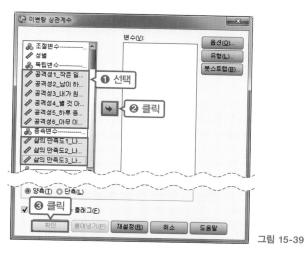

그림 15-39

3 출력 결과를 확인합니다. 측정변수들 간 상관계수가 0.8 이상으로 나타나는지 확인하여
다중공선성 여부를 살펴봅니다. 상관계수가 0.8 이상인 측정변수는 없는 것으로 나타났
습니다.

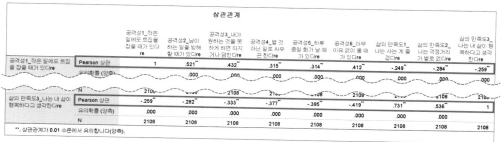

그림 15-40

03 _ Amos 무작정 따라하기 : 다중집단 확인적 요인분석

작업창 크기 조정하기

1 Amos 프로그램을 실행하고 작업창(연구모형 그리는 공간)을 넓게 해주기 위해 View – Interface Properties 메뉴를 클릭합니다.

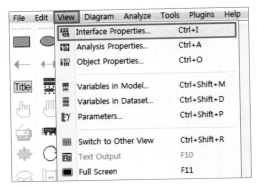

그림 15-41

2 Interface Properties 창에서 ❶ 'Paper size'의 역삼각형 버튼(▼)을 클릭하여 ❷ 'Landscape – A4'로 바꾼 후 ❸ 닫기 버튼(✕)을 클릭하거나 Esc를 눌러 창을 닫습니다.

Interface Properties

Page Layout | Formats | Colors | Typefaces | Pen Width | Misc | Accessibility

❸ 클릭

Margins

Top |1|
Bottom |1|
Left |1|
Right |1|

Paper Size

|Landscape - A4 ▼| ❶ 클릭

Portrait - A6
Portrait - Legal
Portrait - Letter
❷ 클릭 → Landscape - A4
Landscape - A5
Landscape - A6
Landscape - Legal
Landscape - Letter

◉ Inches   ○ Centimeters

그림 15-42

다중집단 확인적 요인분석 모형 그리기

1 작업 아이콘 창의  버튼과 버튼을 활용하여 작업창에 모형을 그립니다.

독립변수 : 공격성(문항 6개), 종속변수 : 삶의만족도(문항 3개)

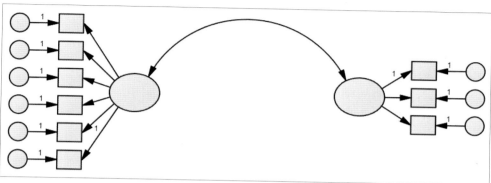

그림 15-43

2 작업 아이콘에서 버튼을 다시 클릭해 선택을 해제합니다. ❶ 독립변수(공격성)에 해당하는 잠재변수를 더블클릭하여 ❷ 'Variable name'에 '공격성'을 입력합니다. ❸ 종속변수(삶의만족도)에 해당하는 잠재변수를 클릭하여 ❹ 'Variable name'에 '삶의만족도'를 입력합니다. 오차항의 변수명을 넣기 위해 ❺ 메뉴에서 Plugins – Name Unobserved Variables 메뉴를 클릭합니다.

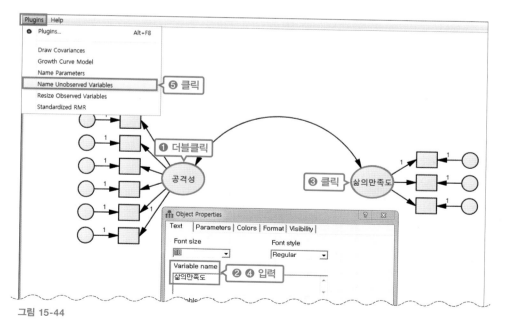

그림 15-44

집단 구분하기

1 조절변수로 설정한 성별에 따라 남자와 여자로 집단을 구분하기 위해 Group number 1을 더블클릭합니다.

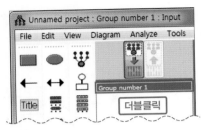

그림 15-45

2 Manage Groups 창에서 'Group number 1'을 ❶ '남자'로 바꾸고 ❷ Close를 클릭합니다.

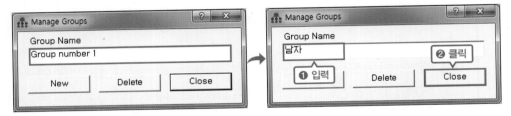

그림 15-46

3 여자 그룹을 만들기 위해 남자를 더블클릭합니다.

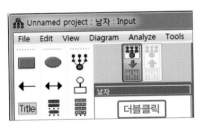

그림 15-47

4 New를 클릭합니다.

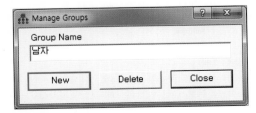

그림 15-48

5 'Group number 2'를 지우고 **❶** '여자'라고 작성한 뒤 **❷** Close를 클릭합니다.

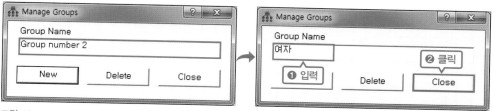

그림 15-49

6 남자와 여자로 그룹이 잘 설정되어 있는지 확인합니다.

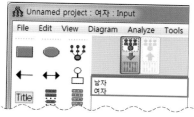

그림 15-50

SPSS 파일 불러오기

준비파일 : Amos 다중집단분석.sav

1 SPSS 파일을 불러오기 위해 작업 아이콘 창에서 ▦ 버튼을 클릭합니다.

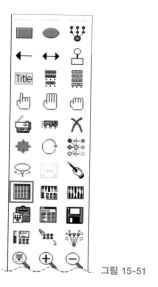

그림 15-51

2 Data Files 창에서 File Name을 클릭하여 미리 작업해둔 SPSS 파일을 선택합니다.

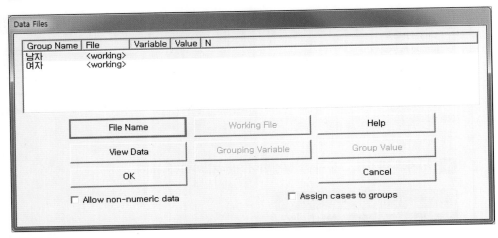

그림 15-52

 여기서 잠깐!!

앞에서 Amos data.sav 파일로 SPSS 데이터 핸들링을 진행했습니다. 이 파일을 'Amos 다중집단분석.sav'라는 이름으로 저장한 후에 진행하면, 앞으로 진행될 순서를 잘 따라 할 수 있습니다. 하지만 미숙한 부분이 있어 결과가 동일하게 나오지 않을 수도 있으니, 같은 이름으로 제공한 실습파일을 사용해도 됩니다.

3 가져온 데이터는 남자와 여자를 모두 합친 데이터입니다. 남자만 선택하기 위해 ❶ 남자를 클릭하고 ❷ Grouping Variable을 클릭합니다.

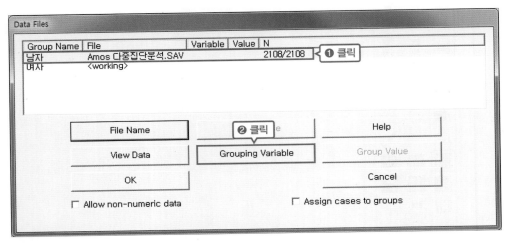

그림 15-53

4 ❶ '성별'을 클릭하고 ❷ OK를 클릭합니다.

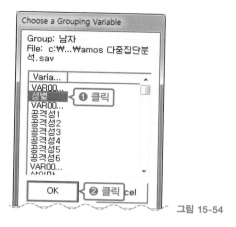

그림 15-54

5 성별이라는 변수에서 남자를 선택하기 위해 Group Value를 클릭합니다.

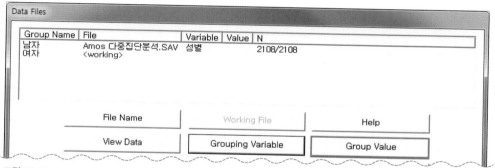

그림 15-55

6 ❶ SPSS의 값 레이블 창에서 남자가 '1'로 확인됩니다. ❷ Choose Value for Group 창에서 '1'을 클릭하고 ❸ OK를 클릭합니다.

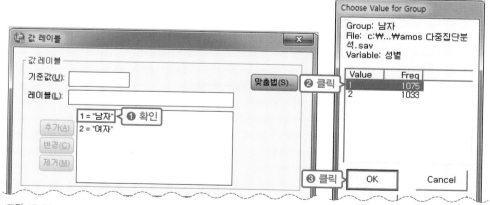

그림 15-56

7 여자 그룹을 설정하기 위해 ❶ Data Files 창에서 여자를 클릭하고 ❷ File Name을 클릭하여 미리 작업해둔 SPSS 파일(Amos 다중집단분석.SAV)을 엽니다.

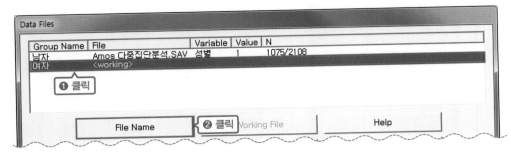

그림 15-57

8 성별 변수에서 여자만 선택하기 위해 ❶ 여자를 클릭하고 ❷ Grouping Variable을 클릭합니다.

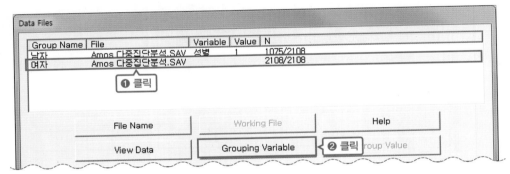

그림 15-58

9 ❶ '성별'을 클릭하고 ❷ OK를 클릭합니다.

그림 15-59

10 성별이라는 변수에서 여자를 선택하기 위해 Group Value를 클릭합니다.

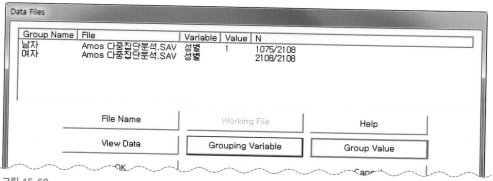

그림 15-60

11 ❶ SPSS의 값 레이블 창에서 여자가 '2'로 확인됩니다. ❷ Choose Value for Group 창에서 '2'를 클릭하고 ❸ OK를 클릭합니다.

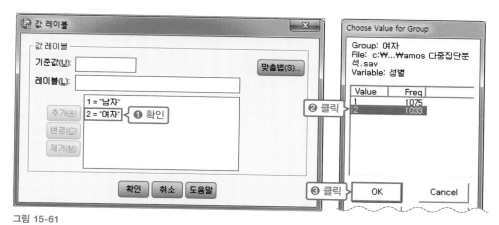

그림 15-61

12 OK를 클릭합니다.

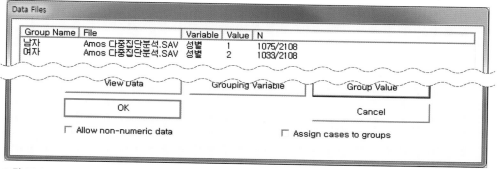

그림 15-62

측정변수 넣기

1 측정변수를 불러오기 위해 작업 아이콘 창에서 ▦ 버튼을 클릭합니다.

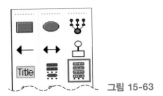

그림 15-63

2 Variables in Dataset 창에서 '공격성1~6', '삶의만족도1~3' 문항을 클릭한 후 드래그해서 차례대로 모형에 넣습니다. 여기서는 오차항 'e1~e6'에 '공격성6~1'을, 오차항 'e7~9'에 '삶의만족도1~3'을 배정했습니다.

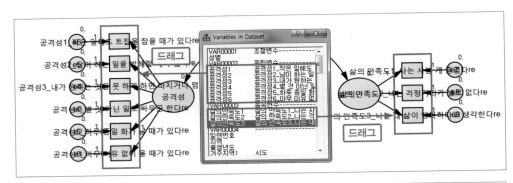

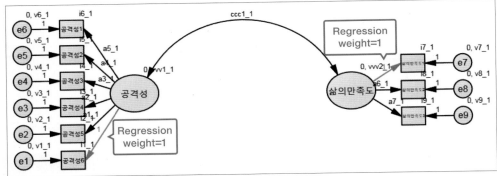

그림 15-64

여기서 잠깐!!

[그림 15-64]에 공격성 1과 오차항 6이 연결되어 있습니다. 만약 오차항을 임의로 설정하면서 공격성 1과 오차항 1을 연결하였다면, 여기서 제시하는 결과 값과 조금 다르게 나올 수 있습니다. 하지만 통계적인 유의성이나 모형적 합도를 판단하는 최종 결과는 동일합니다.

분석 옵션 설정하기

1 작업 아이콘 창에서 ▦ 버튼을 클릭합니다.

그림 15-65

2 Analysis Properties 창에서 ❶ Estimation 탭의 ❷ 'Maximum likelihood'와 ❸ 'Estimate means and intercepts'를 체크합니다.

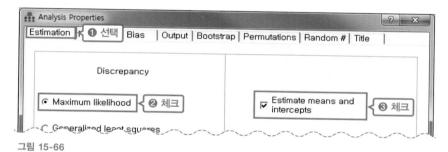

그림 15-66

3 ❶ Output 탭의 ❷ 'Minimization history', 'Standardized estimates', 'Squared multiple correlations'를 체크하고 ❸ 닫기 버튼(x)을 클릭하거나 Esc 를 눌러 창을 닫습니다.

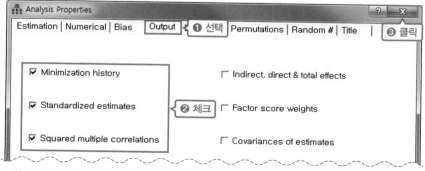

그림 15-67

저장하기

1 File – Save를 클릭하거나 [Ctrl] + [S]를 눌러줍니다.

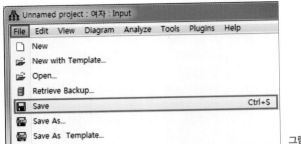

그림 15-68

2 ❶ '파일 이름'에 '다중집단 확인적 요인분석'이라고 작성하고 ❷ 저장을 클릭합니다.

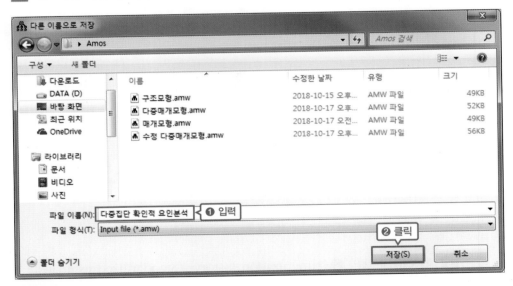

그림 15-69

다중집단 설정하기

1 측정동일성 검정을 위해 작업 아이콘 창에서 다중집단분석(🖼️) 버튼을 클릭합니다.

그림 15-70

2 추가한 모형이 제거되고 매개변수를 수정할 수 있다는 메시지가 뜨면, 확인을 클릭합니다.

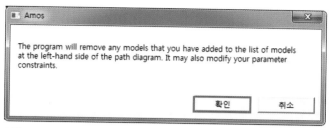

그림 15-71

3 자동으로 제약모형을 설정한 창이 뜨면, OK를 클릭합니다.

그림 15-72

아무도 가르쳐주지 않는 Tip

작업 아이콘 창에서 버튼을 클릭하면 측정 동일성 검정 5단계에 해당하는 제약모형이 자동으로 설정됩니다. 제약모형의 종류는 다음과 같습니다.[2]

- **Measurement weights : 잠재변수와 측정변수 간 요인계수를 고정한 모델 (2단계)**
- Measurement intercepts : 잠재변수와 측정변수 간 경로의 절편을 고정한 모델
- Structural weights : 잠재변수 간 경로를 고정한 모델
- Structural intercepts : 잠재변수 간 경로의 절편을 고정한 모델
- Structural means : 구조모형에서 독립변수의 평균을 고정한 모델
- **Structural covariances : 잠재변수의 분산과 공분산을 고정한 모델(4단계)**
- Structural residuals : 구조모형에서 구조오차의 분산과 공분산을 고정한 모델
- **Measurement residuals : 측정모형에서 측정오차의 분산과 공분산을 고정한 모델(5단계)**

---

2 『우종필 교수의 구조방정식모델 개념과 이해 고급편』(2012, 한나래)

제시된 총 8개의 제약모형 중 측정동일성 검정 5단계에 해당하는 것은 Measurement weights(2단계), Structural covariances(4단계), Measurement residuals(5단계)입니다. 1단계인 형태동일성 검정(Unconstrained)은 비제약모형이기 때문에 제약모형에 포함되어 있지 않으며, 굳이 설정하지 않더라도 기본적으로 분석 결과에서 제시됩니다. 또한 측정동일성 검정 3단계에 해당하는 공분산 동일성은 🎛️ 버튼을 클릭해도 자동적으로 설정되지 않습니다. 그러므로 3단계는 사용자가 따로 설정해주어야 합니다. 3단계 결과는 전공에 따라 제시하기도 하고 생략하기도 합니다.

4 측정동일성 검정의 3단계가 설정되어 있지 않습니다. 3단계를 만들기 위해 Structural covariances를 더블클릭합니다.

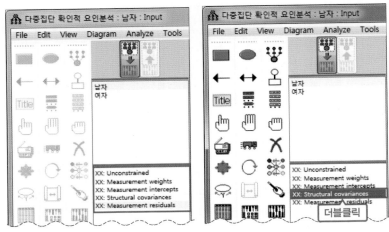

그림 15-73

5 Manage Models 창에서 ccc1_1=ccc1_2, vvv1_1=vvv1_2, vvv2_1=vvv2_2를 복사 ([Ctrl]+[C])합니다.

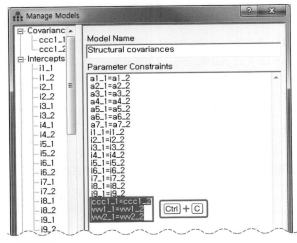

그림 15-74

6 New를 클릭합니다.

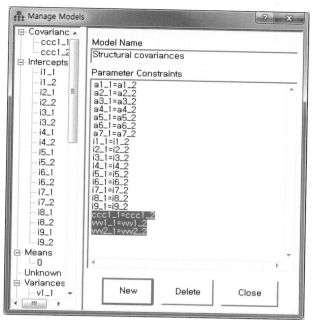

그림 15-75

7 **❶** 'Parameter Constraints'에 붙여넣기([Ctrl] + [V])합니다. **❷** 'Model Name'에
'Model3'이라고 입력한 다음 **❸** Close를 클릭합니다.

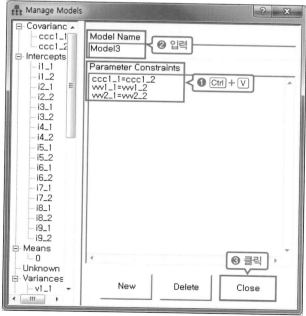

그림 15-76

8 ❶ 메뉴에서 File – Save As...를 클릭합니다. ❷ '파일 이름'에 '다중집단 확인적 요인분석(제약모형)'이라고 작성하고 ❸ 저장을 클릭합니다.

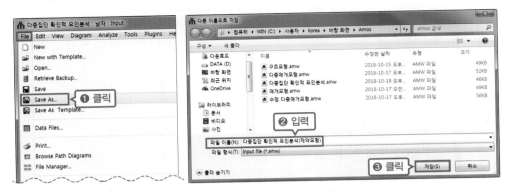

그림 15-77

9 ❶ 버튼을 클릭하고 ❷ 분석 결과를 확인하기 위해서 버튼을 클릭합니다.

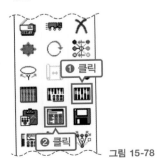

그림 15-78

모형적합도 확인하기

Amos Output 창에서 [Model Fit] 항목을 클릭하여 Unconstrained(1단계), Measurement weights(2단계), Model3(3단계), Structural covariances(4단계), Measurement residuals(5단계)의 모형적합도를 확인합니다. TLI나 CFI의 경우 Unconstrained, Measurement weights만 0.9 이상으로 나타났고, RMSEA는 Model3을 제외한 1, 2, 4, 5 단계 모형이 0.1 미만으로 나타났습니다. 종합해서 볼 때, Unconstrained와 Measurement weights 모형만 적합한 것으로 확인이 되었습니다.

특히 Unconstrained에서 모형적합도가 만족할 만한 수준으로 확인이 되면, 집단 간 형태동일성은 검증되었다고 볼 수 있습니다. Unconstrained는 χ^2=507.415(p<.001), TLI=0.916, CFI=0.939, RMSEA=0.064로 집단 간 형태동일성은 검증되었습니다.

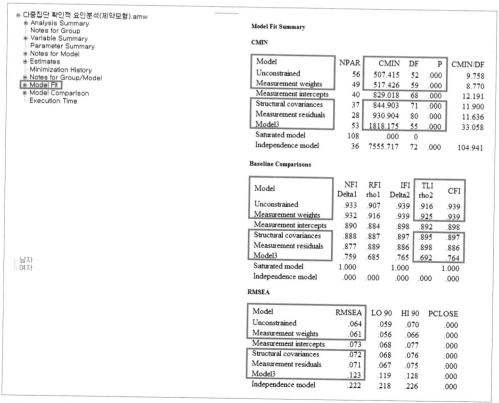

그림 15-79 | 다중집단 확인적 요인분석 출력 결과 : 모형적합도 확인

여기서 잠깐!!

[그림 15-79]에서 모형적합도는 Unconstrained(1단계)와 Measurement weights(2단계)만 적합하게 분석되었습니다. 다시 말해서, Model3(3단계), Structural covariances(4단계), Measurement residuals(5단계)에서 제약한 모형이 적합하지 않다는 뜻입니다.

보통 3, 4, 5단계에 해당하는 제약모형의 모형적합도는 만족할 만한 수준으로 값이 나오기가 어렵습니다. 또한 통상적으로 1단계와 2단계의 측정동일성 검정이 만족할 만한 수준으로 나오면 측정동일성이 있다고 판단하기 때문에, 3~5단계의 모형적합도에서 값이 잘 나오지 않더라도 낙심할 필요는 없습니다. 반면 1~2단계의 모형적합도에 문제가 있다면, 집단 간 비교 연구를 진행하지 못할 수 있습니다.

측정동일성 검정하기

2, 3, 4, 5단계의 측정동일성 검정은 1단계인 Unconstrained의 χ^2값과 각 단계의 χ^2의 차이가 유의하면 집단 간에 차이가 있다고 보고, 유의하지 않다면 제약을 걸었음에도 불구하고 집단 간에 차이가 없다고 봅니다. Unconstrained의 χ^2값과 각 단계의 χ^2의 차이가 유의한지 그렇지 않은지는 단계별 P값을 통해 확인할 수 있습니다. 결국 P값이 .05 이상이면 측정동일성을 만족한다고 볼 수 있습니다.

모형 간 χ^2과 P값의 차이를 자세히 확인하려면, [그림 15-80]과 같이 [Model Comparison] 항목을 클릭한 후 Assuming model Unconstrained to be correct 표를 살펴보아야 합니다. Unconstrained(1단계)와 Measurement weights(2단계)의 χ^2의 차이는 10.011 로 나타났습니다. 이러한 차이는 P=.188로 유의하지 않아 동일한 것으로 볼 수 있습니다. 즉 2단계 측정동일성은 만족한다고 볼 수 있습니다. 반면 Model 3(3단계), Structural covariances(4단계), Measurement residuals(5단계)는 P=.000으로 1단계와 차이가 있는 것으로 확인되어 측정동일성을 만족한다고 볼 수 없습니다. 그림에서 Unconstrained(1단계) 가 보이지 않는 이유는 1단계 모델이 기준이 된 상태에서 확인하는 결과 값이기 때문입니다.

다음은 그림이다.

그림 15-80 | 다중집단 확인적 요인분석 출력 결과 : 측정동일성 확인

여기서 잠깐!!

측정동일성을 검증했을 때, 1단계와 2단계의 '측정동일성'조차 만족하지 못한다면, 집단 간에 측정 문항을 다르게 인식하고 있다는 의미입니다. 이 자체가 하나의 흥미로운 사실이자 논문 주제가 될 수 있습니다. 그러니 이럴 때는 포기하지 말고, 측정동일성을 갖는 문항을 개발하는 형태로 주제를 발전시켜 보세요.

05 _ 논문 결과표 작성하기 : 다중집단 확인적 요인분석

1 다중집단 확인적 요인분석에 대한 결과표는 모형, χ^2, df, TLI, CFI, RMSEA, χ^2차이, df차이, p를 열로 구성하고 각 모형를 행으로 구성하여 아래와 같이 작성합니다. 각주로 각 제약모형이 무엇을 의미하는지 제시합니다.

표 15-1

모형	χ^2	df	TLI	CFI	RMSEA	χ^2차이	df차이	p
비제약모형								
제약모형1 [1]								
제약모형2 [2]								
제약모형3 [3]								
제약모형4 [4]								

1) 제약모형1 : 요인계수를 집단 간 동일하게 제약한 모형
2) 제약모형2 : 공분산을 집단 간 동일하게 제약한 모형
3) 제약모형3 : 요인계수, 공분산을 집단 간 동일하게 제약한 모형
4) 제약모형4 : 요인계수, 공분산, 오차분산을 집단 간 동일하게 제약한 모형

2 Amos Output 창의 ❶ [Model Fit] 항목을 클릭하여 ❷ CMIN(=χ^2), DF, TLI, CFI, RMSEA를 확인합니다. ❸ Unconstrained에 해당하는 값을 미리 작성해놓은 한글 결과표의 비제약모형에 기입하고, Measurement weights에 해당하는 값을 제약모형1에 기입합니다. 이런 식으로 Model3에 해당하는 값은 제약모형2, Structural covariances에 해당하는 값은 제약모형3, Measurement residuals에 해당하는 값은 제약모형4에 직접 기입합니다.

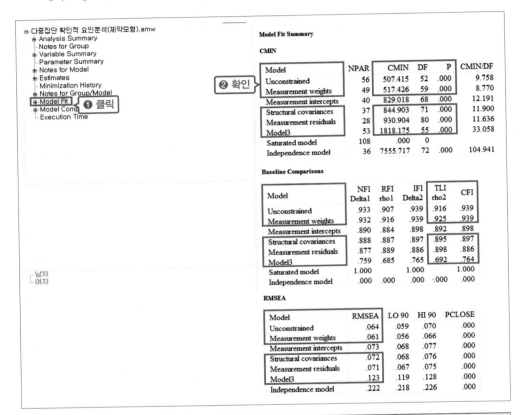

모형	χ^2	df	TLI	CFI	RMSEA	χ^2차이	df차이	p
비제약모형	507.415	52	0.916	0.939	0.064			
제약모형1 [1]	517.426	59	0.925	0.939	0.061			
제약모형2 [2]	1818.175	55	0.692	0.764	0.123			
제약모형3 [3]	844.903	71	0.895	0.897	0.072			
제약모형4 [4]	930.904	80	0.898	0.886	0.071			

그림 15-81

3 Amos Output 창의 ❶ [Model Comparison] 항목을 클릭하여 ❷ Assuming model Unconstrained to be correct 표에서 DF, CMIN($=\chi^2$), P를 확인합니다.

❸ Measurement weights에 해당하는 값은 제약모형1, Model3에 해당하는 값은 제약모형2, Structural covariances에 해당하는 값은 제약모형3, Measurement residuals에 해당하는 값은 제약모형4에 직접 기입하면 결과표가 완성됩니다.

Nested Model Comparisons

Assuming model Unconstrained to be correct:

Model	DF	CMIN	P	NFI Delta-1	IFI Delta-2	RFI rho-1	TLI rho2
Measurement weights	7	10.011	.188	.001	.001	-.009	-.010
Measurement intercepts	16	321.603	.000	.043	.043	.023	.023
Structural covariances	19	337.488	.000	.045	.045	.020	.021
Measurement residuals	28	423.489	.000	.056	.056	.018	.018
Model3	3	1310.760	.000	.173	.175	.222	.224

모형	χ^2	df	TLI	CFI	RMSEA	χ^2차이	df차이	p
비제약모형	507.415	52	0.916	0.939	0.064			
제약모형1 [1]	517.426	59	0.925	0.939	0.061	10.011	7	0.188
제약모형2 [2]	1818.175	55	0.692	0.764	0.123	1310.760	3	0.000
제약모형3 [3]	844.903	71	0.895	0.897	0.072	337.488	19	0.000
제약모형4 [4]	930.904	80	0.898	0.886	0.071	423.489	28	0.000

그림 15-82

완성된 측정동일성 검정 결과표는 [표 15-2]와 같습니다.

표 15-2

모형	χ^2	df	TLI	CFI	RMSEA	χ^2차이	df차이	p
비제약모형	507.415	52	0.916	0.939	0.064			
제약모형1 [1]	517.426	59	0.925	0.939	0.061	10.011	7	0.188
제약모형2 [2]	1818.175	55	0.692	0.764	0.123	1310.760	3	0.000
제약모형3 [3]	844.903	71	0.895	0.897	0.072	337.488	19	0.000
제약모형4 [4]	930.904	80	0.898	0.886	0.071	423.489	28	0.000

1) 제약모형1 : 요인계수를 집단 간 동일하게 제약한 모형
2) 제약모형2 : 공분산을 집단 간 동일하게 제약한 모형
3) 제약모형3 : 요인계수, 공분산을 집단 간 동일하게 제약한 모형
4) 제약모형4 : 요인계수, 공분산, 오차분산을 집단 간 동일하게 제약한 모형

06 _ 논문 결과표 해석하기 : 다중집단 확인적 요인분석

측정 동일성 검정 결과표의 해석은 2단계로 작성합니다.

❶ 형태동일성 검정 결과 제시
Unconstrained(1단계)의 모형적합도를 제시하여 형태동일성을 만족하는지 기술합니다.
1) Unconstrained(1단계)의 모형적합도에 문제가 없을 때는 "비제약모형의 모형적합도는 χ^2= 507.415 (p<.001), TLI=0.916, CFI=0.939, RMSEA=0.064로 집단 간 형태동일성은 문제가 없는 것으로 확인되었다."
2) Unconstrained(1단계)의 모형적합도에 문제가 있을 때는 "비제약모형의 모형적합도는 χ^2=507.415 (p<.001), TLI=0.716, CFI=0.739, RMSEA=0.164로 집단 간 형태동일성은 문제가 있는 것으로 확인되었다."

❷ 측정 동일성 검정의 2~5단계 결과 제시
2~5단계의 측정동일성 검정에 대한 결과는 p값을 통해 차이가 있는지 제시합니다.
1) 비제약모형과 제약모형1~4(2~5단계)의 p값이 모두 0.05 이상일 때는 "비제약모형과 제약모형1~4의 χ^2 검정 결과, p<.05 수준에서 유의하지 않은 것으로 나타났다. 즉 모든 단계의 측정동일성은 만족하는 수준으로 확인되었다. 이에 두 집단은 모형 형태뿐 아니라, 잠재변수와 측정변수 간 요인계수, 잠재변수 간 공분산, 측정오차의 분산의 측정동일성이 확보되어 다중집단 경로분석을 진행하는 데 문제가 없는 것으로 나타났다."
2) 비제약모형과 제약모형1(2단계)의 p값만 0.05 이상일 때는 "비제약모형과 제약모형1의 χ^2 검정 결과, p<.05 수준에서 유의하지 않은 것으로 나타났다. 즉 두 집단은 모형 형태뿐 아니라, 잠재변수와 측정변수 간 요인계수의 측정동일성이 확보되어 다중집단 경로분석을 진행하는 데 문제가 없는 것으로 나타났다. 한편, 비제약모형과 제약모형2~4는 χ^2 검정 결과 유의하게 차이 나는 것으로 확인되었다."
3) 비제약모형과 제약모형1~4(2~5단계)의 p값만 0.05 미만일 때는 "비제약모형과 제약모형1~4의 χ^2 검정 결과, p<.05 수준에서 유의한 것으로 나타났다. 즉 2~5단계의 측정동일성은 문제가 있는 것으로 확인되었다. 이에 두 집단은 동일하다고 판단할 수 없으며, 다중집단 경로분석을 진행할 수 없는 것으로 나타났다."

위의 2단계에 맞춰 측정동일성 검정 결과를 작성하면 다음과 같습니다.

❶ 비제약모형의 모형적합도는 χ^2=507.415(p<.001), TLI=0.916, CFI=0.939, RMSEA=0.064로 집단 간 형태동일성은 문제가 없는 것으로 확인되었다.

❷ 비제약모형과 제약모형1의 χ^2 검정 결과, p<.05 수준에서 유의하지 않은 것으로 나타났다. 즉 두 집단은 모형 형태뿐 아니라, 잠재변수와 측정변수 간 요인계수의 측정동일성이 확보되어 다중집단 경로분석을 진행하는 데 문제가 없는 것으로 나타났다. 한편, 비제약모형과 제약모형2~4는 χ^2 검정 결과 유의하게 차이 나는 것으로 확인되었다.

여기서 잠깐!!

형태동일성 검정 결과에서 모형적합도에 문제가 있을 때 나온 값은 독자의 이해를 돕기 위해 임의로 설정한 것이니 오해 없기를 바랍니다.

[측정동일성 검정 결과표 완성 예시]

측정동일성 검정 결과

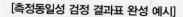

〈표〉측정동일성 검정 결과

모형	χ^2	df	TLI	CFI	RMSEA	χ^2차이	df차이	p
비제약모형	507.415	52	0.916	0.939	0.064			
제약모형1[1]	517.426	59	0.925	0.939	0.061	10.011	7	.188
제약모형2[2]	1818.175	55	0.692	0.764	0.123	1310.760	3	<.001
제약모형3[3]	844.903	71	0.895	0.897	0.072	337.488	19	<.001
제약모형4[4]	930.904	80	0.898	0.886	0.071	423.489	28	<.001

1) 제약모형1 : 요인계수를 집단 간 동일하게 제약한 모형
2) 제약모형2 : 공분산을 집단 간 동일하게 제약한 모형
3) 제약모형3 : 요인계수, 공분산을 집단 간 동일하게 제약한 모형
4) 제약모형4 : 요인계수, 공분산, 오차분산을 집단 간 동일하게 제약한 모형

남자와 여자가 주요 변수를 동일하게 인식하고 있는지 확인하기 위해 다중집단 확인적 요인분석을 통해 측정동일성 검정을 실시하였다. 비제약모형의 모형적합도는 $\chi^2=507.415(p<.001)$, TLI=0.916, CFI=0.939, RMSEA=0.064로 집단 간 형태동일성은 문제가 없는 것으로 확인되었다. 비제약모형과 제약모형1의 χ^2 검정 결과, $p<.05$ 수준에서 유의하지 않은 것으로 나타났다. 즉 두 집단은 모형 형태뿐 아니라, 잠재변수와 측정변수 간 요인계수의 측정동일성이 확보되어 다중집단 경로분석을 진행하는 데 문제가 없는 것으로 나타났다. 한편, 비제약모형과 제약모형2~4는 χ^2 검정 결과 유의하게 차이 나는 것으로 확인되었다.

다중집단 경로분석 모형 그리기

준비파일 : 다중집단 확인적 요인분석.amw

1 ❶ 작업 아이콘 창에서 ☒ 버튼을 클릭하고 ❷ 잠재변수 간 공분산을 클릭하여 삭제합
니다.

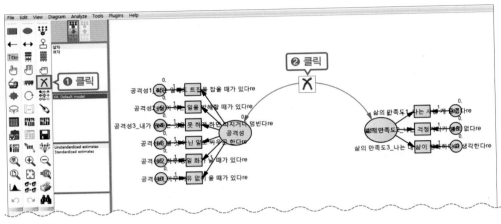

그림 15-83

2 ❶ 작업 아이콘 창에서 ← 버튼을 클릭한 후 ❷ '공격성' 잠재변수에서 '삶의 만족도' 잠
재변수로 드래그하여 연결해줍니다.

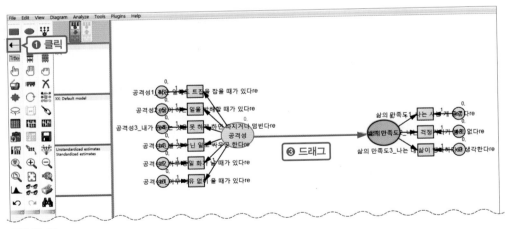

그림 15-84

3 구조오차를 그리기 위해 ❶ 작업 아이콘에서 [옴] 버튼을 클릭한 후 ❷ '삶의 만족도' 잠 재변수를 클릭합니다.

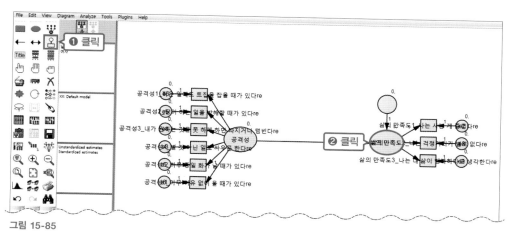

그림 15-85

4 구조오차 변수명을 설정하기 위해 ❶ [옴] 버튼을 클릭하여 선택을 해제하고 ❷ '삶의 만 족도'의 구조오차를 더블클릭합니다. ❸ Object Properties 창의 'Variable name'에 'd1' 을 입력합니다.

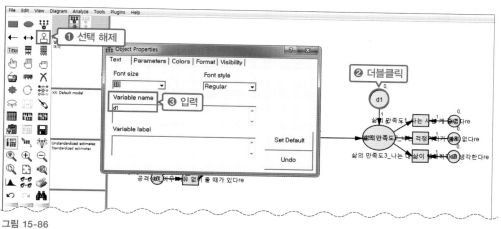

그림 15-86

분석 옵션 설정하기

1 작업 아이콘 창에서  버튼을 클릭합니다.

그림 15-87

2 Analysis Properties 창의 ❶ Estimation 탭에서 ❷ 'Maximum likelihood'와 ❸ 'Estimate means and intercepts'를 체크합니다.

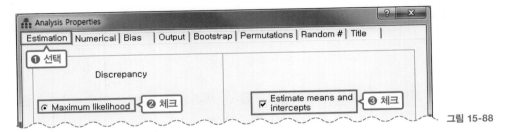

그림 15-88

3 ❶ Output 탭에서 ❷ 'Minimization history', 'Standardized estimates', 'Squared multiple correlations', ❸ 'Critical ratios for differences'를 체크하고 ❹ 닫기 버튼 (✕)을 클릭하거나 Esc 를 눌러 창을 닫습니다.

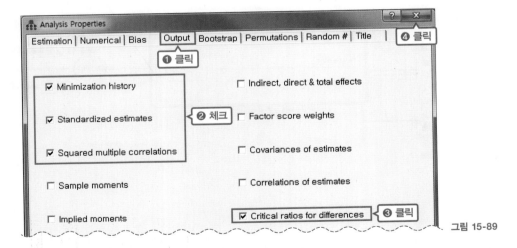

그림 15-89

아무도 가르쳐주지 않는 Tip

집단 간 경로의 차이가 유의한지 검증하기 위해서 'Critical ratios for differences'를 체크해줍니다.

다중집단 설정하기

1 작업 아이콘 창에서 버튼을 클릭합니다.

그림 15-90

2 추가한 모형이 제거되고 매개변수를 수정할 수 있다는 메시지가 뜨면, 확인을 클릭합니다.

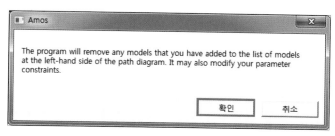

그림 15-91

3 자동으로 제약모형을 설정한 창이 뜨면, OK를 클릭합니다.

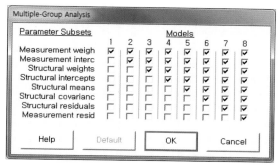

그림 15-92

아무도 가르쳐주지 않는 Tip

다중집단 확인적 요인분석에서는 공분산 측정동일성 검정을 위해 Model3을 따로 만들었습니다. 그러나 다중집단 경로분석에서는 Model3이 필요 없으므로 굳이 만들지 않습니다.

다른 이름으로 저장하기 및 분석하기

1   메뉴에서 File – Save As...를 클릭합니다.

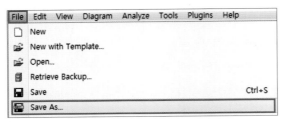

그림 15-93

2   ❶ '파일 이름'에 '다중집단 경로분석'이라고 작성한 후 ❷ 저장을 클릭합니다.

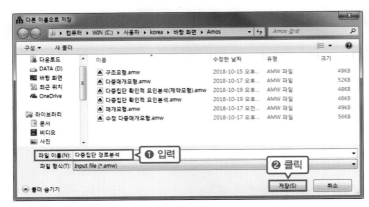

그림 15-94

3   ❶ 🎚️ 버튼을 클릭하고 ❷ 분석 결과를 확인하기 위해 🎛️ 버튼을 클릭합니다.

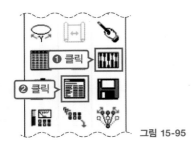

그림 15-95

08 _ 출력 결과 해석하기 : 다중집단 경로분석

집단별 경로계수 확인하기

[Estimates] 항목을 클릭하여 Regression Weights 표를 확인합니다. [그림 15-96]은 남자 집단에 대한 분석 결과입니다. '공격성 → 삶의 만족도'에 대한 Estimate가 −.544로 나타났고 P값이 ***로 유의확률이 0.05 미만입니다. 따라서 공격성은 삶의 만족도에 부(−)적으로 유의한 영향을 주는 것으로 검증되었습니다.

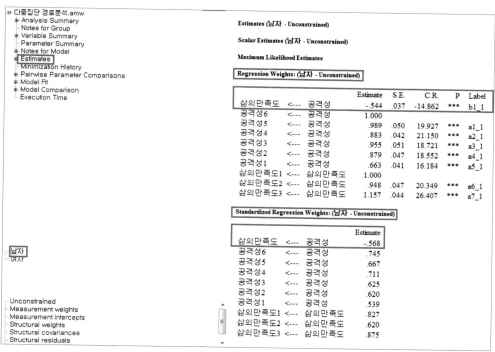

그림 15-96 | 다중집단 경로분석 출력 결과 : 경로계수 값 확인

[그림 15-97]은 여자 집단에 대한 분석 결과입니다. '공격성 → 삶의 만족도'에 대한 Estimate가 −.575로 나타났고 P값이 ***로 유의확률이 0.05 미만입니다. 따라서 공격성은 삶의 만족도에 부(−)적으로 유의한 영향을 주는 것으로 검증되었습니다.

- 다중집단 경로분석.amw
  - Analysis Summary
  - Notes for Group
  - Variable Summary
  - Parameter Summary
  - Notes for Model
  - Estimates
  - Minimization History
  - Pairwise Parameter Comparisons
  - Model Fit
  - Model Comparison
  - Execution Time

남자
여자

- Unconstrained
- Measurement weights
- Measurement intercepts
- Structural weights
- Structural covariances
- Structural residuals

Estimates (여자 - Unconstrained)

Scalar Estimates (여자 - Unconstrained)

Maximum Likelihood Estimates

Regression Weights: (여자 - Unconstrained)

			Estimate	S.E.	C.R.	P	Label
삶의만족도	<---	공격성	-.575	.032	-18.210	***	b1_2
공격성6	<---	공격성	1.000				
공격성5	<---	공격성	.989	.041	23.957	***	a1_2
공격성4	<---	공격성	.856	.035	24.452	***	a2_2
공격성3	<---	공격성	.942	.042	22.481	***	a3_2
공격성2	<---	공격성	.814	.040	20.316	***	a4_2
공격성1	<---	공격성	.749	.044	17.136	***	a5_2
삶의만족도1	<---	삶의만족도	1.000				
삶의만족도2	<---	삶의만족도	.847	.041	20.568	***	a6_2
삶의만족도3	<---	삶의만족도	1.042	.038	27.383	***	a7_2

Standardized Regression Weights: (여자 - Unconstrained)

			Estimate
삶의만족도	<---	공격성	-.653
공격성6	<---	공격성	.816
공격성5	<---	공격성	.722
공격성4	<---	공격성	.734
공격성3	<---	공격성	.684
공격성2	<---	공격성	.627
공격성1	<---	공격성	.540
삶의만족도1	<---	삶의만족도	.848
삶의만족도2	<---	삶의만족도	.630
삶의만족도3	<---	삶의만족도	.855

그림 15-97 | 다중집단 경로분석 출력 결과 : 여자 집단 경로계수 값 확인

남자와 여자 모두 공격성이 삶의 만족도에 부적으로 영향을 주었습니다. 두 집단 간 '공격성 → 삶의 만족도' 경로계수에 유의한 차이가 나는지 자세히 알아보려면 Regression Weights 표의 Label을 먼저 확인해야 합니다. [그림 15-96]과 [그림 15-97]의 Label에서 남자는 b1_1이고, 여자는 b1_2임을 확인할 수 있습니다. 남자와 여자에 부여된 경로계수 Label을 확인하는 또 다른 방법이 있습니다. [그림 15-98]과 같이 우리가 그린 구조모형에서 공격성이 삶의 만족도로 향하는 화살표(→)의 표기를 보는 방법입니다. 남자인 경우 b1_1으로 표시되어 있습니다.

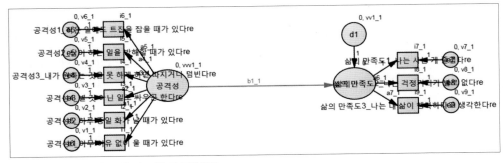

그림 15-98 | 집단별 구조모형 경로계수 값 구별 방법

집단 간 경로 차이 검증하기

[그림 15-99]와 같이 [Pairwise Parameter Comparisons] 항목을 클릭하여 Critical Ratios for Differences between Parameters (Unconstrained) 표를 확인합니다. b1_1(남자)과 b1_2(여자)의 교차지점에 있는 값을 확인하여 경로 차이의 유의성을 검증할 수 있습니다.

Pairwise Parameter Comparisons (Unconstrained)

Critical Ratios for Differences between Parameters (Unconstrained)

	a1_1	a2_1	a3_1	a4_1	a5_1	a6_1	a7_1
a1_1	.000						
a2_1	-2.154	.000					
a3_1	-.602	1.411	.000				
a4_1	-2.022	-.074	-1.353	.000			
a5_1	-6.170	-4.682	-5.356	-4.150	.000		
a6_1	-.594	1.043	-.099	1.036	4.605	.000	
a7_1	2.542	4.527	3.002	4.300	8.244	4.180	.000
b1_1	-21.884	-22.366	-21.185	-21.063	-19.694	-27.954	-36.314
vvv1_1	-10.069	-9.440	-9.461	-8.788	-6.050	-11.863	-16.596
v1_1	-15.076	-15.345	-13.922	-13.317	-9.852	-14.075	-19.390

그림 15-99 | 다중집단 경로분석 출력 결과 : 남자와 여자의 교차지점 값 확인

그러나 Amos Output 창에서 교차지점을 찾기가 어렵기 때문에 엑셀로 옮겨 값을 확인하는 것이 좋습니다. [그림 15-100]과 같이 ❶ Critical Ratios for Differences between Parameters (Unconstrained) 표를 클릭한 다음 ❷ 마우스 오른쪽 버튼을 눌러 ❸ Copy를 클릭합니다.

Critical Ratios for Differences between Parameters (Unconstrained)

	a1_1	a2_1	a3_1	a4_1	a5_1
a1_1	.000				
a2_1	❷ 오른쪽 버튼 클릭			Select	
a3_1	-.602	1.411		Copy	
a4_1	-2.022	-.074	-5.3	❸ 클릭 50	.000
a5_1	-6.170	-4.682			
a6_1 ❶클릭 4	1.043	-.099	1.036	4.605
a7_1	2.542	4.527	3.002	4.300	8.244

그림 15-100 | 다중집단 경로분석 출력 결과 : 엑셀을 활용한 집단 간 경로 차이 확인 방법 (1)

[그림 15-101]과 같이 엑셀에 붙여넣기(Ctrl + V)를 한 후 b1_1(남자)과 b1_2(여자)의 교차지점을 확인합니다. 교차지점에 해당하는 값은 −0.639로 나타났습니다. 엑셀이나 Amos 출력 결과표에서 집단 간 교차된 지점의 값이 ±1.96보다 크거나 작으면 95% 신뢰수준에서 유의한 차이가 있고, ±2.58보다 크거나 작으면 99% 신뢰수준에서 유의한 차이가 있고, ±3.29보다 크거나 작으면 99.9% 신뢰수준에서 유의한 차이가 있다고 볼 수 있습니다. 따라서 −0.639는 통계적으로 유의한 값이 아니기 때문에 남녀 간 '공격성 → 삶의 만족도' 경로계수는 유의한 차이를 보이지 않았다고 판단할 수 있습니다.

	A	F	G	H	I	J	K	L	M	N
1	Critical Ratnstrained)									
2										
3		a5_1	a6_1	a7_1	b1_1	vvv1_1	v1_1	v2_1	v3_1	v4_1
34	a3_2	4.775	-0.093	-3.538	26.709	12.742	15.346	11.779	15.819	10.134
35	a4_2	2.643	-2.184	-5.776	25.024	10.441	12.968	9.355	13.439	7.703
36	a5_2	1.45	-3.111	-6.583	22.679	8.495	10.601	7.374	11	5.889
37	a6_2	3.172	-1.632	-5.159	25.246	10.919	13.41	9.868	13.871	8.242
38	a7_2	6.793	1.564	-1.975	30.041	15.871	19.147	15.038	19.73	13.155
39	b1_2	-23.935	-27.059	-32.07	-0.639	-22.451	-23.907	-25.846	-23.961	-26.596
40	vvv1_2	-5.696	-10.541	-15.153	20.825	1.801	4.297	-0.209	4.865	-2.099
41	v1_2	-10.946	-15.636	-21.147	19.136	-4.679	-3.362	-8.427	-2.849	-10.249

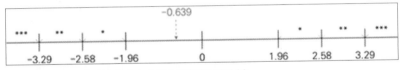

그림 15-101 | 엑셀을 활용한 집단 간 경로 차이 확인 방법 (2)

09 _ 논문 결과표 작성하기 : 다중집단 경로분석

1 다중집단 경로분석에 대한 결과표는 모형, 각 집단별 Estimate의 B(비표준화 계수), β(표준화 계수), $S.E.$(표준오차), 집단 간 경로 차이(Critical Ratios)를 열로 구성하여 아래와 같이 작성합니다.

표 15-3

경로	남자			여자			집단 간 경로 차이
	B	β	$S.E.$	B	β	$S.E.$	
공격성 → 삶의 만족도							

*p<.05. **p<.01. ***p<.001

2 Amos Output 창의 ❶ [Estimates] 항목에서 ❷ 왼쪽 영역의 집단을 '남자'로 클릭한 후 ❸ Regression Weights 표에 제시된 주요 변수 간 경로의 Estimate, $S.E.$를 확인하여 ❹ 미리 작성해놓은 한글 결과표의 B와 $S.E.$에 직접 기입합니다. ❺ Standardized Regression Weights 표에서도 주요 변수 간 경로의 Estimate를 확인하여 ❻ 한글 결과표의 β에 기입합니다. ❼ Regression Weights 표에 제시된 P값을 확인하여 ❽ 한글 결과표의 B와 β값 오른쪽에 위첨자 별표(*)로 기입합니다. 예를 들어 P값이 ***이면 B와 β값 오른쪽에 ***를 붙이고, P<0.01이면 **를 붙이고, P<0.05이면 *를 붙입니다.

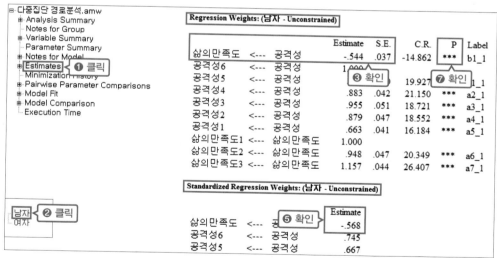

그림 15-102

3 Amos Output 창의 ❶ [Estimates] 항목에서 ❷ 왼쪽 영역의 집단을 '여자'로 클릭한 후 ❸ Regression Weights 표와 Standardized Regression Weights 표에서 Estimate, *S.E.*, P를 확인하여 ❹ 미리 작성해놓은 한글 결과표의 *B*, *β*, *S.E.*에 직접 기입합니다.

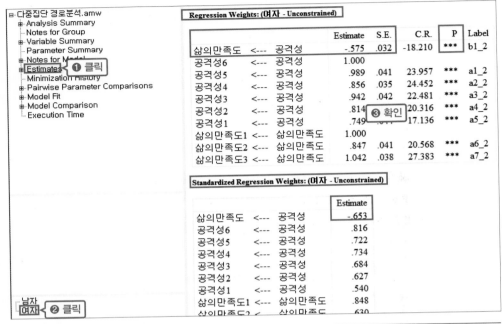

경로	남자			여자			집단 간
	B	*β*	*S.E.*	*B*	*β*	*S.E.*	경로 차이
공격성 → 삶의 만족도	-.544***	-.568***	.037	-.575***	-.653***	.032	

그림 15-103

4 ❶ [Pairwise Parameter Comparisons] 항목에서 ❷ Critical Ratios for Differences between Parameters (Unconstrained) 표를 클릭한 후 ❸ 마우스 오른쪽 버튼을 눌러 ❹ Copy를 클릭합니다.

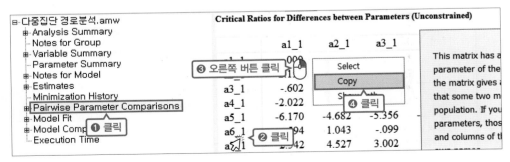

그림 15-104

5 ❶ 엑셀에 붙여넣기(Ctrl + V)를 한 후 ❷ b1_1(남자)과 b1_2(여자)의 교차지점에 제시된 값을 한글 결과표의 집단 간 경로 차이에 기입합니다. 만약 교차지점에 제시된 값이 ±1.96보다 크거나 작으면 *를, ±2.58보다 크거나 작으면 **, ±3.29보다 크거나 작으면 ***를 집단 간 경로 차이 값 오른쪽에 위첨자로 붙여줍니다.

	A	F	G	H	I	J	K	L	M	N
1	Critical Rat(nstrained)									
2	❶ Ctrl + V									
3		a5_1	a6_1	a7_1	b1_1	vvv1_1	v1_1	v2_1	v3_1	v4_1
34	a3_2	4.775	-0.093	-3.538	26.709	12.742	15.346	11.779	15.819	10.134
35	a4_2	2.643	-2.184	-5.776	25.024	10.441	12.968	9.355	13.439	7.703
36	a5_2	1.45	-3.111	-6.583	22.679	8.495	10.601	7.374	11	5.889
37	a6_2	3.172	-1.632	-5.159	25.246	10.919	13.41	9.868	13.871	8.242
38	a7_2	6.793	1.564	-1.975	30.041	15.871	19.147	15.038	19.73	13.155
39	b1_2	-23.935	-27.059	-32.07	-0.639	-22.451	-23.907	-25.846	-23.961	-26.596
40	vvv1_2	-5.696	-10.541	-15.153	20.825	1.801	4.297	-0.209	4.865	-2.099
41	v1_2	-10.946	-15.636	-21.147	19.136	-4.679	-3.362	-8.427	-2.849	-10.249

경로	남자			여자			집단 간 경로 차이
	B	β	S.E.	B	β	S.E.	
공격성 → 삶의 만족도	-.544***	-.568***	.037	-.575***	-.653***	❷ 입력	-.639

그림 15-105

완성된 다중집단 경로분석 결과표는 [표 15-4]와 같습니다.

표 15-4

경로	남자			여자			집단 간 경로 차이
	B	β	S.E.	B	β	S.E.	
공격성 → 삶의 만족도	-.544***	-.568***	.037	-.575***	-.653***	.032	-.639

*p<.05. **p<.01. ***p<.001

 여기서 잠깐!!

Section 12에서 공부한 C.R.(Critical Ratio)을 기억하나요? 남녀 간 경로의 차이가 유의한지 확인하는 값도 이 C.R. 값으로 확인합니다. 그래서 p(유의확률)값이 0.05 미만일 때 통계적으로 의미가 있다고 판단하며, 그때의 C.R. 값은 |1.96| 이상이어야 한다고 설명했습니다. 마찬가지로 p<0.01일 때는 |2.58| 이상, p<0.001일 때는 |3.30| 이상이 됩니다.

10 _ 논문 결과표 해석하기 : 다중집단 경로분석

다중집단 경로분석 결과표의 해석은 2단계로 작성합니다.

❶ 집단 별 경로계수 및 유의성 제시

집단별 경로계수를 제시하고 유의확률(p)이 0.05 미만인지, 0.05 이상인지에 따라 유의성 검증 결과를 설명합니다.

1) 유의확률(p)이 0.05 미만으로 유의한 영향을 줄 때는 "남자 집단의 공격성은 삶의 만족도에 부(−)적으로 유의한 영향을 미치는 것으로 나타났다(β=−.568, p<.001). 또한 여자 집단의 공격성도 삶의 만족도에 부(−)적으로 유의한 영향을 미치는 것으로 나타났다(β=−.653, p<.001)."로 적고, 구체적으로 해석해줍니다. 즉 "남녀 모두 공격성이 낮을수록 삶의 만족도가 높아지는 것으로 분석되었다."

2) 유의확률(p)이 0.05 이상으로 유의하지 않을 때는 "남녀 집단 모두 공격성이 삶의 만족도에 유의한 영향을 미치지 않는 것으로 나타났다."로 마무리합니다.

❷ 집단 간 경로 차이 검증

1) 집단 간 경로 차이 값이 1.96보다 크거나 −1.96보다 작을 때는 "남녀 집단 간 공격성 → 삶의 만족도 경로의 차이는 통계적으로 유의한 것으로 나타났다(Critical Ratios=−2.639 > 1.96)."

2) 집단 간 경로 차이 값이 1.96과 −1.96 사이일 때는 "남녀 집단 간 공격성 → 삶의 만족도 경로의 차이는 통계적으로 유의하지 않은 것으로 나타났다."

위의 2단계에 맞춰 다중집단 경로분석 결과를 작성하면 다음과 같습니다.

❶ 남자 집단의 공격성은 삶의 만족도에 부(−)적으로 유의한 영향을 미치는 것으로 나타났다(β=−.568, p<.001). 또한 여자 집단의 공격성도 삶의 만족도에 부(−)적으로 유의한 영향을 미치는 것으로 나타났다(β=−.653, p<.001). ❷ 남녀 집단 간 공격성 → 삶의 만족도 경로의 차이는 통계적으로 유의하지 않은 것으로 나타났다.

[다중집단 경로분석 결과표 완성 예시]
다중집단 경로분석 결과

〈표〉 다중집단 경로분석 결과

경로	남자			여자			집단 간 경로 차이
	B	β	S.E.	B	β	S.E.	
공격성 → 삶의 만족도	−.544***	−.568***	.037	−.575***	−.653***	.032	−.639

*p<.05. **p<.01. ***p<.001

　　남자 집단의 공격성은 삶의 만족도에 부(−)적으로 유의한 영향을 미치는 것으로 나타났다(β=−.568, p<.001). 또한 여자 집단의 공격성도 삶의 만족도에 부(−)적으로 유의한 영향을 미치는 것으로 나타났다(β=−.653, p<.001). 남녀 집단 간 공격성 → 삶의 만족도 경로의 차이는 통계적으로 유의하지 않은 것으로 나타났다.

모형적합도 향상 방법

bit.ly/onepass-amos17

PREVIEW

· **수정지표와 모수변화를 통한 모형적합도 향상 방법** : 모형적합도 지수인 χ^2의 값을 줄이고, 추정된 모수변화량을 통해 변수들 간의 공분산 관계나 인과관계에 대한 정보를 제공하여 모형적합도를 향상시키는 방법

· **파셀링(문항꾸러미)을 통한 모형적합도 향상 방법** : 여러 개의 측정변수를 묶어 모형을 간소화하여 모형적합도를 향상시키는 방법

구조방정식 모형을 분석하면서 모형적합도가 중요하다는 것을 알게 되었을 겁니다. 모형적합도 자체가 만족할 만한 수준이 아니면 자신이 설정해놓은 가설을 검증할 기회조차 없기 때문입니다. 하지만 모형적합도가 좋지 않게 나오는 경우가 종종 있습니다. 이런 경우 모형적합도를 향상시킬 수 있는 대표적인 방법 두 가지가 있습니다. 첫째는 수정지표를 통해 변수들 간에 공분산 관계나 인과관계를 설정하는 방법이고, 둘째는 파셀링(문항꾸러미)을 활용하는 방법입니다.

01 _ 수정지표와 모수변화를 통한 모형적합도 향상 방법

준비파일 ❶ : Amos data_결측치와 역코딩 완료.sav
준비파일 ❷ : 모형적합도 향상방법.amw
파셀링 방법.amw

수정지표(Modification Indices; M.I.)와 모수변화(parameter change; Par Change)는 모형적합도 지수인 χ^2의 값을 줄이고, 추정된 모수변화량을 통해 변수들 간의 공분산 관계나 인과관계 정보를 제공해주어 모형적합도를 향상시키는 방법입니다.

수정지표와 모수변화를 통해서 모형적합도를 어떻게 향상시킬 수 있는지 확인하기 위해 [그림 16 −1]과 같은 연구모형을 설정하였습니다. 연구모형을 그리는 방법은 다음과 같습니다.

우선 Section 12의 [그림 12−8]에서 [그림 12−10]까지 따라 합니다. 그리고 작업 아이콘 창에서 ⌂ 버튼을 선택하여 우울을 세 번, 삶의 만족도를 한 번 클릭한 뒤, ← 버튼을 선택

하여 독립변수~종속변수를 이어주면 됩니다. 이어서 ▦ 버튼을 클릭하여 File Name에서 'Amos data_결측치와 역코딩 완료.sav' 파일을 읽어옵니다. 작업 아이콘 창에서 선택을 해제하고 독립변수와 종속변수를 더블클릭하여 Object Properties 창의 Text 탭에서 'Variable name'을 [그림 16-1]처럼 입력한 다음 메뉴에서 Plugins – Name Unobserved Variables를 클릭하여 오차항 이름을 입력합니다. 마지막으로 작업 아이콘 창에서 ▦ 버튼을 클릭한 뒤, 독립변수와 종속변수의 관측변수에 각 항목을 드래그하여 입력하면 됩니다. 완성 파일인 '모형 적합도 향상방법.amw'을 참고해 오차항 순서를 확인해주세요.

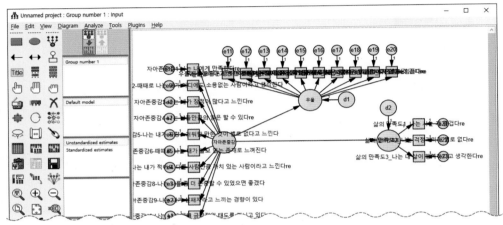

그림 16-1 | 모형적합도 향상 실습을 위한 연구모형 설정

수정지표와 모수변화를 설정하려면 작업 아이콘 창에서 ▦ 버튼을 클릭하여 [그림 16-2]와 같이 Analysis Properties 창의 ❶ Output 탭에서 ❷ 'Modification indices'를 체크해주면 됩니다.

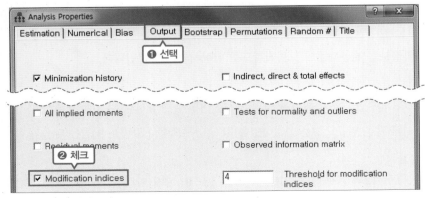

그림 16-2 | 수정지표와 모수변화 설정

분석을 진행하기 위해 버튼을 클릭하고, 분석 결과를 확인하기 위해 버튼을 클릭합니다. Amos Output 창에서 [Model Fit] 항목을 통해 모형적합도를 확인해본 결과, [그림 16-3]과 같이 χ^2=2,862.707 (p<.001), TLI=0.859, CFI=0.873, RMSEA=0.076으로 나타나 만족할 만한 수준이 아닌 것(TLI<0.9, CFI<0.9)으로 확인되었습니다.

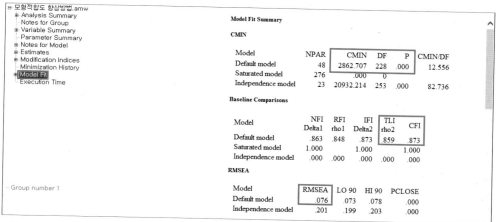

그림 16-3 | 모형적합도 향상을 위한 Model Fit 확인

아무도 가르쳐주지 않는 Tip

수정지표에서는 주요 변수에 결측값이 있으면 분석 자체가 진행되지 않습니다. 그러므로 결측값이 있는 케이스를 삭제하거나 대체하여 진행하기 바랍니다. [그림 16-3]은 결측치가 제거된 'Amos data_결측치와 역코딩 완료_sav' 파일을 사용하여 진행했습니다.

여기서 잠깐!!

[그림 16-1] 모형을 보면 '우울 → 삶의만족도'로 가는 경로가 설정되지 않은 것을 확인할 수 있습니다. 원래는 매개모형 형태로 화살표가 있어야 하지만, 공분산 관계나 인과관계 설정을 뒤에서 설명해야 하기 때문에 책에서는 설명 편의를 위해 넣지 않았습니다.

또한 [그림 16-1] 모형을 그리기 위해 책을 따라 하다 보면, [그림 16-5] 이후에 진행되는 모형과 같은 그림이 나오지 않게 될 것입니다. 그 이유는 측정변수명이 너무 길어서, 현재 설명을 방해할 우려가 있어서 [그림 12-27]과 같이 Variable label을 삭제하여 모형을 만들었습니다. 너그러운 이해 부탁드립니다.

공분산 관계 설정하기

수정지표와 모수변화를 확인하기 위해 [그림 16-4]와 같이 [Modification indices] - [Covariances] 항목을 클릭합니다. Covariances 표에서 M.I.(수정지표)와 Par Change(모수변화)를 함께 확인합니다. M.I.와 Par Change의 가장 높은 값을 확인하고 그에 해당하는 경로에 공분산 연결(↔)을 해주면 됩니다.

보통 Par Change 값보다는 M.I. 값을 기준으로 가장 높은 값부터 찾습니다. 그러고나서 Par Change가 양의 수라면 그 경로를 먼저 연결해줍니다. [그림 16-4]에 제시된 Covariances 표를 보면 d1 ↔ d2 경로의 M.I. 값이 가장 큰 것으로 확인되고 Par Change 값도 비교적 높은 것으로 확인됩니다.

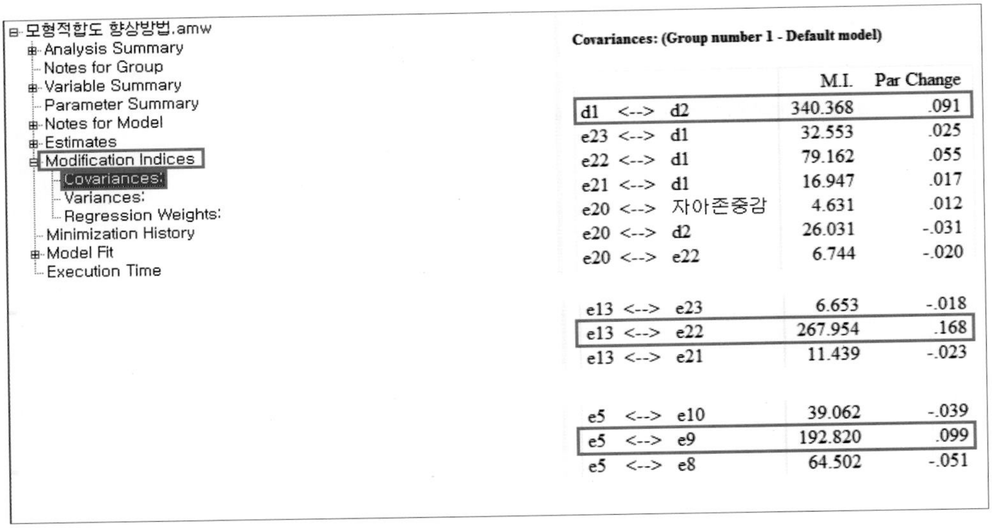

Covariances: (Group number 1 - Default model)

			M.I.	Par Change
d1	<-->	d2	340.368	.091
e23	<-->	d1	32.553	.025
e22	<-->	d1	79.162	.055
e21	<-->	d1	16.947	.017
e20	<-->	자아존중감	4.631	.012
e20	<-->	d2	26.031	-.031
e20	<-->	e22	6.744	-.020
e13	<-->	e23	6.653	-.018
e13	<-->	e22	267.954	.168
e13	<-->	e21	11.439	-.023
e5	<-->	e10	39.062	-.039
e5	<-->	e9	192.820	.099
e5	<-->	e8	64.502	-.051

그림 16-4 | 공분산 관계 설정을 위한 수정지표와 모수지표 확인

[그림 16-5]와 같이 'd1'와 'd2'를 ↔ 버튼을 이용해 연결한 후 다시 분석한 결과, [그림 16-6]과 같이 모형적합도는 $\chi^2 = 2,495.783\,(p<.001)$, TLI=0.878, CFI=0.890, RMSEA=0.070으로 나타나 기존 모형적합도보다 향상된 것으로 확인되었습니다. 이렇듯 공분산을 연결하면 조금씩 모형적합도를 향상시켜서 만족할 만한 수준의 적합도를 만들 수 있습니다.

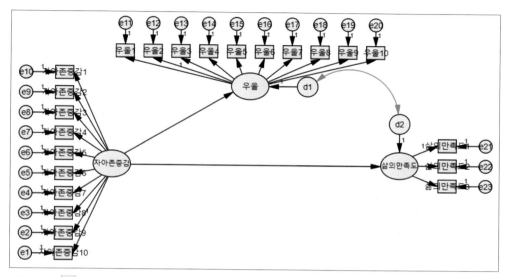

그림 16-5 | ↔ 버튼을 사용한 공분산 관계 설정

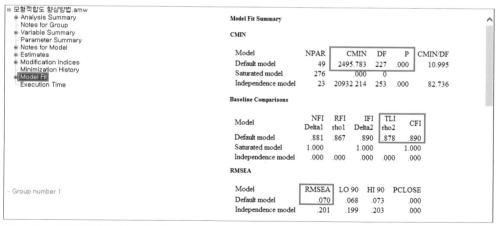

그림 16-6 | 공분산 관계 설정 후, 모형적합도 확인

'd1'과 'd2'를 공분산 연결하기는 했으나 모형적합도가 만족할 만한 수준은 아니므로 (TLI<0.9, CFI<0.9) 공분산 연결을 더 추가할 수도 있습니다. [Modification indices] − [Covariances] 항목에서 M.I. 값과 Par Change 값이 가장 높은 경로는 e13 ↔ e22입니다. 그런데 [그림 16-7]과 같이 'e13'과 'e22'는 공분산 연결을 할 수 없습니다. 공분산 연결을 할 때는 같은 잠재변수 내에서 측정오차를 연결하거나 매개변수나 잠재변수가 2개 이상인 경우에만 구조오차를 연결할 수 있기 때문입니다. 즉 측정오차는 측정오차끼리, 구조오차는 구조오차끼리 공분산 연결을 할 수 있는데, 측정오차는 같은 잠재변수 내에 있는 측정오차끼리만 연결할 수 있습니다. 측정오차와 구조오차를 연결하거나 같은 잠재변수가 아닌 다른 잠재변수에 있는 측정오차와 연결하면 해석 자체가 불가능합니다. 또한 잠재변수와 구조오차를 연결하거나 측정오차와 공분산을 연결하는 것도 가능하지 않습니다.

공분산 연결은 간단하게 말해 상관관계가 있다고 판단되는 변수나 오차를 잡아주는 것입니다. 그런데 '우울3'의 측정오차와 '삶의만족도2'의 측정오차 간에 상관관계가 있다고 이론적으로 설명하기가 어렵습니다. 그렇기 때문에 '우울3'의 측정오차인 'e13'과 '삶의만족도2'의 측정오차인 'e22' 간에 공분산 연결은 가능하지 않다는 것입니다. M.I. 값과 Par Change 값이 그 다음으로 높은 경로는 e5 ↔ e9입니다. 'e5'는 '자아존중감6'의 측정오차이고, 'e9'는 '자아존중감2'의 측정오차이기 때문에 충분히 연결할 수 있습니다.

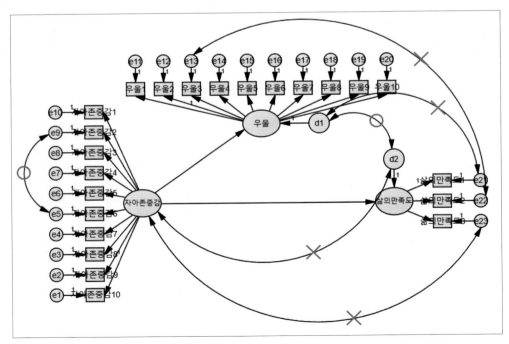

그림 16-7 | 공분산 연결의 기준

여기서 잠깐!!

M.I. 값과 Par Change 값이 높다고 판단되는 모든 경로를 한 번에 연결하면 안 되나요?

보통 이런 질문은 모형적합도가 굉장히 낮게 나와서 빨리 높이고 싶은 경우에 많이 합니다. 하지만 한 번에 연결하는 것은 위험합니다. 변수나 오차 간에 공분산을 연결하려면 그 나름대로의 논리와 이론이 뒷받침되어야 하기 때문입니다. 본문에 제시된 'e5'와 'e9'를 연결할 때도 정석대로라면 왜 공분산이 연결되어야 하는지를 통계적인 근거 외에 이론적으로도 뒷받침해줘야 합니다. 하지만 그 정도로 엄격하게 논문을 심사하지는 않습니다. 교수님들도 구조방정식 분석이 어렵다는 것을 아시기 때문에 대부분 그냥 넘어가는 편입니다. 따라서 공분산 연결은 되도록 적게 하는 것이 좋으며, 특히 측정오차에 대한 공분산 연결이 10개 이상이라면 연구모형에 문제가 있는 것은 아닌지 다시 한 번 생각해보는 것이 좋습니다.

또한 모형적합도 지수인 TLI 값과 CFI 값이 0.7 이하라면 공분산 연결을 하더라도 0.9 이상 나오기가 어렵습니다. 이런 경우에도 공분산 연결이 아니라 연구모형 변경 여부를 고려해봐야 합니다.

인과관계 설정하기

[그림 16-1]의 연구모형에서 인과관계를 설정하려면, [Modification indices] − [Regression Weights] 항목을 클릭합니다. Regression Weights 표에서 M.I.(수정지표)와 Par Change(모수변화)를 함께 확인합니다. M.I.와 Par Change의 가장 높은 값을 확인하고 그에 해당하는 경로에 인과관계 연결(←)을 해주면 됩니다. [그림 16-8]에 제시된 Regression Weights 표를 보면 우울 → 삶의 만족도 경로의 M.I. 값과 Par Change 값이 가장 높은 것으로 확인됩니다.

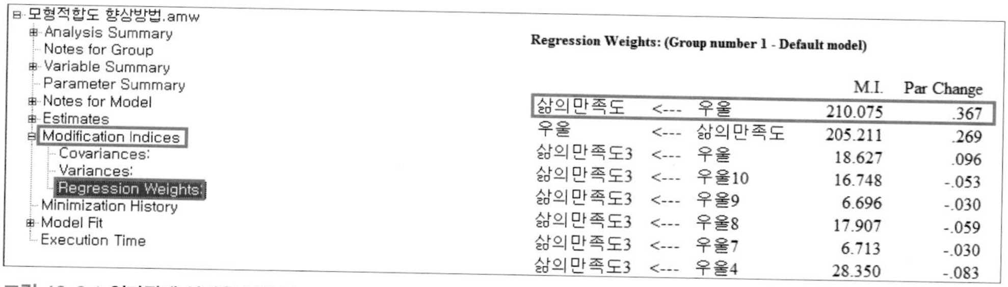

Regression Weights: (Group number 1 - Default model)

			M.I.	Par Change
삶의만족도	<---	우울	210.075	.367
우울	<---	삶의만족도	205.211	.269
삶의만족도3	<---	우울	18.627	.096
삶의만족도3	<---	우울10	16.748	-.053
삶의만족도3	<---	우울9	6.696	-.030
삶의만족도3	<---	우울8	17.907	-.059
삶의만족도3	<---	우울7	6.713	-.030
삶의만족도3	<---	우울4	28.350	-.083

그림 16-8 | 인과관계 설정을 위한 Regression Weights 값 확인

[그림 16-9]와 같이 '우울'과 '삶의만족도'를 ← 버튼을 이용해 연결한 후 다시 분석한 결과, [그림 16-10]과 같이 모형적합도는 $\chi^2 = 2,495.783(p<.001)$, TLI=0.878, CFI=0.890, RMSEA=0.070으로 나타나 기존 모형적합도보다 향상된 것으로 확인되었습니다. 이렇듯 인과관계를 설정하면 조금씩 모형적합도를 향상시켜서 만족할 만한 수준의 적합도를 만들 수 있습니다.

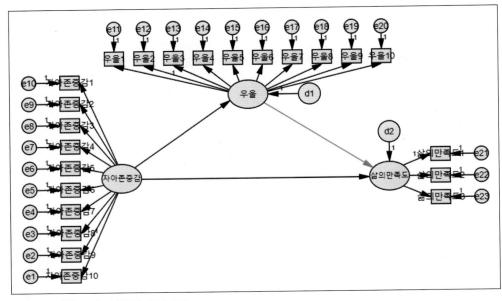

그림 16-9 | ← 버튼을 이용한 인과관계 설정

Model Fit Summary

CMIN

Model	NPAR	CMIN	DF	P	CMIN/DF
Default model	49	2495.783	227	.000	10.995
Saturated model	276	.000	0		
Independence model	23	20932.214	253	.000	82.736

Baseline Comparisons

Model	NFI Delta1	RFI rho1	IFI Delta2	TLI rho2	CFI
Default model	.881	.867	.890	.878	.890
Saturated model	1.000		1.000		1.000
Independence model	.000	.000	.000	.000	.000

RMSEA

Model	RMSEA	LO 90	HI 90	PCLOSE
Default model	.070	.068	.073	.000
Independence model	.201	.199	.203	.000

그림 16-10 | 인과관계 설정 후, 모형적합도 확인

공분산 관계 설정과 마찬가지로, 인과관계를 설정할 때도 조건이 있습니다. [그림 16-11]과 같이 잠재변수 간에만 인과관계 설정이 가능합니다. 잠재변수와 다른 잠재변수의 측정변수와 연결을 한다거나 잠재변수와 오차 간에 연결하면 해석이 되지 않습니다.

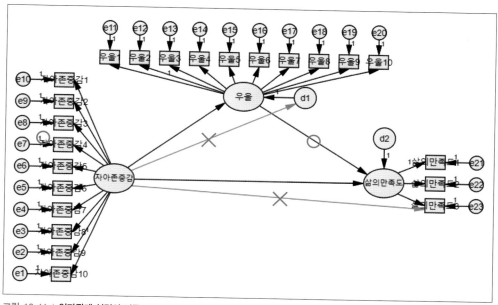

그림 16-11 | 인과관계 설정의 기준

 여기서 잠깐!!

[그림 16-12]와 같이 독립변수는 '자아존중감'이고, 종속변수는 '우울'과 '삶의만족도'인 연구모형을 설정했는데, 수정지표를 통해 '우울'와 '삶의만족도' 간에 인과관계 선을 연결했다고 가정해보죠. 이 경우, 논문을 쓸 때 이론적 배경 부분에서 '우울'과 '삶의 만족도' 간의 관계에 대해서 보충(백업)해야 하는지 많이 묻습니다.

이론적 배경 부분에서 이 인과관계 선에 따라 보충하면 더할 나위 없이 좋습니다. 하지만 연구 결과에 따라서 초기에 세운 연구모형과 가설이 달라질 수 없고, 논문을 쓰다보면 그렇게 보충할 만한 시간 여유도 없을 것이라 예상됩니다. 따라서 수정지표에 의해 모형이 변경되었다면 결론 및 제언 부분에서 수정된 모형에 대해 논하면 됩니다. 모형이 변경된 과정과 수정 모형이 의미하는 바를 연구자가 가설을 세운 의미대로 밝히면 되는 것입니다. 다만 수정지표를 무작정 높이기 위해 허무맹랑한 인과관계 선을 연결해서는 안 됩니다.

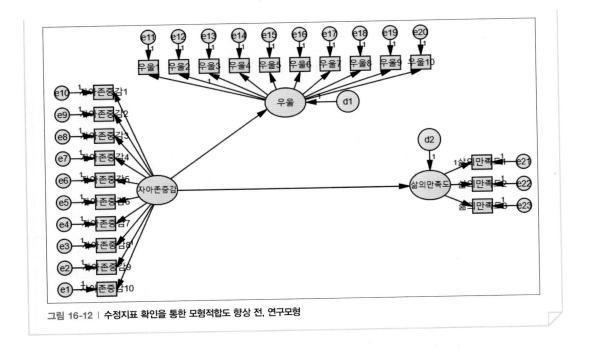

그림 16-12 | 수정지표 확인을 통한 모형적합도 향상 전, 연구모형

02 _ 파셀링(문항꾸러미)을 통한 모형적합도 향상 방법

파셀링(Parceling)은 여러 개의 측정변수를 묶어 모형에서 활용하는 방법을 말하며, '문항꾸러미'라고도 합니다. 파셀링하는 이유는 측정변수를 줄여 모형을 간소화하고, 간소화된 모형을 통해 모형적합도를 높이기 위함입니다.

파셀링할 때 주의해야 할 부분이 있습니다. 파셀링하는 방법은 두 가지인데, 원척도에 의거하여 하위 영역별로 측정변수를 묶어주는 방법과 탐색적 요인분석을 통해 하위 영역을 나눠 측정변수를 묶어주는 방법이 있습니다. 그러나 이론적 근거가 아닌 통계적인 근거에 의해서만 측정변수를 묶는 탐색적 요인분석 방법에 의한 파셀링은 학자마다 의견이 분분하므로, 되도록 원척도에 기반하여 파셀링할 것을 추천합니다.

측정변수를 묶는 방법은 [그림 16-13]과 같습니다. 본래 측정변수 9개가 있었으나 3개의 하위 영역으로 나눈다면, 하위 영역별 측정변수들의 평균값을 통해 측정변수 평균 변수를 만들어 구조방정식 모형에서 활용하는 것입니다.

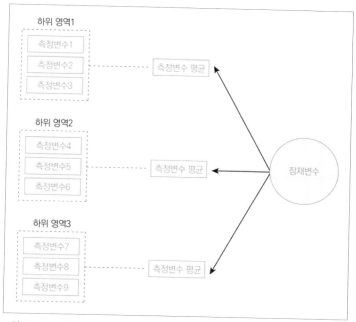

그림 16-13 | 파셀링을 통해 측정변수를 묶는 방법

파셀링을 통해서 모형적합도를 얼마나 향상시킬 수 있는지 확인하기 위해 '모형적합도 향상 방법.amw'와 'Amos data_결측치와 역코딩 완료.sav' 파일을 활용해 [그림 16-14]의 모형을 분석합니다. [그림 16-1]의 모형 분석 결과와 마찬가지로 이 모형의 모형적합도는 χ^2 = 2,862.707(p<.001), TLI=0.859, CFI=0.873, RMSEA=0.076으로 나타나 만족할 만한 수준이 아닌 것(TLI<0.9, CFI<0.9)으로 확인되었습니다.

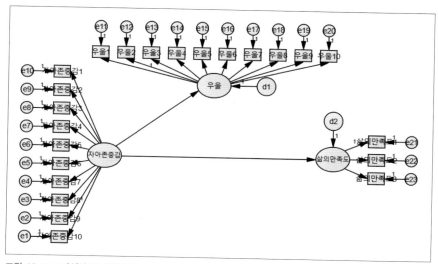

그림 16-14 | 파셀링 전 연구모형

원척도에 근거하였다고 가정하고, 자아존중감 척도의 하위 영역을 긍정적 자아존중감(1, 3, 4, 7, 10)과 부정적 자아존중감(2, 5, 6, 8, 9)으로 파셀링을 진행하였습니다. [그림 16-15]와 같이 긍정적 자아존중감에 해당하는 1, 3, 4, 7, 10문항은 모두 역코딩하여 점수가 높을수록 자아존중감이 높은 것으로 해석할 수 있게 진행하였으며, 하위 영역별 측정변수의 평균 변수를 만들기 위해 SPSS의 변환 – 변수계산을 활용하였습니다.

1 **다음은 여러분의 자아존중감에 관한 질문입니다. 각 문항을 읽고 자신의 생각과 일치하는 곳에 표시해 주시기 바랍니다.**

항목	매우 그렇다	그런 편이다	그렇지 않은 편이다	전혀 그렇지 않다
1 나는 나에게 만족한다.	①	②	③	④
2 때때로 나는 내가 어디에도 소용없는 사람이라고 생각한다.	①	②	③	④
3 나는 내가 장점이 많다고 느낀다.	①	②	③	④
4 나는 남들만큼의 일은 할 수 있다.	①	②	③	④
5 나는 내가 자랑스러워할 만한 것이 별로 없다고 느낀다.	①	②	③	④
6 때때로 나는 내가 쓸모없는 존재로 느껴진다.	①	②	③	④
7 나는 내가 적어도 다른 사람만큼 가치 있는 사람이라고 느낀다.	①	②	③	④
8 나는 나를 좀 더 존중할 수 있었으면 좋겠다.	①	②	③	④
9 나는 내가 실패자라고 느끼는 경향이 있다.	①	②	③	④
10 나는 나에 대해 긍정적인 태도를 지니고 있다.	①	②	③	④

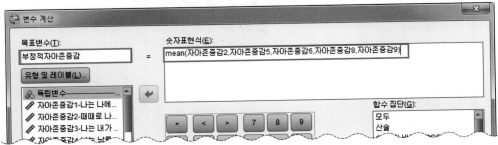

그림 16-15 | **파셀링을 위한 자아존중감 변수계산 방법**

자아존중감의 측정변수 10개를 2개로 수정한 연구모형은 [그림 16-16]과 같습니다.

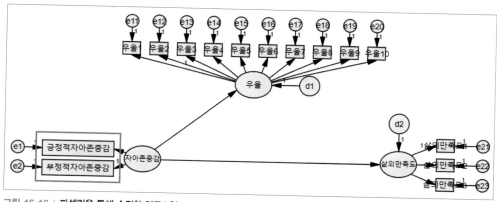

그림 16-16 | 파셀링을 통해 수정한 연구모형

Amos Output 창에서 [Model Fit] 항목을 통해 모형적합도를 확인해본 결과, [그림 16-17]과 같이 $\chi^2 = 1,556.225(p<.001)$, TLI=0.874, CFI=0.894, RMSEA=0.091로 나타났습니다. 기존 모형적합도와 비교하면 RMSEA 값이 높아지기는 했으나 TLI 값과 CFI 값이 기준선에 많이 가까워져 전반적으로 향상되었음을 확인할 수 있습니다.

Model Fit Summary

CMIN

Model	NPAR	CMIN	DF	P	CMIN/DF
Default model	32	1556.225	88	.000	17.684
Saturated model	120	.000	0		
Independence model	15	14019.966	105	.000	133.523

Baseline Comparisons

Model	NFI Delta1	RFI rho1	IFI Delta2	TLI rho2	CFI
Default model	.889	.868	.895	.874	.894
Saturated model	1.000		1.000		1.000
Independence model	.000	.000	.000	.000	.000

RMSEA

Model	RMSEA	LO 90	HI 90	PCLOSE
Default model	.091	.087	.095	.000
Independence model	.256	.252	.259	.000

- 모형적합도 향상방법.amw
  - Analysis Summary
  - Notes for Group
  - Variable Summary
  - Parameter Summary
  - Notes for Model
  - Estimates
  - Modification Indices
  - Minimization History
  - Model Fit
  - Execution Time

Group number 1

그림 16-17 | 파셀링 후, 모형적합도 지수 확인

지금까지 모형적합도를 향상시키는 방법을 살펴보았습니다. 하지만 이렇게 인위적으로 모형을 변경하면 처음에 세운 이론적 배경에 따른 연구 가설과 맞지 않는 부분이 많기 때문에, 최후의 수단으로 사용하기를 부탁드립니다.

결측치 보정과 대체 방법

가이드라인
동영상

bit.ly/onepass-amos18

PREVIEW

- **결측치 대체 이유**
  - 수정지표 설정을 할 수가 없음
  - 매개효과 검증을 위한 부트스트래핑 분석을 진행할 수 없음
- **결측치 대체 방법**
  - Regression imputation(회귀 대체)
  - Stochastic regression imputation(확률 회귀대체)
  - Bayesian imputation(베이지안 대체)

Amos에서 구조방정식 모형을 분석할 때 결측값이 있는 데이터의 경우 오류가 많아지므로 결측값이 있는 케이스를 삭제하거나 대체해야 합니다. 예를 들어 수정지표를 설정하거나 부트스트래핑을 진행하고자 할 때, 결측값이 있는 케이스가 있다면 오류가 발생합니다.

Amos에서 결측값을 대체하는 방법은 다음과 같이 세 가지가 있습니다.

❶ **Regression imputation(회귀 대체)** : 변수들 간에 선형회귀관계를 만들고 이에 맞추어 결측값을 추정하는 방법

❷ **Stochastic regression imputation(확률 회귀대체)** : 회귀 대체의 업그레이드 버전으로, 추정치 분산이 과소 추정되는 문제를 해결하기 위해 오차항을 포함하여 추정하는 방법

❸ **Bayesian imputation(베이지안 대체)** : Stochastic regression imputation과 대체 방법이 유사하나, 모수 값이 알려지지 않았다고 가정한 상태에서 진행하는 방법

Regression imputation(회귀 대체), Stochastic regression imputation(확률 회귀대체), Bayesian imputation(베이지안 대체) 모두 좋은 대체 방법이며, 대체된 값이 거의 유사합니다. 여기에서는 가장 기본적으로 사용하고 있는 Regression imputation(회귀 대체)을 통해 결측값을 대체하고자 합니다.

01 _ 결측값 대체 방법

준비파일 ❶ : Amos data_결측값 대체.sav
준비파일 ❷ : 측정모형.amw

1 'Amos data_결측치와 역코딩 완료.sav' 파일을 열어 측정변수인 삶의만족도 1, 2, 3
에서 그림과 같이 총 5개의 값을 임의로 지우면, 준비파일인 'Amos data_결측값 대
체.sav'와 동일한 데이터가 됩니다.

	📏 삶의만족도1	📏 삶의만족도2	📏 삶의만족도3
1	3	1	3
2	3	3	4
3	4	3	4
4	3	3	3
5	4	4	4

	📏 삶의만족도1	📏 삶의만족도2	📏 삶의만족도3
1	.	1	3
2	.	3	4
3	.	3	4
4	3	.	3
5	4	4	.

그림 17-1

2 '측정모형.amw' 파일을 열어 ▦ 버튼을 클릭해 'Amos data_결측값 대체.sav' 파일을
불러옵니다.

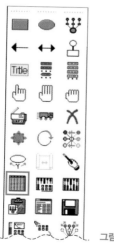

그림 17-2

3 결측값 대체를 진행하기 위해 메뉴에서 Analyze — Data Imputation을 클릭합니다.

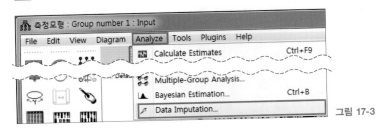

그림 17-3

 여기서 잠깐!!

파일을 읽은 뒤, 바로 **Data Imputation**을 클릭하면 [그림 17-4]와 같이 경고창이 뜹니다. 이것은 결측치를 찾기
위한 전 단계가 진행되지 않았다는 뜻입니다.

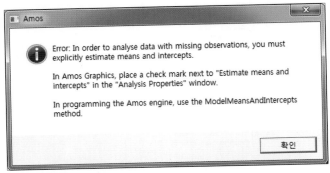

그림 17-4 | **결측치 대체 시, 발행하는 오류 메세지**

정상적으로 진행하려면 경고창을 닫고 ▥ 버튼을 클릭한 후, **Analysis Properties** 창에서 [그림 17-5]와 같이
Estimation 탭의 'Estimate means and intercepts'를 체크해주세요. 만약 경고창에서 **확인**을 클릭하면, [그림
17-8]까지는 진행되지만 그 후에 다시 [그림 17-4]와 같은 경고창이 뜹니다.

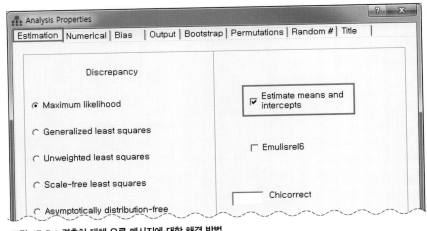

그림 17-5 | **결측치 대체 오류 메시지에 대한 해결 방법**

4 Amos Data Imputation 창에서 회귀대체 방법으로 결측값을 대체하기 위해 ❶ 'Regression imputation'을 체크하고 ❷ File Names를 클릭합니다.

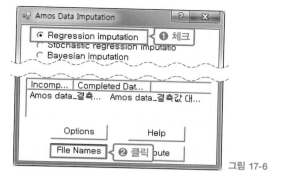

그림 17-6

5 결측값을 대체할 파일을 저장합니다. 보통 파일명 뒤에 자동으로 '_C'가 붙습니다.

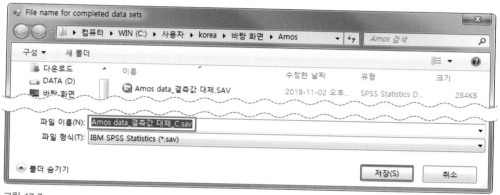

그림 17-7

6 Amos Data Imputation 창에서 ❶ Impute를 클릭합니다. ❷ 완료가 다 되었다는 메시지가 있는 창이 뜨면 OK를 클릭합니다.

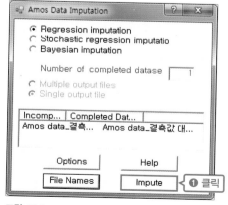

그림 17-8

02 _ 결측값 대체 결과

결측값을 만들기 전의 원데이터와 회귀대체 방법을 통해 결측값을 대체한 데이터를 비교해 보겠습니다. [그림 17-9]에서 확인할 수 있듯이, 5개의 값 중 1개를 제외한 나머지 4개가 같은 값이 나왔습니다. 차이가 있는 데이터도 1밖에 차이를 보이지 않았습니다.

	🖊 삶의만족도1	🖊 삶의만족도2	🖊 삶의만족도3
1	3	1	3
2	3	3	4
3	4	3	4
4	3	3	3
5	4	4	4

(a) 결측치 대체 전(Amos data_결측치와 역코딩 완료.sav)

	🖊 삶의만족도1	🖊 삶의만족도2	🖊 삶의만족도3
1	3	1	3
2	4	3	4
3	4	3	4
4	3	3	3
5	4	4	4

(b) 결측치 대체 후(Amos data_결측값 대체.sav 파일을 통해 실습한 자료)

그림 17-9 | 결측치 대체 전과 후 데이터 비교

아무도 가르쳐주지 않는 Tip

[그림 17-8]에서 **Impute**를 클릭했다는 것은 결측값을 대체한 SPSS 파일이 생성된다는 뜻이지 현재 Amos 프로그램에 그 파일이 적용된다는 뜻은 아닙니다. 그러므로 작업 아이콘 창에서 버튼을 클릭하여 결측값이 대체된 SPSS 파일을 다시 불러와야 적용됩니다.

이렇듯 회귀대체 방법을 통해 적절하게 결측값을 대체할 수 있습니다. 회귀대체 방법을 포함한 다른 방법들 모두 결측치를 임의로 대체하는 것이 아니라, 현재 분석하려는 데이터 속성과 가장 가깝게 결측값이 확률적으로 예측되어 대체된다고 이해해야 합니다. Section 11을 통해 SPSS를 통한 결측치 제거 방법을 배웠지만, Amos만 사용하여 결측치를 대체하는 방법도 사용할 경우가 있기 때문에 설명하였습니다.

주요 오류 및 대처 방법

bit.ly/onepass-amos19

PREVIEW

주요 오류	오류 메시지 키워드	대처 방법
Amos에서 사용하는 데이터에 결측값이 존재하는 경우	Estimate means and intercepts	Estimate means and intercepts 체크
	Modification indices	결측값 대체, 결측값 있는 케이스 삭제
	Bootstrap	
Amos와 SPSS에서 사용하는 변수명이 같은 경우	잠재변수, 구조오차, 측정오차의 변수명	변수명 수정
Regression weight 값 1이 없는 경우	unidentified	Regression weight 값을 1로 고정
변수명이 작성되어 있지 않은 경우	unnamed	변수명 작성
측정오차 혹은 구조오차가 없는 경우	(error) variables	오차 변수 생성
공분산 관계를 설정하지 않은 경우	'변수' < > '변수'	공분산 설정
변수명에 띄어쓰기가 되어 있는 경우	띄어쓰기가 되어 있는 잠재변수, 구조오차, 측정오차 변수명	변수명 수정

Amos에서 각종 분석이나 설정을 하다보면 오류가 발생하여 진행 자체가 되지 않습니다. 게다가 영어로 적혀 있다 보니 오류 원인을 정확하게 이해하는 데 시간이 많이 걸리기도 합니다. 그래서 Amos 분석가들을 평가할 때 오류 메시지에 대해 얼마나 잘 대응하는가를 기준으로 판단하는 경우가 많습니다. 그래서 이번 Section에서는 Amos에서 주로 발생하는 오류와 대처 방법을 살펴보겠습니다.

 여기서 잠깐!!

처음 Amos로 통계 분석을 진행했을 때, 시중에는 Amos 관련 서적이 많지 않았고, 지금도 Amos 오류 메시지를 설명해주는 책은 거의 없습니다. 그래서 오류의 원인을 밝히기 위해 3개월이 넘도록 해외 관련 사이트와 관련 서적을 찾느라 고생한 적도 있습니다. 이번 Section에서 다룬 내용을 잘 습득하여 오류 메시지에 대응할 수 있게 된다면, 구조방정식에 좀 더 쉽게 접근할 수 있을 것이라 생각합니다.

01 _ Amos에서 사용하는 데이터에 결측값이 존재하는 경우

[Estimate means and intercepts]

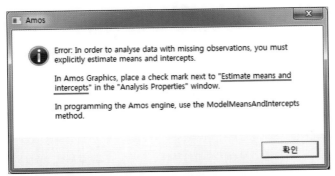

그림 18-1 | **결측값이 존재할 경우, Amos 오류 메시지 유형 (1)**

🔳 버튼을 클릭해서 분석을 진행했는데 [그림 18-1]과 같은 오류 메시지가 뜬다면, 분석 옵션 🔳 버튼을 클릭해서 [그림 18-2]와 같이 ❶ Estimation 탭을 선택하고 ❷ 'Estimate means and intercepts'를 체크해야 합니다. 'Estimate means and intercepts'는 결측값을 보정해주기 때문에 결측값이 있는 데이터를 활용할 때는 무조건 체크해줍니다.

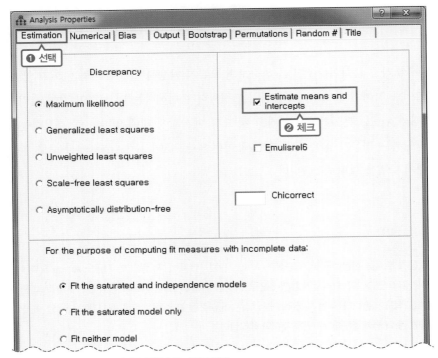

그림 18-2 | **intercepts 선택을 통한 오류 메시지 해결**

[Modification indices]

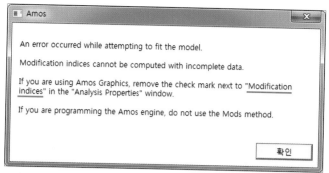

그림 18-3 | **결측값이 존재할 경우, Amos 오류 메시지 유형 (2)**

▦ 버튼을 클릭해서 분석을 진행했는데 [그림 18-3]과 같은 오류 메시지가 뜬다면, 분석옵션 ▦ 버튼을 클릭해서 ❶ Output 탭을 선택하고 ❷ 'Modification indices'를 체크 해제해야 합니다.

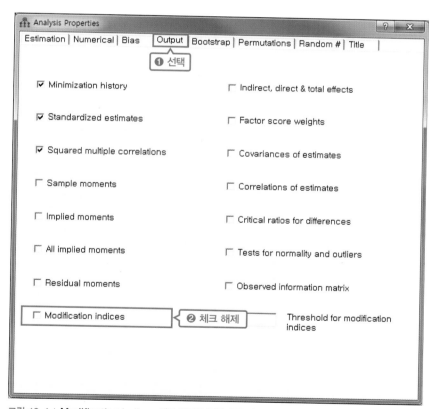

그림 18-4 | **Modification indices 체크 해제를 통한 오류 메시지 해결**

'Modification indices'를 체크 해제하지 않고 수정지표를 활용하고 싶다면 두 가지 방법이 있습니다. 하나는 Section 17에서 공부한 대로 Amos 메뉴의 Analyze − Data Imputation을 통해서 결측값을 대체하는 방법입니다. 다른 하나는 Section 11에서 공부한 대로 SPSS 메뉴에서 변환 − 변수 계산을 통해 주요 변수에 하나라도 결측값이 있는 케이스를 확인할 수 있는 변수를 만든 후 데이터 − 케이스 선택으로 결측값이 있는 케이스를 삭제하는 방법입니다.

Amos 메뉴 활용

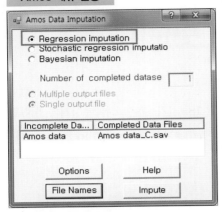

SPSS 메뉴 활용

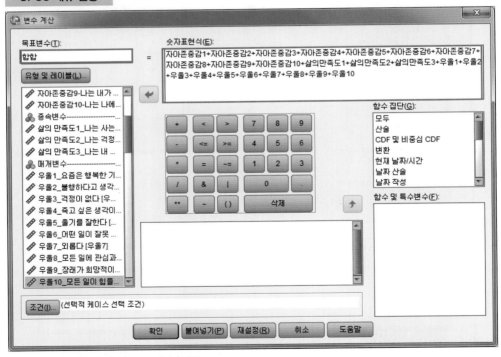

그림 18-5 | **수정지표를 활용한 오류 메시지 해결**

[Bootstrap]

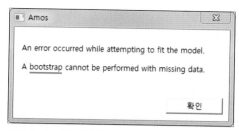

그림 18-6 | **결측값이 존재할 경우, Amos 오류 메시지 유형 (3)**

▦ 버튼을 클릭해서 분석을 진행했는데 [그림 18–6]과 같은 오류 메시지가 뜬다면, 분석
옵션 ▦ 버튼을 클릭해서 ❶ Bootstrap 탭을 선택하고 ❷ 'Perform bootstrap'과 'Bias–
corrected confidence intervals'를 체크 해제해야 합니다.

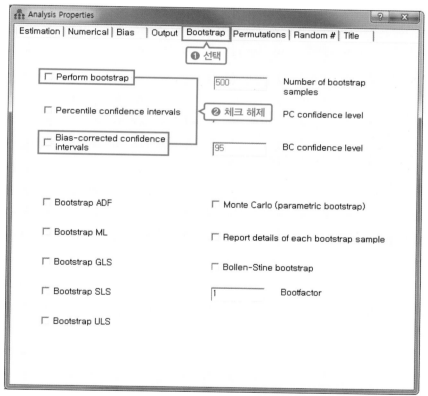

그림 18-7 | **Bootstrap 탭을 활용한 오류 메시지 해결**

부트스트랩을 계속 진행하고 싶다면, 앞서 설명한 대로 결측치를 대체하거나 결측치가 있는
케이스를 삭제하여 진행할 수 있습니다.

02 _ Amos와 SPSS에서 사용하는 변수명이 같은 경우

[잠재변수, 구조오차, 측정오차의 변수명]

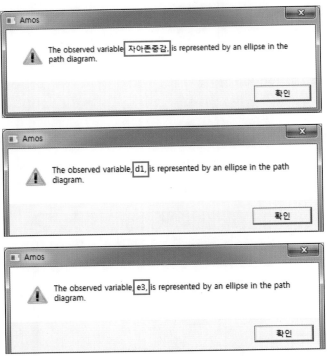

그림 18-8 | Amos와 SPSS의 변수명이 같을 경우, 오류 메시지 유형

▦ 버튼을 클릭해서 분석을 진행했는데 [그림 18-8]과 같이 잠재변수명이나 구조오차, 측
정오차 변수명이 들어 있는 오류 메시지가 뜬다면, SPSS에 같은 변수명이 있으므로 수정하
라는 뜻입니다.

SPSS		Amos

	이름
13	삶의만족도3
14	VAR00004
15	자아존중감
16	d1
17	e3
18	거주지역1
19	거주지역2
20	주택유형
21	최종학력
22	근로여부
23	작년가구연…
24	올해가구연…
25	키
26	작년몸무게
27	올해몸무게

그림 18-9 | 변수명 수정을 통한 오류 메시지 해결

아무도 가르쳐주지 않는 Tip

측정변수명은 SPSS와 Amos에서 사용하는 변수명이 같아야 합니다. 잠재변수명이나 측정오차, 구조오차는 사용자가 직접 Amos에서 변수명을 작성하지만, 측정변수는 SPSS에서 끌어다가 사용하기 때문에 측정변수명이 달라지면 오히려 오류가 생깁니다.

03 _ Regression weight 값 1이 없는 경우

[unidentified]

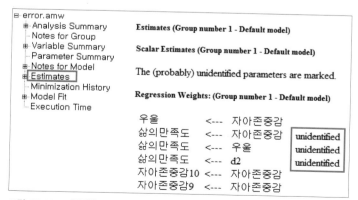

그림 18-10 | 기준변수 1이 없을 경우, 발생하는 오류

Amos Output 창에서 [Estimates] 항목의 Regression Weights 표에 unidentified가 있다면,
[그림 18-11]과 같이 '잠재변수 → 측정변수', '측정오차 → 측정변수', '구조오차 → 잠재변
수'로 가는 경로가 1로 고정되어 있지 않을 가능성이 있습니다.

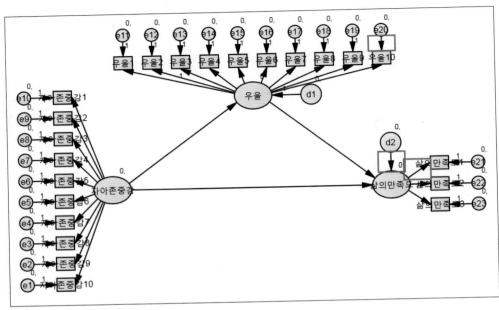

그림 18-11 | 모형을 통한 기준변수 확인

이럴 때는 문제가 있는 경로를 더블클릭하여 Object Properties 창의 Parameters 탭에 있는
'Regression weight'에 1을 입력하면 됩니다.

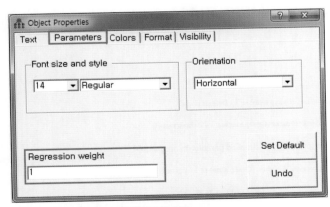

그림 18-12 | 기준변수 설정을 통한 오류 해결

04 _ 변수명이 작성되어 있지 않은 경우

[unnamed]

그림 18-13 | 변수명이 없을 경우, 오류 메시지 유형

▦ 버튼을 클릭해서 분석을 진행했는데, [그림 18-13]과 같이 'unnamed'가 들어간 오류 메시지가 뜬다면, [그림 18-14]와 같이 변수명이 작성되지 않은 잠재변수, 측정변수, 구조오차, 측정오차가 있다는 뜻입니다.

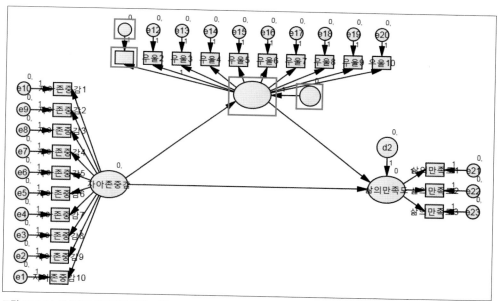

그림 18-14 | 변수명이 작성되지 않은 모형 예시

변수명이 없는 잠재변수, 구조오차, 측정오차는 더블클릭하여, [그림 18-15]처럼 Object Properties 창의 Text 탭에 있는 'Variable name'에 변수명을 입력하면 됩니다. 측정변수의 변수명이 없는 경우에는 [그림 18-16]처럼 ▦ 버튼을 클릭하여 SPSS에서 측정변수를 끌어다 놓으면 됩니다.

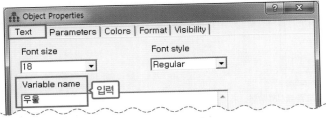

그림 18-15 | 변수명 입력을 통한 오류 메시지 해결

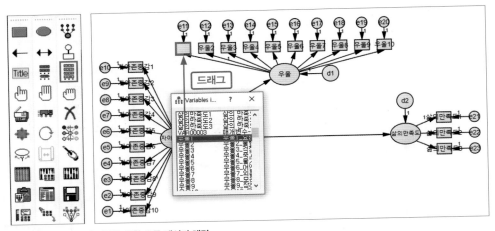

그림 18-16 | 변수명 이동을 통한 오류 메시지 해결

만약 모형에 있는 잠재변수, 측정변수, 구조오차, 측정오차의 변수명이 다 작성되어 있는데도 'unnamed'라는 오류 메시지가 뜬다면, [그림 18-17]과 같이 엉뚱한 곳에 원이나 사각형이 그려져 있을 가능성이 큽니다. 찾아서 삭제하면 됩니다.

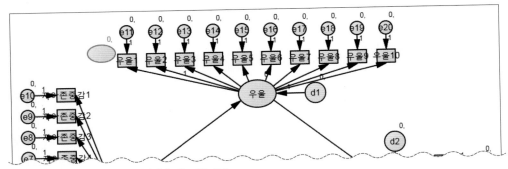

그림 18-17 | unnamed 오류 메시지가 뜨는 다른 사례

05 _ 측정오차 혹은 구조오차가 없는 경우

[(error) variables]

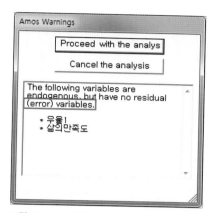

그림 18-18 | 측정오차나 구조오차가 없을 경우, 오류 메시지 유형

 버튼을 클릭해서 분석을 진행했는데, [그림 18-11]과 같이 '(error) variables'가 들어간 오류 메시지가 뜬다면, [그림 18-19]와 같이 오류 메시지에 제시된 변수의 구조오차와 측정오차가 없다는 뜻입니다.

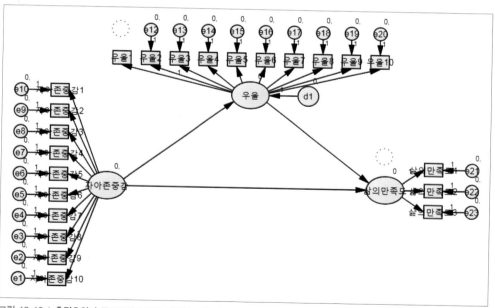

그림 18-19 | 측정오차나 구조오차가 없을 경우의 모형 예시

작업 아이콘 창에서 ❶ 😮 버튼을 클릭하고 ❷ ❸ 구조오차와 측정오차가 없는 변수를 클릭하여 오차를 만들어줍니다. ❹ 만든 오차를 더블클릭하여 ❺ Object Properties 창의 Text 탭에 있는 'Variable name'에서 변수명을 설정합니다.

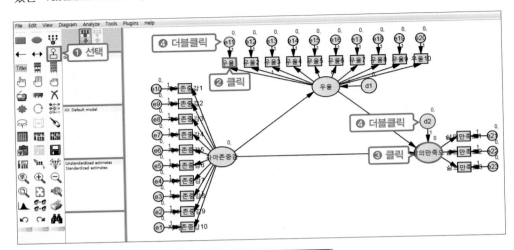

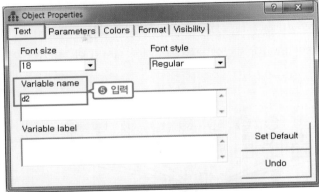

그림 18-20 │ **오차 변수 생성을 통한 오류 해결**

06 _ 공분산 관계를 설정하지 않은 경우

['변수' < > '변수']

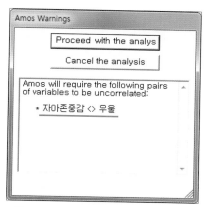

그림 18-21 | 변수 간 공분산 관계를 설정하지 않았을 경우, 오류 메시지 유형

▦ 버튼을 클릭해서 분석을 진행했는데, [그림 18-21]과 같이 〈 〉 표시가 있는 오류 메시지가 뜬다면, [그림 18-22]와 같이 오류 메시지에 제시된 잠재변수 간에 공분산 관계가 설정이 되어 있지 않다는 뜻입니다.

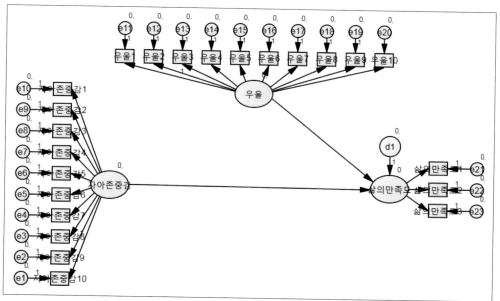

그림 18-22 | 공분산 관계를 설정하지 않은 모형 예시

작업 아이콘 창에서 ↔ 버튼을 클릭하여 잠재변수 간 공분산을 설정해줍니다.

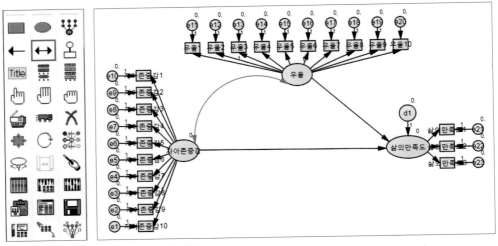

그림 18-23 | 공분산 관계 설정을 통한 오류 해결

07 _ 변수명에 띄어쓰기가 되어 있는 경우

[띄어쓰기가 되어 있는 잠재변수, 구조오차, 측정오차 변수명]

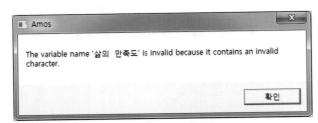

The variable name '삶의 만족도' is invalid because it contains an invalid character.

그림 18-24 | 띄어쓰기를 한 변수명이 존재할 경우, 오류 메시지 유형

[IMG] 버튼을 클릭해서 분석을 진행했는데, [그림 18-24]와 같이 오류 메시지에 띄어쓰기가 되어 있는 잠재변수명이나 구조오차, 측정오차 변수명이 있다면, 해당 변수명의 띄어쓰기를 없애라는 뜻입니다.

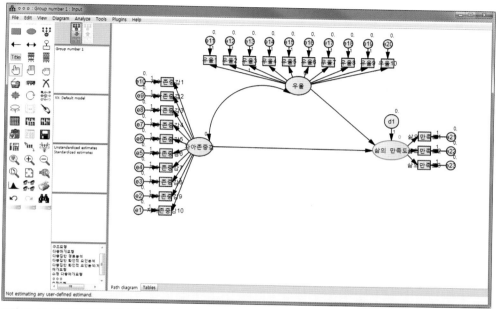

그림 18-25 | 띄어쓰기를 한 변수명이 있는 모형 예시

해당 변수명을 더블클릭하여 Object Properties 창의 Text 탭에 있는 'Variable name'에서 변수명을 설정합니다.

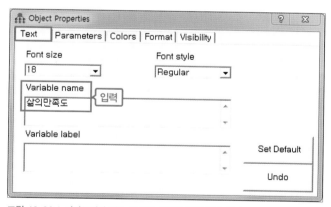

그림 18-26 | 띄어쓰기가 없는 변수명 수정을 통한 오류 해결

여기서 언급하지 않은 오류 사항은 오류 메시지를 자세히 읽어보고 해석하면 어느 정도 단서를 발견하여 해결할 수 있습니다. 또한 여기서 다룬 오류 메시지에 대한 대응 방법을 잘 숙지한다면, 생소한 오류에 대응하는 능력이 생길 것입니다.

 여기서 잠깐!!

지금까지 Amos를 활용하여 구조방정식모형 분석을 진행할 때 자주 발생하는 오류에 대해 정리해보았습니다. 혹시 이 외에 추가 오류가 발생한다면, 히든그레이스 논문통계팀(analysis@hiddenjgrace.com)이나 출판사에 오류 사항을 알려주세요. 혹은 페이스북의 〈한번에 통과하는 논문 커뮤니티〉(bit.ly/onepasshidden)를 통해 궁금한 사항에 대한 답변을 진행하고 있습니다. 여러분의 의견을 반영하여 좀 더 많은 질문과 오류에 대응할 수 있도록 노력하겠습니다. 그리고 〈한번에 통과하는 논문〉 책 시리즈를 공부할 때 참고할 만한 사이트를 아래 정리해 보았습니다.

1. 실습파일

   1) 한번에 통과하는 논문 : SPSS 결과표 작성과 해석 방법

     http://www.hanbit.co.kr/src/4387

   2) 한번에 통과하는 논문 : AMOS 구조방정식 활용과 SPSS 고급 분석

     http://www.hanbit.co.kr/src/4434

   3) 미공개 노트 실습파일

     http://www.hanbit.co.kr/src/4517

2. (블로그) 히든그레이스 논문통계팀

   blog.naver.com/gracestock_1

3. (페이스북) 한번에 통과하는 논문 커뮤니티

   bit.ly/onepasshidden

4. (유튜브) 히든그레이스 논문통계팀 TV

   bit.ly/36HkGFs

에필로그
우리는 어떤 꿈을 꾸는 회사인가?

대학교 시절, 경제적 가치와 사회적 가치를 같이 추구하는 사회적 기업을 알게 되었고, 많은 사회적 기업들이 자립하거나 이윤을 남기지 못하고 망하는 현실을 바라보게 되었습니다. 또한 많은 사회취약계층들이 일자리를 갖지 못하거나 단순 직업에 종사하여 경제가 어려울 때 해고되는 1순위가 되는 현실도 알게 되었습니다. 그때부터 사회적 기업이 시장에서 경쟁력을 가질 수 있는 방법, 사회취약계층이 전문가가 될 수 있는 방법은 무엇인지 고민했습니다.

❶ 데이터분석 사업 모델을 가지고 있는 사회적 기업

회사 설립 목적과 꿈 (1)_ 데이터 분석 기반의 사회적 기업

저희는 처음 장애인 연구를 통해 논문을 접하게 되었고, 연구를 하며 회사를 유지하기 위해 2013년 1월에 회사를 설립하고 '논문통계 컨설팅'이라는 사업을 시작하게 되었습니다. 그리고 2017년 11월에 사회적 기업이 되었습니다. 앞으로 각 사회취약계층의 장애와 열악한 환경이 재능이 될 수 있는지를 분석하고, 그에 맞는 직무 교육을 통해 전문가로 양성하는 소셜벤처를 꿈꾸고 있습니다. 또한 데이터 분석과 머신러닝 알고리즘을 사용하여 사회취약계층에게 적합한 직무와 교육을 제공해주고, 정부 복지사업과 공공 정책의 효율성을 높여주는 의미 있는 일을 하고 싶습니다. 마지막으로 국내에서나 해외에서도 데이터분석과 머신러닝 사업을 하는 사회적 기업은 없는데, 논문통계와 같은 좋은 사업모델을 취약계층 유형에 맞게 계속 개발하여 전 세계적으로 소셜벤처와 사회적 기업의 좋은 롤모델이 되고 싶습니다.

❷ 사회취약계층의 특별함을 연구하고 교육하는 기관 : 히든스쿨

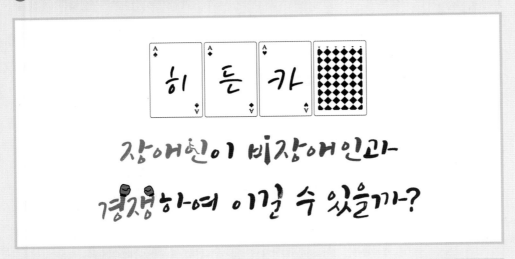

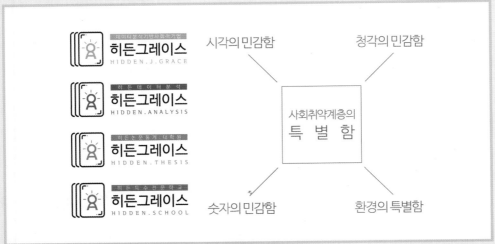

회사 설립 목적과 꿈 (2)_ 사회취약계층을 세상의 히든카드로 만들기

534 에필로그 : 우리는 어떤 꿈을 꾸는 회사인가?

장애인과 비장애인은 서로 경쟁 대상이 아닙니다. 같이 협업해야 하는 동료죠. 하지만 세상은 그렇게 녹록지 않고, 비장애인들도 취업을 하지 못해 많이 힘들어합니다. 국가가 사회취약계층을 지원하는 데는 한계가 있습니다. 그래서 그들이 스스로 자립할 수 있고, 많은 기업에서 그들을 채용할 수 있도록 환경을 만드는 것이 중요하다고 생각합니다. 아직 펴보지 않은 히든카드가 '꽝'이 될 수도 있고, '조커'가 되어서 그 게임을 승리로 이끌 수 있는 것처럼, 사회취약계층은 잠재력이 무한한 히든카드라고 생각합니다.

회사 설립 목적과 꿈 (3)_ 장애인 전문가 양성 학교, 히든스쿨

그래서 이들의 재능을 분석하고, 그에 맞는 직무와 연결하며, 그 직무교육을 체계적으로 할 수 있는 커리큘럼을 만들어 전문가를 양성하는 특수 전문 교육 학교, 히든스쿨을 만드는 것이 우리 회사의 꿈입니다. 많은 기도와 응원 부탁드립니다.

우리는 왜 무료 논문 강의를 진행하는가?
https://tv.naver.com/v/2994401

우리는 어떤 꿈을 꾸는 사회적 기업/
소셜벤처인가?
https://tv.naver.com/v/2994499

참고문헌

[1] 김동배, 유병선, 정규형(2012). 노인일자리사업의 교육만족도가 사업효과성에 미치는 영향과 직무만족도의 매개효과. 사회복지연구, 43(2), 267-293.

[2] West, S. G, Finch, J. F., & Curran, P. J.(1995). Structural equation models with nonnormal variables: Problems and remedies, In R. H. Hoyle(Ed), *Structural equation modeling: Concepts, issues, and applications, Thounsand Oaks*, CA: Sage Publications.

[3] Hong S, Malik, M. L., & Lee M. K.(2003). Testing Configural, Metric, Scalar, and Latent Mean Invariance Across Genders in Sociotropy and Autonomy Using a Non-Western Sample. *Educational and Psychological Measurement*, 63, 636-654.

[4] DeVellis, R.F.(2012). *Scale development: Theory and applications.* Los Angeles: Sage. 109-110.

[5] Field, A.P.(2009). *Discovering statistics using SPSS: and sex and drugs and rock 'n' roll (3rd edition).* London: Sage.

[6] 히든그레이스(2013). 논문통계분석방법. blog.naver.com/gracestock_1

[7] 한빛아카데미(2017). 한번에 통과하는 논문 : 논문 검색과 쓰기 전략